종전 80주년에 다시 읽는

제2차 세계대전, 승리의 역사

주요 국면사와 전시생산체제

종전 80주년에 다시 읽는

제2차 세계대전, 승리의 역사

주요 국면사와 전시생산체제

| 이강경 지음

이담북스

- 서문* -

2025년은 제2차 세계대전 종전 및 국제연합(United Nations, 이하 UN)의 창설 80주년을 맞이하는 해이다. 제2차 세계대전은 20세기 이후의 인류역사상 가장 많은 인명피해가 발생했던 참혹한 전쟁이었다. 또한 전후 미·소 냉전(冷戰, The Cold War)체제로 이어지며 국제질서의 구조를 결정했다는 점에서 국제정치사적으로도 의미가 큰 전쟁사이다. 약 6년간의 전쟁에서 비인도적 폭력이 남긴 역사적 상처는 전후 국제질서를 관통하며 현재까지 갈등과 분쟁의 원인이 되고 있다. 제2차 세계대전은 연합국이 승리함으로써 '행위로서의 전투'는 종료되었으나 전후 국제질서를 재편하는 과정에서 갈등의 불씨를 남겼으며, 그 결과 '상태로서의 전쟁'은 여전히 계속되고 있다.

독일의 법학자이자 정치학자인 슈미트(Carl Schmitt, 1888~1985)는 "전쟁이란 적대관계에서 생겨나는 정치적 통일체 간의 무장투쟁이며, 적대관계란 타자의 존재 그 자체를 부정하는 것이기 때문에 전쟁이란 적대관계의 가장 극단적인 실현"이라고 평가한 바 있다(슈미트, 2012, p.46). 또한 전쟁이라는 적대행위의 속성에 대해 슈미트는 "전투는 끝나도 전쟁은 끝나지 않는다"는 점을 근거로 이른바 '행위로서의 전쟁'과 '상태로서의 전쟁'을 구별했다(슈미트, 2012, pp.146~147).

슈미트는 적(敵)을 전쟁상태의 명백한 전제로 규정하고 '행위·상태로서의 전

** 이 내용은 다음의 학술논문에서 발표한 내용을 수정·보완하였다.; 이강경. 2025. "제2차 세계대전의 역사적 함의에 관한 시론: 종전 80주년의 현재사적 의미를 중심으로". 『대한정치학회보』 제33집 제1호. 대한정치학회. pp.127~154.

쟁' 개념과 속성을 다음과 같이 제시했다. 행위로서의 전쟁(war as an act)은 전투 및 군사작전과 같이 적대성이라는 행위 안에 적이 가시적 형태로 존재하고 있는 상황을 의미한다. 또한 상태로서의 전쟁(war as a state)은 직접적인 전투행위와 첨예한 적대행위가 종결되었지만 여전히 적이 존재하여 갈등의 개연성이 내재되어 있는 상태이다. 슈미트는 "어떤 전쟁도 단순하게 직접적인 교전행위로 해소될 수 없으며, 행위 없는 상태가 오래 지속될 수도 없다"고 강조했다.

슈미트의 관점에서 국가 간에 벌어지는 전쟁을 바라보면 '적대행위가 존재하지 않는 상태로서의 전쟁'은 오래 지속될 수 없을 것이다. 하지만 역사적 관점에서 동아시아의 국제질서를 들여다보면, 냉전 이후 현재까지 '적대행위가 상존하는 행위로서의 전쟁'이 오랜 기간 지속되었고, 세계 유일의 분단국가인 한반도에서는 2010년 연평도 포격사건 · 천안함 폭침사건 등 '적대행위가 수반되는 상태로서의 전쟁'이 지속적으로 존재해 왔다.

전후 국제질서는 미국과 소련을 중심으로 한 냉전체제가 지속되었으며, 한가지 주목해야 할 점은 냉전질서가 유럽과 동아시아 지역에서 매우 다른 양상으로 전개되었다는 사실이다. 이와 관련하여 국제정치학자인 이삼성은 "탈냉전 이후 동아시아질서는 경제적 상호의존의 심화가 군사정치적 갈등 및 동맹의 구조와 공존할 수 있다는 것을 잘 보여준다"고 평가하였다(이삼성, 2006, p.43). 전후 유럽에서는 약 40년간 지속되었던 냉전체제가 무너진 후 동 · 서독 통일, 유럽연합(EU) 창설 등 정치적 · 경제적 통합이 이루어졌지만, 동아시아에서는 냉전체제가 종식되지 않은 상황에서 신냉전의 국제질서를 맞이하였다. 다시 말해, 동아시아에서는 냉전시기 대규모 재래식 전쟁이 벌어졌고 탈냉전 이후에도 유럽과 같은 정치적 통합을 이루지 못한 채 현재까지도 새로운 형태의 냉전적 국제질서 속에서 갈등과 대립이 지속되고 있다.

역사적으로 전후 동아시아에서는 중국의 국공내전과 한반도의 6 · 25전쟁,

인도차이나반도의 베트남전쟁 등 자국민의 10% 이상이 희생된 참혹한 열전(熱戰, Hot War)이 벌어졌다. 오늘날에도 남북분단과 양안갈등, 역사·영토분쟁이 지속되고 있으며, 한반도 분단체제는 동아시아의 지정학적 단층선(Geopolitical fault line)을 뚜렷이 가르고 있다. 특히, 탈냉전 이후 동아시아 국가들은 세계화(Globalization)의 거시적 흐름 속에서 경제적 교류·협력을 통해 상호의존성을 강화해 왔음에도 불구하고 안보적 차원에서는 여전히 갈등과 대립을 이어오고 있다. 이러한 관점에서 지정학적 요충지인 한반도를 중핵(中核)으로 하는 동아시아 국제질서에는 이른바 '아시아의 역설(Asia Paradox)'이 구조화되어 있다고 볼수 있다. 로버트 매닝(Robert A. Manning)은 아시아 지역이 급속한 경제성장을 이룩했음에도 불구하고 이와는 모순되는 안보적 긴장상태가 존재한다는 '아시아의 역설적 상황(Asian Paradox)'을 지적했다(Manning, 1993, pp.55~64). 즉, 아시아 지역에서는 경제적 상호의존성이 확대되어 왔지만 정치적 불안정과 군사적 경쟁이 지속되고 있다는 점에서 모순적 상황에 직면해 있다는 것이다.

1945년 8월 15일, 일본제국주의가 패망하면서 한반도에는 해방(解放)이 찾아왔다. 하지만 광복(光復)의 기쁨도 잠시였으며, 1945년 8~9월 미군이 남한에 주둔하고 북한에는 소련군이 진주하면서 해방공간에는 군사적 분단선이 가로놓였다. 당시 소련군은 한반도에 미·소 양국의 군대가 분할 진주하기로 결정한 '일반명령 1호'를 수용하여 8월 24일 평양에 처음으로 진주했으며, 9월 중순까지 거의 모든 북한지역을 점령했다(박명림, 2016, pp.63~68). 제2차 세계대전 이후 국제질서의 가장 큰 흐름은 탈식민주의(脫植民主義)였으나 한반도에서는 일제(日帝)로부터의 해방이 자주독립국가 건설로 연결되지 못했다. 그 결과 한반도의 현대사는 전후 혼란스러운 해방정국에서 3차례의 분단 상황을 맞이해야만했다. 첫 번째 분단선은 해방 직후 일본과의 전쟁에 참전한 소련의 남하를 막기위해 미국이 확정한 38도선이었다. 두 번째 분단선은 탈식민주의에 기반한 민족통일국가 건설에 실패한 후 남·북한이 1948년 단독정부를 수립하고 1민족 2국가 체제를 구축하면서 형성되었다. 세 번째 분단은 6·25전쟁 이후 전후 처리 과정에서 한반도를 반영구적인 분단국가로 구조화시킨 정전협정 체제이다.

프랑스 아날학파(Annales School)를 대표하는 역사학자인 브로델(Fernand Braudel, 1902~1985)은 『물질문명과 자본주의』라는 책을 통해 역사적 시간을 다음과 같이 3가지 층위로 설명했다(브로델, 2016, pp.94~120). 첫째, 사건사(事件史, L'histoire événementielle)는 전쟁과 혁명 등 단기적이고 구체적인 역사적 사건을 다루는 개념이다. 둘째, 국면사(局面史, La conjoncture)는 중·장기적인 관점에서 역사적 흐름과 구조적 변화 및 발전과정을 설명하는 개념으로 산업혁명, 유럽의 근대화, 냉전체제, 세계화 등 정치적·경제적·사회적 변화를 다룬다. 셋째, 구조사(構造史, La structure)는 세계 자본주의 체제와 같은 장기적으로 지속되는 역사적 흐름과 구조적 패턴을 다루는 개념이다.

제2차 세계대전이 종전된 지 약 80년이 지났지만 전쟁의 상흔(傷痕)은 아직까지 아물지 않았으며, 전후 국제질서는 냉전을 거쳐 신냉전의 국제질서로 이어지고 있다. 따라서 제2차 세계대전사는 여전히 '현재 진행 중인 역사(History in the making)'라고 할 수 있으며, 전쟁의 과정 및 결과가 20세기 이후의 국제질서와 인류의 삶을 구조화했다는 점에서 중요한 국면사(局面史)라고 할 수 있다. 이러한 관점에서 제2차 세계대전사는 활자(活字)화된 역사가 아니며, 오늘날의 국제질서를 이해하고 미래전 양상을 전망하는 데 직접적으로 참고해야 할 '살아있는 역사(Living history)'라고 할 수 있다. 제2차 세계대전 이후 본격화된 핵무기의 정치와 냉전체제는 그 이유를 설명해 주는 대표적인 사례이다. 핵무기는 오늘날에도 국제정치의 보이지 않는 손으로 작동 중이며, 냉전체제는 신냉전으로 이어지며 동아시아의 대립과 갈등, 안보딜레마를 구조화하고 있는 기제이기 때문이다.

역사적 관점에서 대한민국은 일본제국주의의 압제와 6·25전쟁, 분단체제라는 현대사의 굴곡을 헤쳐오며 자유민주주의 국가, 세계 10위의 경제대국으로 성장해 온 국가이기에 제2차 세계대전은 한국인에게 단순한 전쟁사를 넘어 다차원적 의미를 갖는다고 판단된다. 전후 80년의 세월이 흘렀지만 제2차 세계대전이 남긴 전쟁의 유산은 여전히 현재의 국제질서를 규정하고 있다. 자국 우선주의와 기술 패권경쟁, 진영 간 대결구도 등으로 상징되는 신냉전(New Cold War)의 국제질서에서 제2차 세계대전사는 우리 시대의 국면사를 넘어 장기적으로 지속되는 구조사로 자리 잡을 가능성이 크다. 따라서 제2차 세계대전의 역사는 다시 읽어야 할 전쟁사라고 할 수 있다. 전쟁의 상처가 아물지 않은 분단의 시대를 극복하고 세계적인 선진국으로 도약하기 위해 우리는 제2차 세계대전의 역사를 다시 읽어야 한다. 이러한 관점에서 신냉전의 흐름이 가속화하고 있는 복합경쟁의 시대에 제2차 세계대전의 역사가 갖고 있는 함의를 간략히 정리하면 다음과 같다.

먼저 안보적 관점에서 살펴보면, 제2차 세계대전은 국가안보에 대한 개념을 확립시켜 준 계기가 되었다. 연합국과 추축국은 전쟁을 통해 19세기 이후 구조화되었던 제국주의를 종식시켰으며, 모든 교전국은 국가안보의 필수요건으로 전통적인 군사력과 함께 정치적·경제적·사회적 요인들의 중요성을 인식하게 되었다. 국가안보관의 확립은 냉전시대에 이념적 대립과 군비경쟁을 유발했으며, 현실주의와 자유주의로 대표되는 국제정치 패러다임은 전후 국제질서를 구조화하는 과정에서 중요한 기제로 작용했다. 신냉전의 국제질서에서도 제2차 세계대전의 역사적 유산은 여전히 안보적으로 중요한 함의를 갖는다. 탈냉전 이후 강대국들 간의 국제정치와 신냉전기의 다극적 국제질서는 여전히 세력균형을 중심으로 전개되고 있으며, 이는 제2차 세계대전의 결과 형성된 국제질서에서 비롯된 것이다. 전후 초강대국으로 부상한 미국과 소련은 이념적·군사적 대결을 가속화하며 약 40년간 지속된 냉전체제를 태동시켰다. 강대국 간의 패권경쟁을 특징으로 하는 국제질서는 탈냉전 이후 새로운 지역 패권국의 출현과 함께 신냉전의 시대로 전환되었다. 2001년 9 · 11테러와 2008년 세계 금융위기 이후 중국이 부상하면서 미 · 중 전략경쟁은 신냉전의 국제질서를 좌우하는 핵심 변수가 되었다.

한편, 제2차 세계대전 이후 새로운 국제질서를 재편하는 과정에서 다자주의(Multilateralism)에 대한 이론적 논의가 활발하게 전개되었으며 그 과정에서 국제안보협력의 중요성이 대두되었다(Keohane, 1990; Ruggie, 1992). 전후 세계질서는 유엔을 중심으로 한 자유주의 국제질서로 새롭게 재편되었다. 이른바 규범에 기반한 국제질서를 구축하기 위해 대서양헌장에 기초하여 창설된 유엔을 시작으로 세계은행(World Bank), 국제통화기금(IMF), 국제부흥개발은행(IBRD) 등 다양한 국제기구들이 창설되었다. 냉전시대에 태동한 국제기구들은 탈냉전 이후 세계화의 흐름 속에서 국제평화와 안정, 경제발전, 갈등의 예방과 분쟁관리 등 글로벌 거버넌스의 핵심 기제로 자리 잡았다.

하지만 21세기에 접어들어 초국가적 안보 위협이 대두되었고, 2008년 세계 금융위기 이후 탈세계화의 흐름 속에서 주요 강대국들을 중심으로 자국 우선주의와 보호무역주의가 확산되었다. 특히, 국제질서의 행위자가 다양해지면서 새로운 형태의 갈등과 분쟁이 확산되기 시작했으며, 미국 중심의 일방적 패권질서에 반대하는 중국과 러시아를 중심으로 다극적 질서에 대한 요구가 거세지고 있다. 최근에는 러시아-우크라이나 전쟁과 이스라엘-하마스 전쟁 등 다중전쟁의 시대가 도래하면서 전후 국제질서 규범인 얄타체제가 위협받고 있는 상황이지만 국제기구들은 여전히 세계 평화와 안정을 유지하는 데 필수적인 공공재이다. 얄타체제는 "민족국가 발전의 길을 통한 탈식민주의적 틀을 전제로 삼고 이를 위해 냉전 진영 대립에 기반한 세력권 유지, 국제적 경제통합과 자유기업주의, 주권국가 공동체 등을 원리로 작동되어 온 국제질서"를 의미한다(백승욱, 2022, 209).

다음으로 군사적 관점을 살펴보면, 제2차 세계대전은 국가별 총력전(總力戰)이 전개되면서 전쟁의 본질과 패러다임에 근본적인 변화를 가져왔다. 연합국과 추축국들은 모두 전통적인 전쟁수행 방식에 국가의 모든 가용자원을 총동원하는 시스템을 적용함으로써 전쟁의 개념을 새롭게 규정했으며, 이러한 변화는 현대전의 특징에서도 드러난다. 독일의 경제사학자인 좀바르트(Werner Sombart)는 전쟁이 자본주의 발전의 결과라는 당대의 인식에 물음표를 던지고 오히려 전쟁이 현대 자본주의 발전에 큰 영향을 미쳤다고 주장하며 다음과 같은 이유를 제시했다(좀바르트, 2019, pp.8~160). 첫째, 전쟁은 역사적으로 자본주의의 본질을 파괴하고 발전을 억제함과 동시에 자본주의의 발전을 촉진하는 요인이었다. 이는 자본주의의 발전과 관련된 조건들이 전쟁을 통해 충족되었기 때문이라는 것이다. 좀바르트는 18세기 이후 유럽의 근대국가 출현이 전쟁과 밀접한 연관이 있음을 지적하며, 국가의 핵심 기능인 행정과 재정 시스템은 바로 전쟁을 수행하는 과정에서 발달했다고 주장했다. 둘째, 군대의 확대와 자본의 축적은 비슷한 과정을 거치며 진전되었다는 점이다. 셋째, 전쟁물자를 조달하는 과정에서 자본의 형성과 경제 영역에서의 상업화가 촉진되었다는 점이다. 넷째, 전쟁에서 승리할 경우 거액의 보상금이 유입되며 이로 인해 자본주의 발전의 동력이 확보되었다는 점이다. 다섯째, 증대되는 무기수요가 철강산업 등 산업화에 필요한 공업화를 촉진했다는 점이다.

제2차 세계대전 이후 전쟁은 슈미트가 정의한 '정치적 통일체 간의 무장투쟁'을 넘어 총력전의 관점에서 새롭게 정의되었다. 즉, 제2차 세계대전 이후의 전쟁은 모든 가용자원과 산업력을 총동원하여 국가의 전쟁수행 역량을 보여주는 시험대가 되었다. 총력전 체제하에서 전쟁의 승패는 더 이상 전투적 승리로 결정되지 않았다. 즉, 전쟁의 승패는 효과적인 군사전략과 전술을 기반으로 치명성을 가진 무기체계를 연구 개발하고 전시생산체제를 가동하여 전쟁지속능력을 뒷받침할 수 있는 총력전 태세에 따라 좌우되었다. 전시 기술혁신은 전후 자본주의 체제에도 큰 영향을 미쳤다. 특히, 인터넷과 GPS 등 군사기술의 발전은 민간 부문으로 이전되어(Spin-on) 생산성 향상과 산업발전에 크게 기여했다. 최근에는 인공지능, 가상현실 등 첨단 과학을 선도하는 민수 분야의 하이테크 기술들이 군수산업으로 이전되어(Spin-off) 전장의 승수효과를 높이는 요인이 되고 있다. 이로 인해 현대전은 기술과 정보가 융합하면서 한층 복합적인 양상으로 발전하기 시작했으며, 하이브리드전(Hybrid warfare)과 같은 비대칭 개념의 새로운 전쟁 양상이 출현하였다.

한편, 제2차 세계대전기에는 연합국과 추축국의 전면적 대결에서 동맹체제의 중요성이 실증적으로 대두되었다. 미국과 영국, 소련 등 연합국은 추축국을 무력화시키기 위해 유기적인 군사협력을 추구했으며, 위기 상황 속에서도 수차례에 걸쳐 전시회담을 개최하여 전쟁수행 전략을 논의하고 전쟁 승리의 방향을 모색했다. 전시 연합국들은 실전에서 동맹의 중요성을 인식하게 되었으며, 이러한 관행은 냉전시기 북대서양조약기구(NATO)와 같은 집단안보체제의 창설로 이어졌다. 탈냉전 이후 우적(友敵) 개념은 사라졌지만 새로운 형태의 초국가적 위협에 대응하기 위해 동맹은 중요한 군사협력 기제로 존속했다. 특히, 신냉전의 국제질서에서는 미·중 전략경쟁이 심화하면서 가치를 중심으로 뜻을 같이하는 국가들의 이합집산이 뚜렷해지고 있으며, 진영에 따른 동맹체제가 강화되고 있다. 이처럼 제2차 세계대전의 역사는 군사적 관점에서도 전쟁의 본질과 군사전략, 국제질서의 변화를 이해하는 데 중요한 함의를 갖는다고 할 수 있다.

마지막으로 기술적 관점을 살펴보면, 제2차 세계대전은 기술혁신이 전쟁의 승패를 결정짓는 핵심 요인이라는 점을 입증해 준 전쟁이었다. 제2부에서 자세히 다루겠지만 전시 연합국과 추축국은 새로운 기술을 연구하고 첨단 무기체계를 개발함으로써 전쟁의 양상을 근본적으로 변화시켰다. 제2차 세계대전 당시 전쟁의 필요에 따라 이루어진 기술적 혁신은 오늘날의 첨단 과학기술 발전에 큰 밑거름이 되었다. 제2차 세계대전의 역사에서 가장 주목할 만한 사건은 원자폭탄의 개발이었다. 맨해튼 프로젝트를 통해 개발된 원자폭탄은 전쟁의 양상을 근본적으로 변화시켰으며, 히로시마(広島)와 나가사키(長崎)에 투하된 두 발의 원자폭탄으로 아시아·태평양 전쟁은 종지부를 찍었고 일본제국주의가 패망했다. 이처럼 가공할 위력을 가진 핵무기의 개발은 냉전시대에 '억지(Deterrence)'라는 새로운 전략개념을 만들어냈으며, 오늘날의 국제질서에서도 핵무기 정치의 중요한 기제로 작동하고 있다.

또한, 제2차 세계대전 기간 중 항공기와 전차, 잠수함, 레이더 등 다양한 무기체계가 개발되고 성능개량이 이루어지면서 군사과학기술은 눈부신 발전을 이룩했다. 전차와 장갑차의 발전은 지상전의 개념과 전술을 변화시켰으며, 항공기와 군함의 발전은 전장 영역을 해상·공중으로 확대시켰다. 특히, 항공모함과 잠수함이 발전하면서 해군력의 군사적 중요성이 증대되었다. 제2차 세계대전기 연합국과 추축국이 주도했던 기술적 진보와 혁신은 전후 첨단 과학기술의 초석이 되었으며, 새로운 무기체계는 군사전략을 변화시키는 수단이 되었다. 제2차 세계대전에서 미·영 연합군이 역점을 두어 개발했던 암호해독과 정보전 관련 기술은 전장 공간이 다영역으로 확장된 현대전에서 사이버전으로 발전했다. 태평양과 대서양 전선에서 추축국의 암호를 해독하는 기술은 연합국의 승리에 결정적인 영향을 끼쳤으며, 당시의 정보전 개념은 오늘날 사이버·전자전 발전의 중요한 토대가 되었다. 전장 공간이 지상·해상·공중을 넘어 사이버·우주 영역으로 확대되고 전투 영역이 군사적·비군사적 수준과 물리적·비물리적 범위를 넘나들고 있는 현대전의 특징은 이미 제2차 세계대전기에 태동했던 중요한 패러다임의 변화였던 것이다.

　제2차 세계대전사를 현재의 시점에서 다시금 고찰해야 하는 이유는 당대의 역사적 상황과 맥락을 비판적으로 분석할 때 오늘날 우리가 직면하고 있는 안보 상황을 타개해 나가기 위한 방향성을 모색할 수 있기 때문이다. 냉전 이후 탈냉전기를 거쳐 현재 진행 중인 신냉전의 국제질서는 제2차 세계대전이 남긴 역사적 유산(遺産)이기 때문에 더욱 그러하다. 따라서 현재의 안보 상황과 문제들을 효과적으로 해결해 나가기 위해서는 제2차 세계대전의 역사적 함의를 재평가하는 노력이 필요하다고 할 수 있다. 현실주의 국제정치의 사상적 토대를 제공한 홉스(Thomas Hobbes, 1588~1679)는 "국제정치에서 국가들의 외부에는 언제나 만인의 만인에 대한 전쟁이 존재하며, 특히 전쟁상태란 전투의 연속이 아니라 전쟁을 하려는 경향이 상존하는 상태"라고 규정했다(Hobbes, 2016, p.131). 오늘날 북한의 핵·미사일 위협이 현실화된 한반도와 동아시아의 안보 상황은 홉스가 지적한 국제체제의 무정부적 속성을 여실히 보여주고 있다. 이러한 차원에서 종전 80주년을 맞이하는 2025년에 우리는 제2차 세계대전의 역사를 추체험(追體驗)의 관점에서 다시 읽어야 할 필요가 있다. 신냉전의 흐름이 가속화하고 있는 현 국제질서에서 역사적 시간을 거꾸로 되돌려 제2차 세계대전의 역사를 추체험하는 것은 국가 안보태세를 확립하고 생존의 길을 모색하는 과정에서 중요한 함의를 갖는다고 할 수 있다.

　이 책은 크게 두 가지 주제를 다루고 있다. 제1부에서는 전 세계적 범위에서 전개되었던 제2차 세계대전의 국면사를 주요 전선별로 정리하여 전쟁의 흐름과 특징을 정리하였다. 제2부에서는 제2차 세계대전의 흐름을 바꾼 연합국의 승전 요인과 추축국의 패전 요인을 고찰하기 위해 전승의 요체라고 할 수 있는 전쟁지속능력을 중심으로 무기체계 연구개발 및 전시생산체제를 살펴보았다. 기존의 전쟁사 관련 서적들이 대부분 전략·전술, 명장의 리더십, 무기체계 등에 초점을 맞추고 있기 때문에 이 책에서는 독자들의 이해를 높이기 위해 전쟁의 흐름을 개관하고 약 6년간의 전쟁을 물리적으로 뒷받침한 핵심 요인으로서 전시생산체제를 깊이 있게 고찰하였다. 특히, 제2부의 내용은 육군군사연구소, 육군사관학교 화랑대연구소, 미래군사학회 등 군사분야 연구기관에서 발간하는 학술지에 발표한 5편의 논문을 수정·보완하여 수록함으로써 전쟁사를 다룬 교양도서로서 학술적 가치를 제고하였다. 제2차 세계대전 당시 연합국과 추축국들이 무기체계 연구개발 및 전시생산체제를 가동하여 승리를 추구했던 전쟁의 역사를 추체험함으로써 독자들이 현대전에 대한 이해의 폭을 넓히고 다가올 미래전에 대한 혜안(慧眼)을 갖게 되기를 기대한다.

끝으로 어려운 출판업계의 현실 속에서도 "지식의 힘을 통해 더 나은 내일을 만드는 일"에 헌신하며 필자의 연구결과를 학술서적으로 발간해 주신 한국학술정보(주)의 채종준 대표님과 출판사업부 양동훈 과장님, 그리고 미흡한 원고를 세심하게 편집해 주신 한국학술정보 출판사업부 담당자분들에게 진심으로 감사드린다. 마지막으로 사랑하는 가족들에게 고마운 마음을 전하며, 이 책을 국가안보의 최일선에서 열정적으로 복무하고 있는 모든 국군 장병들과 군사학도들에게 바친다.

2024년 12월

이강경

제 1 부

제2차 세계대전의 국면사

1장

불완전한 승리

1. 베르사유 체제와 전간기(戰間期) 국제정세의 변화

제2차 세계대전은 인류역사상 가장 참혹하고 파괴적인 전쟁이었다. 독일, 이탈리아, 일본을 중심으로 한 추축국(樞軸國, Axis Powers)과 미국, 영국, 프랑스, 소련 등 연합국(聯合國, Allied Powers)이 약 6년 동안 전쟁을 치르면서 천문학적인 전쟁비용과 인명피해가 발생하였다. 주요 강대국들과 동맹, 우방국을 포함하여 60개국 이상이 참전하였고 전 세계의 모든 지역에서 전쟁이 벌어졌다. 제2차 세계대전으로 인한 사망자는 약 5,000~6,000만여 명에 육박하고, 그중 3분의 2는 민간인이었으며, 전쟁의 절정기에는 세계 총생산량의 3분의 1이 전쟁에 투입되었다(박건영, 2020, p.159).

영국의 역사학자인 테일러(A. J. P. Taylor)는 "제2차 세계대전은 제1차 세계대전의 재탕이었다"고 평가했으며, "독일은 제1차 세계대전 후에 내려진 평결을 뒤집고 그로 인한 평화협정을 붕괴시키기 위해 싸웠다"는 점을 강조했다(테일러, 2003, pp.51~52). 이는 제1차 세계대전 이후 파리강화회의를 통해 출범했던 베르사유 체제가 결과적으로 독일의 팽창과 제2차 세계대전 발발의 주요 원인으로 작용했다는 것을 의미한다.

파리강화회의와 베르사유 조약(김용구, 2019, pp.617~633)

제1차 세계대전 이후, 1919년 1월 18일부터 국제연맹의 첫 번째 총회가 열린 1920년 1월 21일까지 프랑스에서 개최된 파리강화회의에서는 최초의 집단안보체제인 국제연맹의 창설, 패전국과의 조약 체결, 패전국의 해외 영토에 대한 국제연맹의 위임통치령, 국경문제 등이 논의되었다. 파리강화회의 결과, 5개의 평화조약이 체결되었다. ① 독일과의 강화조약인 베르사유 조약, ② 오스트리아와의 생제르맹 조약, ③ 불가리아와의 뇌이 조약, ④ 헝가리와의 트리아농 조약, ⑤ 오스만과의 세브르 조약이다. 이 중 독일과의 강화조약인 베르사유 조약은 15개 조항, 440개 항목으로 구성되었으며, 주요 내용은 ① 독일의 군비제한, ② 독일국경의 변경, ③ 프랑스의 안전보장, ④ 전후배상, ⑤ 독일의 구식민지 처리방안이다.

1919년 6월 28일, 파리강화회의 진행 과정에서 체결된 베르사유 조약은 독일에 매우 가혹한 배상책임을 부과하였다. 당시 전후(戰後) 처리를 위해 소집된 파리강화회의에 독일 대표단은 참가할 수 없었으며, 독일의 입장이 무시된 채 베르사유 조약이 체결되었다. 패전국을 노예화시킨 것으로 평가되는 베르사유 조약은 독일에 약 1,320억 마르크(320억 달러)의 천문학적인 전쟁배상금을 부과함으로써 전후 독일의 경제를 파탄시켰고 중산층의 몰락을 초래했다. 이와 더불어 독일에 대한 외국인의 직접투자와 해외 식민지를 박탈하고 자산을 몰수하는 등 경제적 제재 조치가 이루어졌다. 특히, 독일의 영구적인 전쟁도발 능력을 제거하기 위해 다음과 같이 강력한 군비제한 조치가 시행되었다. 독일의 징집제를 폐지함과 동시에 군대는 약 10만 명 수준으로 축소되었고, 장교는 4,000명으로 제한하였다. 특히, 중포(重砲)와 탱크, 잠수함 등 주요 무기체계의 보유가 금지되었다(김용구, 2019, p.624).

패전국 독일은 해외의 모든 식민지를 포함하여 약 6만 5,000km^2에 달하는 영토를 상실하였다. 독일은 알자스-로렌(Alsace-Lorraine) 지역을 프랑스에 반환하는 등 영토의 13.5%를 상실하였고, 국토의 대부분이 비무장화되었다. 또한 독일 남서부에 위치한 자르(Saar) 지역이 국제화되고, 라인란트(Rhineland)가 중립

베르사유 조약 협상에 참여한 독일 대표단

화되었다. 특히, 패전국의 입장에서 가장 받아들이기 힘들었던 조치는 독일 동부지역에 대한 영토 변경 조치였다. 독일은 비스와(Vistula)강 일대의 회랑(Polish Corridor) 지역을 폴란드(Poland)에 양도해야만 했고, 이로써 발틱(Baltic)해로 향하는 출구를 봉쇄당했다. 이로 인해 독일은 동프로이센 지역이 고립되는 결과를 받아들여야만 했다. 특히, 비스와강 하구에 있는 단치히(Danzig)가 자유도시로 지정되면서 국제연맹의 조정에 따라 폴란드가 위임통치하게 되었다. 석탄과 철 광석 등 광물이 풍부한 공업지대 슐레지엔(Schlesien)도 폴란드로 양도되었다.

당시 독일이 핵심 영토를 상실함에 따라 주요 피점령지역에 거주하던 독일계 인구들은 이동이 불가피해졌으며, 약 700만 명에 달하는 독일 국민들이 타국으로 흩어지게 되었다. 폴란드의 독일인과 오스트리아인은 이탈리아 북부의 티롤(Tirol) 남부와 체코의 주데텐란트(Sudetenland) 지역으로 이주하였고, 헝가리인들은 체코, 루마니아에 정착했다. 이와 같은 독일계 인구의 거주지 이동은 역사적 관점에서 또 다른 분쟁의 씨앗이 되었다. 결론적으로 베르사유 조약은 독일 국민들에게 뼈아픈 좌절과 복수심을 안겨주었다. 또한 전간기 독일에서 나치즘이 핵심 정치이념으로 성장하는 원동력이 되었으며, 결국 제2차 세계대전의 불씨로 진화했다.

베르사유 체제와 연계하여 전간기 유럽의 정세 변화를 살펴보면 크게 4가지 특징을 발견할 수 있다(와인버그, 2016, pp.36~55). 첫째, 제국주의 체제가 붕괴하였고 수많은 신생 독립국가들이 탄생하였다. 1917년에는 제정 러시아가 해체되었고 1918년에는 오스트리아-헝가리 제국이 무너졌으며, 1922년에는 오스만 제국이 붕괴하였다. 또한 폴란드, 에스토니아(Estonia), 라트비아(Latvia), 리투아니아(Lithuania) 등 수많은 식민지 국가들이 독립했다. 신생 독립국의 탄생과 함께 민족자결권(Right of Peoples Self-determination)을 중심으로 민족주의(Nationalism) 운동이 확산하면서 국경분쟁과 인종 간의 갈등이 심화되었다. 주요 국경분쟁은 유고-이탈리아, 폴란드-체코슬로바키아, 리투아니아-폴란드, 그리스-불가리아 간에 발생하였다. 또한 체코와 슬로바키아, 유고의 세르비아계와 슬로베니아, 크로아티아를 중심으로 민족 간의 분쟁이 발생하였다.

둘째, 제정 러시아가 붕괴된 이후에는 공산주의와 전체주의(Totalitarianism)가 등장하였다. 1917년 볼셰비키 혁명으로 소비에트 사회주의 공화국 연방, 즉 소련체제가 수립되었고, 스탈린(Joseph V. Stalin, 1879~1953)이 정권을 장악한 이후 공산주의 사상이 유럽 전역에 빠른 속도로 전파되었다. 한편, 공산주의의 확산에 대한 반작용으로 나치즘(Nazism)과 파시즘(Fascism)을 중심으로 한 전체주의 이념이 등장하게 되었다.

셋째, 1929년 10월 미국의 주가 폭락으로 세계 경제대공황(Great Depression)이 발생하였다. 과잉생산과 해외시장 축소, 구매력 저하 등의 원인으로 발생한 세계 대공황은 독일과 영국, 프랑스를 포함해 유럽 전역으로 확산되었고, 실업자 급증과 경제활동 마비 등 1930년대 후반까지 각국에 심각한 사회 혼란을 가중시켰다.

넷째, 스페인 내전(Spanish Civil War, 1936~39)이 발발하여 유럽의 이념적 대립이 격화하였다. 1936년 2월, 스페인 총선거 결과 인민전선 내각이 출범하자 프랑코(Francisco Franco, 1939~75) 장군이 지휘하는 군부가 반란을 일으키면서 내전이 발생하였다. 당시 영국과 프랑스는 불간섭 정책을 취했다. 하지만 독일과 이탈리아는 프랑코 장군의 반정부군을 군사적으로 지원했으며, 소련은 인민전선 정부군을 지원하였다. 독일은 스페인 내전에 참전하여 제2차 세계대전 초기 전세를 좌우했던 전격전 이론과 공군의 전술적 운용 개념을 검증하는 계기로 삼았다.

스페인 내전을 이해하는 예술 · 문학 작품

피카소(Pablo Picasso, 1881~1973)의 게르니카(Guernica, 1938)는 스페인 내전이 한창이던 1937년 4월 26일, 게르니카 지역에 대한 무차별 공습을 자행한 파시스트 반정부군과 이를 지원한 독일 공군을 고발한 작품이다. 피카소는 죽은 아이를 끌어안고 울부짖는 여인, 쓰러진 병사, 놀란 황소와 말 등 전쟁의 참상을 상징적으로 표현했다. 이 그림은 파시즘과 전쟁의 참상을 고발하고 이를 예술적으로 형상화한 작품으로 평가받는다(홍창호, 2018, pp.171~177). 오웰(George Orwell, 1903~50)의 『카탈루냐 찬가(Homage to Catalonia, 1938)』는 스페인 내전 시 민병대의 일원으로 참전하여 프랑코의 파시즘에 저항했던 작가의 자전적 소설이다. 오웰은 공화파가 분열 양상을 보이고 자신이 속했던 통일노동자당이 트로츠키주의로 비판받게 되자 생사의 갈림길에서 프랑스로 탈출을 감행했다. 이후 영국으로 돌아온 오웰은 이 책에서 정의와 평등을 위해 투쟁했던 양심의 기록을 남겼다(오웰, 2001). 헤밍웨이(Ernest M. Hemingway, 1899~1961)의 『누구를 위하여 종은 울리나(For Whom The Bell Tolls, 1952)』는 스페인 내전을 배경으로 쓰인 방대한 분량의 역사적 서사시이다. 헤밍웨이는 제1차 세계대전에 참전한 군인이며, 종군기자로도 활약한 소설가였다. 그는 스페인 내전이 발발하자 통신사 특파원으로 전쟁의 참상을 직접 취재했고 자신의 경험을 바탕으로 이 소설을 썼다. 이 책은 헤밍웨이의 사회의식이 투영된 작품으로 전쟁의 참상과 비인간성을 다루고 있으며, 공동의 가치와 연대의 중요성을 강조한 것으로 평가받는다(헤밍웨이, 2012).

| 파블로 피카소의 게르니카 | 카탈루냐 찬가 | 누구를 위하여 종은 울리나 |

제1차 세계대전 이후 동아시아의 안보 상황도 변화하는 국제정세의 소용돌이 속에서 중대한 전환기를 맞이하였다. 메이지유신(明治維新)을 통해 근대화에 성공한 일본은 청일전쟁과 러일전쟁에서 승리한 이후 동아시아의 새로운 패권국으로 등장했다. 또한 일본은 19세기 이후 유럽의 세력균형 과정에서 러시아의 영향력 확장을 억제하고자 했던 영국과 동맹을 체결하여 제1차 세계대전기에 연합국의 일원으로 참전했으며 승전국의 반열에 올랐다. 일본은 1919년 파리강화회의에서 승전국의 지위를 인정받았고 베르사유 조약에 의거 중국 산둥(山東)반도를 비롯하여 팔라우(Palau), 마셜 제도(Marshall Islands) 등 독일이 점령했던 남태평양의 식민지들(남양군도)을 인수하여 위임통치하였다. 또한 전후 일본은 유럽에서의 전쟁특수(戰爭特需)로 인해 급속한 경제발전을 이룩하여 군사적·경제적 패권국으로 도약했으며, 신흥 제국주의 국가로서 동아시아 지역질서에 막강한 영향력을 행사했다.

　중국은 1912년 신해혁명(辛亥革命)을 통해 전통적인 봉건왕조를 무너뜨리고 중화민국(中華民國)을 수립한 후 근대적인 공화국 체제로 전환하였다. 하지만 건국 초기에 군벌(軍閥)들의 세력 다툼이 심화하고 외세의 개입이 본격화하면서 정치적 혼란이 지속되었다. 제1차 세계대전기 유럽 열강들이 전쟁의 소용돌이로 아시아에 대한 영향력이 약화된 상황에서 중국의 정치적 불안정이 심화하자 일본은 중국에 대한 영향력을 강화하고 경제적 이익을 확보하기 위해 1915년 21개조 요구사항을 제시하였다. 당시 일본은 중국을 속국으로 격하시키기 위해 21개 조항을 요구했으며, 위안스카이는 대부분의 조항을 거부했지만 산둥과 만주 그리고 내몽골에 대한 일본의 지배를 인정했다(오버리, 2019, p.282).

　일본의 제국주의적 팽창정책이 한층 가속화하는 가운데 중국대륙에서는 군벌들이 주요 지역들을 장악하면서 분열과 혼란 상황에 빠지게 되었다. 1926년 이후 장제스(蔣介石, 1887~1975)가 이끄는 국민당은 군벌을 타도하고 중국을 통일하기 위해 북벌(北伐)에 착수했으며, 1928년까지 중국대륙의 대부분 지역을 통일하였고 난징(南京)에 정부를 수립했다. 1930년대 이후 중국에서는 국민당, 공산당의 갈등과 협력이 지속되었다. 군벌을 타도하고 중국을 통일하기 위해 타결된 제1차 국공합작(1924~1927)은 1927년 상하이 쿠데타로 인해 협력관계가 와해되었으며, 이후 공산당은 대장정(1934~1935)을 통해 전략적 근거지를 구축했다. 또한 중일전쟁 이후 항일투쟁을 위해 성립되었던 제2차 국공합작(1937~1945)은 제2차 세계대전의 종전 시기까지 지속되었다.

한편, 1917년 볼셰비키 혁명 이후 러시아 제국이 붕괴하면서 유라시아 대륙에는 세계 최초의 사회주의 국가인 소련이 수립되었다. 건국 이후 소련에서는 반혁명 세력과 외세의 개입으로 1922년까지 내전에 휩싸였으며, 볼셰비키를 중심으로 중앙집권체제가 확립되었다. 당시 레닌(Vladimir Lenin, 1870~1924)은 신경제정책(NEP, 1921~1928)을 도입하여 제한적으로 시장경제체제를 허용함과 동시에 농업 및 경공업의 활성화를 도모했다. 1924년 레닌의 사망 이후 집권한 스탈린은 중앙집권적인 계획경제체제를 구축했으며, 강력한 중화학공업 정책을 추진하였다.

1929년 세계 대공황은 전 세계에 경제적으로 큰 충격을 안겨주었다. 일본도 예외는 아니었으며 대규모 실업률의 증가와 함께 사회적 불안이 급속도로 확산되었다. 이 시기 일본은 극심한 경제난과 사회적 불안정을 겪었으며, 이를 타개하기 위해 군부가 정치적 영향력을 확대하기 시작했다. 당시 일본 육군과 해군을 중심으로 한 군부세력은 식민지 확장과 군사력 강화를 통해 경제대공황을 타개한다는 것을 목표로 제국주의적 팽창을 추구하게 되었다. 세계 대공황 이후 중국대륙의 정치적 불안정이 지속되는 가운데 군국주의 국가로서 과잉 팽창을 추구했던 일본제국주의는 대동아공영권(大東亞共榮圈) 건설을 목표로 대륙 침탈을 본격화했다. 세계 대공황은 일본의 군국주의를 강화하는 계기가 되었으며, 이후 일본은 1931년 만주사변을 일으키며 제국주의적 팽창을 본격화했다.

만주사변(滿洲事變, Manchurian Incident)은 1931년 9월에 일본이 중국 동북지역의 만주를 침략한 사건으로, 이는 일본의 제국주의적 팽창과 아시아·태평양 전쟁으로 이어지는 역사적 과정에서 매우 중요한 국면사(局面史)였다. 세계 대공황을 경험한 일본은 전략자원을 확보하고 해외시장을 확대하기 위해 아시아 대륙으로 진출하고자 했으며, 만주는 최적의 전략적 요충지로 부상했다. 당시 중국은 군벌의 난립으로 정치적 불안정이 지속되었고 중앙정부의 통제력이 약화된 상황이었기 때문에 일본은 만주사변을 일으켜 1932년에 괴뢰정부인 만주국을 수립했다. 이에 국제연맹은 실지조사단을 파견하여 만주를 비무장지대로 설정할 것을 제안했으나, 일본은 이를 무시하고 국제연맹 탈퇴를 선언했다. 1931년 12월 10일, 국제연맹은 리튼(Victor A. G. B. Lytton) 백작을 위원장에 임명하여 조사단을 구성했으며, 약 4개월간 현장조사를 실시했다. 국제연맹은 리튼보고서(Lytton Report)를 근거로 일본이 9개국 조약을 위반했으며, 이에 따라 만주에 자치정부를 설치해 비무장지대로 만들 것을 제안했다(이성주, 2018, p.227). 일본은 만주가 사활적 문제라는 점을 강조하며, 1933년 3월 27일 국제연맹을 공식 탈퇴했다.

만주사변은 일본제국주의가 야기한 극단적인 사례로서 아시아에서의 군국주의적 침략의 서막이 된 사건이었다. 제1차 세계대전 이후 설립된 국제연맹은 동아시아의 주요 분쟁을 다룰 수 있는 유일한 국제기구였지만, 만주사변을 일으킨 일본의 제국주의적 야욕에 효과적으로 대응하지 못했다. 따라서 만주사변은 이상주의적 집단안보체제의 한계를 보여주었고 중국 내에서 민족주의와 반일 감정을 고조시키는 역사적 계기가 되었다. 이처럼 집단안보체제가 제대로 작동하지 않는 가운데 동아시아의 안보 상황은 일본제국주의에 의해 불확실성이 고조되기 시작했으며, 아시아·태평양 전쟁으로 이어지는 역사적 배경이 되었다.

일본제국주의는 중일전쟁을 통해 팽창주의 정책을 중국대륙으로 확장시켜 나갔다. 1937년 7월 7일, 루거우차오(蘆溝橋)에서 중국군과의 무력충돌이 발생하여 촉발된 중일전쟁 초기 일본군은 중국 북부지역을 신속히 점령하였고 상하이(上海)와 난징(南京)을 포함한 주요 거점도시들을 점령했다. 일본군은 난징을 점령한 이후 대규모 학살과 강간, 약탈을 자행하는 등 잔혹한 전쟁범죄를 일으켜 국제사회로부터 큰 비난을 받았다. 당시 일본제국주의의 침략에 대항하기 위해 중국 국민당과 공산당은 상호 협력하여 항일무장투쟁을 전개하였고 전쟁은 장기전 양상으로 전환되었다.

중일전쟁은 1945년 일본의 패망과 함께 종식되었지만 전후 중국에서는 국민당과 공산당 사이에 장기적인 내전이 이어졌고, 1949년 마오쩌둥(毛澤東, 1893~1976)이 이끄는 공산당이 중국대륙을 통일하고 중화인민공화국을 수립했다. 중일전쟁은 아시아에서 일본제국주의의 야욕을 노골적으로 드러낸 침략전쟁이었으며, 전후 아시아 국가들의 민족주의와 독립운동에 큰 영향을 미쳤다.

만주사변(일본역사학연구회, 2019, pp.178~197)

1931년 9월 18일, 중국 펑톈(奉天) 북부 교외의 류타오거우(柳条沟)에서 원인불명의 폭발사건이 발생했으며, 당시 일본 관동군 수비대가 인근에 주둔하고 있던 중국 동북군의 북부사령부를 공격하면서 만주사변이 발생했다. 1932년 1월 3일, 관동군이 진저우(锦州)를 확보함으로써 만주 전 지역에 대한 군사적 점령이 마무리되었다. 이에 일본은 만주에 대한 지배체제를 확립하기 위해 만주국 건설계획을 수립하였고, 같은 해 3월 1일 '오족협화(五族協和), 왕도낙토(王道樂土)'를 슬로건으로 내세우며 괴뢰정부인 만주국을 수립했다. 오족협화는 한족(漢族)을 중심으로 만주족(滿族), 몽골족(蒙古族), 조선족(朝鮮族), 화족(和族, 일본족)의 협력과 화해를 도모하자는 것이다. 만주사변은 일본 우익들의 세력 확장에 힘을 실어주었으며, 군부 혁신파와 국가주의자들을 중심으로 군국주의(軍國主義, Militarism)의 흐름을 가속화시켰다.

2. 초기 집단안보체제의 실패

제1차 세계대전 이후 국제사회에서는 전쟁에 대한 반성과 함께 성찰의 목소리가 커졌으며, 기존의 세력균형(Balance of power)에 대한 비판적 시각이 확산되었다. 1918년 1월, 미국의 윌슨(Thomas Woodrow Wilson, 1913~1921) 대통령은 미국이 제1차 세계대전에 참전하는 이유를 밝히면서 '14개 조항의 평화원칙'을 발표하였다. 이를 통해 윌슨은 구시대의 질서인 세력균형을 대체하기 위해 집단안보 체제의 새로운 비전을 제시했다. 14개 조항의 성명서에는 강화조약의 공개와 비밀외교 폐지, 공해(公海)의 자유, 공정한 국제통상 질서 확립, 군비축소, 식민지 문제의 공정한 해결 원칙과 함께 국제연맹 창설 방안 등이 담겨 있었다.

1920년 1월 10일, 연합국들은 국제평화와 안전 유지, 국제협력의 증진을 목표로 최초의 집단안보체제인 국제연맹(The League of Nations)을 창설하였다. 하지만 발의국인 미국이 고립주의 노선을 이유로 불참을 선언하고, 독일과 소련의 참여가 거부되면서 초기 집단안보체제는 시작부터 구조적 한계에 직면하게 되었다.

미국이 국제연맹에 불참하자, 프랑스는 독일의 군사화를 원천적으로 봉쇄하기 위해 영국을 상대로 안전보장을 요구했다. 당시 영국은 독일을 견제하기 위한 동맹이 집단안보의 정신에 위배되고 세력균형의 관점에서도 프랑스의 군사력이 독일보다 우세하다는 점을 이유로 이 제안을 거절했다. 이에 따라 프랑스는 폴란드와 오스트리아-헝가리 제국에서 분리된 유고슬라비아, 체코슬로바키아, 루마니아와 군사동맹을 맺었다. 하지만 프랑스가 주도했던 주변국과의 동맹은 관련국들의 내부 분열과 사회적 불안정으로 인해 정상적으로 작동하지 못했다.

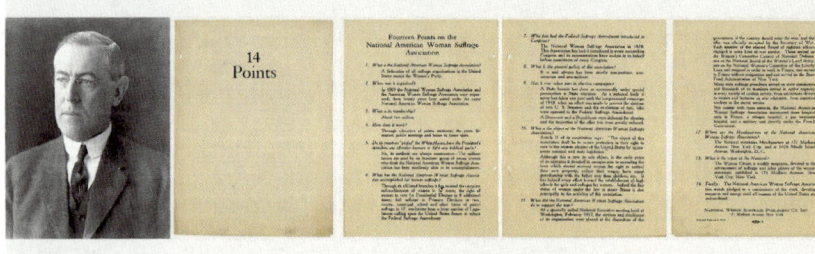
국제연맹을 중심으로 한 집단안보체제는 1921년 워싱턴 회의를 시작으로 군비감축, 국지분쟁 해결 등 가시적인 성과를 달성했으나, 1929년에 촉발된 세계 대공황을 기점으로 실패를 거듭했다(나이, 2018, pp.158~161). 최초의 집단안보기구이자 도덕적 평화보장체제로 창설되었던 국제연맹은 1931년 일본의 만주사변과 1935년 이탈리아의 에티오피아 침공 시 경제적 제재 조치로 일관하는 등 효과적인 대응에 실패했다. 그것은 당시 독일의 군사적 팽창을 우려했던 영국, 프랑스가 세력균형의 차원에서 이탈리아를 배제할 수 없었기 때문에 초래된 문제였다. 국제연맹은 세력균형의 한계를 탈피하기 위해서 출범했지만, 결국 세력균형의 한계로부터 자유로울 수 없었던 것이다.

국제연맹 회의 장면(1939년 8월)

　제1차 세계대전 이후 출범한 초기 집단안보체제의 허약성은 향후 추축국들에 대한 유화정책(Appeasement policy)을 야기시켰으며, 전체주의의 확산과 제2차 세계대전으로 이어졌다. 연합국의 유화정책은 제1차 세계대전 이후에 확산된 반전사상(反戰思想)과 방어 위주의 군사전략에 기반하고 있었다. 영국, 프랑스 등 유럽 강대국들의 유화정책은 독일의 재군비와 전체주의적 팽창정책을 묵인하는 결과를 초래했고, 결국 1939년 3월 독일의 체코슬로바키아 합병 시까지 지속되었다.

2장

또다시 전쟁으로

1. 전후 독일의 재무장

제1차 세계대전 후, 11월 혁명으로 독일 제국이 해체되고 바이마르 공화국 (Weimarer Republik, 1919~1933)이 출범했다. 패전국 독일은 만성적 인플레이션, 이데올로기의 대립으로 커다란 사회적 혼란을 겪었지만, 바이마르 공화국은 화폐와 세금 등 성공적인 경제개혁을 통해 전후 독일 재건의 기틀을 마련했다. 하지만 베르사유 조약이 규정한 군비축소 조항을 충실히 이행하지 않았다. 바이마르 공화국 초기 국가방위군(Reichswehr)은 집권정당인 사회민주당을 지지하고 反정부세력을 진압하는 등 국민군대의 역할에 충실하였다. 베르사유 체제하에서 독일의 외형적 군사력은 국경수비대 수준으로 약화되었지만, 한편으로는 국가의 과도한 개입 없이 군 조직을 새롭게 설계할 수 있는 자율성을 유지했다.

독일 제국군의 전통을 이어받아 전후 국가방위군을 재건한 인물은 독일 육군의 아버지라고 불리는 젝트(Johannes Friedrich von Seeckt, 1866~1936)였다. 그는 제1차 세계대전의 패전 이후 독일 자문위원으로 파리강화회의에 참여했던 인물로, 1920년 국가방위군 참모총장에 임명되어 1926년까지 비밀군비증강을 추진했다. 전후 독일군이 구상했던 국가방위군의 청사진은 20만 명의 직업군인

1925년 장교단을 훈련시키는 젝트 장군

으로 편성된 군대였다. 하지만 베르사유 조약은 독일 의회가 요구했던 20만 명의 군사력을 허용하지 않았고, 병력 규모의 상한선을 10만 명 수준으로 제한했다. 특히, 핵심적인 무기체계의 생산과 보유를 엄격히 금지함으로써 독일군의 군비증강을 원천적으로 차단했다. 젝트는 가혹했던 베르사유 조약의 군비제한 조치를 극복할 수 있는 방안을 모색하였다. 그는 국가방위군을 새롭게 설계하기 위해 19세기에 강력한 프로이센군을 육성했던 샤른호르스트(Gerhard von Scharnhorst, 1755~1813)의 정책을 검토했다. 과거 독일군은 효율적인 참모제도와 독특한 임무형 지휘체계를 발전시켰고, 군의 정치적 독립성을 확립해 온 군사적 전통이 있었다. 젝트는 베르사유 체제가 독일에 강요했던 인적·물적 자원의 제약을 일종의 기회요인으로 간주하여 비밀재군비를 추진했으며 주요 내용은 다음과 같다(육군대학, 1998, pp.43~220).

첫째, 젝트는 징병이 아닌 지원모병에 바탕을 둔 소수정예 직업군대의 창설을 기본개념으로 독일군의 정예화를 추진했다. 특히, 기동전이 최상의 군사전략이라는 확신을 가지고 독일 국가방위군 군사교리의 토대를 새롭게 마련했다. 독일군의 명칭은 1871~1918년까지 독일제국군(Deutsches Heer), 1919~35년 바이마르 공화국 시기에는 국가방위군(Reichswehr), 1935~45년에는 독일국방군(Wehrmacht)으로 사용되었다. 그는 장차전에서 승리의 요체가 오로지 기동전의 수행에 있다고 믿었다. 따라서 미래전의 승패는 질적으로 우수한 기동군을 어떻게 육성하고 운용할 것인가에서 결정될 것이라는 신념을 갖고 있었다. 또한 독일이 사회주의 공산혁명을 경험한 상황에서 정부의 통치체제를 확립하기 위해 고도로 훈련된 직업군이 필요하다고 판단했다.

젝트가 구상했던 엘리트 직업군은 크게 2가지 역할을 수행하는 군대였다. 평시에는 국내 분쟁지역에 신속히 투입할 수 있는 기동타격대의 역할을 수행하며, 전시에는 고도의 전투수행능력을 갖춘 21개 정규사단으로 신속히 증편하는 것이었다. 이를 위해 젝트는 독일 육군을 이른바 기간편성군으로 육성하고자 했다. 기간편성군의 가장 큰 특징은 장교와 하사관, 병사들이 전시에 차상위의 계급에 해당하는 직책을 수행할 수 있는 역량을 갖춘다는 것이다. 따라서 기간편성군은 기존의 독일군보다 자질이 우수한 요원을 필요로 했으며, 이를 위해 간부의 선발 방식과 교육훈련을 대폭 강화하고 군인에 대한 처우를 개선하였다.

둘째, 제1차 세계대전의 패전 이후 독일 의회는 군사조직 개편 법안을 마련했다. 이에 따라 1919년 3월 독일제국군이 해체되었고 10월에는 국방부가 창설되었다. 같은 해 11월에는 기존의 총참모부를 해체하고 새로운 조직으로 개편하여 기존 조직의 역사적 성과를 계승했다. 새롭게 구성된 독일군 참모본부는 기존의 총참모부 조직과 업무수행 방식, 교육훈련 등 대부분 그대로 수용했다. 젝트는 기존 총참모부의 전통과 장점을 수용하여 효율적인 참모조직을 육성했다.

셋째, 젝트는 새로운 독일국방군의 군사교리를 창출하기 위해 제1차 세계대전의 경험을 수집하고 분석하는 작업에 착수했다. 이를 위해 새롭게 편성된 독일군 참모본부와 무기부, 병과감독실 등 관련 조직에 리더십과 군사교리, 전술, 편제장비 등의 연구를 담당할 57개 위원회와 분과위원을 편성했다. 젝트는 거시적인 안목에서 다음과 같은 연구 중점을 제시했다. ① 우리가 예상하지 못했던 전장 상황, ② 변화된 전장 상황에 효과적으로 대응할 수 있는 방안, ③ 새로운 무기체계를 운용하기 위한 전술교리의 발전, ④ 장차전의 대응과제이다.

넷째, 젝트는 독일국방군의 교육훈련을 최우선 과제로 제시했다. 연간 업무시간의 3분의 1은 예하부대 교육훈련을 참관하기 위해 현지 부대를 방문했다. 특히, 기존의 참호전투 중심의 전술관을 비판함과 동시에 기동전 중심의 새로운 전술이 도입되어야 한다고 주장했다. 1922년 젝트는 보병부대 운용이 기동성과 측면공격에 집중되어야 한다는 점을 강조하였다. 이후 1923년 독일군 참모본부는 전차의 공세적 운용을 강조한 혁신적인 기갑교리를 정립하였다.

다섯째, 1922년 독일은 소련과 라팔로 조약(Rapallo Treaty)을 체결하여 경제적·군사적 협력관계를 구축하였다. 이를 통해 독일은 전차와 항공기, 잠수함, 탄약 등 군수물자 생산시설 구축에 소요되는 예산과 기술을 소련 측에 제공하였고, 소련은 독일의 군비증강에 필요한 무기를 공급하였다.

전후 베르사유 체제의 가혹한 군비통제하에서 독일군은 거의 재기 불가능한 상황에 직면했다. 하지만 젝트의 비밀재군비를 통해 기동전 개념을 발전시키고 군사 재무장을 위한 효과적인 토대를 마련했다. 1920년대 젝트를 중심으로 독일군이 추진했던 군사력 건설사업은 예비군 창설계획을 제외하고 대부분 성공했다. 특히, 전술교리와 교육훈련의 측면에서는 유럽 최강의 군사 역량을 확보했다.

한스 폰 젝트(육군대학, 1998, pp.229~238)

1887년 장교로 임관한 젝트(Hans von Seeckt, 1866~1936)는 1893년 전쟁 학원에서 3년간 교육을 받았으며, 1899년 총참모본부 요원으로 선발되었다. 이후 다양한 제대에서 경력을 쌓았고, 중령의 신분으로 제1차 세계대전에 참전하였다. 패전 후 파리강화회의에 독일 측 전권대표단의 군사고문으로 선발되어 파견되었다. 1919년 독일군 최고사령부 총참모본부장에 임명되었으며, 1920년 독일국방군 총참모장으로 임명되었다. 1926년까지 정예화된 인재 양성과 무기체계 연구개발, 새로운 전략사상 연구 등 비밀재군비를 추진하며 국가방위군을 재건하고 전격전의 기틀을 확립했다.

2. 유럽의 전체주의 확산과 독일의 팽창

제1차 세계대전 이후 연합국의 일원이었던 이탈리아에서는 런던조약에서 합의했던 영토문제가 원활하게 처리되지 않자, 민족주의자들을 중심으로 영국, 프랑스에 대한 반감이 확산되었다. 런던조약(Treaty of London)은 1915년 4월 26일 영국과 프랑스, 러시아 제국으로 구성된 3국 협상과 이탈리아 왕국 간 체결된 비밀조약이다. 주요 내용을 살펴보면, 연합국으로부터 트렌티노(Treentino), 티롤(Tirol) 남부, 트리에스테(Trieste), 이스트라반도(Istra Peninsula) 등의 영토를 이탈리아에 양도한다는 합의를 담고 있다. 하지만 제1차 세계대전의 종전 이후 이행되지 않았으며, 결과적으로 이탈리아에 파시즘 정권이 출범하게 되는 정치적 계기로 작용했다.

1922년부터 1925년까지, 무솔리니(Benito Mussolini, 1922~45)가 이끄는 파시스트(Fascist) 세력은 민주주의를 폐기하고 이탈리아 제국주의 노선을 표방하였다. 무솔리니는 전체주의자와 국가주의자, 고위 협력자들을 규합하여 국내 정권을 장악했다. 동시에 사회주의자들과 우익세력, 자유주의자를 탄압하였고 대외적으로는 공격적인 외교 정책을 추구하였다.

전후 독일사회 내부에는 패전(敗戰)의 상처를 부정하기 위한 사회적 논리가 확산하기 시작하였고, 대중선동가였던 히틀러(Adolf Hitler, 1889~1945)가 독일 사회의 전면에 등장하게 되었다. 그는 베르사유 체제가 강요한 전쟁배상의 책임, 독일 영토의 상실, 군비제한 조항의 불공정성 등 독일이 전쟁으로부터 겪은 고통의 원인을 유대인과 볼셰비키 등 내부의 적(敵)에서 찾았다(키건, 2016, pp.51~261).

한편 제1차 세계대전 종전 이후 창설된 국제연맹은 민족자결주의 원칙에 입각하여 오스트리아-헝가리 제국을 해체하였고, 이를 국민국가로 분할하는 정책을 추진하였다. 이러한 국제정세의 변화 속에서 히틀러는 독일의 생존공간(Lebensraum, Living Space) 확보가 필요하다는 이론을 주장하며 팽창주의 정책을 가속화했다.

생존공간(이진일, 2015, pp.199~204)

1920년대 이후 지정학(Geopolitics)이라는 독립된 분과학문이 발전하기 시작했다. 제1차 세계대전의 종전과 함께 제국주의적 팽창에 따른 지역 중심의 문명담론이 활발하게 전개되었으며, 주요 지정학적 이슈로 등장한 것이 이른바 생존공간(Lebensraum)의 개념이다. 이것은 독일의 지리학자인 하우스호퍼(Karl Haushofer, 1868~1946)가 주창했던 철학적 개념으로, 1933년 히틀러의 집권과 함께 전체주의적 팽창의 이론적 도구로 활용되었다. '히틀러의 정치고문', '독일 지정학의 아버지', '히틀러의 전쟁을 뒤에서 조종하는 사람' 등 여러 가지 다양한 평가를 받았던 하우스호퍼는 아시아와 유럽을 유라시아라는 하나의 대륙으로 상정했다. 특히, 러시아와 일본을 연결하는 유라시아 대륙체제를 제시함으로써 독일의 군사적 팽창을 합리화하는 이론적 토대를 제공했다.

제1차 세계대전 이후 바이마르 공화국 시대의 독일은 세계 경제대공황과 인플레이션, 천문학적인 전후 배상금 등으로 심각한 경제불황에 직면하였다. 당시 독일사회는 경제적 침체 속에서 다양한 갈등과 분열이 조장되었고, 극단적인 테러와 폭동이 발생하는 등 정치적 불안정이 가속화되었다. 특히, 전후의 재

건 과정에서 독일이 직면했던 사회적 혼란은 소수정당에 불과했던 나치(Nazis) 당이 국정의 핵심 세력으로 자리매김하는 계기가 되었다. 나치당은 1932년 7월에 실시된 독일 국가의회 총선거에서 대승리를 거두며 제1정당으로 약진하였다.

히틀러는 1933년 1월 힌덴부르크(Paul von Hindenburg, 1847~1934) 대통령에 의해 독일 수상으로 임명되었다. 2월 27일, 베를린의 국회의사당에 원인 미상의 대화재가 발생하면서, 히틀러는 공산당의 정치적 활동을 금지하고 나치당의 전권위임법을 통과시킴으로써 정국을 장악했다. 이후 1933년 4월을 기점으로, 독일에서 나치당을 제외한 정당들은 모두 불법단체로 규정됨과 동시에 해산되었다. 히틀러와 나치정권은 독일의 혼란했던 정치적 상황 속에서 국내의 적대세력을 제거하여 정치적 기반을 강화하였다. 동시에 주변국들을 단계적으로 합병하는 방식으로 이른바 살라미 전술(Salami Tactics 또는 Piecemeal Tactics)을 구사했다. 살라미(Salami)는 고기에 소금과 향신료를 넣고 바람에 건조·숙성시켜 만든 이탈리아 소시지이며 얇게 잘라서 빵과 피자, 샐러드에 얹어 먹는 음식이다. 살라미 전술은 이 소시지의 특성에서 유래한 것으로 공산국가들이 전쟁수행 및 협상과정에서 이슈를 잘게 분할하여 협상하고 이익을 극대화하기 위해 사용하는 전술이다.

1933~39년 독일의 팽창과정을 살펴보면 다음과 같다. 독일은 1933년 10월 국제연맹과 군비축소위원회를 탈퇴 후, 1934년 1월 폴란드와 불가침조약을 체결하였다. 1934년 총통에 취임한 히틀러는 1935년 1월 13일에 국민투표를 실시하여 자르(Saar) 지역을 독일에 귀속시키고 영유권을 회복하였다. 또한 3월 16일 독일의 군비를 제한했던 베르사유 조약을 일방적으로 폐기하고 징병제를 도입하였다.

같은 해 6월 18일에는 영국과 해군협정(Anglo-German Naval Agreement)을 체결하

여 독일 해군의 강력한 재건을 추진했다. 당시 독일은 과도한 군함 건조 경쟁으로 인한 경제적 부담을 해소하기 위해 영국과 해군협정을 체결했다. 이 협정을 통해 독일은 총톤수로 영국의 35%의 해군력 보유를 인정받게 되었고, 잠수함은 규정 외로 두어 동률의 보유수준을 인정받게 되었다. 역사적으로 독일-영국 간 체결된 해군협정은 독일에 대한 유화정책의 본격적인 시발점이 되었다.

1936년 3월 7일에는 로카르노 조약(Pact of Locarno)을 일방적으로 파기함으로써 라인란트 지역에 군대를 주둔시키고 무장화하였다. 로카르노 조약은 1925년 12월 1일, 영국 · 프랑스 · 독일 · 이탈리아 · 벨기에가 체결한 집단안전보장 조약으로 라인란트 지역에 관한 현상 유지와 상호 불가침, 영구적인 비무장화, 독일 · 프랑스 · 벨기에의 상호 불가침과 평화적인 분쟁해결 등을 명시하였다. 하지만 본 조약은 1936년 3월 7일 히틀러가 일방적으로 합의사항을 파기한 후 라인란트를 합병하고 1939년 폴란드를 침공함으로써 사실상의 효력을 상실하였다. 한편, 1936년 7월에 발발한 스페인 내전 시 독일은 이탈리아와 함께 프랑코 장군이 이끄는 반군세력을 지원했다.

독일은 1939년까지 이어진 스페인 내전에서 새로운 무기체계와 전술교리들을 실험하고 다양한 실전경험을 축적했다. 같은 해 11월 17일에는 공산주의의 확산을 저지한다는 명목으로 일본과 방공(防共) 협정을 체결하였다. 또한 1937년 11월 5일, 이탈리아와도 방공협정을 체결함으로써 추축국 간 동맹체계를 완전히 구축하였다. 이후 독일은 이탈리아와 비밀회의를 개최하여 전쟁계획을 발표했다. 1938년 2월 4일, 히틀러는 개각을 단행하였고 국내의 주요 반전론자들을 일제히 숙청했다.

반(反)유대주의와 반(反)볼셰비즘(홀로코스트 백과사전)

히틀러는 『나의 투쟁(Mein Kampf)』에서 국가사회주의의 이상을 실현하기 위해서는 선전·선동 노력이 필요하다고 강조했으며, 대표적인 사례로 반유대주의(Anti-semitism)와 반볼셰비즘(Anti-bolshevism)을 제시했다. 반유대주의는 유대인에 대한 증오와 편견을 일컫는 용어이다. 1933년 나치당의 집권 이후, 독일은 유대인에 대한 반유대주의 정책을 노골적으로 추진했다. 1935년에는 뉘른베르크 법안을 제정하여 유대인을 비(非)아리아인으로 분리하고 인종적으로 서열화했으며, 제2차 세계대전 당시 유럽 내 유대인들을 집단으로 학살했다(홀로코스트, Holocaust). 반볼셰비즘은 소련으로 대표되는 슬라브 민족에 대한 혐오감, 반공산주의를 의미하는 용어이다. 히틀러는 소련 공산주의가 유럽의 유대인들과 연계되어 있다는 점을 대중들에게 강조하며 나치 독일이 전쟁을 통해 유대인과 볼셰비키의 위협으로부터 서구문화를 수호해야 한다고 선전·선동했다.

독일의 팽창주의 정책은 1938년 3월 히틀러가 독일계 국가인 오스트리아를 합병한 이후에 본격화되었다. 당시 영국의 수상이었던 체임벌린(Arthur Neville Chamberlain, 1937~40)은 독일의 침략주의적 행위를 억제하기 위한 군사행동을 취하지 않았고 외교적 항의(Only talk, No action)로만 일관함으로써 히틀러의 전쟁 의지를 키워주었다. 결국 독일은 체코슬로바키아에서 수많은 독일인이 거주하는 주데텐란트의 할양을 요구했고, 영국과 프랑스는 1938년 9월 30일 뮌헨협정(Munich Agreement)을 체결하여 독일의 주데텐란트 합병을 승인하였다. 이것은 당시 유럽 열강들이 독일에 보여주었던 유화정책(Appeasement Policy)의 기조를 대변해 주는 역사적 사건이었다.

제1차 세계대전의 트라우마를 갖고 있었던 영국과 프랑스는 주데텐란트를 둘러싼 문제로 유럽이 또다시 전쟁의 소용돌이에 휘말리는 것을 원하지 않았다. 결국 영국과 프랑스는 이탈리아, 독일과 함께 뮌헨협정에 서명함으로써 굴욕적이지만 정치적인 타협을 선택했다. 당시 영국과 프랑스는 베르사유 조약으로 독립한 체코슬로바키아에 희생을 강요함으로써 일시적이고 불안정한 평화, 다시 말해 '위장된 평화(Disguised Peace)'를 얻게 되었다.

1938년 11월, 1차 빈 협정(Vienna Awards)에 따라 체코슬로바키아의 나머지 영토가 폴란드와 헝가리에 양도된 이후, 독일은 1939년 3월 체코슬로바키아를 침공했다. 히틀러는 제1차 세계대전 종전 이후 1920년 국제연맹에 의해 설치된 단치히 자유시(Free City of Danzig)의 할양을 요구하였다. 이에 프랑스와 영국은 주변국들과 방위협정 및 동맹을 체결하여 대응했다. 영국은 폴란드와 방위협정을 체결하여 폴란드에 대한 안전보장을 공약했고, 1934년 4월 이탈리아의 알바니아 합병 이후에는 루마니아와 그리스를 포함하여 지원 공약의 범위를 확대하였다.

프랑스도 폴란드와 동맹을 체결하였다. 1939년 3월 21일, 독일은 리투아니아의 메멜(Memel)을 강제로 합병하였고, 5월에는 이탈리아와 강철조약을 체결하였다. 강철조약(鋼鐵條約, Pact of Steel)은 1939년 5월 22일 베를린에서 조인된 독일과 이탈리아 왕국 간 동맹·우호조약으로 양국의 신뢰와 협력, 군사·경제정책의 통합을 골자로 체결되었다.

독일의 팽창정책이 최고조에 달한 시점에 히틀러는 소련의 스탈린과 정치적 밀약(密約)을 체결하여 전쟁의 불씨를 댕겼다. 1939년 8월 23일, 극비리에 체결된 '독-소 불가침 협정(獨-蘇 不可侵 協定)'으로 당시 유럽의 전략적 지형은 새로운 국면을 맞이했다. 영국과 프랑스 등 유럽의 열강들은 독일의 전쟁 야욕을 뒤늦게 식별하였고, 폴란드에 대한 지원 입장을 표명하며 독일에 경고 메시지를 보냈다.

3. 일본의 제국주의 확장

중일전쟁은 개전 초기의 예상과 달리 장기전 양상으로 전개되었고, 일본은 중국 본토에서 전선을 확장해 나가는 가운데 군사적·경제적으로 막대한 자원을 소모했다. 일본의 국내 정치는 군부가 실권을 장악하면서 군국주의가 심화되었으며 본격적으로 전시체제가 확립되었다. 일본제국주의 역사의 기반이 된 군국주의는 메이지유신 이후 근대화 과정에서 태동하였으며, 청일전쟁과 러일전쟁 이후 대외적 침략행위로 표출되었다. 1930년대 만주사변과 중일전쟁기를 거쳐 최고조에 달했던 일본의 군국주의는 아시아·태평양 전쟁의 패전으로 종말을 맞이했다.

일본의 군국주의화 과정을 간략히 살펴보면, 메이지 정부는 서구사회의 선진화된 제도들을 적극 도입하고 군사력을 강화함으로써 부국강병을 추진했다. 일본은 서구 열강의 제국주의 발전모델을 벤치마킹하여 군 조직을 개편하고, 군수산업을 육성했으며 징병제를 도입했다. 이후 청일전쟁과 러일전쟁에서 승리

한 일본은 동아시아의 제국주의 국가로 부상했으며, 대만 · 조선 · 사할린 남부
등 해외 식민지를 확보하였다.

일본은 제1차 세계대전에 참전하여 승전국의 지위를 획득했다. 이로써 일본
사회에서는 군부의 정치적 위상이 강화되었고 군국주의에 대한 국민적 지지기
반이 한층 공고화되었다. 한편, 1920년대 전간기 일본에서는 민주주의와 군국
주의가 갈등 양상을 보였다. 이른바 '다이쇼 데모크라시(大正デモクラシー)'로 상징
되는 민주주의 시대(1912~1926년)에 일본에서는 의회제도와 정당정치가 발전하
였다. 하지만 세계 대공황을 전후로 군부가 정치적 주도권을 장악하면서 일본
의 민주정치는 후퇴하였다.

2·26 사건(일본역사학연구회, 2019, pp.349~361)

1930년대 유럽에서 파시즘과 인민전선의 갈등이 고조되던 시기, 일본에서도 파쇼체제를 강화하기 위한 군부의
움직임이 본격화되었다. 1931년 3월과 10월, 육군 청년 장교들의 군사반란이 실패로 끝났고 1932년 5월 15일
에는 해군 장교들과 민간의 극우주의자들이 이누카이 츠요시(犬養毅) 총리를 암살하는 사건이 있어났다. 한편
1936년 2월 26일, 일본 육군 내 급진파 청년 장교들이 쿠데타를 일으켜 오카다 게이스케(岡田啓介) 총리와 핵
심 관료들을 암살하고 주요 국가시설을 습격했다. 군사반란이 진압된 후 히로타 내각(廣田內閣)이 성립하였고,
군부는 대대적인 숙군(肅軍)을 수용하며 정부에 전시체제 확립을 촉구했으며, 4대 정강을 중심으로 한 '서정일
신(庶政一新, 정치를 바로잡고 새롭게 한다)'을 요구했다. 4대 정강은 군부 중심의 정치체제 수립, 재벌 해체 및
경제개혁, 부패한 정치인 관료 처벌, 천황 중심의 국가 운영이다.

1931년 만주사변 이후 일본 군부의 정치적 영향력은 급속히 강화되기 시작
했고, 군국주의의 기조는 일본 사회 전반에 걸쳐 확산되었다. 1937년 중일전쟁
이 발발하면서 일본의 정치체제는 사실상 군부에 의해 지배되었고 전시경제체
제가 가동되었다. 당시 일본 군부는 국가총동원체제를 구축하여 모든 자원을
전쟁 동원에 집중시키는 정책을 펼쳤다. 국제사회는 만주사변 이후 중일전쟁을
일으킨 일본제국주의를 비난하고 강력한 경제제재를 부과했으며, 그 결과 일본

은 국제적으로 고립되기 시작했다. 이를 타개하기 위해 일본은 아시아 · 태평양 지역에서의 제국주의적 팽창을 추구했으며 필리핀, 인도차이나반도, 말레이시아 등을 포함하여 영토확장을 시도했다.

일본제국주의는 아시아 · 태평양 지역에서 패권을 확립하기 위해 대동아공영권(大東亞共榮圈)을 제시했으며, 이를 통해 만주국과 조선, 대만 등을 포함하여 세력권을 형성하고자 했다. 일본제국주의의 팽창주의적 확장 정책은 인도차이나반도 등 동남아시아 지역에서의 세력권 확장으로 이어졌으며, 결과적으로 미국의 경제적 · 전략적 이해와 충돌했다.

1941년 7월 이후 미국의 대일 자산동결 및 수출금지와 함께 영국 · 중국 · 네덜란드의 경제적 압박이 강화되었다. 이른바 ABCD 포위망이 형성되면서 일본의 전시경제는 큰 타격을 받았다. 중일전쟁기에 전시경제체제로 전환한 일본은 모든 가용자원을 군사 분야에 집중하고, 전쟁 준비와 군수산업을 강화했다. 또한 아시아 · 태평양 전쟁에 대비하여 해군력을 집중적으로 육성하여 항공모함과 잠수함의 양적 확장을 추진했으며, 태평양에서의 전략적 우위를 점하기 위한 전략을 수립했다. 일본은 동남아시아와 태평양의 전략적 요충지를 확보하기 위해 다양한 군사작전을 계획했으며, 이를 통해 미국과의 전면전에 대비했다.

대동아공영권(김경일, 2018, pp.423~435)

일본제국주의가 내세운 대동아공영권(大東亞共榮圈) 구상은 독일의 하우스호퍼가 제시한 생활공간 및 통합지역 논리를 일본화한 개념으로 일본의 경제적 필요성을 독일 지정학 이론에 투영하여 체계화한 결과물이다. 대동아공영권 구상은 서구 중심의 식민지 시장경제 논리가 지배하는 시대적 상황 속에서 일본의 경제적 자율성을 확보하고, 미국과 영국 등 서양 열강의 동아시아 지역 진출을 저지하기 위해 지역블록화가 필요하다는 판단에서 제시된 개념이다. 대동아공영권은 자존권과 방위권 및 경제권으로 구분되어 있으며, 지리적으로는 동아시아 지역을 비롯하여 태평양 도서와 인도, 호주를 포함하는 광대한 영역이다.

4. 독일의 전쟁계획

히틀러가 제2차 세계대전을 일으키기 전에 구상했던 전쟁의 목적은 1925년 출간된 그의 정치적 자서전『나의 투쟁』에 구체적으로 기록되어 있다. 히틀러는 이 책에서 독일의 영토정책을 '동방에서의 생존권 확보'로 규정했다. 또한 유럽의 동부지역에 게르만 민족의 생존권을 보장하기 위한 생존공간을 확보해야 한다고 주장했다(히틀러, 2017, pp.963~986). 그는 독일의 생존과 앞으로 100년 동안의 미래를 준비하는 차원에서 영토정책의 방향을 명확히 설정해야 한다는 입장을 피력했으며, 그 대상은 유럽의 동부에 있다고 보았다. 히틀러는 국경이라는 것도 사람이 만드는 것이기에 인간이 변경할 수 있다고 주장했다. 그는 독일의 영토정책이 당시 국민적 요구와 민족적 사명에도 합치하는 것이며, 반드시 군사력을 동원하여 그 이익을 획득해야 한다고 주장했다.

히틀러는 반유대주의와 반볼셰비즘의 사상적 기반 위에서 독일이 유럽을 통합하는 정치적 이상을 꿈꿨다. 오늘날 유럽연합(European Union)이 정치적 · 경제적 통합을 실현하기 위해 출범했다면, 히틀러와 나치 독일이 구상했던 유럽통합은 전쟁과 무력을 통한 강압적이고 물리적인 방식의 통합이었다. 하지만 히틀러는 독일의 영토정책을 실현하기 위해서 반드시 유럽의 모든 열강을 전쟁에 끌어들일 필요는 없다고 판단했다. 그는 프랑스를 독일의 확실한 적으로 간주한 반면, 영국과 이탈리아는 전쟁으로 대립할 이유가 없다고 보았다. 한편, 유대주의적 · 볼셰비즘적 성향의 러시아는 독일인의 사고방식과 양립할 수 없다고 평가하였다. 결론적으로 독일과 러시아의 동맹은 아무런 가치와 의미가 없다고 주장했다.

히틀러의 자서전, 『나의 투쟁(Mein Kampf)』(홀로코스트 백과사전)

1923년 11월, 히틀러는 맥주 홀 폭동을 통해 독일 공화국을 전복시키려 한 반역죄로 유죄 판결을 받았다. 1924년 란츠베르크(Landsverk) 교도소에서 복역하는 동안 히틀러는 이 책을 저술하여 자신의 사상을 제시했다. 『나의 투쟁』은 일종의 자서전이자 일부 정치적 논문이 포함된 저서로, 히틀러는 이 책에서 나치즘의 핵심 구성요소인 반유대주의와 인종차별적 세계관, 게르만 민족의 생존공간을 확보하기 위한 동유럽 대상 팽창정책의 당위성을 주장했다. 히틀러는 이 책을 출간하여 정치자금을 확보하고 자신의 급진적인 사상을 표출하는 등 정치적 입지를 다지는 데 활용했다.

1933년 수상에 취임한 이후, 히틀러는 군부와 대중을 선동하기 위해 각종 연설에 나섰다. 이를 통해 공산주의 타도와 전쟁을 통한 동유럽의 석권, 게르만 민족의 생존공간 확보에 대한 비전을 밝혔다. 1935년 3월 16일, 히틀러는 베르사유 조약의 군비제한 조항을 파기하고 재군비를 선언하며 본격적인 전쟁 준비에 착수했다. 1936년 3월, 히틀러는 로카르노 조약을 파기하고 라인란트 비무장지대를 점령했다. 1938년 3월 오스트리아를 병합 후 1939년 3월 체코슬로바키아를 점령했다. 독일의 팽창정책에 대해 영국과 프랑스를 비롯한 주변국들은 특별한 대응을 하지 못했다. 세계적으로 불어닥친 대공황의 여파로 대부분의 유럽 국가들은 국방예산을 삭감하고 군비를 축소하는 상황이었기 때문에 독일의 군사적 팽창을 묵인할 수밖에 없었다. 당시 미국도 고립주의 노선을 고수하면서 대공황 극복에 집중하고 있었기 때문에 유럽의 정세에 개입할 여유가 없었다. 따라서 히틀러의 전쟁 의지는 한껏 고무되었으며, 국민들의 열광적인 지지를 등에 업고 군사적으로 계산된 모험을 감행했다.

히틀러의 집권 이후 재군비 과정에서 독일군의 군비증강 현황을 구체적으로 살펴보면 다음과 같다(박계호, 2013, pp.353~363). 먼저 베르사유 체제에서 규정한 육군 병력의 상한선인 10만 명을 1934년까지 30만 명으로 확대했고, 1935

년 징병제를 부활하였다. 독일국방군은 육·해·공군 총사령부를 편성하여 지휘체계를 보완하고 장군참모제도를 부활시켰다. 이에 따라 독일국방군의 전력은 제1차 세계대전 이후 10개 사단에서 1935년 36개 사단으로 큰 폭으로 증가했다. 1938년에는 71개 사단, 개전 초기인 1939년 9월에는 103개 사단, 전쟁 말기인 1945년에는 375개 사단으로 확대되었다. 또한 히틀러는 육·해·공군의 군비증강을 위해 막대한 국방예산을 투자했다. 히틀러의 집권 이후 군사비 지출은 가파르게 상승했고, 1938년의 경우 정부지출의 52%, 국민총생산액의 17%를 군사력 증강에 투입했으며 세부 현황은 〈표 1〉과 같다(케네디, 1997, p.407).

〈표 1〉 히틀러 집권 이후 독일의 군사비 지출 증가 추이

구분	1930년	1933년	1934년	1935년	1936년	1937년	1938년
군사비(100만$)	162	452	709	1,607	2,332	3,298	7,415
증가율(%)	-	279	438	992	1,439	2,035	4,577

독일의 전쟁계획은 젝트의 비밀재군비로부터 시작되어 히틀러 시대의 군비증강으로 한층 구체화되었다. 특히, 전간기 유럽의 혼란한 정세변화 속에서 독일은 제1차 세계대전의 패배 원인에 대한 면밀한 분석을 통해 미래전을 준비했다. 당시 유럽의 각국은 전후 반전사상의 확산과 경제대공황으로 인해 군비축소가 불가피했고, 이로 인해 새로운 무기체계의 개발이 제한되었다. 또한 미래전에 대한 인식도 과거의 틀을 벗어나지 못했다. 대부분의 국가들은 미래전을 제1차 세계대전과 유사하게 진지전 양상이 될 것으로 예측하였다. 따라서 화력운용이 기동보다 중요하고 효과적인 방어를 통해 전쟁에서 승리할 수 있다는 인식이 팽배하였다. 결과적으로 군사개혁에 매우 소극적인 자세를 취했고 기계화부대의 창설보다는 재래식 무기체계의 기계화에 주력했다. 따라서 기동전을

주장하는 군사이론가와 전략가들을 전쟁주의자로 비판하는 사회적 분위기가 조성되었다.

반면, 독일은 앞으로 변화될 미래전의 양상을 새로운 시각으로 바라보았고 주변 유럽 국가들과는 차별화된 방식으로 미래전을 준비했다. 먼저 제1차 세계대전 당시 루덴도르프 대공세에서 적용했던 후티어 전술(Hutier tactics)을 면밀히 분석하여 교훈을 도출하였다. 즉, 공격부대의 기계화, 전차와 포병의 자주화, 보급부대의 차량화를 달성함으로써 작전부대의 기동력과 화력, 수송능력을 강화하는 개념이었다(서영남, 2013, pp.153~154). 또한 구데리안(Heinz Wilhelm Guderian, 1888~1954)을 비롯한 기갑장교들은 미래전의 모습을 진지전이 아닌 기동전이 될 것으로 예측하였고 전차의 위력과 기동전의 중요성을 인식했다. 이러한 관점에서 전차와 차량화된 보병 및 포병부대로 편성된 기갑사단(Panzer Division)의 창설을 강력하게 주장했다. 이러한 요구들은 제2차 세계대전 초기 독일이 유럽 대륙을 공포에 몰아넣은 혁신적인 전술교리의 창안으로 이어졌다.

제2차 세계대전기 독일군의 전쟁수행을 뒷받침한 전술개념은 이른바 '전격전(電擊戰, Blitzkrieg)'이었다. 'Blitzkrieg'는 독일어로 번개를 뜻하는 'Blitz'와 전쟁을 뜻하는 'Krieg'의 합성어로, 새로운 무기체계와 기동수단이 결합된 기습공격으로 신속하고 압도적인 승리를 추구하는 전술교리이다. 전격전이라는 용어는 1935년 독일의 군사 칼럼에서 사용된 이후 주로 독일 언론의 프로파간다에 사용되었다(프리저, 2012, pp.35~36). 전격전의 요체는 심리적인 충격을 가해 적의 중심을 마비시키는 것으로, 핵심 요소는 기습(Surprise)과 속도(Speed) 및 화력의 우위(Superiority of firepower)이다. 첫째, 기습은 심리적인 충격을 가해 적의 전투의지를 무력화하는 것이다. 둘째, 속도는 신속한 기동을 통해 적의 재편성을 차단하는 것이다. 셋째, 화력의 우위는 화력지원의 상대적 우세를 달성하는 개념이다.

전격전이 태동하게 된 배경은 전차, 항공기의 출현으로 새로운 전략이론이 탄생했기 때문이다. 먼저 풀러와 리델하트는 제1차 세계대전기 방어 및 역습시 화력지원의 목적으로만 사용되던 전차의 운용교리를 기동전 개념으로 발전시켰다. 또한 두헤와 미첼은 총력전 수행을 공세적인 항공작전으로 뒷받침하기 위해 전략폭격, 전술폭격 이론을 제시했다. 독일은 젝트의 비밀재군비 과정에서부터 이미 제1차 세계대전의 패인을 분석하여 기동전의 중요성을 인식하고 주요 문제점을 연구해 왔다. 특히, 구데리안은 리델하트의 기동전 수행개념을 적용한 모의 전차 훈련을 실시하여 전격전 개념을 발전시켰다. 그는 전차 단독운용 또는 보병과의 협동작전보다는 보병·포병·공병·통신부대가 기동력을 증강하여 전차와 운용될 때 최대 위력을 발휘할 수 있다는 결론을 도출하였다. 히틀러는 이러한 전격전 이론을 적극 수용하였고, 1935년 10월 15일 3개의 팬저사단을 창설하였다.

전격전(Blitzkrieg) 교리를 탄생시킨 새로운 군사이론(삼킨, 2021, pp.72~75)

영국의 군사전략가이자 근대 기계화전 교리를 확립한 풀러(John Frederick Charles Fuller, 1878~1966)는 대규모의 전차/기계화부대를 운용하여 적의 지휘소와 통신망 등 중추신경을 마비시키는 전략적 마비(Strategic Paralysis) 이론을 제시했다. 또한 리델하트(Sir Basil Henry Liddel Hart, 1895~1970)는 적 부대의 이탈과 분리, 보급로 및 퇴로의 차단을 위해 물리적인 최소저항선과 심리적인 최소예상선으로 기동해야 한다는 간접접근전략(Indirect Approach Strategy)을 제시했다.

이탈리아의 항공전략 이론가인 두헤(Giulio Douhet, 1869~1930)는 공군의 지위 확립과 제공권 장악, 폭격기에 의한 적 부대와 핵심 시설의 파괴를 중시한 전략폭격론을 제시했다. 또한 미국의 항공전략가인 미첼(William L. Mitchell, 1879~1936)은 항공전력의 전술적 운용을 강조한 전술폭격론을 제시했다.

풀러

리델하트

두헤

독일군이 구사한 전격전은 현대전의 패러다임을 전환시킨 혁신적인 전술이었으며 기존의 전쟁개념인 섬멸전과의 주요 차이점은 〈표 2〉에 제시된 바와 같다. 독일의 전격전은 종전 이후 미국의 공지전투(Air-Land Battle), 소련의 작전기동군집단(Operational Maneuver Group, OMG) 전술교리 발전에 큰 영향을 미쳤다.

〈표 2〉 섬멸전과 전격전의 차이점

구분	섬멸전(Annihilation War)	전격전(Blitzkrieg)
작전목적	적 부대의 완전한 파괴 및 살상	충격을 통한 작전적 마비
작전목표	적 부대 격멸	적의 중추신경
관련사례	나폴레옹전쟁, 제1차 세계대전 등	제2차 세계대전 초기 전역 등

전격전의 수행개념을 간략히 살펴보면 아래의 〈표 3〉과 같다(하대덕, 1998, p.313). 먼저 신속한 기습으로 적의 중심부를 타격하여 조직력을 마비시킨다. 적의 저항력을 와해시킨 상태에서 기계화부대가 적진 깊숙이 침투하여 적의 퇴로를 차단하고 재편성 기회를 박탈한다. 특히, 기습효과를 달성하여 적의 내부 혼

〈표 3〉 전격전의 기본수행체계

구분	전투수행방법
침투 및 교란전	• 적 후방의 5열 활동: 정보수집, 민심교란, 적 국민의 전의분쇄 * 제5열(第伍列, Fifth Column): 적진에서 각종 모략활동을 하는 조직적인 무력집단, 또는 간첩 • 제공권 장악, 후방폭격(산업시설, 집결지 등) • 지휘조직, 후방동원체제 마비, 심리적 충격 부과
화력전 (협조된 공격)	• 전차, 자주포, 차량화 보병, 공병 및 보급지원부대의 협동작전 • 좁은 정면에 집중공격, 돌파구 형성
기동전 (전과확대)	• 기갑부대: 신속한 종심전과확대, 적의 재편성 거부 • 급강하 폭격기 운용: 기갑부대 화력지원 • 차량화 보병부대: 후속하며 포위된 잔적 소탕

란을 야기하고 공격부대의 안전을 확보하는 것이 중요하다. 또한 전차와 자주포, 전술폭격기의 통합운용으로 압도적인 화력지원을 실시하는 것이다.

제2차 세계대전을 전후하여 나치 독일은 히틀러가 구상한 유럽의 통합방안을 홍보하기 위해 전쟁포스터와 같은 각종 선전물들을 대대적으로 제작하여 활용했다. 특히, 전체주의의 정당성을 미화하기 위해 예술작품을 활용하여 전쟁의 숭고한 가치를 표현하고 이를 독일 국민들에게 적극 홍보했다. 독일의 문예비평가인 벤야민(Walter Benjamin, 1892~1940)은 나치의 선전 및 선동전략을 파시즘이 행하는 '정치의 예술화'라고 비판했다(벤야민, 2006, pp.229~231). 히틀러는 나치의 통치이념과 전쟁수행을 미화하기 위해 예술을 정치적으로 활용하여 독일 대중들을 선동했다. 아래의 그림은 제2차 세계대전기에 나치가 제작하여 국민들에게 유포한 주요 선전물을 보여준다.

히틀러의 유럽통합 방안을 선전하는 독일의 전쟁포스터(최용찬, 2018, pp.92~105)

최용찬은 나치 독일이 유럽통합 이데올로기를 표현한 전쟁포스터의 이미지 전략을 다음과 같이 3가지로 구분하여 제시했다. ① 구유럽(Old Europa)의 희생자 모티프와 반유대주의적 이미지를 담고 있는 전쟁포스터, ② 유럽통합을 선도하는 독일의 사명 모티프와 대독일주의를 부각시키는 전쟁포스터, ③ 유럽의 승리 모티프와 반볼셰비즘적 이미지를 담고 있는 전쟁포스터이다. ①번 그림은 독일의 전쟁이 유대인의 세계 지배로부터 유럽을 해방시키는 반유대주의적 인종 전쟁의 성격을 갖는다는 것을 선전하고 있다. ②번 그림은 독수리와 빛, 유럽을 조합하여 대독일주의를 표방하고 있으며, 독수리가 양쪽 날개를 둥글게 펴서 유럽대륙을 보호하는 듯한 자세를 취하고 있다. 이 전쟁포스터는 독일이 유럽의 평화를 지키는 독수리가 된다는 것, 즉 독일의 유럽적 사명이라는 메시지를 담고 있다. ③번 그림은 전쟁의 승리와 패배의 이미지를 극단적으로 대비시키고 있으며 독일의 승리와 반볼셰비즘의 이미지를 대비하여 히틀러의 유럽통합 이데올로기와 전쟁의 승리를 정치적으로 찬양하고 있는 정치적 선전물이다.

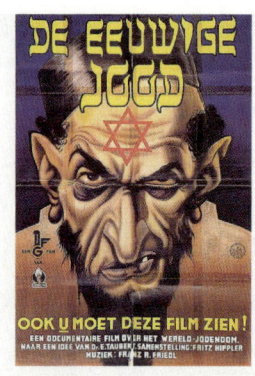
① 반유대인 포스터

② 독일의 유럽적 사명

③ 승리 아니면 볼셰비즘

5. 일본의 전쟁계획

아시아 · 태평양 전쟁은 일본제국주의가 동아시아와 태평양 지역에서 서구 열강의 개입을 차단하고 정치적 영향력을 확대하는 등 군사적 · 경제적 이익을 극대화하기 위해 미국 · 영국 · 네덜란드 등 연합국을 상대로 벌인 전쟁이다. 전술한 바와 같이 일본은 1931년 만주사변 이후 중일전쟁을 통해 동아시아 지역에서 지배권을 확립하고자 팽창주의적 확장을 추구했으며, 중국대륙을 넘어 태평양 지역까지 전선을 확대하는 과정에서 다음과 같이 전쟁수행 전략을 설정했다.

첫째, 안정적인 자원의 확보이다. 일본은 지정학적으로 부존자원이 부족한 국가였기 때문에 석유와 고무, 철광석 등 전략자원을 안정적으로 확보하는 것이 시급했으며, 이를 위해 자원이 풍부한 남방지역을 점령하는 것이 중요한 전략적 목표로 대두되었다. 둘째, 서구 열강으로부터 안정적인 방어선을 구축하는 것이다. 일본은 동아시아와 태평양 지역에서 강력한 방어선을 구축해 미국을 중심으로 한 연합국의 영향력을 차단하고, 이를 통해 식민지와 점령지역을 안정적으로 관리하고자 했다. 셋째, 아시아 · 태평양 지역에서의 지배권을 확립하는 것이다. 일본제국주의는 대동아공영권을 중심으로 서구 열강으로부터 아시아 국가들을 해방시킨다는 명분을 내세웠지만, 사실상 아시아 · 태평양 지역에 일본 주도의 새로운 패권질서를 구축하고자 했다.

일본은 대본영(大本營)을 중심으로 아시아 · 태평양 지역에서의 영향력 확대, 안정적인 자원 확보, 서구 열강의 영향력을 차단하기 위해 다음과 같이 3가지 전쟁계획을 수립했다(Shindo, 2005, pp.147~150). 첫째, 일본은 동남아시아와 태평양 지역으로 세력권을 확장하여 안정적인 자원 공급선을 확보하기 위해 남방작전(南方作戰)을 계획했다. 이를 위해 일본은 필리핀을 점령하여 미국의 아시아 전초기지를 무력화시키고, 이를 기반으로 동남아시아 진출을 위한 교두보를 확보하고자 했다.

대본영(大本營, Imperial General Headquarters)

일본제국주의를 상징하는 군사최고통수기관으로 1937년에 조직되었으며, 일본 제국의 육군과 해군의 최고 지휘기관이자 일본 정부의 군사정책을 총괄하는 기구였다. 대본영은 천황의 명령을 받아 중일전쟁과 아시아·태평양 전쟁기 일본의 전시체제를 이끌었다. 주요 역할은 ① 전쟁계획 및 군사전략의 수립, ② 군사작전 지휘, ③ 군사력 운용, ④ 자원동원 등 제반 군사활동을 총괄했으며 종전과 함께 해체되었다.

또한 일본은 전략적 요충지인 네덜란드령 동인도(현 인도네시아), 영국령 말레이반도와 싱가포르, 미국의 식민지인 필리핀 등 주요 전략적 요충지를 점령하여 안정적인 자원 공급선을 확보하고자 했다. 당시 네덜란드령 동인도와 싱가포르는 석유와 고무, 주석 등 천연자원의 보고(寶庫)였으며, 미국의 식민지였던 필리핀은 미국의 태평양 전초기지로서 전략적 가치가 매우 높았다. 특히, 버마는 인도에 주둔하고 있는 영국군을 견제하고, 중국으로 이어지는 보급로를 차단할 수 있는 요충지로서 중국과의 전쟁을 유리하게 이끌기 위해 반드시 확보해야 할 전략적 목표였다. 또한 일본은 남방작전을 전개하여 이 지역에서 확보한 전략자원의 안정적인 수송로를 확보하기 위해 남중국해와 동남아시아 해상

교통로를 장악하고자 했다.

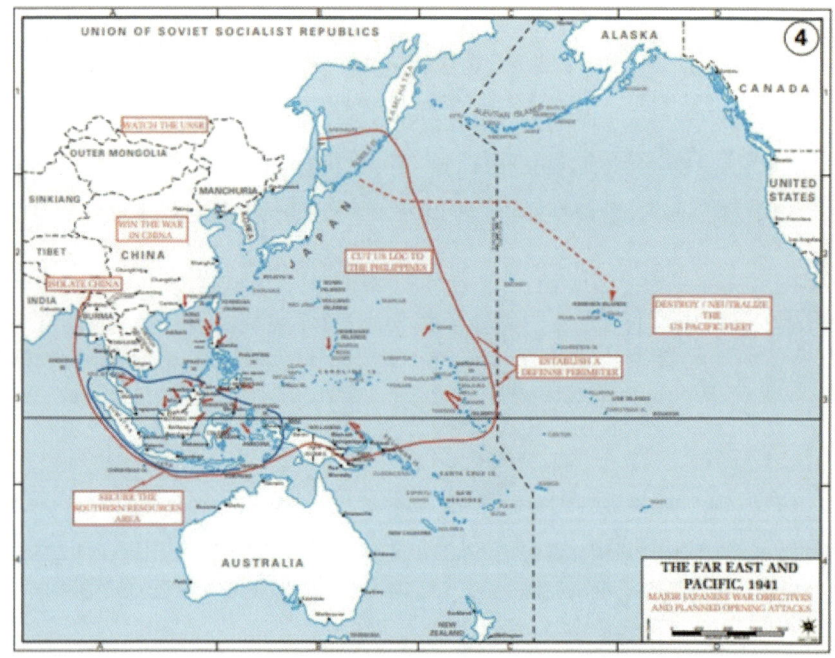

일본의 전쟁계획 및 주요 목표

둘째, 일본은 진주만에 주둔하고 있던 미국의 태평양 함대를 무력화시켜 태평양 지역에서 일본의 초기작전 수행 여건을 보장하고자 했다. 즉, 진주만 공습을 통해 태평양에서 美 해군의 주력을 약화시키고 즉각적인 반격작전을 차단함과 동시에 남방작전의 목표를 달성하는 데 필요한 시간을 확보하고자 했다. 이를 통해 일본은 미국의 전쟁수행 의지를 꺾고, 유리한 조건에서 미국과 정치적 협상을 시도하고자 했다. 셋째, 일본은 남방작전의 종료 이후 일본 본토와 점령지를 포함하여 아시아 · 태평양 지역에 난공불락(難攻不落)의 방어선을 구축하고자 했다. 일본은 솔로몬 제도, 뉴기니 등을 포함하여 강력한 방어선을 구축해 미국과 호주의 연결을 차단하고, 태평양 중앙의 미드웨이섬을 중심으로 방어거점을 확보하여 미국의 전쟁 의지를 꺾고자 했다.

일본은 이러한 전쟁계획을 뒷받침할 수 있도록 1930년대 이후부터 전시경제체제를 가동하였다. 일본제국주의는 경제구조 전반에 대한 국가의 통제를 강화하기 위해 다양한 법령을 제정했다. 1938년에 제정된 국가총동원법은 이러한 전시경제체제 구축의 핵심 법률로서 정부가 군수물자, 노동력을 포함한 모든 자원을 강제로 동원할 수 있도록 규정했다. 일본 정부는 민간기업의 생산량을 할당하고 자원배분을 통제했으며, 생산품의 가격과 임금을 관리하고 군비확장을 위해 군수산업을 대대적으로 확충했다. 또한 군함과 항공기 등 주요 무기체계와 탄약 생산규모를 확대하고 철강·화학·기계공업 등 중화학공업을 중심으로 군수산업을 육성했다. 특히, 일제는 전쟁 준비를 위해 석유, 철광석, 고무 등 주요 전략자원의 확보에 주력했으며, 대량의 군수품 생산을 위해 본토와 식민지를 포함하여 대규모의 노동력을 전시생산체제에 강제로 동원하였다. 한편, 일본제국주의는 전시생산체제를 가동하고 전쟁 준비에 필요한 비용을 충당하기 위해 대규모 전시채권을 발행했다.

일제가 발행한 전쟁채권
(Japan Center for Asian Historical Records)

1930년대 이후 일본제국주의는 국민들에게 자발적인 저축을 장려하기 시작했으며, 중일전쟁 이후부터는 전시경제체제하에서 민간부문의 자금을 전쟁비용으로 조달하기 위해 적극적으로 채권을 발행하여 판매했다. 특히, 1937년 9월 임시자금조정법 제정 이후부터 저축채권, 호국채 등을 포함하여 다양한 형태의 국채를 발행하였다. 우측의 사진은 1943년(쇼와 18년)에 발행된 10엔(円)짜리 전쟁채권이다.

3장

승리를 위한 투쟁

1. 유럽 초기 전선

개전 초기 전쟁의 흐름

독일은 지정학적으로 불리한 여건과 제1차 세계대전의 뼈아픈 교훈을 토대로 최대한 양면전쟁을 회피하면서 단기 속전속결 전략을 추구했다. 강력한 전투력을 발휘하는 급강하폭격기와 기갑부대, 지상군부대의 협동작전으로 이루어진 전격전 수행으로 독일군은 개전 초기인 1939~41년까지 놀라운 전과를 달성할 수 있었다. 특히, 전차 중심의 기계화부대와 전술항공부대의 통합운용으로 경이적인 공격력을 발휘하며 〈표 4〉와 같이 초기 전역을 조기에 마무리했다(하대덕, 1998, p.310).

독일군은 전쟁 초기에 양면전쟁을 회피하기 위해 유럽 서부전선의 국가들을 각개격파하고, 이후 전쟁지역을 유럽 동부로 확장하고자 했다. 즉, 폴란드와 프랑스를 비롯한 유럽 북서부 지역의 국가들을 제압하고, 전장을 동부로 전환하여 소련을 침공할 계획이었다. 하지만 히틀러가 최초에 구상했던 전쟁계획은 크게 2가지의 변수로 인해 차질이 빚어졌다. 첫째, 처칠(Winston Leonard Spencer

Churchill, 1874~1965) 수상의 완강한 저항으로 영국과의 평화협상이 좌절되면서 영국 본토에 대한 침략전쟁이 불가피해졌다. 둘째, 강철동맹을 체결한 추축국 이탈리아가 예상외로 고전하면서 독일군은 발칸반도와 북아프리카 지역에 군사적으로 개입하게 되었다. 히틀러는 소련을 침공하기 전에 지중해를 장악하고 배후의 안정을 도모하기 위해 이탈리아를 지원했다. 하지만 영국 본토에서의 군사작전과 북아프리카 지역으로 전장지역이 확대되면서 독일은 결과적으로 전투력의 분산을 강요받았고, 점차 전쟁의 주도권을 상실하게 되었다.

〈표 4〉 개전 초기 독일군의 전쟁지속기간

피침공 국가	전쟁개시 일시	전쟁종결일	전쟁지속기간
폴란드	1939. 9. 1. 04시	1939. 9. 19.	19일
네덜란드	1940. 5. 9. 24시	1940. 5. 14.	5일
벨기에	1940. 5. 9. 24시	1940. 5. 18.	19일
프랑스	1940. 5. 9. 24시	1940. 6. 22.	66일

폴란드 전역 : 1939년 9월 1일 ~ 9월 28일

1939년 8월 28일, 히틀러와 나치 독일은 1934년 폴란드와 체결했던 상호 불가침조약을 일방적으로 파기하고 9월 1일 폴란드를 침공했다. 제2차 세계대전의 서막(序幕)이라고 할 수 있는 독일의 폴란드 침공은 히틀러의 궁극적인 목표였던 소련을 공격하기 위한 주요 발판이 되었다는 점에서 대단히 중요한 전역이다. 이와 관련하여 미어셰이머(John J. Mearsheimer)는 공격적 현실주의(Offensive Realism)의 이론적 특징을 다음과 같이 2가지 관점으로 제시했다(미어셰이머, 2019, pp.221~222). 첫째, 공격적 현실주의는 국제정치학의 구조주의 이론으로 국제정치체제의 구조가 강대국들로 하여금 상대적 힘을 최대화하도록 강요한다. 둘째, 국가들은 상대적 힘을 극대화시키고자 하며, 궁극적 목표는 패권적 지위를 획득하는 것이다. 미어셰이머는 전략적으로 중요한 영토를 장악하게 되는 경우에 강대국의 정복활동은 국력의 증강에 큰 보탬이 될 수 있다고 보았다.

독일의 폴란드 침공 배경을 살펴보면, 프랑스를 공격하기 전에 배후의 안정을 도모하고 폴란드 회랑을 연결함으로써 발칸 전역을 사전에 준비하기 위한 목적이었다. 이를 위해 독일은 1939년 8월 23일 소련과 상호 불가침조약을 체결하고 폴란드 분할문제를 합의했다.

독일군은 1939년 9월 1일 새벽 4시에 선전포고도 없이 폴란드 항공기지에 대한 기습공격을 감행했다. 전쟁의 명분을 내세우기 위해 하루 전날 밤 독일군 친위대의 지령을 받은 특정 조직으로 하여금 슐레지엔 지방의 라디오 방송국을

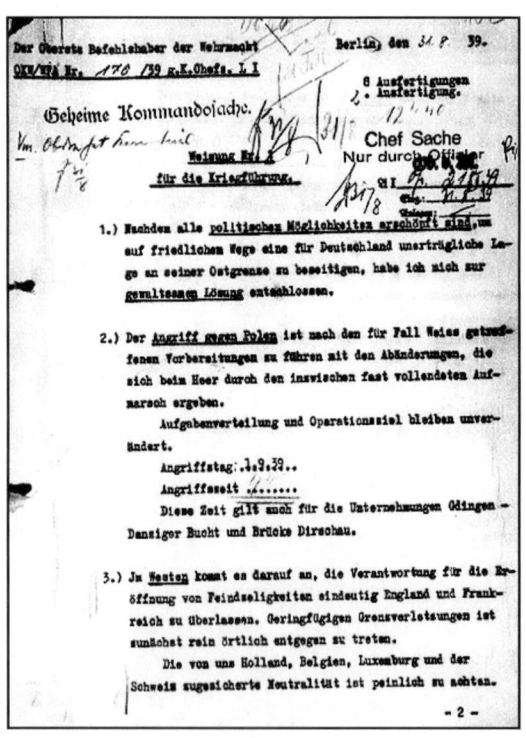

히틀러의 공격명령서(1939년 8월 31일)

습격하였고 독일을 비방하는 방송을 내보내게 하였다.

　개전 초기 독일군은 2개의 집단군으로 구분하여 폴란드 국경을 침공했고 전격전을 통해 지휘소와 비행장, 주요 통신·교통시설 등을 무차별 공격했다. 폴란드는 우선적으로 서부 공업지대를 방어하기 위해 국경선에서 독일군의 공격을 방어하기로 했다. 그리고 동맹을 체결했던 영국과 프랑스로부터 군사적 지원을 받고자 했다. 하지만 당시 폴란드의 군사력은 독일군에 비해 양적·질적으로 열세한 상황이었다. 특히, 당시 폴란드군이 보유하고 있던 전차와 항공기 등 무기체계는 모두 구형이었기 때문에 사실상 효과적인 방어가 제한되었다.

　1939년 9월 3일, 영국과 프랑스가 침략국 독일에 대해 선전포고를 했다. 하지만 5일 만에 폴란드 국경 방어선이 붕괴되었고, 9월 6일 폴란드 정부는 루블린(Lublin)으로 수도를 이전했다. 개전 10일 만에 독일군이 바르샤바(Warsaw)를 포위하자 9월 17일 소련군이 폴란드 동부를 침공하였고, 이어서 9월 27일 바르샤바가 함락되었다. 같은 해 9월 28일, 독일은 소련과 '경계 및 우호조약(German-Soviet Boundary and Friendship Treaty)'을 체결하여 폴란드 영토를 분할하였다.

　독일의 폴란드 침공은 전격전을 통해 속전속결로 진행되었고 독일군 전술의 우수성을 검증하는 기회가 되었다. 동시에 전격전 교리의 문제점을 보완하는 계기가 되었다. 독일군은 4개의 경기갑사단을 중기갑사단으로 개편하면서 프랑스 전역 이전에 10개 사단으로 편제를 증강했다. 폴란드의 주요 패전 원인은 선방어(線防禦) 위주 방어 계획의 한계, 초기 제공권 상실, 전격전에 대한 대비 부족 등으로 요약된다.

소련 – 핀란드 전쟁: 1939년 11월 30일~1940년 3월 12일

유럽 국가 중 소련과 가장 넓은 지역에 국경을 맞대고 있는 핀란드는 독일과의 완충지대(Buffer Zone)를 확보하기 위해 침공한 소련과 겨울 전쟁을 치렀다. 당시 소련은 독일과의 불가침조약이 지속적으로 유지되기는 어려울 것으로 판단하여 완충지대가 필요하다고 판단했다. 하지만 폴란드에서 입증된 독일군의 전력에 위기의식을 느낀 스탈린은 라트비아와 리투아니아, 에스토니아를 강제 합병하였고, 핀란드에 상호원조와 국경선 재조정 문제를 요구했다(와인버그, 2016, p.133). 당시 소련은 레닌그라드 북부의 카렐리아(Karelia) 지협과 핀란드 북부의 리바치(Rybachii)반도의 서쪽 지역 상당 부분을 핀란드에 요구했다. 그 대가로 카렐리아 동부지역의 일부를 제시하며 1939년 10월~11월 초까지 협상을 진행했다. 협상이 결렬되자 소련은 1939년 11월 30일, 선전포고 없이 헬싱키

(Helsinki)를 중심으로 침공을 개시했다.

소련은 4개 군으로 구성된 100만 명의 병력과 1,000여 대의 전차, 약 800대의 항공기를 투입하여 압도적인 전력으로 핀란드의 국경선을 침공했다. 하지만 30만 명의 동원 병력과 턱없이 부족한 재래식 무기체계로 무장된 핀란드군은 울창한 삼림과 호수, 천연 늪지대로 뒤덮인 지형적 이점을 최대로 활용하여 소련군의 파상공격을 효과적으로 방어했다. 특히, 핀란드군은 포위망을 형성하여 적 부대를 각개격파하는 '모티전술(Motti Tactics)'을 활용하여 수오무살미(Suomussalmi) 지역에서 소련군 2개 사단을 격멸하는 전과를 달성했다.

한편 핀란드군은 설상복으로 위장된 스키부대를 운용하고 자체 경기관총을 개발하여 운용했으며, '몰로토프 칵테일(Molotov Cocktail)'로 알려진 대전차 파괴용 화염병을 활용하는 등 창의적인 전투수행방법을 고안했다. 1940년 3월 12일 조건부 항복을 선언한 핀란드는 1941년 6월 독소전쟁 개시와 함께 소련과 2차 전쟁을 치렀다.

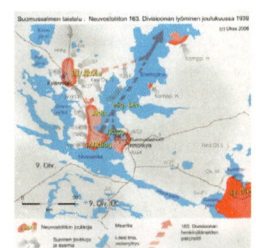
수오무살미 전투 요도

핀란드군의 스키부대

몰로토프 칵테일

노르웨이, 덴마크 전역: 1940년 4월 9일~6월 9일

1939년 9월 1일 독일의 폴란드 침공 직후, 영국과 프랑스는 9월 3일 독일에 선전포고를 했지만 본격적으로 군사작전을 감행하지는 않았다. 이에 따라 독일의 폴란드 점령 이후부터 1940년 4월 초순까지 유럽 서부전선 일대에서는 이른바 '가짜전쟁(Phony War)'으로 불리는 작전적 소강상태가 이어졌다.

독일은 전쟁지속능력을 보다 안정적으로 유지해 나가기 위해 군수산업의 필수 원자재인 철광석이 필요했다. 당시 스칸디나비아반도에서 주요 철광석 수입국은 스웨덴이었다. 따라서 안정적인 수송로를 확보하기 위해 독일은 덴마크와 노르웨이 침공을 결심했다. 전략적인 차원에서는 연합국의 경제 봉쇄를 선제적으로 차단하기 위한 목적도 있었다. 특히, 프랑스 침공의 여건을 조성하기 위해서는 이 지역에 독일의 해·공군 기지를 설치할 필요가 있었다. 그것은 영국 해군의 해상작전을 차단하고 영국 본토를 공격하기 위한 교두보가 필요했기 때문이다.

독일은 1940년 4월 9일, 유틀란트(Jutland)반도로 침공하여 덴마크의 항복을 받아냈고 노르웨이의 서부 해안선을 따라 6개 지역으로 상륙작전을 감행했다. 영국군과의 해상전투와 노르웨이군의 강력한 저항으로 독일군의 오슬로(Oslo) 진공작전은 지연되었다. 영국과 프랑스는 트론하임(Trondheim)을 확보하여 독일군을 남북으로 분리·격파한다는 계획을 수립하고 3만 명의 연합군 병력을 남소스(Namsos)와 안달슨(Andalsnes)에 투입했지만 독일군의 강력한 저항으로 상륙작전에 실패했다. 노르웨이 북부의 나르비크(Narvik) 지역으로 투입된 연합군도 성공적으로 추격전을 벌였지만, 독일군 주력이 유럽 서부전선에서 프랑스를 고립시키면서 6월 초 철수하게 되었다. 노르웨이의 방어 실패로 영국의 체임벌린 수상은 정치적 책임을 물어 사임했고, 이어서 윈스턴 처칠이 새로운 수상으로 취임했다.

프랑스 전역: 1940년 5월 10일~6월 25일

1940년 6월, 독일은 중립국인 덴마크와 노르웨이를 점령하여 대서양 지역에서 안정적인 해·공군 작전기지를 확보했다. 영국의 체임벌린 수상은 전시 내각을 조직하여 곧바로 항전태세를 갖추었다. 프랑스는 제1차 세계대전 이후 방어중심 전략에 따라 독일과의 국경지역에 설치한 마지노선(Maginot Line)을 난공불락(難攻不落)의 요새로 인식한 가운데, 베네룩스 3국인 벨기에(Belgium), 네덜란드(Netherland), 룩셈부르크(Luxembourg)와의 국경지역 저지대에 주력부대를 배치했다. 특히, 벨기에 지역에 분포되어 있는 아르덴(Ardennes) 삼림(森林)지대는 전차와 기계화부대가 원활하게 기동하기 어렵다고 판단했다. 따라서 독일군이 아르덴 지역으로 기동하여 통과하기 위해서는 약 10여 일이 소요될 것이고, 이 경우 뫼즈(Meuse)강을 천연장애물로 이용하여 방어진지를 구축할 수 있을 것으로 예상했다. 당시 프랑스군은 독일군이 북부지역으로 침공해 올 경우 슐리펜 계획(Schlieffen Plan)과 같이 벨기에 북부로 주공을 지향할 것이라고 예측했다.

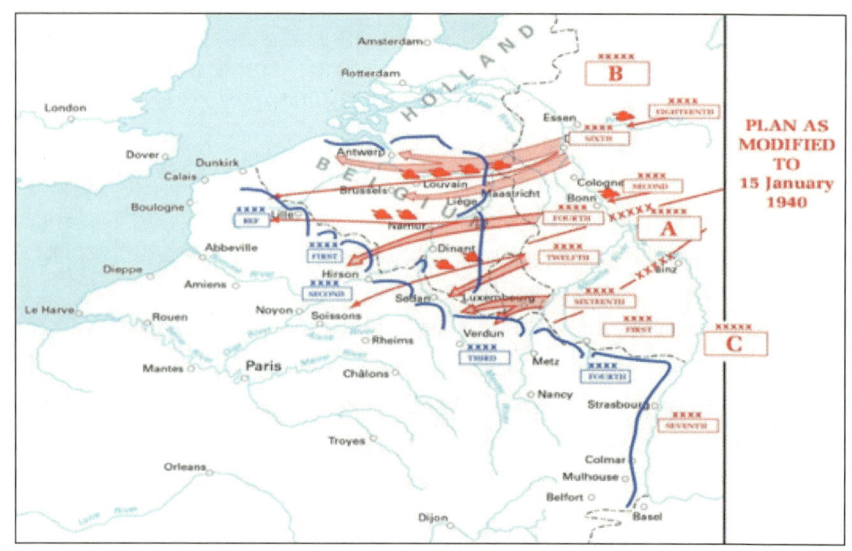

프랑스의 방어작전 기본계획

독일군의 작전계획은 다음과 같다. 1939년 10월 9일, 히틀러는 총통훈련 6호에 의거 프랑스 침공을 지시하였고, 육군 참모총장 할더(Franz Ritter Halder, 1884~1972)는 황색작전(Plan Yellow) 계획을 수립하였다(메가기, 2017, pp.170~173). 이것은 독일군 주력을 벨기에 지역으로 크게 우회시켜 프랑스군을 포위 섬멸하는 개념으로 제1차 세계대전 당시 적용했던 슐리펜 계획과 유사하다. 하지만 1940년 1월 10일, 공군 참모장교인 라인베르거(Helmut Rheinberger) 소령이 벨기에 상공을 비행 중 불시착하면서 황색작전 계획이 연합군 측에 노출되었고, 독일군은 계획을 전면 수정하였다.

에리히 폰 만슈타인

A집단군 참모장 만슈타인(Erich von Manstein, 1887~1973)은 황색작전 계획이 제1차 세계대전 시의 참호전을 유발할 수 있고, 자칫 전쟁의 장기화와 소모전으로

이어질 수 있다고 판단하였다. 이러한 구상을 바탕으로 만슈타인은 기갑부대를 중심으로 프랑스의 마지노선과 벨기에의 방어선이 연결된 아르덴 삼림지역을 신속하게 돌파하여 프랑스군을 포위하는 새로운 작전계획, 이른바 '낫질작전' 계획을 수립했다.

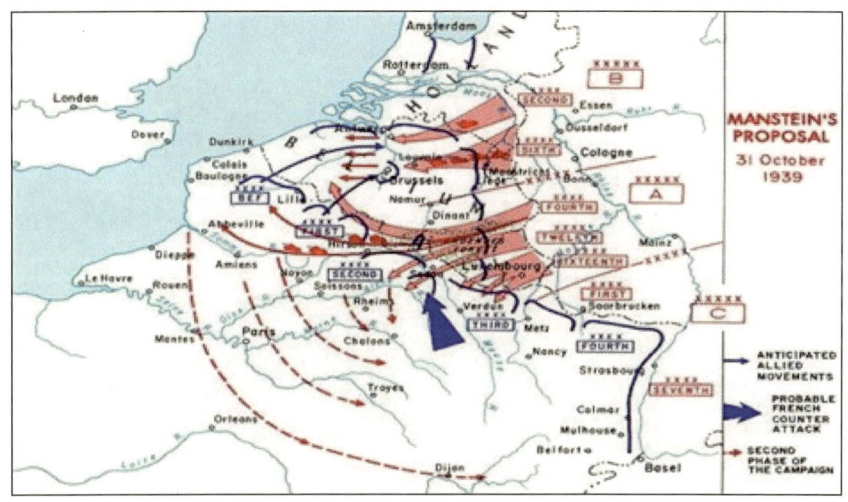

만슈타인 계획(낫질작전)

다음으로 연합군의 방어계획을 살펴보면, 1939년 9월 독일의 폴란드 침공 이후 프랑스는 독일군과 마지노선을 사이에 두고 교착전선을 형성하였다. 프랑스는 벨기에가 침공을 당할 시 에스코(Escaut)강에서 저지하는 'E 계획'을 수립했다. 영국군의 증원 후 프랑스와 벨기에, 영국군이 디일(Dyle)강까지 종심 깊게 방어하는 'D 계획'으로 변경하였다. 이후 프랑스 지휘부는 제7군을 네덜란드의 브레다(Breda)에 배치하여 독일군의 측면기동을 방어하는 '브레다 변경안'을 채택하였다.

연합군의 방어계획

영국과 프랑스, 벨기에, 네덜란드는 위와 같은 방어계획을 구현하기 위해 〈표 5〉와 같이 대규모의 병력과 무기체계를 동원하였다. 하지만 연합군의 장비와 탄약은 대부분 노후화된 상태였고 수적으로도 부족하여 독일군의 전력에 비해 열세했다(로페즈 외, 2021, p.80).

〈표 5〉 프랑스 전역 시 연합국과 추축국의 군사력 현황

구분	병력	사단	전차	항공기
연합국(프랑스, 영국, 벨기에, 네덜란드)	359만 명	144개	4,246대	4,370대
추축국(독일, 이탈리아)	331만 명	142개	3,119대	4,423대

제1차 세계대전의 경험을 바탕으로 연합국은 방어지상주의를 맹신하게 되었으며, 그 결과 프랑스는 마지노 요새를 중심으로 강력한 방어진지를 구축했다.

당시 프랑스 최고사령부의 위협분석 결과를 간략히 살펴보면, 먼저 남부전선의 경우 마지노선(Maginot Line)을 난공불락의 요새로 인식하여 위협수준을 낮게 평가했다. 중부는 아르덴 삼림지대를 통과하는 데 약 10일이 소요될 것으로 판단했으며, 뫼즈강을 천연장애물로 이용하여 방어진지 구축이 가능하다고 예측했다. 특히, 아르덴 방면으로 기동할 경우 포병의 화력지원을 받아야 하기 때문에 많은 시간이 소요될 것이고, 프랑스군은 증원부대를 투입할 수 있는 시간적 여유를 확보할 수 있다고 판단했다. 따라서 프랑스 지휘부는 독일군이 슐리펜 계획의 기동 경로와 같이 벨기에 북부 지역으로 주공을 지향하여 침공할 것이라고 분석했다.

1940년 5월 10일, 독일군은 프랑스와 네덜란드, 벨기에를 기습적으로 침공했다. 벨기에와 네덜란드에서는 공정작전이 전개되었고, 5월 12일 기갑혼성군은 아르덴 삼림지대를 돌파하여 뫼즈강을 도하했다. 5월 13일 안트워프(Antwerp)가 함락되었고 5월 14일에는 네덜란드가 항복을 선언했다. 5월 15일 독일의 B집단군이 딜강 선에 도달하자, 연합군은 딜강에서 철수하여 에스코강에서 방어선을 구축했다. 5월 17일, 드골 대령이 이끄는 프랑스 제4기갑사단이 라옹(Laon)에서 반격을 시도했다. 하지만 5월 19일, 프랑스 총사령관 가믈렝(Maurice G. Gamelin)이 웨이강(Maxime Weygand)으로 교체되었고 프랑스 제9군은 르까토에서 독일군에 크게 패했다. 5월 20일, 구데리안이 이끄는 독일군 제19기갑군단은 프랑스 서해안까지 진출하여 프랑스를 남북으로 분리시켰다. 영국 원정군은 프랑스군과의 재연결작전을 수행하기 위해 5월 21일 아라스(Arras) 지역의 독일 제7기갑사단에 반격작전을 개시했다. 이후 프랑스군은 솜강과 에느강 선에서 방어선을 구축했다.

5월 28일 벨기에군이 항복하였고, 영국군은 5월 26일부터 6월 4일까지 됭케르크(Dunkirk) 철수작전을 전개하였다. 6월 5일 독일군은 남부전선에 대한 공격을 감행했다. 6월 14일 독일군 C집단군이 마지노 요새를 공격하였고 수도 파리를 무혈점령하였다. 구데리안이 이끄는 독일군 제19기갑군단은 6월 17일 스위스 국경지역에 도달하였고 마지노 요새도 고립되었다. 프랑스에는 페탱(Henri Philippe Pétain, 1856~1951)을 수반으로 하는 비시(Vichy) 정부가 수립되었다. 6월 21일 이탈리아가 프랑스를 침공했을 때, 마지노 요새의 방위군 50만 명이 항복하면서 전세가 기울어졌다. 결국 프랑스는 6월 22일 독일과 휴전협정을 체결하였고 6월 25일 발효되었다. 한편, 드골 장군은 영국으로 망명 후 자유프랑스 정부를 결성하여 대독항쟁을 이어나갔고, 프랑스 본토에서는 레지스탕스(Resistance) 지하조직들이 본격적인 반나치 활동을 전개했다.

됭케르크 철수작전(Operation Dynamo): 1940년 5월 26일~6월 4일

1940년 5월 10일, 독일군은 프랑스와 벨기에의 국경선을 빠르게 돌파한 후 연합군을 분리하고 서부 해안지역으로 포위망을 좁혀갔다. 영국군은 퇴로를 차단당한 채 해안에 고립되었다. 이때 영국군은 빠른 속도로 추격해 오는 독일군에 맞서 사상 최대의 철수작전으로 평가되는 '다이나모 작전(Operation Dynamo)'을 감행했다. 영국의 처칠 수상은 긴급 동원령을 발령하여 화물선과 유람선, 어

됭케르크 해안에서 철수하는 연합군

선 등 가용한 민간선박 860여 척을 동원하였고, 악천후와 독일 공군의 폭격 속에서 9일간 약 34만여 명을 성공적으로 철수시켰다(테일러, 2020, p.101). 당시 됭케르크 철수 작전에는 대규모의 민간인 선원들이 투입되었고, 막대한 피해를 감수하며 연합군 병력들을 안전하게 영국으로 수송했다. 다이나모 작전의 성공으로 영국군은 향후 독일군에 대한 반격작전을 효과적으로 준비할 수 있었다. 또한 실의에 빠져 있던 영국 국민들의 항전의지를 고취시키는 계기가 되었다.

됭케르크 철수 이후 처칠의 대국민 연설(필드, 2014, pp.183~188)

1940년 5월 10일, 독일의 노르웨이 점령을 방어하지 못한 책임을 지고 사임한 체임벌린 영국 총리의 후임으로 처칠이 새로운 총리에 임명되었다. 당시 나치 독일은 파죽지세로 프랑스를 향해 진격했으며, 연합군은 전세에 밀려 됭케르크까지 후퇴했다. 처칠은 연합군 병력 338,226명의 성공적인 철수 작전 이후 영국 국민들의 항전의지를 고취하고 독일과의 전쟁에서 승리하기 위해 6월 4일, 의회에서 다음과 같이 연설했다.

"…영국과 프랑스는 공통된 목적과 필요성으로 힘을 합쳐 목숨을 걸고 우리의 영토를 지킬 것이며, 좋은 전우가 되어 최선을 다해 서로를 도울 것입니다. 유럽의 상당한 지역과 유서 깊은 국가들이 게슈타포(The Gestapo, 나치 독일의 국가 비밀경찰)와 나치 수하에 넘어갔거나 넘어가려 하고 있습니다. 하지만 우리는 포기하거나 패배하지 않을 것입니다. 우리는 끝까지 갈 것입니다. 우리는 프랑스에서 싸울 것입니다. 우리는 바다에서도 싸울 것입니다. 넘치는 자신감과 힘으로 공중에서도 싸울 것입니다. 우리는 어떤 대가를 치르더라도 영국을 지킬 것입니다. 우리는 해변에서 싸울 것입니다. 우리는 착륙장에서 싸울 것입니다. 우리는 들판에서, 거리에서, 언덕에서 싸울 것입니다. 우리는 결코 포기하지 않을 것입니다. 비록 단 한순간도 그럴 것이라고 믿지 않지만, 혹시라도 이 섬이 또는 이 섬의 일부분이 점령당하거나 굶주림에 시달리게 된다면, 언젠가 강력하고 새로운 세계가 이 오래된 세계를 구원하고 해방시킬 때까지, 대영제국 전체가 영국의 함대와 함께 투쟁을 계속할 것입니다."

영국 본토 항공전: 1940년 8월 10일~10월 31일

1940년 7월 19일, 독일은 양면전쟁의 부담을 회피하기 위해 영국 정부에 강화조약 체결을 제의했다. 하지만 처칠 수상은 이를 완강히 거부하였고 거듭 항전 의사를 밝혔다(처칠, 2016, pp.489~490). 결국 히틀러는 영국 본토를 침공하기로

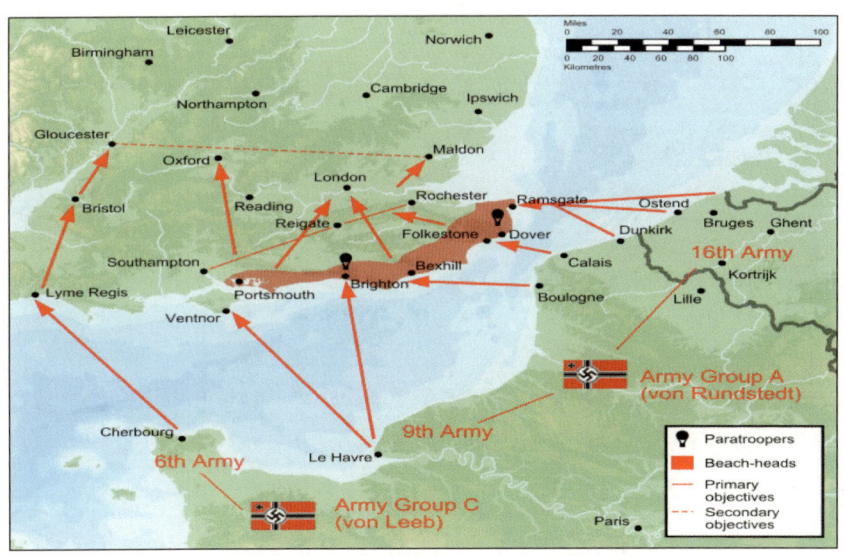

영국 본토를 침공하기 위한 바다사자(Sea Lion) 작전

결심했다. 이에 따라 공군사령관 괴링(Hermann Goering, 1893~1946)은 영국 남부 지역으로 독일군을 상륙시켜 수도 런던을 점령하는 '바다사자(Sea Lion) 작전계획'을 수립했다.

하지만 바다사자 작전의 관건은 영국의 해·공군 전력을 효과적으로 제압하는 것이었다. 즉, 독일군은 영국 상공에서 제공권을 확보하고, 도버(Dover) 해협에서 제해권을 장악해야만 했다. 이를 위해 독일은 1940년 8월 10일부터 10월 말까지 영국 본토에서 항공전을 치렀다. 하지만 영국의 효과적인 대응으로 독일 공군은 큰 손실을 입었고, 9월 17일 히틀러는 바다사자 작전을 무기한 연기시켰다.

영국 본토 항공전에서 활약한 영국과 독일의 주력 전투기(폴리, 2008, p.47)

영국의 주력 전투기인 스핏파이어는 1938년 6월 전력화된 이후 1947년까지 20,351대가 생산되었다. 최대시속 약 600km, 항속거리는 약 1,800km이며 20mm 기관포 2문과 7.7mm 기관총 4문이 장착되어 있다.

독일이 개발한 제트전투기는 Bf109에 바탕을 둔 Me109, 야간전투기인 Me110, 최초의 실용 로켓 추진 비행기인 Me163, 최초의 실용 제트 추진기인 Me262 등 우수한 전투기들이 제작되었다.

영국의 스핏파이어(Supermarine Spitfire)　　　　독일의 매서슈미트(Messerschmitt) Bf109

영국군이 본토 항공전에서 승리할 수 있었던 요인을 살펴보면 다음과 같다(비버, 2017, pp.185~210). 먼저 영국 공군이 운용한 전투기의 성능이 우수했다. 당시 영국 전투기의 주요 기종은 스핏파이어(Supermarine Spitfire)로 독일의 최신예 전투기였던 매서슈미트(Messerschmitt) Bf109에 비해 뛰어난 화력과 공중기동능력을 보유했다. 또한 체인홈(Chain Home)이라고 불린 레이더를 운용하여 독일의 공습에 선제적으로 대응할 수 있었다. 영국군 조종사들의 뛰어난 역량과 애국심도 중요한 승리 요인이었다. 특히, 독일 공군은 정확한 표적정보를 확보하지 못해 영국 공군의 전투기사령부를 효과적으로 파괴하지 못했고, 결국 제공권 장악에도 실패했다.

영국의 대공방어에 활용된 레이더 체인홈(폴리, 2008, p.46)

제2차 세계대전 시 영국 본토로 진입하는 항공기를 탐지하고 추적하기 위해 영국 공군이 설치한 해안 조기경보 레이더이다. 당시 영국 공군 전투기사령관이었던 다우딩(Hugh C. T. Dowding, 1882~1970) 장군은 독일 공군의 전술폭격에 대비하여 전투기사령부에 중앙관제시스템을 구축하였다. 영국군은 지역별 체인홈 레이더 기지로부터 데이터를 수집하여 독일군 폭격기들의 접근로를 사전 파악 후 선제적으로 대응했다.

2. 지중해 전선

유고슬라비아 전역: 1941년 4월 6일~4월 27일

1940년 6월 10일, 프랑스에 선전포고를 하고 뒤늦게 전쟁에 합류한 이탈리아는 유럽의 화약고로 불리는 발칸반도와 북아프리카 지역에 전략적인 관심을 갖게 되었다. 1940년 8월, 이탈리아는 영국령 소말리랜드(Somaliland)를 침공하였고 10월 28일에는 지중해 동부지역을 확보하기 위해 그리스를 침략했다. 하지만 그리스군의 효과적인 방어작전으로 이탈리아 육군은 1941년 3월까지 이어진 공세작전에 실패했다. 이탈리아 해군도 1940년 11월의 타란토(Taranto) 해전과 1941년 3월의 마타판(Matapan) 곶 해전에서 영국 지중해 함대를 상대로 크게 패배했다.

당시 소련은 전쟁에 대비하여 발틱 3국인 에스토니아, 라트비아, 리투아니아를 합병하고 루마니아의 베사라비아(Bessarabia) 지역을 확보하였다. 히틀러는 소련의 이 같은 군사적 움직임을 견제하고 그리스에 주둔한 영국군 기지를 무력화하기 위해 발칸반도 지역에 개입하기로 결정했다. 만일 독일이 발칸지역을 확보할 경우 소련과의 전쟁에서 후방지역의 안전을 도모할 수 있다고 판단했던 것이다. 특히, 영국군 지중해 함대에 타격을 가해 영국 본토 항공전의 패배를 만회하고 당시 군사적으로 난항을 겪고 있던 이탈리아군을 지원하기 위한 목적도 고려되었다.

독일은 헝가리와 불가리아, 유고슬라비아를 추축국 동맹으로 규합하고자 외교적 노력을 강화했고 1941년 3월 25일, 빈에서 3국 동맹조약을 체결했다. 하지만 1941년 3월 27일, 유고슬라비아의 수도 베오그라드(Belgrade)에서 반정부 세력에 의한 쿠데타가 발생하여 친독일계 정권이 붕괴하는 사태가 발생했다(베일리, 1984, pp.24~26). 유고슬라비아가 반나치 성향의 정권으로 교체되는 것을 용인할 수 없었던 히틀러는 즉시 유고슬라비아 침공을 결심했다. 유고슬라비아의 쿠데타를 '발칸의 고름투성이'라고 비유한 히틀러는 무자비한 침공작전을 지시했고, 4월 6일 베오그라드에 대한 대규모 공습이 전개되었다. 독일군은 11일간

독일 공군의 베오그라드 공습

의 침공작전으로 큰 피해 없이 발칸 전역에서 승리를 거두었다. 이를 통해 플로이에슈티(Ploiesti) 유전지대를 확보하는 등 의미 있는 전과를 달성하였고, 동시에 지중해 동부지역의 주도권을 장악했다.

그리스 침공(크레타섬 전투): 1941년 5월 20일~6월 1일

독일군 최고사령부는 리비아로 향하는 독일 호위함대를 엄호하기 위해 몰타(Malta)섬 확보가 필요하다고 판단한 후, 1941년 2월부터 침공계획을 수립했다. 하지만 히틀러는 몰타섬 침공계획을 소련 점령 이후로 변경하고, 그 대신 그리스 크레타(Creta)섬을 확보하기로 결심했다. 크레타섬은 독일군과 연합군 양측에게 다음과 같이 중요한 전략적 요충지였기 때문이다. 첫째, 크레타섬은 발칸반도에 주둔하고 있는 독일군의 핵심 군사기지를 보호하고 아드리아(Adria)해~에게(Aegean)해로 연결되는 추축국의 항로를 확보할 수 있는 곳이었다. 둘째, 크레타섬은 영국군 지중해 함대와 수에즈 운하를 효과적으로 공략할 수 있는 곳이었다. 셋째, 크레타섬을 확보 시 유럽의 점령지역과 중동 사이에 전략거점을 확보할 수 있었다. 이러한 전략적 판단하에 히틀러는 4월 25일 크레타섬 침공을 명령했다.

작전경과를 살펴보면, 독일군은 제11항공군단의 공수부대를 투입하여 카니아(Khania) 등 4개 비행장을 폭격하고 제7공수사단을 투입했다. 하지만 연합군은 울트라(Ultra) 작전, 즉 독일군의 암호체계를 해독하는 비밀작전을 통해 독일군 공수부대의 작전계획을 사전에 입수하였고 효과적인 방어작전을 실시했다. 당시 연합군은 독일군 암호병들이 군사보안의 기본원칙을 위반하고 초기설정 값을 반복 사용하는 허점을 포착하여 공수부대의 규모와 낙하지점 등을 사전에 파악했다(와인버그, 2016, p.267). 연합군은 크레타섬 주민들과 함께 항전을 펼치며 독일군에게 막대한 피해를 입혔다. 하지만 개전 3일 만에 말레메(Maleme)가 함

독일군의 크레타섬 공수작전

락되고 영국군의 지중해 함대가 참패하면서 연합군은 크레타섬에서 철수했다.

크레타섬 침공작전은 원거리 작전지역에 대규모 공수부대를 투입하여 전개되었지만 연합군의 효과적인 대응작전으로 독일군은 약 6,000명의 사상자가발생했다. 또한 310여 대의 항공기가 파괴되어 개전 이후 가장 큰 피해를 입었다. 히틀러는 소련과의 전쟁을 앞둔 상태에서 큰 피해를 초래한 대규모 공수작전에 대해 매우 회의적인 견해를 갖게 되었다. 반면, 연합군 측은 크레타섬 방어작전의 실패를 교훈으로 공수부대의 전술적 운용개념을 발전시키는 계기로삼았다.

북아프리카 전역: 1940년 9월 13일~1943년 1월 23일

지리적으로 광활한 사막과 불모지로 뒤덮인 북아프리카 지역은 최초 독일의주전장(主戰場)은 아니었다. 하지만 1940년 8월, 이탈리아가 영국령 소말리랜드를 침공하면서 새로운 국면을 맞이하였다. 개전 초기 이탈리아군의 전황이 불리해지면서 추축국의 제2전선으로 전환된 북아프리카 전역은 병참선 여건이 제한되는 작전환경으로 독일군에게 큰 부담을 안겨주었다. 당시 영국의 지중해 함대가 제해권을 장악하고 있었기 때문에 독일군은 해상보급이 매우 제한되었고 리비아(Libya)의 트리폴리(Tripoli)와 벵가지(Benghazi)를 통해 물자를 수송해야만 했다.

북아프리카 지역의 전략적 중요성(노병천, 2010, p.344)

제2차 세계대전기 연합국과 추축국이 치열한 각축전을 벌였던 북아프리카 지역의 전략적 가치는 다음과 같다. 첫째, 연합국의 입장에서는 수에즈 운하를 통제하여 중동의 석유, 아시아의 전략물자를 확보할 수 있는 지정학적 요충지였다. 또한 지중해 지역의 제해권을 장악할 경우, 추축국이 중동의 석유를 탈취하지 못하도록 해상경로를 차단하고, 이탈리아의 전장이탈을 조기에 압박할 수 있었다. 특히, 독일에 제2전선을 형성하라고 연합국을 압박해 온 스탈린을 회유할 수 있는 전략적 대안이었고, 독일의 후방을 공격할 수 있는 지역이기도 했다. 둘째, 추축국의 입장에서는 북아프리카 지역이 유럽으로 통하는 중요한 접근로이고 천연자원을 확보할 수 있는 전초기지였다. 동시에 연합국의 무기공급 통로인 페르시아만을 차단할 수 있는 전략적 요충지였다.

기갑군단이 주둔한 엘 알라메인(El Alamein)까지의 병참선은 1,000~1,900km 이상으로 신장되었고 육로수송만 가용했다. 특히, 소련과의 전쟁이 개시된 이후에는 보급 우선순위에서 밀려 작전지속지원이 극히 제한되었다. 반면, 영국군은 이집트의 알렉산드리아(Alexandria) 항구를 통해 엘 알라메인까지 약 100km의 비교적 짧은 병참선을 확보할 수 있었고 미국으로부터 충분한 군수품을 보

급받고 있었다.

북아프리카 전역은 크게 초기전투와 가잘라(Gazala) 전투, 비르하케임(Bir Hacheim) 전투와 엘 알라메인 전투, 횃불작전(Operation Torch)으로 전개되었다. 먼저 초기 전투경과를 간략히 살펴보면 다음과 같다. 1940년 9월 13일, 이탈리아군은 독일 공군의 지원하에 5개 사단 병력을 이끌고 리비아와 이집트를 공격하여 시디바라니(Sidi Barrani)까지 진출하였다. 하지만 처칠 수상의 전략적 판단에 따라 이집트에 파견된 영국군 1개 기갑사단과 1개 보병사단이 3개월간 이탈리아군을 효과적으로 저지했다.

영국군은 12월 9일 반격작전을 개시하여 시디바라니를 탈환하였다. 또한 1941년 1월 22일에는 토브룩(Tobruk)을 확보 후, 2월 7일 이탈리아 제10군의 항복을 받아냈다. 이후 무솔리니는 독일에 군사지원을 요청하였고, 히틀러는 롬멜 중장이 이끄는 아프리카 기갑군단(2개 기갑사단)을 파견하였다. 1941년 3월, 북아프리카에 도착한 롬멜은 즉시 공세행동을 취해 이집트의 국경지대인 솔룸 할파야(Sollum Halfaya) 선까지 진출하였고, 벵가지 등의 요새를 확보했다. 리비아의 대부분 지역을 점령한 롬멜은 키레나이카(Cyrenaica)의 주요 항구이자 독일군의 병참지원을 위해 반드시 필요했던 토브룩을 포위하였다.

당시 영국군 총사령관 웨이블(Archibald Wavell, 1883~1950) 장군은 1941년 6월 15일부터 17일까지 고립되어 있던 토브룩을 탈환하기 위해 공세를 펼쳤다. 하지만 독일군의 유인전술과 효과적인 대전차 방어로 탈환에 실패하였다. 1941년 7월 5일, 영국군의 신임 총사령관으로 부임한 오친렉(Claude Auchinleck, 1884~1981) 장군은 토브룩을 탈환하기 위해 크루세이더 작전(Operation Crusader)을 계획했다. 영국군은 11월 18일 대대적인 기습공격을 감행하였고, 롬멜군을 엘 아게일라(El Agheila)까지 격퇴시켰다.

1942년 1월 21일, 반격작전에 착수한 롬멜은 영국군을 가잘라-비르하케임

선까지 퇴각시켰고 이 기간에 원수로 승진했다. 이 시기에 롬멜은 제2차 세계대전에서 탁월한 지략가로서 명성을 얻게 되었고, 잘 알려진 바와 같이 '사막의 여우(Desert Fox)'라는 칭호를 얻게 되었다. 1942년 5월 27일, 롬멜의 아프리카 기갑군단은 가잘라-비르하케임에서 견고한 방어선을 구축하고 있던 영국군을 선제공격하여 6월 21일 토브룩을 함락시키고 영국군을 엘 알라메인까지 격퇴하였다.

에르빈 롬멜(프레이저, 2018, pp.522~525)

롬멜(Erwin Johannes Eugen Rommel, 1891~1944) 원수는 1891년 11월 15일 독일 남부의 소도시인 하이덴하임(Heidenheim)에서 태어났다. 1911년 단치히(Danzig)의 왕립사관학교를 졸업하고 1912년 임관 후 제124연대로 배치되었다. 제1차 세계대전 시 베르됭, 루마니아, 서부전선 등 각종 전투에 참전하여 공을 세웠다. 1937년 제1차 세계대전 참전 경험을 바탕으로 『보병공격술(Infantry Attacks)』을 저술했다. 1939년 히틀러의 경호단을 지휘하며 소장으로 진급했다. 제2차 세계대전 시에는 1940년 제7기갑사단장, 1941년 아프리카군단 사령관, 1943년 아프리카집단군 사령관으로 임명되어 수많은 전투에서 전공을 세웠다. 1944년 10월, 히틀러 암살음모에 연루되어 음독자살하였다. 독일군 기동전의 대가로서 제2차 세계대전 시 '사막의 여우'라는 칭호를 얻었다.

1942년 8월, 몽고메리 장군이 영국군 제8군사령관으로 부임하였다. 8월 31일 엘 알라메인에서 56km의 방어진지를 구축한 영국군은 롬멜군의 공격을 받았지만 알람 할파(Alam Halfa) 능선에 대전차요새를 구축하여 효과적으로 방어했다. 엘 알라메인 전투의 전초전으로 평가되는 알람 할파 전투 이후 영국군은 충분한 재보급을 통해 전투준비태세를 보다 확고히 다졌다. 몽고메리 장군은 독일군이 선호하는 기동전 대신 보병·포병 위주의 소모전을 선택했다. 롬멜의 기갑군단을 섬멸할 계획으로 1942년 10월 23일, 독일과 이탈리아군에 총공세

이탈리아군 포로

를 가했고 약 10일 만에 전선을 돌파했다.

영국 공군의 폭격과 통신감청 등 효과적인 공격작전이 이루어진 엘 알라메인 전투에서 독일군은 약 4만 명이 전사하고 부상당하거나 포로로 잡혔다. 엘 알라메인 전투는 연합국과 추축국 모두 대규모의 기갑전력을 동원했으며, 북아프리카 전역의 국면을 전환시킨 전투였다. 특히, 개전 이후 영국군이 약 38개월 만에 이루어낸 지상전에서의 큰 승리였다.

버나드 몽고메리(브라이턴, 2010, pp.401~575; 키건, 2016, p.883)

몽고메리(Bernard Law Montgomery, 1887~1976)는 1906년 영국 사관학교(Sandhurst)를 입관하여 1908년 소위로 임관했으며 인도와 아일랜드 등지에서 근무하였다. 제1차 세계대전 시 프랑스 전선에 참전했으며 전간기에는 참모장, 사·여단장으로 인도와 팔레스타인 등지에서 근무하며 경력을 쌓았다. 제2차 세계대전 발발 후, 1940년에 제3사단장으로 부임하여 독일군과 싸웠으며 됭케르크에서 철수했다. 1942년 제8군사령관으로 북아프리카 전역에서 사막의 여우 롬멜이 이끄는 독일 기갑부대를 물리쳤으며, 1944년 노르망디 상륙작전 시에는 영국군을 지휘했다. 1946년에는 전공을 인정받아 영국 정부로부터 작위를 받았고, 1950년대에 북대서양조약기구(NATO) 최고사령관을 역임했다.

1942년 6월, 미국 워싱턴에서 연합군 수뇌부 회담이 개최되었다. 미국의 루스벨트 대통령과 영국의 처칠 수상은 소련군의 사기와 연합국에 미칠 영향 등을 고려하여 프랑스 해방계획을 계속 추진하되, 북아프리카 상륙작전을 우선 시행하기로 합의했다(미첨, 2004, p.336). 이를 위해 1942년 11월 8일, 횃불작전 (Operation Torch)이라는 이름으로 프랑스령 북아프리카 지역에 대한 상륙작전을 전개하였다. 횃불작전 시 연합군의 전략적 고려 사항은 다음과 같다. 첫째, 프랑스 해방을 위한 군사작전이 현실적으로 쉽지 않은 상황에서 북아프리카에 주둔하고 있는 추축국을 봉쇄하고 무력화할 필요가 있었다. 또한 소련이 스탈린 그라드 전투를 통해 독일군의 예봉을 꺾은 상황에서 연합군은 추축국을 압박하고자 했다. 특히, 지중해의 제해권을 장악할 경우 향후 유럽 진공작전의 발판을 마련할 수 있다는 전략적 판단이 작용했다.

제2차 세계대전 개전 초기, 연합국에 전쟁물자를 지원하던 미국이 횃불작전을 통해 처음으로 북아프리카 전선에 투입되었다. 미군은 북아프리카 지역에 대한 상륙작전을 통해 독일군과 첫 실전을 치렀으며 이 과정에서 적지 않은 피해를 입었다. 동시에 미군은 시행착오를 겪으며 교육훈련과 무기체계 운용 간 문제점을 실질적으로 개선할 수 있었다. 상륙군은 3개 특수임무부대로 편성되었고, 목표지역인 카사블랑카(Casablanca)와 알지에(Algiers), 오랑(Oran)을 이상 없이 점령하였다.

연합군은 상륙작전이 종료됨과 동시에 독일군을 포위·섬멸하기 위해 튀니지(Tunisia)로 진격하였다. 연합군과 독일군은 튀니지의 주요 보급항이자 요충지인 튀니스(Tunis)를 중심으로 공방전을 벌였다. 1943년 3~4월, 연합군은 강력한 항공지원과 작전실시간 주공전환, 병참선 차단을 통해 전장주도권을 확보하였고, 5월 초 튀니스를 확보했다. 추축국은 보급품 부족과 연합군의 강력한 공세에 밀려 패배했고, 약 27만 5,000명의 병력이 투항했다(와인버그, 2016b, p.147).

북아프리카에 투입된 미군의 M3 전차

북아프리카 전역은 미군의 M3 그랜트 전차 등의 신형 무기체계와 기갑전술을 검증하기 위한 시험장(Test Bed)이 되었다. 북아프리카 전역에서 승리한 연합군은 지중해 지역에서의 주도권을 장악하였고, 유럽 남부와 이탈리아 본토의 상륙작전을 위해 필요한 교두보를 확보했다.

북아프리카 전역에서 보급지원 간 문제점은 독일군의 작전수행에 큰 제한사항을 초래했다. 광활한 사막으로 펼쳐진 북아프리카에는 철로가 없었고 해안가를 중심으로 단일도로망이 형성되어 있었다. 특히, 사막지역에서는 급수원을 얻기가 매우 제한되었기 때문에 물을 포함하여 탄약과 연료, 식량 등을 모두 보급받아야만 작전수행이 가능했다. 또한 모래와 자갈 등으로 이루어진 사막지형에서 전차와 장갑차, 군용트럭 등 기동장비들을 운용해야 했기 때문에 비교적 많은 연료가 소모되었고 정비 소요도 증가하였다. 따라서 북아프리카는 '전술가의 낙원이면서 군수장교에게는 악몽과도 같은 작전지역'이라는 것이 일반적인 평가였다.

한편, 지중해 중앙에 위치한 몰타섬은 연합군의 입장에서 북아프리카 지역에 대한 추축국의 병참선을 차단할 수 있는 전략적 요충지였다. 반경 20km 이내의 작은 섬에 불과한 몰타섬에는 영국군이 주둔하고 있었다. 영국군의 임무는 독일 아프리카 기갑군단에 보급품을 지원하는 이탈리아 상선을 공격하는 것이었다. 독일과 이탈리아는 영국군의 공격으로 북아프리카 지역에 대한 보급지원에 차질이 발생하자, 몰타섬을 고립시키기 위해 전술폭격을 감행했다. 독일 공군은 장기간의 폭격으로 몰타섬을 폐허로 만들었다. 또한 이탈리아의 해군함대를 지원하고 연합군의 호송선단도 공격했다. 하지만 영국군은 히틀러와 무솔리니에게 지중해의 주도권을 넘기지 않기 위해 어떤 희생을 감수하더라도 몰타섬을 사수하고자 했다.

페데스탈 작전 간 반파된 오하이오 유조선

1942년 3월, 몰타섬에 대한 추축국의 폭격이 최고조에 달하자 영국 정부는 대규모 호송선단을 편성해 몰타섬에 대한 대규모 보급작전(Operation Pedestal)을 전개했다. 페데스탈 작전에는 세계 최대규모의 유조선이었던 미국의 오하이오(Ohio)선이 동원되었다. 이 유조선에는 32,000톤의 연료가 적재되어 있었는데이는 몰타섬에 주둔한 영국군이 10주 동안 작전을 수행할 수 있는 물량이었다. 8월 11일 개시된 페데스탈 작전에는 영국 해군과 공군, 민간선원들을 포함하여 약 2만 3,000명의 병력이 참전했다. 그리고 2척의 항공모함을 포함하여 40여 척의 군함과 38대의 전투기가 동원되었다. 8월 15일, 페데스탈 작전이 완료된 후 몰타섬에 대한 재보급이 성공적으로 마무리되었으며, 연합군은 지중해에서의 주도권을 유지할 수 있었다.

시칠리아 / 이탈리아 전역: 1943년 7월 9일~1945년 5월 2일

1943년 1월, 미국과 영국 수뇌부는 카사블랑카 회담(Casablanca Conference)을 개최하여 장차 작전 계획을 논의했다. 이 회의에서는 영국 해협을 통해 서부 유럽으로 대규모 상륙작전을 감행하는, 이른바 '라운드업(Round-Up) 작전' 계획을 재확인하였다. 특히, 이 작전을 준비하면서 추축국을 압박할 제2전선 유지의 중요성이 대두됨에 따라 시칠리아(Sicilia) 침공계획(Operation Husky)을 결정했다.

시칠리아는 지정학적으로 이탈리아의 주요 접근로였다. 또한 지중해를 동·서로 양분하고 유럽 남부지역에 대한 연합군의 상륙작전 시 교두보로 활용할 수 있는 전략적 요충지였다. 연합군은 튀니지 점령 이후, 이탈리아 진공작전의 예비단계로서 시칠리아 침공계획을 수립하였다. 특히, Husky 작전계획은 소련 지역의 독일군을 견제하고 이탈리아를 압박하는 두 가지 작전적 목표를 갖고 있었다(비버, 2017, p.736).

시칠리아 침공작전은 제2차 세계대전기 추축국 점령지역에 대한 최초의 상륙작전이었다. 영국군 제8군과 美 제7군 예하의 7개 사단이 참여하였고, 전차와 항공기, 차량을 수송하기 위해 함선 3,300척이 동원되었다(윌리스, 1982, p.362). 연합군은 약 35만 명의 추축국을 상대로 역습을 효과적으로 격퇴하였고, 7월 22일 최대 도시인 팔레르모(Palermo)를 확보 후, 8월 17일 시칠리아를 완전히 점령하였다. 당시 독일군은 연합군에 비해 무기체계와 화력지원의 측면에서 상대적으로 열세였다. 하지만 지형적인 장애물을 최대한 활용하여 지연작전을 전개했으며, 6만 명의 주력부대를 안전하게 철수시켰다. 반면, 이탈리아군은 저항능력을 완전히 상실하였다. 7월 25일, 이탈리아 국왕은 무솔리니를 체포하고 연합군과 휴전조약을 체결했다.

시칠리아 / 이탈리아 전역의 주요 경과

- 1943년 1월, 카사블랑카 회담: 지중해 병참선 확보, 전략적 기동범위 확장을 위한 시칠리아 확보계획 결정
- 1943년 7월 9일~8월 17일: 연합군의 시칠리아(Sicilia) 침공(Operation Husky)
- 1943년 8월, 퀘벡 회담: 이탈리아 공격 결정
- 1943년 9월 8일: 연합군과 이탈리아의 휴전조약 조인
- 1943년 9월 2일~10월 8일: 연합군의 살레르노(Salerno) 상륙작전
- 1943년 11월 15일~12월 말: 구스타프선(Gustav Line) 전투
- 1944년 1월 22일: 연합군의 안치오(Anzio) 상륙작전
- 1944년 5월 11일~7월 20일: 로마지구 전투
- 1944년 7월~1945년 5월: 고딕선(Gothic Line) 전투

1943년 8월, 미국의 루스벨트 대통령과 영국의 처칠 수상은 퀘벡(Quebec)에서 수뇌회담을 개최하고, 이탈리아에 대한 공격 방침을 결정했다. 이는 시칠리아 전투의 성공 이후 연합군이 확보한 주도권을 유지하고 유럽 전역에서 제2전선을 형성함으로써 독일을 계속 압박하겠다는 전략적 판단이었다. 당시 연합군 수뇌부에서 판단한 이탈리아반도의 전략적 중요성은 다음과 같다(키건, 2016, pp.523~524). 이탈리아는 연합국이 지중해의 지배권을 장악하고 유럽 북부지역으로 진출하기 위해 반드시 확보해야 하는 지역이었다. 독일에게는 발칸반도의 측방을 보호해 주는 전략적 요충지였기 때문에 대규모 전쟁자원을 동원해서라도 반드시 고수해야 하는 지역이었다.

1943년 9월 9일, 연합군은 이탈리아 본토를 공격하기 위한 교두보 확보를 위

해 살레르노(Salerno) 지역에 대한 기습적인 상륙작전을 감행했다. 클라크(Mark W. Clark, 1896~1984) 장군이 지휘하는 美 제5군이 주공으로, 영국군 제8군과 1공수여 단이 조공으로 상륙 및 공정작전을 벌였고, 개전 27일 만에 목표를 확보했다.

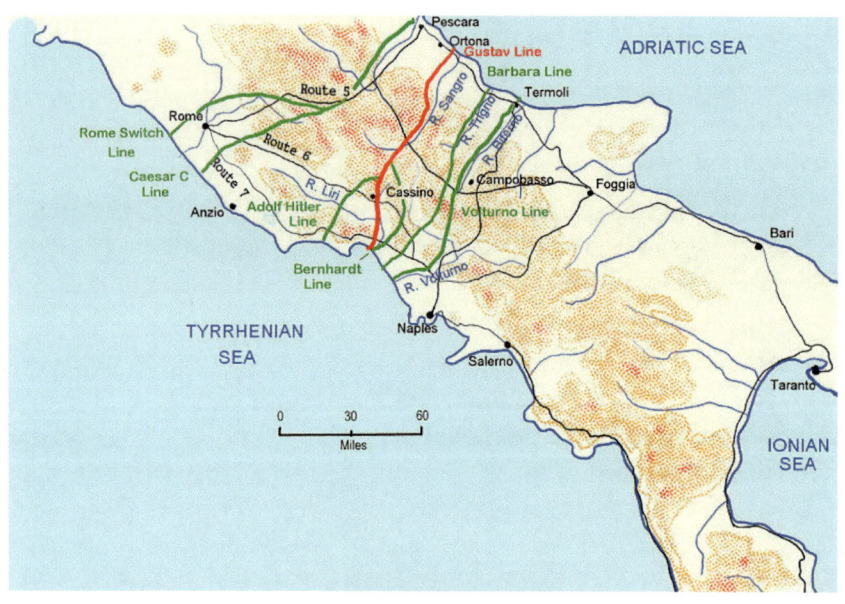

이탈리아 전역의 지형 및 주요 작전선

　살레르노 상륙작전 후, 연합군은 차후 작전에 대한 논의에 착수했으나 공격 의 목표를 놓고 중대한 견해차를 보였다. 당시 영국의 처칠 수상은 전후 공산주 의 확산에 대해 깊이 우려했다. 따라서 이탈리아 내륙지역에 대한 북진작전과 아드리아해 북부의 항구도시인 트리에스테(Trieste) 지역으로 상륙작전을 병행하 여, 발칸반도를 포함한 동부 유럽의 적화사태를 방지해야 한다고 주장했다. 반 면에 미국의 루스벨트 대통령은 이탈리아 북진작전에 동의하면서도, 제1전선 은 프랑스 북부 일대에 형성되어야 한다는 점을 이유로 이탈리아 전역의 확장 에 반대 입장을 분명히 밝혔다. 결국 미국이 제시한 방안이 현실적 대안으로 채

미군의 안치오 상륙작전

택되었다.

1943년 10월 13일 이후, 연합군은 독일군이 지연작전을 위해 구축해 놓은 방어진지(Winter Line)에서 약 한 달간 치열한 전투를 벌였다. 이후 독일군 사령관인 케셀링(Albert Kesselring, 1885~1960) 원수는 라피도(Rapido)강으로부터 상그로(Sangro)강으로 이어지는 강력한 방어진지(Gustav Line)를 구축했다. 연합군은 교착 상황을 타개하기 위해 1944년 1월 22일 안치오(Anzio) 상륙작전을 개시했다. 하지만 독일군의 병력 증원으로 교두보 확보에 실패하였고, 5개월간 고립되는 상황에 처했다.

같은 해 5월 11일, 연합군은 독일군의 배후를 위협하기 위해 로마를 공격했고 6월 4일 목표를 확보하였다. 로마전투 이후, 연합군은 독일군이 구축해 놓은 최종 방어선(Gothic Line)에서 교착 상황에 직면했으나 1945년 4월 총공세를 감행했다. 5월 2일, 독일군이 항복하면서 약 600일간의 이탈리아 전역이 마무리되었다.

살레르노 해안에 상륙하는 연합군 병력   살레르노 해안에서 전개하는 연합군 포병부대

미국의 참전과 전시생산체제 전환*

제2차 세계대전이 발발한 이후에도 미국은 여전히 대공황 극복을 위한 고립주의(Non-interventionism) 노선을 지속적으로 유지했고, 유럽의 전쟁에 개입하기를 주저했다. 1935년, 미국은 전쟁 중인 국가를 대상으로 군수물자 교역을 금지하는 내용의 '중립법(Neutrality Act)'을 제정했다. 이후 1939년까지 4차례의 개정을 거쳐 영국과 소련 등 연합국에 각종 무기체계와 군수품을 수출했다. 법률 제정 당시에는 관련 국가들에 현금결제는 물론이며 운송에 대한 책임까지 부과하였다. 하지만 1940년 전쟁이 본격화되면서 어려움에 직면했던 영국의 처칠 수상은 미국 정부에 전쟁물자의 무상공급 및 운송 등을 협조했다.

1940년 11월, 3선(三選)에 성공한 미국의 루스벨트 대통령은 군사적 개입을 피하면서 영국을 지원할 수 있는 효과적인 방안을 구상했다. 12월 17일, 루스벨트는 미국 의회와 국민들을 대상으로 한 라디오 연설에서, 이른바 '소방호스의 비유'를 이야기하며 연합국에 대한 미국의 군사지원 필요성을 강조했다.

---

* 이 글은 다음의 학술논문에서 발표한 내용을 일부 발췌하여 수정·보완하였다.; 이강경·문은석·황수현. 2022. "제2차 세계대전시 미·영 연합군의 승전요인 고찰: 무기체계 연구개발 및 전시생산체제를 중심으로". 『군사연구』 제153집. 육군군사연구소. pp.169~172.

1941년 2월, 영국의 처칠 수상도 미국 국민들을 대상으로 한 라디오 연설에서 연합국에 대한 미국의 군사지원을 호소했다.

1941년 3월 11일, 美 행정부는 무기대여법(Lend-Lease Act)을 발효시킴으로써 미국의 안보에 필요하다고 판단되는 국가들에 대한 군수품 지원을 승인하였다. 무기대여법이 제정되면서 중립법은 더 이상 적용되지 않았으며, 미국이 제2차 세계대전에 참전하는 계기가 되었다. 미국은 천문학적인 예산이 투입된 무기대여법을 통해 승리에 기여하였고, 전후 패권국으로서 국제사회의 질서를 주도해나갔다.

미국의 무기대여법(폴리, 2008, pp.146~150)

제2차 세계대전의 발발 이후, 미국에서는 유럽의 전쟁에 더 이상 개입하면 안 된다는 고립주의 정서가 확산되었다. 하지만 영국의 승리가 미국 안보와 직결된다고 확신한 루스벨트 대통령은 1940년 12월 29일 대국민 연설을 통해 미국이 '민주주의의 병기고(Arsenal of Democracy)'가 되어야 한다고 제안했다. 1941년 3월 11일, 美 의회에서는 격렬한 논의 끝에 '무기대여법(An Act to Promote the Defense of the US, Lend-lease Act)'이 통과되었다. 종전 시까지 총 50억 달러가 외자로 제공되었고, 그중 31억 달러는 영국에 우선적으로 지원되었으며 나머지는 소련과 중국, 프랑스를 포함하여 37개국의 몫이 되었다. 미국의 무기대여 프로그램은 실제 대규모의 군수지원 작전으로 전개되었으며, 대부분의 군수품은 주로 상선과 항공기를 활용하여 영국으로 운송된 후 각 연합국으로 분배되었다. 1945년 8월 15일, 연합국의 승리로 전쟁이 마무리되면서 트루먼 대통령은 모든 프로그램을 중단하였다. 미국의 무기대여 프로그램은 제1차 세계대전 이후 전쟁부채를 처리하는 데 실패했던 경험을 토대로 채택한 정책이었다. 하지만 제2차 세계대전 시 연합국의 항전과 전쟁 승리에 결정적인 기여를 한 획기적인 군사원조 방법으로 평가받는다.

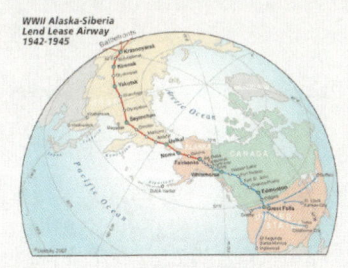

무기대여를 위한 최단 경로

연합국으로 지원되는 미군의 군용트럭

1941년 12월 7일, 일본의 진주만 공습(Attack on Pearl Harbor) 이후 미국은 12월 8일 추축국을 상대로 전쟁을 선포하고 항전태세로 전환했다. 미국은 병력동원 체제와 군비확장, 전시 군수산업 시설 가동 등에 필요한 법률을 제정하여 전시생산체제에 돌입했다. 대표적인 법안으로는 1940년에 제정된 징병법(Selective Service Act), 선별훈련복무법(The Selective Training and Service Act), 1943년 6월에 제정된 스미스-코널리법(Smith-Connally Act) 등이 있다.

제2차 세계대전 당시 미국의 전시생산체제 전환(베일리, 1984, p.77)

1941년 12월 8일, 추축국에 대한 선전포고 후 미국은 가공할 만한 공업생산 능력을 토대로 제2차 세계대전 기간을 통틀어 에식스급 항공모함과 리버티선을 포함하여 87,620척의 함정과 29만여 대의 항공기를 생산하였다. 특히, 자동차 회사였던 GM 등 미국의 대기업들은 본격적으로 군수물자 생산에 참여하였다.

| Liberty선 건조 | Essex급 항공모함 | 전시 포스터 |

루스벨트 행정부는 전시생산체제를 보장하기 위해 1942년 1월, 전시생산위원회(War Production Board)를 창설하여 군수품 생산과 조달에 관한 전권을 위임했다. 특히, 대기업 출신의 전문가들을 위원으로 임명하여 고무 등과 같은 전략물자 수급, 전시 긴요물자의 조달 우선순위 등을 조정·통제했다. 또한 막대한 전쟁비용을 조달하기 위해 세율을 인상하고 전쟁채권을 발행하는 등 다양한 전시

정책을 추진했다.

1942년 6월, 워싱턴 회담에서 영국의 처칠 수상은 북아프리카 전역에 미군
의 참전을 요구했다. 루스벨트 대통령은 군사고문단을 현지에 파견하여 작전지
역의 정세를 확인했다. 그 결과 전투병력 파병 대신 미군의 전투장비를 지원하
기로 결정했다. 이후 전투원의 대량 피해가 예상되는 유럽 본토 대신 북아프리
카 전역에 참전하기로 방향을 잡았다. 서유럽에 참전할 경우 리스크가 컸기 때
문에 전투 경험을 사전에 축적할 수 있는 북아프리카 전역에 파병하기로 결정
한 것이다. 결과적으로 미국의 참전은 제2차 세계대전의 흐름을 바꾼 결정적
계기가 되었다.

3. 유럽 동부 전선*

독소전쟁의 개요

매년 5월, 러시아에서는 제2차 세계대전의 승전을 기념하는 대규모 기념행사가 열린다. 소련인들은 나치 독일의 침략에 맞서 2,000만 명 이상의 희생자를 감수하며 조국을 지켜냈다. 오늘날 대부분의 러시아 국민들은 이 참혹한 전쟁을 '대조국 전쟁(大祖國戰爭)'이라고 부른다. 이것은 제2차 세계대전에서 승리의 주역이 소련이라는 민족적 자부심을 반영하는 대목이다. 역사적으로 러시아는 두 차례에 걸쳐 타국의 침략을 막아낸 군사적 전통을 갖고 있다. 19세기 제정러시아는 유럽 정복에 나선 나폴레옹 군대에 맞서 싸웠다. 20세기 소련은 히틀러와 나치 독일의 침공에 맞서 약 4년 동안 처절한 항전을 벌였으며, 결국 전체주의 세력을 몰아냈다.

1941년 6월, 상호 불가침조약을 일방적으로 파기한 독일의 기습적인 공격으로 소련은 불과 5개월 만에 서부지역의 대부분을 상실했다. 당시 전격전을 통해 파죽지세로 소련군을 밀어붙인 독일군은 같은 해 11월, 수도 모스크바(Moscow)의 근교까지 위협하였다. 하지만 전쟁이 장기화하면서 소련군의 거센 저항에 직면하게 되었다. 특히, 전국적으로 봉기한 비정규군이 게릴라전을 벌이면서 독소전쟁은 장기전으로 돌입했다. 개전 초기 소련군은 주코프(Georgy Konstantinovich Zhukov, 1896~1974) 원수의 지휘하에 모스크바를 성공적으로 사수했고, 900일 동안 치러진 레닌그라드(Leningrad, 현 Saint Petersburg) 전투에서 독일군의 봉쇄를 효과적으로 막아냈다. 1942년 7월~1943년 7월, 소련군은 제2차

---

* 이 글의 일부는 다음의 학술논문에서 발표한 내용을 수정 · 보완하였다.; 이강경 · 김금률 · 편관서 · 김대웅. 2022. "1941~1945년 독소전쟁시 소련의 승전요인 고찰: 무기체계 운용 및 전시생산체제를 중심으로". 『한국군사학논총』 제11집 3권. 미래군사학회. pp.47~68.

세계대전의 전환점으로 평가받는 스탈린그라드(Stalingrad, 현 Volgograd) 전투와 쿠르스크(Kursk) 전투를 승리로 이끌었으며, 이후 반격작전을 통해 독일군을 베를린까지 몰아냈다.

독소전쟁의 주요 작전경과

- 1941년 6월 22일: 독일의 침공, 국경지역 전투 개시
- 1941년 8월 21일~9월 26일: 키이우(Kiev) 포위전
- 1941년 9월 8일~1944년 1월 27일: 레닌그라드 봉쇄전
- 1941년 10월 2일~1942년 4월 말: 모스크바 대공세
- 1942년 6월 28일~11월 중순: 독일군의 스탈린그라드 공세   * 독일 A집단군 철수
- 1942년 11월 19일~22일: 소련군 반격작전   * 독일군 후퇴
- 1943년 2월 2일: 독일군 제6군 항복
- 1943년 7월 5일~8월 23일: 쿠르스크(Kursk) 전투   * 사상 최대규모의 전차전
- 1944년 1월 15일~10월: 소련군 공세   * 7대 전투에서 승리
- 1945년 1월 12일~5월 2일: 소련군 최종공세   * 독일의 항복(5.7일), 전승기념일(5.8일)

독일군의 소련 침공계획: 바바롯사 작전계획(Barbarossa Plan)

전격적으로 감행된 독일의 소련 침공은 히틀러 자신이 독단적으로 내린 유일한 결정이었으며, 다음과 같이 그릇된 판단으로 이루어진 결과였다(테일러, 2020, p.169). 당시 소련의 경제 상황은 큰 혼란에 빠져 있었으며 국민들은 공산당의 독재를 혐오한다고 생각했다. 또한 스탈린은 대숙청 기간에 수많은 소련군 장성들과 유능한 장교들을 죽였다. 독일은 대규모의 육군을 보유했고 소련은 독일의 육군을 대규모로 투사할 수 있는 유일한 장소였다는 점도 중요하게 작용했다. 특히, 히틀러를 비롯한 독일군 수뇌부는 당시 유럽에서 가장 강력한 프랑스를 6주 만에 패배시켰기 때문에 소련 역시 수 주간의 군사작전으로 쉽게 굴복시킬 수 있을 것으로 판단했다.

1941년 6월, 독일이 소련 침공을 결심하게 된 군사적 이유는 다음과 같다(메

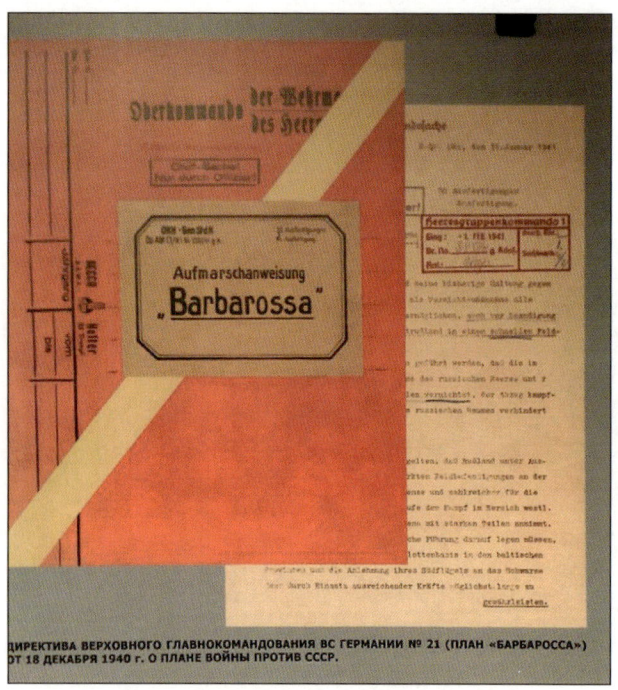

바바롯사 작전 지침(1941년 2월 1일)

가기, 2017, pp.192~210). 독일은 제1차 세계대전의 교훈을 바탕으로 양면전쟁에 대한 트라우마를 갖고 있었기 때문에 영국을 정치적으로 회유하거나 군사적으로 제압하고자 했다. 히틀러는 영국과의 절충적인 평화협정 시도가 좌절된 이후 영국 본토에 대한 공격을 결심했다. 하지만 영국을 상대로 한 전쟁은 미국과 소련의 군사지원을 야기할 수 있었기 때문에 이러한 전략적 딜레마를 해결할 수 있는 대안을 검토하기 시작했다. 그 결과 히틀러와 독일군 지휘부는 영국과 미국을 상대로 한 장차전에서 행동의 자유와 자원을 확보하기 위해 소련과의 단기결전을 계획했다.

이러한 전략적 판단하에 1940년 7월 31일, 히틀러는 對 소련 침공계획을 담은 총통명령 21호, '바바롯사 계획'을 예하 전선사령부에 하달했다.

히틀러와 독일군 최고사령부는 소련의 영토가 광활하기 때문에 단기결전이 제한될 것이라고 판단했으며, 세 차례에 걸쳐 작전계획을 수정했다(키건, 2016, p.270). 1940년 8월, 주공을 북부 벨라루스(Belarus)와 남부 키이우(Kiev)로 지향한 마르크스(Erich Marcks) 안과 레닌그라드 축선을 포함한 할더(Franz R. Halder)의 변형안이 제시되었다. 하지만 아래 그림과 같이 히틀러가 제안한 바바롯사 계획이 최종 결정되었다.

독일군의 침공계획은 크게 북부와 중부, 남부 집단군으로 구분하여 소련 국경선 일대에서 주력군을 섬멸하고 지역별로 목표를 확보하는 것이었다. 레에프(Wilhelm Josef Franz Ritter von Leeb, 1876~1956)의 북부집단군은 레닌그라드를 점령하고, 보크(Fedor von Bock, 1880~1945)의 중앙집단군은 스몰렌스크(Smolensk)에서 모스크바로 향하는 통로를 확보하도록 했다. 룬드쉬테트(Gerd von Rundstedt, 1875~1953)의 남부집단군은 키에프를 거쳐 우크라이나를 점령하는 계획이었다.

독일의 소련 침공계획(바바롯사 계획)

<표 6> 독소전쟁기 전력 현황(Glantz · House, 2007, pp.375~379)

단위: 만 명

구분	소련		비율	독일	
	소련군	동맹군		독일군	추축군
1941.6.22. (개전 초기)	• 268 (서부 군관구) • 550(총병력)	–	1:1.4	• 312	• 60 (핀란드 45, 루마니아 15)
1942.5.5.	• 545(일선병력) • 895(총병력)	–	1.52:1	• 263	• 95(핀란드 45, 루마니아 · 헝가리 · 이탈리아 50)
1943.4.3.	• 579(일선병력) • 895(총병력)	–	1.68:1	• 283	• 60(핀란드 40, 루마니아 · 헝가리 20)
1944.9.1.	• 660 (일선병력 추정)	• 10 (폴란드, 체코)	2.64:1	• 209	• 45(핀란드 18, 헝가리 27)
1945.5.8.	• 570	• 45(폴란드, 루마니아, 체코, 불가리아)	4.1:1	• 151	–

<표 7> 독소전쟁 개전 초기 전투서열(Glantz · House, 2007, p.60)

소련군	독일군
• 북부 전선군(M. M. 포포프 상장) 제7군, 제14군, 제23군, 제1 · 10 기계화군단 • 북서 전선군(F. I. 쿠즈네초프 상장) 제8군, 제11군, 제27군, 제3 · 12기계화군단, 제5공수 군단 • 서부 전선군(D. G. 파블로프 대장) 제3군, 제4군, 제10군, 제13군, 제6 · 11 · 13 · 14 · 17 · 20기계화군단, 제4공수군단 • 남서 전선군(M. P. 키르포노스 상장) 제5군, 제6군, 제12군, 제26군, 제4 · 8 · 9 · 15 · 16 · 19 · 22 · 24기계화군단, 제1공수군단 • 남부 전선군('41.6.25., I. V. 튤레네프 대장) 제9 · 18군, 제2 · 18기계화군단, 제3공수군단 • 스타브카 예비대(배치 중인 상태) 제16 · 19 · 20 · 21 · 22 · 24군, 제5 · 7 · 25 · 26기계화군단	• 노르베겐 야전군 (니콜라우스 폰 팔켄호르스트 상급대장) • 핀란드 야전군 • 북부 집단군(빌헬름 폰 레프 원수) 제16군, 제18군, 제4기갑집단 • 중부 집단군(페도르 폰 보크 원수) 제4군, 제9군, 제2기갑집단, 제3기갑집단 • 남부 집단군(게르트 폰 룬트슈테트 원수) 제6군, 제11군, 제17군, 루마니아 3군, 루마니아 제4군

국경지역 전투: 1941년 6월 22일~8월 말

독일군이 의도한 소련 침공의 최종 목표는 3개 집단군의 병진공격으로 볼가 (Volga)강과 북극(The Arctic)해를 연하는 지역까지 확보하는 것이었다. 하지만 주공 방향에 대해 히틀러와 군 수뇌부는 서로 다른 의견을 가지고 있었다. 히틀러는 곡창지대와 유전지대를 확보하기 위해 우크라이나, 코카서스 등 남쪽을 주공으로 삼고자 했다. 반면 군 수뇌부는 소련군의 주력을 조기에 격파하고 차후 작전을 순조롭게 진행하기 위해 모스크바를 주공으로 삼아야 한다고 건의했다.

독일군은 이러한 견해 차이로 인해 개전 초기 주공 방향을 결정하지 못했고 국경지역에서의 전황을 보고 차후에 판단하는 것으로 유보했다. 한편, 독일군은 소련 침공을 준비하면서 광활한 작전지형에 적합한 맞춤형 전법을 고안했다. '쐐기와 함정'이라고 불리는 새로운 전법은 독일군의 전격전을 소련 지역에 맞게 변형시킨 양익포위전술이었다.

1941년 6월 22일, 독일군은 소련 국경지역에 대한 전면적인 공격을 개시했으며 작전 양상은 다음과 같이 전개되었다(Glantz · House, 2007, pp.79~93). 독일 공군은 폭격기 770대, 전투기 480대를 동원하여 수일 동안 소련군의 주요 비행장과 군사시설 등을 폭격하며 제공권을 완벽히 장악했다. 소련군은 개전 당일 1,200대의 항공기가 파괴되었고, 군 조직 및 지휘체계가 순식간에 붕괴되었다. 스탈린은 독일군에 대한 총반격을 지시하는 지령 3호를 전방 전선군 사령부에 하달했다. 하지만 독일군은 파죽지세로 국경지역을 돌파하여 내륙으로 진출했고 개전 1주일간 소련군 기계화부대는 전력의 90%를 상실했다.

독일군의 지역별 전황을 간략히 살펴보면, 북부집단군은 발틱 3국을 점령 후 8월 말 레닌그라드를 고립시켰다. 남부집단군은 키에프 외곽으로 진출했다. 한편, 중앙집단군은 모스크바 진출로를 개방하였다. 약 10주간 치러진 국경지역 전투는 8월 말에 완료되었으며 소련군과 독일군 모두 큰 피해를 입었다. 하지만 소련군의 주력을 국경지역에서 섬멸한다는 독일군의 최초 계획은 좌절되었다.

산업시설 재배치: 1941년 7~11월

독일의 침공계획을 오판했던 스탈린은 개전 초기의 불리한 전황 속에서도 수도 모스크바를 사수함과 동시에 국가 산업시설을 동부지역으로 신속하게 이전하는 정책을 추진했다. 이를 위해 1941년 6월 30일, 국가 수뇌부로 구성된 국가방위위원회(State Committee of Defense)가 결성되었다. 스탈린은 군의 최고통수권자로서 국가방위위원회 의장직을 동시에 수행하게 되었고, 전시 시설 대피 계획을 수립하여 군수산업 인프라에 대해 긴급 이전 명령을 하달했다. 이것은 독일 공군(Luftwaffe)의 전략폭격으로부터 소련의 산업인프라를 보호하고, 군수 공장 및 산업시설을 우랄산맥 동부 지역으로 긴급 이전하여 전쟁지속능력을 보장하기 위한 조치였다.

소련은 개전 초기의 군사적 실패에도 불구하고 산업시설과 방산업체들을 동부지역으로 재배치하고 전시생산체제로 신속히 전환함으로써 전쟁지속능력을 유지할 수 있었다. 이는 1930년대 이후 스탈린이 강력하게 추진했던 공업화와 방위산업 육성 정책들이 가시적인 효과를 발휘한 것으로 볼 수 있다.

1941년 11월까지 92만 3,000량의 철도 화차와 우마차 등 가용한 모든 수송수단을 총동원하여 대형 산업시설들을 동부지역으로 이전하였다(Glantz · House, 2007, pp.104~106). 전시 상황을 고려했을 때 대규모 산업 인프라의 이전과 재배치는 놀라운 성과였다. 소련의 전시생산체제가 정상화되기까지는 약 1년의 시간이 소요되었다. 1941년의 초기 전투는 기존에 생산된 무기체계와 군수품을 가지고 치러졌으며, 신규 생산되는 전차와 야포는 페인트도 칠하지 않은 채로 전장으로 보내졌다.

전시 산업시설 이전 및 군수품 생산(스콧·스콧, 1986, p.116)

1941년 6월 24일, 소련 지휘부는 개전 이틀 후 철수위원회 (Committee on Evacuation)를 조직하여 다음과 같이 산업시설 이전 준비에 착수했다. "1941년 6월부터 11월까지 1,523개의 국영기업체를 이동시켰으며, 이 중 1,360개는 소련 최대의 공장시설들이었다. 세부적으로 226개 시설은 볼가강 인근, 667개소는 우랄지역, 224개 시설은 시베리아 서부, 78개 시설은 시베리아 동부, 308개 시설은 카자흐스탄과 중앙아시아 등지로 이전되었다. 약 1,000만 명의 노동자가 함께 철수하였고, 소련 동부지역에 이전하여 설치된 공장 가운데 일부는 1941년 말부터 군수품 생산을 본격적으로 시작하였다."

키에프(Kiev) 포위전: 1941년 8월 21일~9월 26일

국경지역 전투가 종료된 후에도 주공 방향에 대한 독일군 수뇌부의 입장 차이는 여전히 엇갈렸다. 최고사령부의 고위급 장성들은 모스크바로 진격하여 결정적인 타격을 가해야 한다고 주장한 반면, 히틀러는 우크라이나 방면을 끝까지 고집했다. 히틀러는 키에프 돌출부의 소련군을 격멸하여 대규모 곡창지대이자 광공업단지가 산재해 있는 우크라이나를 확보하고자 했다. 그것은 카프카스 유전을 차단함과 동시에 루마니아 유전지대를 위협해 온 소련군 항공기지를 제거할 수 있는 방책이었기 때문이다.

이러한 판단하에 히틀러는 1941년 8월 21일 키에프 포위전을 명령하고 중앙집단군의 주력인 제2기갑군, 제2군을 남부집단군으로 전환시켰다. 독일군의 작전계획은 남부집단군 예하의 제6군이 정면을 견제하고, 1·2기갑군이 좌우 측면을 공격하여 돌출부의 소련군을 포위하는 것이었다. 8월 25일, 구데리안 장군이 지휘하는 제2기갑군이 작전적 기동을 개시하고, 9월 16일 루브니(Lubny) 부근에서 제1기갑군과 합류함으로써 포위망을 형성하였다. 작전 결과 9월 19일 키에프가 함락되었고 작전지역 내의 소련군은 9월 26일 항복했다. 이로써 독일군은 키에프 돌출부를 성공적으로 제거하였고 포로 66만 5,000명, 전차 890대, 화포 3,700문을 획득하는 전과를 달성했다.

키에프 포위전은 전사상 가장 많은 수의 병력이 포위된 전투였다. 소련군은 독소전쟁 초기 키에프에서 대규모 인명피해를 입었다. 흐루쇼프(Nikita S. Khrushchyov, 1894~1971)는 1956년 개최된 제20차 소련 공산당대회의 비공개 연설에서 독소전쟁 초기의 패배는 스탈린의 정치적 책임이 크다고 비판한 바 있다(섹터·루츠코프, 1991, pp.84~115). 하지만 소련군은 키에프에서의 희생을 바탕으로 독일군의 진출을 한 달간 지연시켰다. 특히, 모스크바의 방어 준비를 강화하고 공업시설들을 우랄(Ural) 동쪽으로 철수할 수 있었다.

독일군의 기동 장면　　　　소련군의 기갑부대　　　　소련군의 방어 준비

레닌그라드 봉쇄전: 1941년 9월 8일~1944년 1월 27일

1941년 9월 8일, 레에프 원수의 북부집단군은 레닌그라드를 완전히 포위하는 데 성공했다. 하지만 결사 항전에 나선 소련군을 상대로 시가전을 벌일 경우 막대한 손실이 예상됨에 따라 히틀러는 레닌그라드를 점령하는 대신 봉쇄하라

고 지시했다. 이에 따라 독일군은 도시를 포위하고 시내로 향하는 모든 교통로를 차단하여 물자반입을 철저히 통제했다. 특히, 포병 화력지원과 전술폭격을 통해 인구 330만 명의 거대도시 레닌그라드를 파괴했다.

독일군의 봉쇄가 장기화됨에 따라 도시의 식량수급에 커다란 차질이 빚어졌고, 비축식량이 고갈되면서 철저하게 배급제가 시행되었다. 식량은 군인들을 비롯하여 무기와 장비를 생산하는 공장 노동자들에게 우선적으로 공급되었고 일반 시민들은 배고픔과 굶주림에 시달려야 했다. 겨울철에는 혹한의 날씨와 기아로 인해 사망자가 속출하였고, 사람들은 야생동물을 잡아먹거나 가죽제품을 끓여 먹었다(한국일보, 2015). 다행히 라도가(Ladoga) 호수가 얼어붙으면서 가까스로 식량 공급이 재개되었고, 이후 레닌그라드 봉쇄는 약 900일 동안 지속되었다.

레닌그라드 봉쇄전

모스크바 공방전: 1941년 10월 2일~1942년 4월 말

독일의 침공에 대비하여 소련군이 수립했던 방어전략의 핵심은 바로 '공간을
양보하고 시간을 얻는다'는 개념이었다(폴리, 2008, p.72). 그것은 예비군 동원과
전투 준비에 많은 시간이 소요된다는 점과 지형적으로 깊은 종심을 이용해서
독일군의 공격 속도를 둔화시킨 후 반격작전을 취하는 것이 효과적이라는 판단
때문이었다. 특히, 광활한 영토와 가을철 폭우로 형성된 진흙탕, 동계 혹한의
날씨는 소련의 방어작전에 유리한 이점을 제공해 주었다. 이러한 자연적 요인
으로 인해 독일군의 동계작전은 커다란 차질을 빚게 되었다. 한편, 키이우의 대
승리로 우크라이나에 대한 위협이 제거되자 히틀러는 모스크바 대공세를 감행
했다. 중앙집단군은 제2기갑군과 제2군을 재편입하고 북부집단군으로부터 제4
기갑군을 지원받아 1941년 10월 2일, 모스크바로 진격했다.

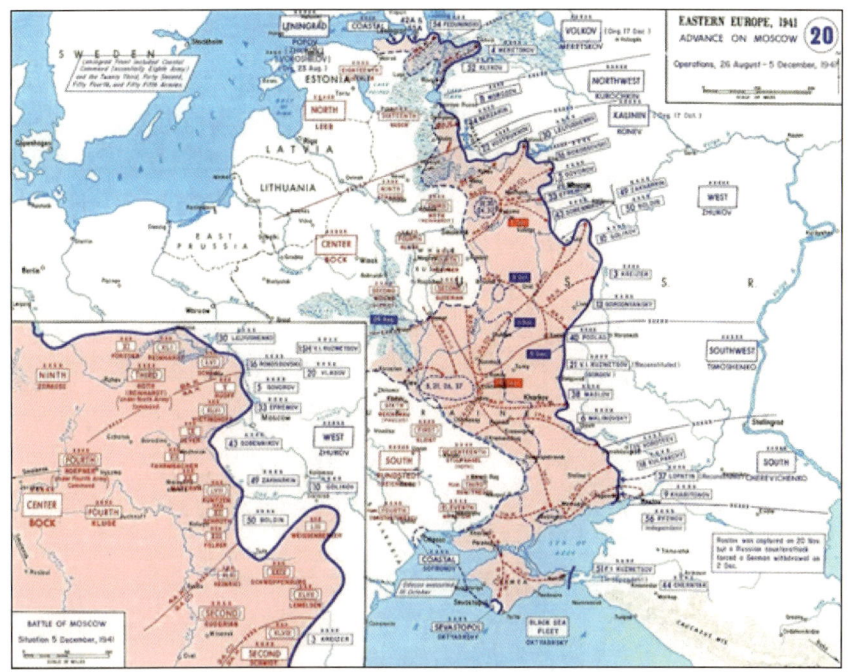

모스크바 공방전 요도

　2주간의 공세로 독일군은 브리얀스크(Bryansk)와 비아즈마(Vyazma)를 포함하는 포위망을 형성하였고, 약 66만여 명의 소련군 포로를 생포했다. 하지만 모스크바 통로가 개방됨과 동시에 악천후가 시작되었고 기온이 급감하면서 독일군의 공세는 빠른 속도로 둔화되었다. 당시 장차작전 상황을 불확실하게 전망하고 있던 독일군 지휘관들은 오르샤(Orsha)에서 주요 참모회의를 열어 공격 재개 여부에 대해 논의했다. 하지만 히틀러는 혹한기 이전에 작전을 종결해야 한다는 입장을 고수했다(Glantz · House, 2007, pp.119~120).

　1941년 11월 15일, 독일군은 모스크바를 공격하기 위해 일종의 양익포위 전술인 '타이푼(Teifun) 작전'을 개시했다. 이를 통해 모스크바 방어선의 최종 관문인 나라(Nara)강 선까지 진출했다. 하지만 약 40년 만에 찾아온 혹한의 날씨로 독일군은 추위와 불면증에 시달렸고 전투장비들은 기동이 제한되었다. 더 이상 작전이 불가능하다고 판단된 12월 5일, 독일군은 모스크바 전방 약 24km 지점에서 진격을 멈췄다.

12월 6일 아침, 소련군 주코프 장군이 지휘하는 서부전선군은 100개 사단을 총동원하여 반격작전을 개시했다. 이에 독일군 장성들은 즉각적인 철수를 건의했으나 히틀러는 현 전선을 고수하라고 명령했다. 독일군은 1942년 2월 중순까지 축차적인 철수작전을 실시했고 최초 출발선까지 후퇴했다. 히틀러는 모스크바 공세 시 허락되지 않은 철수와 작전 실패에 대한 책임을 물어 브라이힛취(Heinrich von Brauchitsch) 총사령관과 레에프, 룬드쉬테트 등 주요 지휘관을 해임 · 파면했다. 1941년 12월 19일 이후, 히틀러는 육군총사령관을 겸직했다.

소련과의 전쟁에서 독일의 주요 실패 요인

제2차 세계대전을 통틀어 약 4년 동안 치러진 독소전쟁은 히틀러와 나치 독일을 양면전쟁의 깊은 수렁으로 빠져들게 하고 대규모 전력 소모를 강요함으로써 역사의 흐름을 바꿔놓은 주요 국면사(局面史)였다. 독소전쟁기 독일의 주요 실패 요인을 정리하면 다음과 같다. 첫째, 미·영 연합국과 소련의 전략적 공조 강화이다. 1941년 독소전쟁의 개전 이후 연합군은 북아프리카 전역, 노르망디 상륙작전, 벌지전투 등 지속적인 제2전선을 형성하였고, 미국은 무기대여법을 통해 소련의 전쟁지속능력을 강화시켜 주었다. 특히, 전쟁 기간을 통틀어 서방 연합군은 지속적인 전략폭격을 통해 독일의 전쟁지속능력을 약화시켰다. 둘째, 소련의 전시생산체제 가동 및 항전태세 구축이다. 스탈린은 개전 초기 불리한 전황 속에서도 군수 산업시설을 신속히 재배치하였고 대규모의 자원과 인력을 동원하였으며, 국민들의 항전의식을 고취했다. 셋째, 전략·전술의 측면에서 소련군은 전통적인 군사교리를 바탕으로 작전지형을 고려한 효과적인 종심방어를 통해 독일군의 전력을 지속적으로 약화시켰다. 넷째, 작전지속지원의 측면에서 독일군은 동계작전과 장기전을 제대로 준비하지 못했으며 열악한 보급지원으로 군 병력의 사기가 저하되었다. 다섯째, 작전환경의 측면에서 소련의 광활한 영토와 기후, 라스푸티챠 등의 자연적 요인은 전투력 손실을 강요했다.

스탈린그라드(Stalingrad) 전투: 1942년 6월 28일~1943년 2월 2일

1942년 봄, 히틀러는 모스크바 대공세의 실패를 만회하고 전쟁의 주도권을 장악하기 위해 하계공세를 계획했다. 북부 및 중부집단군은 현 전선을 유지하되 작전목표를 남부로 지향하여 카프카즈와 스탈린그라드로 선정했다. 하지만 군 수뇌부는 약화된 전력으로 공격하는 것은 무리이며 스탈린그라드를 점령하더라도 확장된 전선을 유지하기가 제한된다고 판단했다. 따라서 제한적인 작전을 통해 동부전선을 안정시키고 전투력 보강 후 1943년 총공세에 돌입하자고 건의했다. 히틀러는 연합군의 반격이 예상되는 상황에서 연내에 이 전쟁을 끝내야 한다고 판단했다. 특히, 카프카즈와 스탈린그라드를 확보 시 소련의 유전지대를 확보하여 독일군의 유류난을 해소할 수 있다고 판단했다.

1942년 4월 5일, 히틀러는 이러한 전략적 판단하에 하계공세를 명령했다. 이른바 '청색작전(Fall Blau) 계획'은 다음과 같다(메가기, 2017, pp.363~364). 먼저 쿠르스크를 양익포위하여 돈(Don)강의 북부지역을 소탕하고, 하르코프(Kharkov) 방면으로 포위망을 형성한다. 이어서 돈강 만곡부 내의 소련군을 소탕한 후 카프카즈와 스탈린그라드 방면으로 진격하는 4단계 작전이었다.

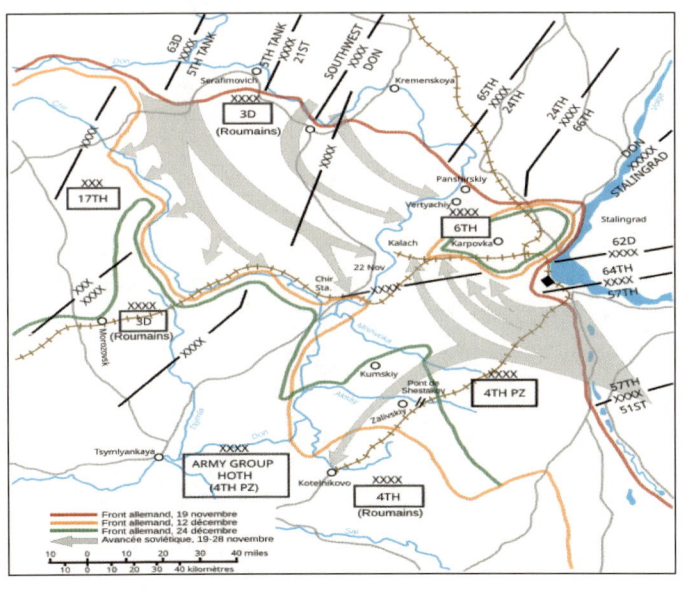

스탈린그라드 전투 작전 요도

1942년 5월 8일, 독일군은 하계공세 이전에 크림반도를 점령하고 흑해를 장악하기 위해 세바스토폴(Sevastopol)을 공격했으며, 7월 2일 이곳을 점령했다. 또한 제6군과 1기갑군의 협동공격으로 승리를 거두고 6월 28일 하계공세로 전환했다. 한편, 소련군은 5월 12일 도네츠(Donets)강을 도하하여 하르코프 방향으로 공세를 취했다. 7월 9일부터 4단계 작전에 돌입한 독일군은 스탈린그라드로 진격하기로 되어 있던 제4기갑군을 로스토프(Rostov) 방향으로 전환하였다. 하지만 이러한 조치는 소련군에게 스탈린그라드 방어 준비에 필요한 시간을 허용하는 결과를 초래했다.

스탈린의 대조국전쟁 관련 연설(필드, 2014, pp.203~208)

1941년 6월 22일, 독일은 소련과의 불가침조약을 일방적으로 파기하고 바바롯사 작전에 따라 소련을 전격적으로 침공했다. 소련은 독일의 침략에 맞서 '대조국전쟁(Great Patriotic War)'을 수행했고, 초토화 전술(Scorched Earth)을 감행하며 항전했다. 독일군과 스탈린그라드 전투가 한창 진행되던 11월 7일, 10월 혁명 기념식에 모인 군중들에게 스탈린은 다음과 같이 연설했다.

"…동지들이여, 오늘 우리는 어려운 상황 속에서 10월 혁명의 24번째 기념일을 맞이하게 되었습니다. 독일 강도들의 비겁한 공격과 이 전쟁이 우리 조국을 위협하고 있습니다. 우리는 지금 일시적으로 몇몇 지역을 잃었고, 우리의 적은 레닌그라드와 모스크바의 문턱까지 들어와 있습니다. 적들은 첫 공격에 우리 군대가 바로 흩어지고 우리 조국이 무릎을 꿇으리라 생각했습니다. 그러나 그것은 크게 착각한 것입니다. 비록 일시적으로 전세가 어려워지기도 했으나, 우리의 육군과 해군은 최전방에서 용맹하게 맞서 적에게 큰 손상을 입히고 있습니다. 또한 그동안 우리 조국, 우리 모두가 전열을 가다듬었고, 육군과 해군이 일치된 대응체제를 갖추어 나치독일 침략자들을 곧 패배하게 할 것입니다. …(중략)…

동지들이여, 적색군의 병사들이여, 지휘관과 정치 지도자들이여, 남녀 게릴라들이여!

우리가 독일 침략자들을 파멸시킬 것을 전 세계가 기대하고 있습니다. 우리가 독일 침략자들의 굴레에 갇힌 유럽인들을 해방시켜 주길 기대하고 있습니다. 자유해방이라는 위대한 임무가 지금 우리들에게 주어졌습니다. 이 임무를 다합시다. 우리가 벌이는 전쟁은 자유를 위한 정당한 전쟁입니다. 우리 위대한 선조들의 영웅적인 행위를 따릅시다. 위대한 레닌의 승리의 깃발이 우리 머리 위에 휘날리게 합시다. 독일 침략자들을 완전히 짓밟아 버립시다. 독일 점령국을 위해 죽음으로 보답합시다. 우리의 영광스러운 조국과, 조국의 자유와 독립을 위해 만세를 외칩시다."

1942년 9월 말부터 치열한 시가전이 전개되었지만 전선이 점차 확대되고 병참선 여건이 악화되면서 독일군은 루마니아와 헝가리 등 추축국 군대를 전쟁에 동원할 수밖에 없었다. 특히, 1.6km 정도 되는 볼가강의 폭을 고려했을 때 스탈린그라드에 대한 포위기동이 제한되어 정면공격이 불가피한 상황이었다. 설상가상으로 10월 말 이후부터는 북아프리카 지역의 전황이 추축국에 불리하게 전개되면서 독일군의 상황은 더욱 악화되었다.

시내로 진격하는 독일군　　　완강히 저항하는 소련군　　　폐허가 된 트랙터 공장

1942년 9월부터 11월 중순까지 소련군 제62군은 독일군과 시가전을 펼치며 완강히 저항하였고, 총구가 맞닿을 정도로 치열한 근접전투를 치렀다. 소련군 최고사령부의 주코프 장군은 스탈린그라드 양 측방에 예비대를 집결시켜, 11월 19일 '천왕성 작전(Operation Uranus)'으로 대반격을 개시했고, 독일군 28만 명을 포위했다. 히틀러는 파울루스(Friedrich Paulus, 1890~1957)가 지휘하는 제6군에게 최후까지 항전하도록 명령했다. 아울러 만슈타인 장군은 돈 집단군을 편성하여 12월 12일 제6군에 대한 구원작전을 감행했다. 하지만 소련군의 완강한 저항에 밀려 서쪽으로 후퇴하였다.

주코프와 소련군 최고사령부(키건, 2016, p.892; 글렌츠·하우스, 2007, p.95)

주코프(Georgy K. Zhukov, 1896~1974)는 1918년 붉은 군대에 입대하여 기병장교로 활약했으며, 1939년 외몽골에서 기갑군을 지휘하며 일본군을 물리쳤다. 독소전쟁기에 가장 탁월한 야전사령관으로 명성을 높였으며, 1941년 참모총장을 역임 후 1942년 원수가 되었다. 1945년 베를린 점령 후 독일 제3제국을 무너뜨렸으며 종전 이후 국방장관을 역임하였다.

Stavka는 독소전쟁 당시 소련 국방인민위원회(GKO) 산하에 조직된 최고사령부이다. Stavka는 제1차 세계대전 당시 제정 러시아의 야전 총사령부 명칭으로 사용된 용어이며, 소련 당국은 독소전쟁 발발 시 이를 참고하여 중앙지휘사령부를 조직했다. 1941년 7월 최고지휘사령부로 개칭 후 스탈린이 사령관으로 취임했다.

클라이스트(Ewald von Kleist, 1881~1954)가 지휘하는 독일군 A집단군은 히틀러의 승인에 따라 로스토프 지역으로 철수작전을 개시했다. 그리고 만슈타인과 파울루스군의 항전에 힘입어 1943년 2월 1일, 성공적으로 로스토프에 도달했다. 한편, 독일 공군은 약 7배에 달하는 압도적인 소련군에 필사적으로 저항하

투항하는 독일군 파울루스 원수

며 고립되어 있던 제6군을 지원하기 위해 공중보급을 계획했다. 하지만 수송기의 부족과 소련 공군의 효과적인 대응으로 작전이 실패하면서 제6군의 병력들은 굶주림과 추위로 사상자가 속출했다.

1943년 1월 10일, 소련군의 대규모 공세로 제6군이 양분되는 상황이 발생하자 1월 30일 히틀러는 파울루스를 원수로 진급시키고 최후의 항전을 독려했다. 하지만 사상자가 속출하는 상황에서 더 이상 전투를 지속할 수 없었던 파울루스 원수는 1월 31일 소련군에 투항했고 2월 2일 정오를 기해 최종적으로 항복했다.

북아프리카 전역의 엘 알라메인 전투와 함께 제2차 세계대전의 흐름을 바꾼 전환점으로 평가되는 스탈린그라드 전투에서 독일군은 심각한 피해를 입었다. 약 6개월간 치러진 전투에서 50만 명의 전사자를 포함하여 약 150만 명의 인명피해가 발생했다. 또한 전차와 자주포 3,500대, 항공기 3,000대 등 수많은 전투장비가 파괴되었다(남도현, 2011, p.333).

독·소전쟁 당시 199일간 치러진 스탈린그라드 전투를 주제로 한 영화

영화 '에너미 앳 더 게이트(Enemy at the Gates, 2001)'는 스탈린그라드 전투 당시 시가전에서 독일군 225명을 사살한 소련의 저격수 바실리 자이체프(Vasily G. Zaytsev)의 영웅적인 이야기를 담고 있다. 영화 '스탈린그라드(Stalingrad, 1993)'는 패전 50주년을 맞이하여 독일에서 제작된 영화로 한 지도자의 잘못된 의사결정이 역사적으로 얼마나 큰 결과를 초래하는지를 독일군의 시점에서 적나라게 보여주고 있다.

쿠르스크(Kursk) 전투: 1943년 7월 5일~8월 1일

1943년 하계의 전황은 독소전쟁의 개전 초기와 사뭇 다르게 전개되었다. 광활한 지형과 혹독한 작전환경으로 인해 병력보충, 보급지원 등 작전지속지원 여건이 악화되면서 독일군의 사기는 급속히 저하되었다. 특히, 전격전의 핵심 플랫폼인 전차의 보충보급이 제한적으로 이루어지면서 독일군의 기갑전력은 소련군을 압도하지 못했다. 이러한 상황 속에서 히틀러는 동부전선에서의 주도권을 회복하기 위해 대대적인 하계공세를 계획했다.

쿠르스크 돌출부를 중심으로 소련군을 섬멸하고 전세를 역전시키기 위해 히틀러는 6월 21일, '시타델 작전계획(Operation Citadel)'을 하달했고, 7월 5일 독일군은 공격을 개시했다. 하지만 독일군의 계획을 사전에 파악한 소련군은 종심방어를 통해 독일군의 파상공격을 막아냈고 역습을 시도했다. 결국 7월 13일, 히틀러는 시타델 작전을 전면 취소했다(메가기, 2017, pp.403~404).

역사상 최대 규모의 전차전

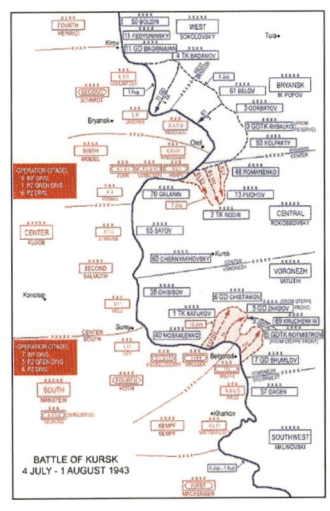

쿠르스크 전투 작전 요도

　스탈린그라드 전투에서 독일군의 예봉을 꺾은 소련군은 전쟁에서 승리할 수
있다는 자신감을 회복하였다. 특히, 효과적인 전시생산체제를 기반으로 기갑,
포병전력 등 전쟁지속능력을 확보한 소련군은 쿠르스크 지역에 대한 독일군의
하계공세를 예상하고 1943년 4월 중순부터 대대적인 방어 준비에 착수했다. 4
월 12일 소련군 최고지휘사령부는 독일군의 공세를 차단하기 위해 다음과 같
이 3단계 대응전략을 도출했다(힐리, 2007, p.8). 첫째, 독일군이 쿠르스크 돌출부
에서 '쐐기와 함정' 전술을 구사하도록 유도한다. 둘째, 독일군의 전차와 기계
화 전력을 소련군의 방어진지 안에서 완전히 소모시킨다. 셋째, 후방의 강력한
기갑예비전력으로 역습작전을 통해 독일군을 완전히 섬멸한다는 전략이었다.
이를 위해 소련군은 쿠르스크 돌출부 전 지역에 지뢰지대와 대전차호 · 진지 등
3중 방어선을 구축했다.

단위: 명, 대

구분	소련군	비율	독일군
중부전선군			
병력	667,500	2.6 : 1	267,000
전차	1,745	1.21 : 1	1,455
야포/박격포	14,163	2.22 : 1	6,366
보로네시 전선군			
병력	420,000	2.5 : 1	168,000
전차	1,530	1 : 1.1	1,700
야포/박격포	10,850	3 : 1	3,600
총합			
병력	1,087,500	2.5 : 1	435,000
전차	3,275	1 : 1	3,155
야포/박격포	25,013	2.5 : 1	9,966

　사상 최대규모의 전차전으로 평가받는 쿠르스크 전투에서 독일군은 약 13만 3,000명의 병력 손실을 입었다. 특히, 예비대가 부족했기 때문에 모든 전선에서 소련군의 공세에 밀릴 수밖에 없었다. 7일간의 전투에서 승리한 소련군은 총공세를 펼치며 8월 23일 하르코프를 점령했다. 11월 6일 키에프를 탈환한 소련군은 11월 말 우크라이나의 절반을 회복했고 이로써 동부전선의 전세는 역전되었다.

소련군의 주요 전투: 1944년 1월 15일~10월 말

　쿠르스크 전투 이후 소련군은 빠른 속도로 전력을 회복하였고, 독일군보다 월등히 많은 수의 병력과 무기체계를 보유했다. 특히, 미국으로부터 대량으로 공급되는 군수물자 덕분에 기동력도 대폭 향상되었다(테일러, 2020, p.324). 한편, 연합군의 서유럽 침공 가능성이 높아지던 1943년 11월, 총통지령 제51호가 하달되면서 독일군은 서부전선을 강화하기 시작했고 동부전선에서는 수세적인 상황이 지속되었다. 따라서 1943년 하반기부터는 소련군이 동부전선을 주도하게 되었고 대부분의 전선에서 승리를 거두었다. 특히 1944년 6월, 연합군의 노르망디 상륙작전 성공 이후 독일군이 동부전선의 병력 일부를 서부전선으로 전환함에 따라 소련군의 공세는 더욱 강화되었다. 1944년 소련군의 주요 전투 현황은 다음과 같다.

〈표 9〉 1944년 소련군의 주요 전투(Glantz · House, 2007, pp.235~324)

구분	기간	주요 전황
레닌그라드, 우크라이나, 크림반도 해방전	'43.12월 ~'44.3월	• 주요 전과 　- 독일군 북부집단군을 에스토니아 국경까지 축출 　- 우만(Uman)의 독일군 기지 점령, 우크라이나 해방 　- 루마니아 콘스탄차(Constanța)로 독일군 축출 　- 세바스토폴 해방 등 • 독일군의 피해 현황 　- 만슈타인, 클라이스트 원수 경질 　- 독일군 16개 사단 괴멸
벨라루스 해방전 (바그라티온 작전)	'44.6월 ~7월	• 비이푸리(Viipuri) 점령, 핀란드 해방 • 민스크(Minsk) 해방 • 폴란드 국경 돌파, 브레스트(Brest) 등 점령 • 독일군의 피해 현황: 30개 사단 이상 궤멸
발칸반도 및 발트 3국 해방전	'44.8월 ~10월	• 루마니아 · 불가리아 · 헝가리의 對독일 선전포고 • 에스토니아 · 라트비아 · 리투아니아 탈취 • 독일군 제20산악군을 노르웨이로 축출 • 독일군의 전력 약화 및 고립 심화

소련군의 최종 공세: 1945년 1월 12일~5월 7일

1945년 1월 12일, 소련군은 독일군에 대한 전면적인 공세를 개시했다. 1월 17일 바르샤바 함락을 시작으로 3월 초순까지 부다페스트(Budapest)와 슐레지엔을 확보하였다. 3월 30일 오스트리아 국경지대를 돌파한 소련군은 4월 13일 빈(Vienna)을 점령하고 4월 16일을 기해 베를린에 대한 최종 공세에 돌입했다.

1941년 이후 미국의 무기대여 프로그램(Lend-lease Program)에 따라 막대한 군수
품을 공급받았던 소련군은 절대적인 병력의 우세를 앞세워 독일 본토 점령에
착수했고, 4월 24일 베를린을 완전히 포위하는 데 성공했다.

드렌트(Jan Drent)의 연구에 따르면, 미국의 무기대여 프로그램에 의거 소련에
제공된 미국의 군수물자는 1942년 이후 큰 폭으로 증가하였다. 전쟁 초기에는
최단경로인 북극 경로, 즉 아이슬란드(Iceland)에 집결하여 무르만스크(Murmansk)
와 아르한겔스크(Arkhangelsk)를 경유하여 군수품을 수송했다. 하지만 독일군의
전술폭격으로 피해가 급증하자, 연합국은 지중해-페르시아만, 알래스카-북태
평양을 통해 소련의 철도로 이어지는 수송로를 활용하였다(Drent, 2017, p.44). 제2
차 세계대전을 통틀어 가장 참혹한 전쟁으로 평가되는 약 4년간의 독소전쟁은
4월 30일 히틀러의 자살과 5월 2일 베를린 수비대의 항복으로 대단원의 막을
내렸다.

1945년 4월 16~25일 베를린 전투 요도

약 4년 동안 치러진 독소전쟁에서 독일군은 예상치 못한 문제점들에 직면하게 되었고, 결국 최초 의도했던 단기결전을 달성하지 못했다. 먼저, 소련의 광활한 작전지형으로 인해 병참선이 과도하게 확장되었다. 취약한 도로망과 제한된 조건에서만 운용할 수 있는 철도는 대규모 군수물자를 전선으로 이동시키는 데 큰 걸림돌이 되었다. 특히, 소련의 작전환경은 독일군의 군사작전을 심각하게 제약하는 요인이었다. 봄과 가을에는 우천으로 형성된 진흙이 기계화부대의 진격 속도를 둔화시켰고, 겨울철에는 영하 40도를 밑도는 혹한의 추위가 병력들의 사기를 떨어뜨렸다. 소련의 기후적인 특징이라고 할 수 있는 '라스푸티차(Rasputitsa)'는 봄과 가을의 장마철에 흔히 발생하는 자연현상이다. 빗물로 인해 모든 도로가 진흙탕으로 변해 버리면서 실제 독일군 기계화부대의 기동계획에 큰 차질을 초래했다.

당시 소련의 작전지역은 비포장도로가 대부분이었고 장맛비가 내리면 흙으로 덮인 도로에 빗물이 스며들어 진흙 바닥을 형성했다. 일반적으로 라스푸티차는 10월을 전후로 한 가을철에 심하게 발생했고, 겨울이 오기 전까지 약 3주 동안 맹위를 떨쳤다. 특히, 봄철에는 겨울에 쌓였던 눈이 녹으면서 도로에 진흙탕을 형성했다. 프랑스의 나폴레옹도 러시아 원정에 실패하고 폴란드로 후퇴할 때 라스푸티차로 인해 이동에 큰 어려움을 겪은 바 있다. 독소전쟁 시 독일군 기계화부대가 진흙 때문에 정상적으로 기동할 수 없을 때, 소련군은 군마(軍馬)를 활용하여 재래식 기병부대를 운용했으며 제한된 지형에서도 신속히 이동하며 작전을 수행했다.

또한 제2차 세계대전기에는 동결방지용 물자가 없었기 때문에 기동장비의 동파를 방지하기 위해 상시 엔진을 가동해야 했고 많은 연료를 소모할 수밖에 없었다. 견인화포와 군수물자를 운반하는 데 활용되었던 독일군의 군마는 혹독한 추위에 견디지 못하고 죽어갔기 때문에 보급지원에도 큰 차질이 빚어졌다.

동계작전 시 병력들에게는 무엇보다도 방한피복과 같은 계절성 물자가 필요했지만 보급 우선순위에서 뒤로 밀렸다. 전투를 수행하기 위해서는 탄약과 연료, 식량 보급이 시급했기 때문이다. 따라서 독일군은 따뜻한 방한피복을 충분히 지급받지 못했다. 당시 독일군의 전투화에는 철제 징으로 고정한 깔창이 부착되어 있었고, 방탄헬멧도 강철로 제작되었기 때문에 혹한의 날씨에 매우 취약했다. 이와 같이 열악한 보급지원으로 인해 동계작전 간 전투로 인한 사상자 못지않게 동상에 의한 전사자가 급증했다.

1941년 겨울, 독일군의 보급체계는 이미 한계가 드러났고, 결과적으로 소련군에게 대대적인 반격의 기회를 허용했다. 1942년 12월 스탈린그라드 전투에서 독일군은 장기간 고립되는 상황에 처했다. 그리고 최초 계획했던 공중보급이 제한되면서 식량배급에도 차질이 생겼다. 혹한의 추위와 굶주림에 지친 병사들은 군마를 잡아먹는 등 전반적으로 군의 사기가 떨어졌다. 반면, 소련군은 게릴라전을 통해 독일군의 병참선을 지속적으로 교란했다. 독일군은 보급지원체계가 와해되면서 내부 기강과 지휘체계가 무너지기 시작했고 병사들의 전투의지는 약화되었다.

한편, 소련군의 초토화 전술은 독일군을 광활한 황무지로 고립시켰다. 스탈린은 철수 시 독일군이 활용 가능한 모든 것을 불태워 버리라고 명령했다. 또한 국민들이 피난할 때 단 한 대의 마차, 단 한 톨의 곡식도 남기지 말 것을 당부했다. 이처럼 소련군이 필사적으로 전개한 초토화 전술로 인해 독일군은 식량을 포함한 모든 군수물자를 본토에서 조달해야만 했다. 소련군은 광활한 영토에서 모든 것을 철저하게 파괴하고 후퇴함으로써 독일군을 거대한 고립지대로 끌어들였다.

제2차 세계대전기 독일군은 매우 다양한 무기체계를 운용했다. 노획한 전차와 소화기, 탄약 등을 포함하여 형태와 크기 등 제원이 상이한 무기체계들을 사용하다 보니 군수품을 표준화하여 운용하기가 사실상 제한되었다. 특히, 양국의 철도 표준규격이 달랐다는 점도 독일군의 지속지원체계에 커다란 제한 사항이 되었다. 당시 표준궤(標準軌)를 채택했던 독일의 철도 너비가 105cm였던 반면, 유럽 국가들의 침략에 대비하여 광궤(廣軌)를 채택했던 소련의 철도 폭은 140cm였다. 이러한 문제점을 해소하기 위해 독일은 소련의 철도망을 재가설하거나 기관차의 구조를 다시 설계해야 했지만 사실상 불가능한 문제였다. 결과적으로 독일군은 새롭게 개발한 타이거 중전차(Tiger Tank)를 유럽 동부전선에 투입할 수단이 없었다. 특히, 열악한 철도수송 여건으로 인해 원활한 병력보충도 사실상 제한되었다.

진흙에 갇힌 독일군   베를린을 점령한 소련군   독일의 항복문서 조인

4. 유럽 북서부 전선

개요

제2차 세계대전을 통틀어 유럽의 북 · 서부 전선은 전쟁의 흐름을 전환시키고 연합국과 추축국의 세력균형에 근본적인 변화를 가져왔다는 측면에서 매우 중요한 함의를 갖는다. 연합국은 1944년 6월 이후 유럽 북 · 서부 지역의 영토를 수복하고 추축국의 항복을 받아냈다. 연합국은 추축국과의 전쟁을 효과적으로 수행하고, 유럽 북 · 서부 전선에서 참혹한 전쟁을 승리로 이끌기 위해 다음

과 같이 전략협의체를 활성화했다.

1941년 12월 22일~1942년 1월 14일, 루스벨트 대통령과 처칠 수상은 워싱턴에서 회담(Arcadia Conference)을 갖고 연합국의 대전략을 수립·조정하기 위한 연합참모본부(Combined Chief of Staff, CCS)의 창설 방안에 합의했다(미첨, 2004, p.264). 미국의 합동참모본부(Joint Chief of Staff)와 영국의 참모위원회(Chiefs of Staff Committee)로 구성된 연합참모본부는 1942년 2월 설치되어 연합국 간의 직접적인 의사소통과 유기적인 협조를 담당했다.

또한 1943년 1월 14일 개최된 카사블랑카 회담에서 영·미 수뇌부는 노르망디 상륙작전 계획을 결정했다. 이후 5월 25일 트라이던트 회담(Trident Conference)을 통해 '오버로드(Overlord)' 작전이라는 명칭을 부여했다. 11월 28일, 이란의 수도 테헤란(Tehran)에 모인 미국, 영국, 소련의 정상들은 연합국 3국의 협력과 전쟁수행 의지를 확인하였다. 특히, 테헤란 회담(Tehran Conference)에서 스탈린은 연합국이 제시한 프랑스 북부 상륙작전, 즉 오버로드 작전에 동의했다.

유럽 북·서부 전선의 주요 작전 경과

- 1944년 6월 6일~7월 24일: 연합군의 노르망디(Normandy) 상륙작전
- 1944년 8월 1일~8월 13일: 독일군의 역습과 팔레에즈-아르장탕(Falaise-Argentan) 포위전
- 1944년 8월 15일~8월 22일: 남프랑스 지역의 안빌(Anvil) 상륙작전
- 1944년 8월 26일~9월 14일: 서부 방벽(West Wall)으로 진격
- 1944년 9월 15일~12월 15일: 마켓-가든(Market-Garden) 작전
- 1944년 12월 16일~12월 25일: 독일군의 아르덴(Ardennes) 반격작전
- 1944년 12월 26일~1945년 1월 16일: 벌지(Bulge) 전투
- 1945년 2월 8일~3월 23일: 라인란트(Rhineland) 작전　　　　　* 얄타회담
- 1945년 3월 23일~4월 1일: 루르(Ruhr) 포위전　　　　　* 미 9군과 1군이 합류하여 양익포위
- 1945년 5월 7일: 엘베강으로의 진격

노르망디 상륙작전: 1944년 6월 6~12일

1943년 1월, 프랑스 북부지역에 대한 상륙작전 계획을 보다 구체화하기 위해서 같은 해 3월 영국 런던에 연합군최고사령부(Chief of Staff to the Supreme Allied Commander, COSSAC)가 설치되었다. 같은 해 12월에 개최된 테헤란 회담의 결과, 기존의 연합군최고사령부(COSSAC)가 연합원정군총사령부(Supreme Headquarters Allied Expeditionary Forces, SHAEF)로 개편되었고 미국의 아이젠하워 대장이 총사령관으로 임명되었다(와인버그, 2016b, p.337).

최초 계획수립 단계에서 연합군의 상륙작전은 3~5개 사단 규모로 1944년 5월에 실시할 예정이었다. 상륙 예정 후보지로는 네덜란드와 벨기에 해안을 포함하여 6개 지역이 검토되었고, 최종 노르망디(Normandy)로 결정되었다. 아이젠하워 총사령관은 최초 상륙작전 계획을 수정하여 제1파 상륙부대를 증강하고, 작전 시기를 6월로 연기했다. 연합군과 독일군의 세부 작전계획은 〈표 10〉과 같다.

〈표 10〉 오버로드(Overlord) 작전계획(배시, 2017, pp.37~43)

연합군 작전계획	독일군 방어계획
• 작전 준비 　- 상륙지역 선정: 노르망디 　- 작전지속지원: 조립식 항구 설치 　- 작전 여건 조성: 전략폭격 강화 • 상륙계획 　- 상륙 관련 기만작전: 포티튜드 　　* 상륙지역 및 원정군의 규모 등 기만 　- 제공권 확보: 교량, 철도망 파괴, 적 예비대 투입 저지, 상륙해안 고립 　　* 상륙해안 전술폭격 및 함포사격 　- 공수사단의 측방 엄호하 지상군 상륙 • 교두보 확보 및 내륙지역 진출 　- 해안교두보 돌파, 쉘부르(Cherbourg) 항구 점령 　- 6월 말까지 내륙지역으로 진출 　- D+90일까지 센강 진출 및 작전 종료	• 연합군 상륙작전 예측 　- 상륙 시기: 6~7월 　- 상륙 예상 지역: 파드 칼레 • 방책구상 　- 룬드슈테트 원수의 방책: 기동방어 　　* 기갑사단을 내륙지역에 집결 보유, 연합군 상륙·내륙 진출 시 반격작전 　- 롬멜 원수의 방책: 고착방어 　　* 연합군이 압도적인 제공권 장악 시 기동방어가 불가하다는 판단에 따라 기갑부대를 해안선에 배치·운용, 3방공포군단의 해안 전진 배치 건의 　　* 연합군 상륙 시 해안교두보 확보 전 24시간 이내에 저지 및 격퇴

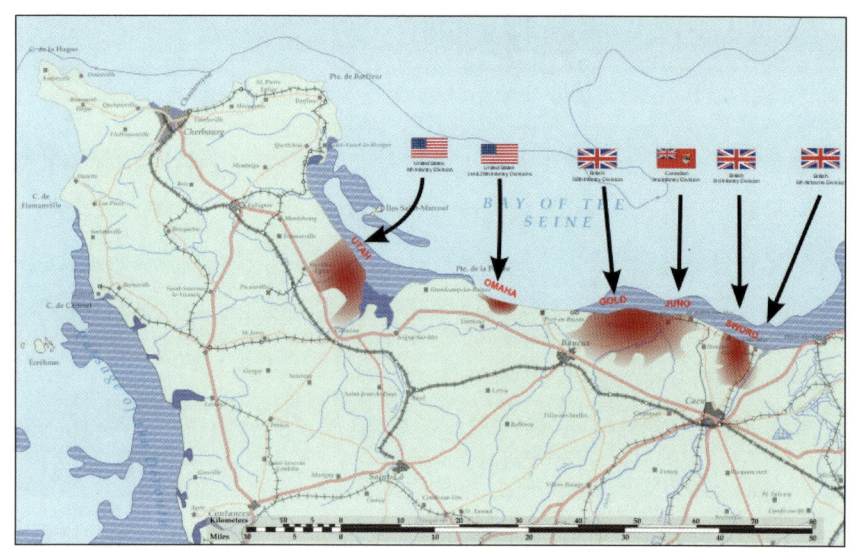

노르망디 상륙작전 계획

오버로드 작전 준비는 대서양 전투에서 연합군 측이 제해권을 장악하기 시작한 1943년 5월 이후부터 본격화되었으며 세부 내용을 간략히 살펴보면 다음과 같다(보팅, 1984, pp.44~66). 연합원정군총사령부는 제21집단군과 연합원정 해·공군을 지휘 통제했으며, 영국 본토로 대규모의 지상군 병력과 군수품을 집결시키기 위해 대서양에서 해상 수송작전을 전개했다. 1944년 5월, 영국에 집결한 연합군 병력은 약 150만 명에 달했고, 진공작전용 군수품은 약 500만 톤이 수송되었다. 또한 대규모 상륙작전의 여건 조성을 위해 대규모 전략폭격을 실시했다. D-day 전 약 5주간 53,800회에 걸쳐 폭격을 실시하였고, 총 30,700톤의 폭탄을 투하했다.

한편, 연합군은 독일군의 방어작전을 교란하기 위해 대규모 상륙작전이 노르웨이나 프랑스 북부지역의 해안에서 이루어질 것이라는 거짓 정보를 퍼트렸다. 그리고 상륙지점을 속이기 위해 '포티튜드(Operation Fortitude)'라는 암호명으로 기만작전을 펼쳤다. 이 작전이 성공하면서 독일군은 노르망디가 아닌 프랑스 북부의 파 드 칼레(Pas de Calais)와 노르웨이 해안지역에 대한 방어를 강화했다. 이러한 독일군의 전략적 과오로 연합군은 D-day에 대규모 피해를 줄일 수 있었다. 특히, 프랑스 레지스탕스는 작전이 개시되기 수 주 전부터 상륙지역 후방에서 교란작전을 수행했다. 연합군은 울트라 작전으로 독일군의 통신내용을 감청했다. 그 결과, 히틀러 최고사령부는 연합군의 주공부대가 파 드 칼레 지역으로 상륙할 것이라고 오판하여 이 지역에 대비를 강화하고 있다는 사실을 확인했다.

독일군은 룬드쉬테트 서부지역 총사령관의 지휘하에 58개 사단을 운용하고 있었으나 상당수의 병력이 비독일계 지원병이었으며, 전향포로 등으로 보충되어 전투력이 좋지 않았다. 연합군의 지속적인 전술폭격으로 기동력이 저하된 상태였고 전차와 자주포도 부족한 실정이었다. 10개 기갑사단 중 7개 사단이

독일군이 서부 해안에 구축한 대서양 방벽

해안방어를 위해 고정 배치되어 있었다. 파리 인근에 주둔하고 있는 3개 사단은 히틀러의 승인이 필요했기 때문에 독일군은 사실상 전략예비대가 절대적으로 부족한 상황이었다.

한편, 프랑스 서부 해안 지역에 대한 방어계획을 둘러싸고 총사령관인 룬드쉬테트와 서부 유럽의 해안방어를 담당한 B집단군의 롬멜 원수는 상충된 견해를 갖고 있었다. 룬드쉬테트는 최초 연합군의 상륙을 허용하되 내륙의 강력한 예비대를 투입하여 연합군을 격퇴하는 '전략적 기동방어'를 주장했다. 반면, 롬멜은 연합군의 제공권 장악으로 예비대의 기동이 쉽지 않은 점을 이유로 기갑부대와 병력을 해안에 배치하는 '전술적 고착방어'를 주장했다. 히틀러는 롬멜 원수의 의견에 동의했다. 이에 따라 독일군은 약 4,023km에 달하는 서부 해안선에 지뢰와 철조망, 수중장애물, 인공습지 등으로 강화된 '대서양 방벽(Atlantic Wall)'을 구축했다(배시, 2017, p.34).

1944년 6월 6일 새벽, 공수사단의 투입과 대규모 전술폭격, 함포사격으로 노르망디 상륙작전이 개시되었다. 연합군은 최초 목표였던 유타(Utah)와 골드(Gold), 주노(Juno), 스워드(Sword) 해안을 비교적 쉽게 확보했다. 하지만 독일군이 해안절벽에 강력한 진지를 구축하고 방어작전을 펼친 오마하(Omaha) 해안에서는 약 3,000명의 미군이 희생되었다. 연합군은 항공기 10,340대, 전함과 수송선 5,470척 등을 운용하여 병력 132,715명, 전차 1,478대를 양륙시켰으며, D+6일까지 상륙지역에서 확보한 교두보를 연결하였다(로페즈 외, 2021, pp.126~127).

노르망디 해안에 상륙 중인 미군   상륙작전용 조립식 인공부두(Mulberry)

노르망디 상륙작전 시 대규모의 작전물자를 수송하기 위해 특별한 시설이 활용되었다. 그것은 '멀베리(Mulberry)'라고 불린 조립식 인공부두로 상륙 해안가에 설치되었다. 연합군은 상륙작전에 필요한 각종 수하물을 하역하기 위해 해안 근처에 조립식 부두를 설치했고, D-day 당일 2개소를 설치했다. 멀베리의 양륙능력은 1일 기준으로 약 6,000톤에 달했으며, 연합군의 병력과 군수물자 양륙에 큰 도움이 되었다. 멀베리가 엄청난 하중을 견디고 바다 밑으로 가라앉지 않도록 해안 상공에는 수많은 기구들이 띄워졌다.

아이젠하워(Dwight David Eisenhower, 1890~1969)

제2차 세계대전 시 지상 최대의 작전이 될 노르망디 상륙작전을 앞둔 출정식 연설에서 아이젠하워 총사령관은 장병들에게 다음과 같은 메시지를 전달했다.
"연합원정군의 육·해·공군 장병 여러분,
십자군 원정이 목전에 있습니다. 이 과업을 위해 우리는 여러 달 동안 피땀을 흘렸습니다. 세계가 여러분을 지켜보고 있습니다. … 여러분의 행운을 빕니다! 이 위대하고 고귀한 임무를 수행함에 있어 신의 축복이 함께하길 기원합니다."

노르망디 상륙작전의 전훈을 살펴보면 다음과 같다(배시, 2017, pp.45~122). 먼저 방자(防者)의 입장에서 독일군은 연합군의 상륙지역을 오판하여 병력을 효과적으로 집중하지 못했다. 결국 제15군 예하의 19개 사단을 칼레 방면에 묶어놓는 중대한 과오를 범했다. 또한 제해권과 제공권의 상실, 예비대 부족, 작전보안 유지 미흡, 복잡한 지휘체계 등이 중요한 실패 요인이었다. 한편 공자(功者)의 입장에서 연합군은 교두보 확보 시 상륙부대 생존성 보장의 중요성을 재확인하였다. 특히 내륙지역으로 진출하는 단계에서는 1944년 9월, 마켓-가든 작전에서 확인된 바와 같이 공수부대와 지상군 간 연결작전의 문제점을 식별하였고, 원활한 보급지원과 작전지속지원의 중요성을 재확인하였다.

교두보 돌파: 1944년 7월 25일~9월 14일

연합군은 노르망디 상륙작전 이후 1주일간 약 100km 폭의 교두보를 확보했다. 1944년 7월 24일까지 엡섬 작전(Operation Epsom), 굿우드 작전(Operation Goodwood) 등을 통해 쉘부르항을 점령하고 생로(St. Lo)와 캉(Caen)을 연하는 선까지 교두보를 확장했다. 한편, 룬드쉬테트와 롬멜 원수는 현 방어선을 센(Seine)강 선으로 철수할 것을 건의했다. 하지만 히틀러는 이를 거부하였고, 7월 3일 룬드쉬테트 장군을 돌연 해임시켰다. 특히, 7월 20일에는 총통을 제거하기 위한 암

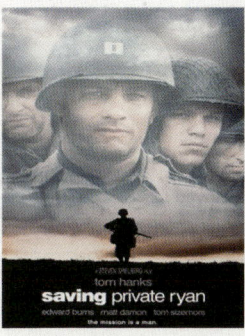 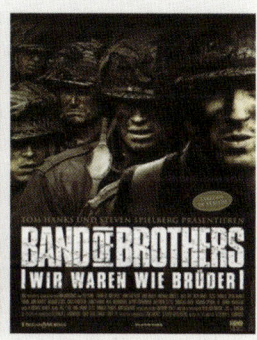
살 미수사건이 발생하면서, 히틀러는 군 지휘관들을 불신하고 직관에 의존하게
되었다(비버, 2017, pp.515~538).

　1944년 7월 25일, 대규모 공세를 준비한 연합군은 프랑스 내륙으로 돌파
하기 위해 '코브라 작전(Operation Cobra)'을 개시했다. 공군의 융단폭격과 함
께 美 육군 3개 사단이 돌파구를 형성하여 7월 말까지 그랑빌(Granvilles)과 아
브랑쉬(Avranches)를 점령 후 파리로 향하는 진출로를 확보했다. 또한 8월 1일
에는 '럭키 스트라이크 작전(Operation Lucky Strike)'을 전개하여 8월 8일 르망
(Le Mans)을 점령했다. 이 작전은 패튼 장군이 지휘하는 美 8군단이 브르타뉴
(Brittany) 항구를 장악하고 나머지 3개 군단이 센강 서쪽 지역을 조기에 확보
하는 계획이었다.

히틀러는 8월 7일 모르텡(Mortain)에서 아브랑쉬로 진격하여 美 제3군을 차단, 고립시키도록 반격 명령을 하달했다. 하지만 연합군은 예비대를 투입하여 독일군의 반격을 저지했다. 패튼의 부대는 아르장탕(Argentan) 방면으로 북진했고 캐나다 제1군이 팔레에즈(Falaise) 방면으로 남진하여 독일군 19개 사단을 포위, 섬멸하였다. 독일군은 약 6만 명의 손실을 입었고, 독일-프랑스 국경선까지 퇴각하였다. 이후 8월 25일 14시를 기해 프랑스의 수도 파리가 해방되었다.

코브라 작전   팔레즈-아르장탕 포위전   생람베르에서 항복하는 독일군

한편, 연합군은 노르망디 상륙작전 기간 중에 독일군의 전투력을 분산시키기 위해 프랑스 남부 해안에 기만 상륙작전을 계획했다. 하지만 오버로드 작전계획에 필요한 상륙정이 부족하여 8월로 연기되었다. 1944년 8월 15일에 개시된 안빌(Anvil) 상륙작전은 이 지역의 독일군을 고착 견제하고 마르세유(Marseille)항을 통한 병참선 확보에 목적이 있었다. 美 제7군 예하 6군단은 칸(Cannes)과 툴롱(Toulon) 사이의 해안으로 상륙 후, 8월 15일 툴롱항과 마르세유를 탈환하였고, 8월 22일 그레노블(Grenoble)에서 패튼 장군의 제3군과 연결했다.

연합군은 오버로드 계획을 완료한 이후 센강 선에서 3개월간 재편성 기간을 가질 예정이었다. 하지만 독일군의 전력이 약화되었고 안빌 상륙작전이 순조롭게 진행되면서 계속 진격하기로 결정하였다. 몽고메리 장군이 이끄는 제21집단군은 주공으로 아르덴 삼림의 북쪽 통로를, 브래들리 장군의 제12집단군은

조공으로 남쪽 통로를 지향하였다. 8월 26일 공세를 감행한 연합군은 9월 3일
브뤼셀을 시작으로 앤트워프(Antwerp)와 룩셈부르크를 해방시키고, 9월 14일 독
일 국경선에 도달했다. 독일군은 스위스 접경지역에서 라인강 하류까지 요새화
하여 구축해 놓은 국경방어선(West Wall, Siegfried Line)에서 최후의 방어선을 형성
했다.

마켓-가든(Market-Garden) 작전: 1944년 9월 17일

1994년 9월, 연합군이 서부방벽에 도달한 이후 영국의 몽고메리 장군은 아
이젠하워 총사령관에게 라인강 저지대를 통과하여 루르 지역으로 신속하게 진

군할 경우 크리스마스 이전에 전쟁을 끝낼 수 있다고 제안하였다. 이는 마켓-가든(Market-Garden) 작전으로 발전하였으며 차후 작전을 위해 라인강 대안의 교두보를 확보하기 위해 계획되었다(비버, 2017, pp.959~960).

마켓작전은 3개 공수사단으로 네덜란드 베젤(Veghel), 에인트호번(Eindhoven), 네이메겐(Nijimegen), 아른헴(Arnhem)에 있는 교량을 확보하는 강습 작전이고, 가든작전은 영국군 제2군이 확보된 교량을 통해 북진하여 공수부대와 연결하는 작전이다.

9월 17일, 영국군 제1공수사단과 美 제82공수사단, 제101공수사단이 각각 아른헴과 니메겐, 아인트호벤에 투하되었다. 하지만 영국군 제1공수사단이 목표 지역에서 과도하게 이탈된 데다 재편성 중인 독일군 제9SS기갑군단의 반격

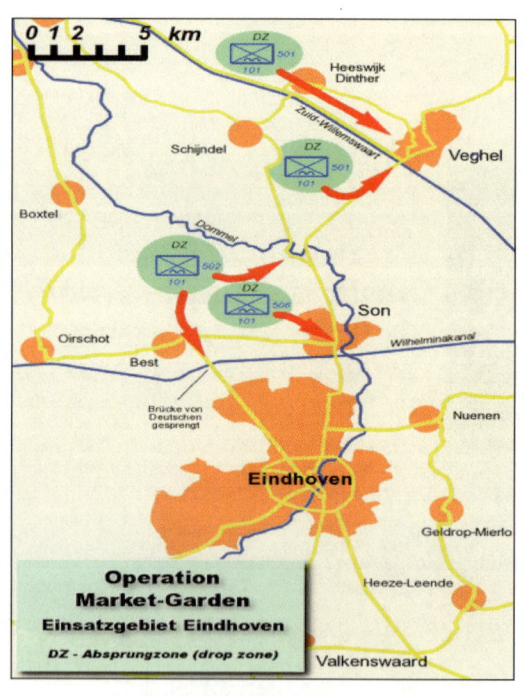

마켓-가든작전 계획

으로 궤멸당했다. 영국군 제2군도 니메겐 지역에서 독일군의 저항으로 진격이 저지되어 연합군의 공정작전은 실패하였다. 마켓-가든작전이 실패하면서 연합군의 추격작전은 중단되었고, 10월 이후 전선은 교착상태에 직면했다. 이후 연합군은 11월 28일 앤트워프항을 정상화하였고, 12월 중순 공세를 재개하기로 했다.

에인트호번으로 침투하는 미 101공수사단   포로가 된 영국군 제1공수부대원

독일군의 아르덴 대공세: 1944년 12월 16일~1945년 1월 25일

1944년 12월, 북서부 유럽의 전황은 독일군에게 매우 불리하게 전개되었다. 이에 히틀러는 강력한 반격을 가함으로써 연합군이 더 이상 전쟁을 지속하지 않고 평화협상으로 나오게 만들어야 한다고 판단했다. 당시 연합군의 군수품 보급은 유럽에서 가장 큰 항만시설 중 한 곳인 앤트워프항에 의존하고 있었기 때문에 히틀러는 앤트워프를 재탈환하고자 했다. 이 계획이 성공할 경우에는 서부전선의 연합군에게 심각한 타격을 가하고, 동부전선에 집중할 수 있을 것으로 판단했다.

이를 위해 히틀러는 연합군의 배치가 상대적으로 미약한 아르덴 삼림지대를 공격 목표로 삼았다. 여러 가지 이점이 있었지만 무엇보다도 대규모 기갑부대가 기동할 수 있고 울창한 삼림이 조성되어 연합공군의 전술폭격으로부터 은폐가 가능했기 때문이다. 이러한 판단하에 독일군은 아르덴 동쪽 아이펠(Eifel) 삼림지역에 2개 기갑군과 2개군 25개 사단을 집결시켰다. 독일군의 작전개념은 아르덴을 돌파해서 북서쪽 방면으로 진격한 후 앤트워프를 점령하는 것이었다.

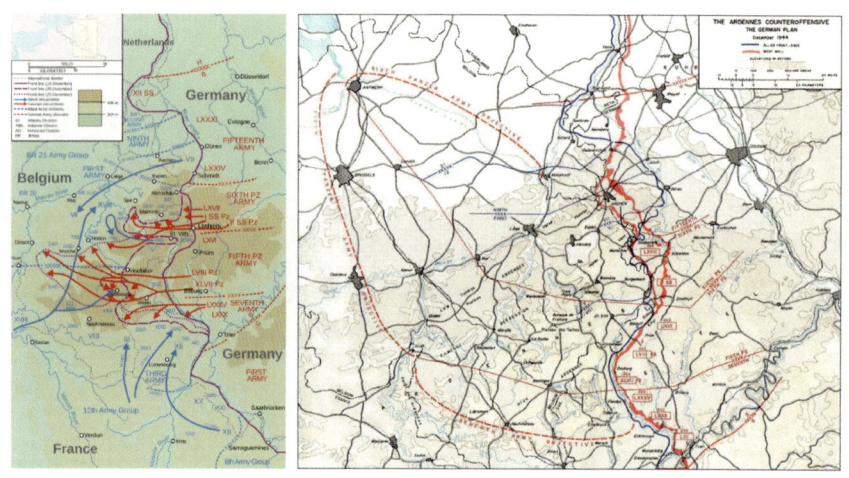

독일군의 아르덴(Ardennes) 반격작전 요도

1944년 12월 16일, 독일군은 전면적인 기습을 감행했고 주요 전투 경과를 살펴보면 다음과 같다. 독일군의 주공인 제6기갑군은 아이젠보른(Eisenborn)에서 美 제5군의 저항에 부딪혔지만 조공인 제5기갑군은 美 제8군을 격파하고 서쪽으로 진격했다. 당시 악천후로 연합공군의 공중정찰이 제대로 이루어지지 않았고, 동부전선에서 소련군이 독일군을 압박하고 있는 상황이었기 때문에 독일군의 기습공격은 사전에 예측되지 않았다.

독일군 제5기갑군은 앤트워프 접근로상의 전략적 요충지인 벨기에의 생비트(St. Vith)와 바스토뉴(Bastogne)로 진격했다. 바스토뉴에서는 미군과 독일군의 치열한 공방전이 전개되었다. 12월 22일 밤 날씨가 호전되면서 연합공군은 5,000대 이상의 항공기를 동원하여 전술폭격을 재개하였고 독일군 기갑부대와 보급로에 타격을 가했다. 패튼 장군이 이끄는 美 제4기갑사단은 셔먼 전차를 이끌

아르덴으로 반격하는 독일군

고 바스토뉴로 신속하게 진격하여 이 지역에 고립된 美 제101 공수사단을 구출했다.

1945년 1월 8일, 독일군은 전면 철수했고 패튼은 우팔리즈(Houffalize)를 향해 북진했다. 이후 1월 16일 美 제1군과 합류하면서 독일군을 반격 이전 단계로 퇴각시켰다. 독일군은 아르덴 반격작전을 통해 연합군의 진출을 6주 동안 지연시켰지만 최후의 공세가 실패하면서 예비대를 소진했고 전력에 커다란 손실을 입었다. 아르덴 대공세는 '벌지 전투(Battle of the Bulge)' 또는 '바스토뉴 공방전' 등으로 불리며, 제2차 세계대전기 독일군의 패전을 앞당긴 전투로 평가받는다.

독일 본토 작전: 1945년 2월 8일~4월 18일

벌지전투에서 독일군의 반격작전을 효과적으로 저지한 연합군은 라인(Rhein) 강을 도하하여 루르지역을 포위하기 위한 라인란트(Rhineland) 작전을 계획했다. 작전은 4단계로 이루어졌으며 캐나다 제1군과 美 제9군이 뫼르스에서 합류하고, 美 제3군이 라인강에 도달하면, 제6집단군이 팔라티나테(Palatinate) 지역을 점령하고 최종 몽고메리 장군이 이끄는 제21집단군이 루르(Ruhr) 지역을 북쪽에서 포위하는 계획이었다(와인버그, 2016c, pp.158~161).

말메디에서 자행된 미군 포로 학살(잴로거, 2018, pp.133~136)

나치 친위대(SchutzStaffel, SS)의 정예 기갑부대는 연합군의 전투
의지와 사기를 꺾기 위해 잔혹한 학살 행위를 일삼았다. 당시 악명
이 높았던 파이퍼 전투단은 1944년 12월 17일 말메디(Malmedy)
근처에서 제7기갑사단 소속의 미군 125명을 포로로 생포한 후, 진
격에 방해가 된다는 이유로 모두 총살하고 시신을 유기하는 만행을
저질렀다. 이후 미군은 들판에 버려진 시신 84구를 발견했고, 이 사
건이 전 부대에 신속히 퍼지면서 독일군에 대한 전투 의지를 고취하
는 계기가 되었다.

1945년 2월 8일, 총공세를 시작한 연합군은 히틀러가 반드시 사수하려고 했던 루덴도르프 철교를 뚫고 3월 20일 라인강에 도달했다. 연합군은 공격기세를 유지하며 3월 23일 라인강 도하작전을 개시하여, 4월 1일 루르지역의 좌우 측면에 총면적 $10,400km^2$의 거대한 포위망을 형성했다. 독일군 B집단군의 주력인 제5기갑군과 제15기갑군 등 18개 사단이 고립되었다.

연합군은 루르 포위망(Ruhr Pocket)을 중심으로 4월 18일까지 치열한 소탕작전을 전개하였고, 그 결과 독일군 포로 32만 5,000명을 생포했다. 한편, 라인란트 작전과정에서 연합공군은 2월 22일, 독일 본토의 군사시설과 병참선에 대규모의 전략폭격(Operation Clarion)을 감행했다. 독일의 기반시설을 파괴하고 독일군의 사기를 꺾기 위해 계획된 이 작전에는 약 3,500대의 폭격기와 5,000대의 전투기가 투입되어 주요 철도시설과 항만, 도로 등 독일의 주요 병참시설을 집중적으로 폭격하였다(Craven · Cate, 1983, pp.761~763).

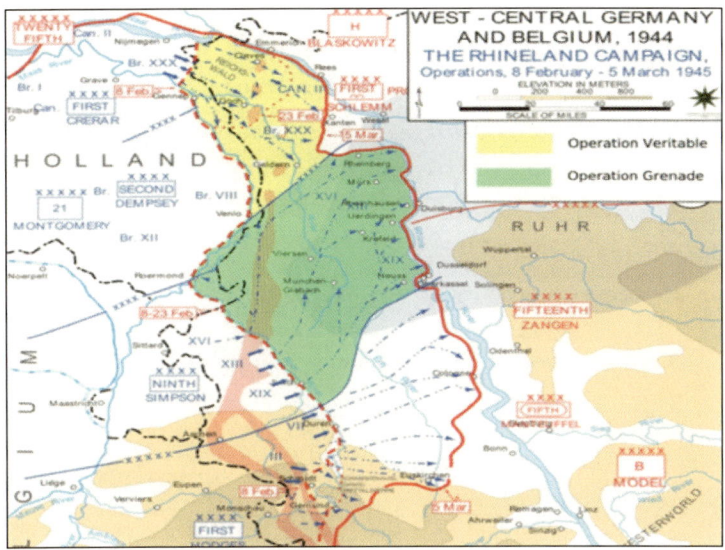

라인란트(Rhineland) 작전 요도

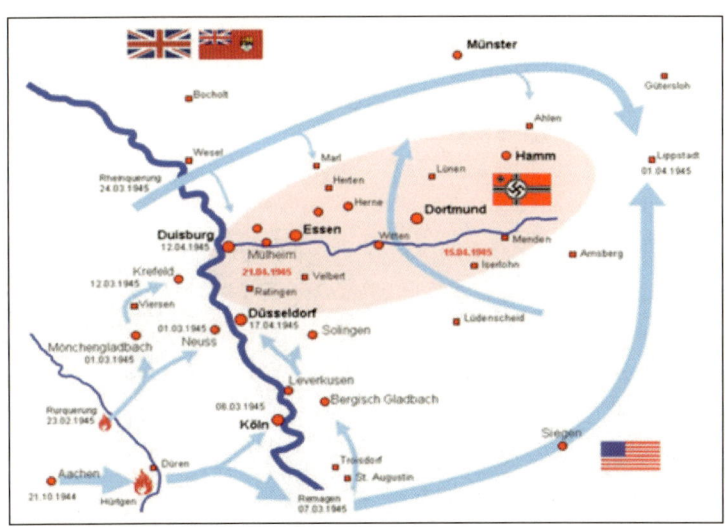

루르(Ruhr) 포위전 요도

앞서 살펴본 Clarion 작전의 사례와 같이, 제2차 세계대전 시 전략폭격은 추축국과 연합국을 통틀어 적국의 군부대와 군사시설, 산업기반을 파괴함으로써 전쟁수행능력과 국민의 사기를 저하시키기 위해 광범위하게 활용되었다. 또한 항공과학기술이 발전하면서 전략폭격 자산의 성능이 향상되었고 목표물의 대상과 범위도 대폭 확대되었다. 연합군은 제2차 세계대전을 수행하며 추축국의 전쟁수행능력을 약화시키고 지상전의 효과를 극대화하기 위해 전략폭격을 지속적으로 강화했다. 특히, 1942년 영국의 전략공군사령관으로 해리스(Arthur T. Harris) 장군이 부임한 이후부터 독일의 주요 거점도시를 목표로 한 지역폭격이 새로운 전략으로 자리 잡았다. 또한 이 시기에 연합군은 공군전력의 질을 한 단계 높이기 위해 첨단전력의 개발에도 열을 올렸다. 영국군은 지표면을 탐색할 수 있는 레이더와 무선 항법장치(Radio Navigation)가 장착된 랭커스터(Lancaster) 폭격기를 개발하였다. 미군은 장거리 전략폭격기를 호위할 수 있는 머스탱(Mustang) 전투기를 개발했다. 1942년 미국이 제2차 세계대전에 본격적으로 참전한 이후 B-17 폭격기들이 전장에 투입되면서 연합군의 공군전력은 더욱 막

Clarion 작전 시 파괴되는 독일군 군수시설

강해졌으며 독일군을 능가하기 시작했다.

연합군이 전략폭격에 활용한 주력 항공기

영국의 전략폭격기인 랭커스터는 1942년 애브로(Avro)社에서 개발하여 실전배치한 4발엔진 폭격기이며,
4,000km 이상의 항속거리와 10톤 규모의 폭장량을 보유하여 장거리 전략폭격에 주로 사용된 기종이었다.
미국의 North American Aviation社에서 개발한 P-51 머스탱(Mustang) 전투기는 1943년 중반에 B형으로
개량되어 생산된 이후 2,700km 이상의 항속능력을 보유했으며, 장거리 폭격기의 호위전투기로 운용되었다.

영국의 랭커스터 폭격기(Avro Lancaster)   미국의 무스탕(Mustang) 전투기

1945년 2월 4일, 추축국의 패전 시 전후처리 과정을 논의하기 위해 소련에서 얄타회담(Yalta Conference)이 개최되었다. 미국의 루스벨트 대통령과 영국의 처칠 수상은 전쟁을 조기에 종결하기 위해서는 동부전선에서 소련군의 진격이 무엇보다도 중요하다는 데 인식을 공유했다. 이를 군사적으로 뒷받침하기 위해 미국과 영국이 보다 공세적으로 연합 공군전력을 지원하기로 합의했다. 당시 지역폭격의 윤리적 문제가 조심스럽게 논의되고 있었지만 연합군 측은 전쟁을 조기에 종식하기 위해 이를 문제 삼지 않았고 대규모 전략폭격 계획을 수립했다.

1945년 2월 3일, 연합군은 베를린에 대한 무차별 공습을 감행했으며 이를 통해 동부전선으로의 전력 이동을 차단하고 독일의 전쟁 의지를 약화시켰다. 특히, 2월 13일에는 독일의 고도(古都) 드레스덴(Dresden)에 대한 대규모 공습을 감행했다. 영국군의 랭커스터, 미군의 B-17 폭격기 등 1,000여 대의 항공자산이 투입되었으며 민간인 2만 5,000명의 사상자가 발생하여 이후 윤리적 논란

이 야기되었다(베일리, 1984, pp.188~191).

연합군의 드레스덴 공습

영국군의 블록버스터 폭탄

폐허가 된 드레스덴 시가지

1945년 4월 중순, 루르 포위전에서 독일군의 주력과 독일의 주요 산업시설을 무력화한 연합군은 티롤 지역으로 공세를 이어나갔다. 4월 20일 뉘른베르크(Nurnberg)를 확보한 연합군은 5월 4일, 독일군의 최후 저항거점인 베르히테스가덴(Berchtesgaden)을 점령했다. 소련군도 4월 16일 베를린에 대한 총공세를 감행하여 5월 2일 독일군의 저항을 무력화시켰고, 5월 7일 독일의 항복을 받아냈다.

아서 해리스(Arthur Travers Harris, 1892~1984)

제2차 세계대전이 한창이던 1942년 전략공군사령관으로 임명되어 독일 본토에 대한 지역폭격을 주도하며 연합군의 승리에 크게 기여했다. 그는 독일 국민의 항전 의지를 꺾기 위해 함부르크와 쾰른, 프랑크푸르트 등 주요 도시에 무차별 폭격을 감행하였다. 특히, 한 구역을 송두리째 폭파시켜 버린다는 의미의 용어 '블록버스터(Blockbuster)'와 '융단폭격(Carpet Bombing)'이라는 신조어를 탄생시켰다. 1945년 2월 14일, 드레스덴 대공습으로 수많은 민간인 희생자가 발생하자 연합국은 비난에 직면하였고, 1946년 원수로 진급 후 퇴역했다.

5. 대서양 전선

제2차 세계대전을 통틀어 대서양(Atlantic Ocean)은 연합국과 추축국 모두에 전략적으로 매우 중요한 전선이었다. 영국의 입장에서는 인도와 호주, 동남아 등의 국가로부터 수입되어 오는 각종 전략물자의 해상수송로였고, 미국으로부터 대량의 군수품이 유입되는 주요 해상 병참선이었다. 추축국인 독일의 입장에서도 대서양은 섬나라인 대영제국을 고립시킬 수 있고 지중해의 제해권을 장악하여 연합국을 상대로 주도권을 확보할 수 있는 전략적 요충지였다. 따라서 독일 해군(Kiegsmarine)의 핵심적인 임무는 대서양을 경유하는 영국의 해상수송로에 타격을 가하는 것이었다.

1939년 9월 개전 이후, 독일 해군이 전함과 잠수함, 무장 상선을 대서양 지역에 본격적으로 배치하면서 대서양 전선은 제2차 세계대전의 흐름에 매우 중요한 영향을 미친 주요 전역이 되었다. 전시 연합국은 대서양에서 독일 해군과의 전투를 승리로 이끌었기 때문에 유럽 서부지역으로 대규모의 연합원정군을 상륙시킴과 동시에 추축국 세력을 몰아낼 수 있었다.

1939년 9월 3일, 영국이 나치 독일에 선전포고를 하자 독일 해군은 잠수함 (U-30)을 통해 캐나다로 향하던 영국의 대형 민간여객선 아테니아(Athenia)호를 격침시켰다. 또한 1939년 10월 14일, 독일 해군의 잠수함 U-47호의 함장 권터 프린(Gunther Prien)은 스코틀랜드 연안에 위치한 스캐퍼플로(Scapaflow) 영국 해군 기지에 침투하여 로열오크(Royal Oak)함을 침몰시켰다(폴리, 2008, p.37). 833명의 사상자가 발생하자 영국은 독일에 대한 해상봉쇄령을 발령하여 독일 상선의 항해를 차단했다.

1922년 베르사유체제하의 군비제한 조치를 어기고 비밀리에 잠수함의 생산 설계를 완료했던 독일은, 1935년 영국과 해군협정을 체결하여 잠수함 건조를 용인받은 상태였다. 이를 토대로 U보트 건조에 착수했고 제2차 세계대전 발발 이후 영국 해군의 해상봉쇄에 대응하기 위해 U보트 함대를 실전배치했다.

되니츠(Karl Doenitz, 1891~1980) 제독의 울프팩(Wolf Pack) 전술(키건, 2016, p.161)

제2차 세계대전 당시 대서양 전투에서 영국의 호송선단을 공격하기 위해 독일 해군의 되니츠 제독이 개발한 전술이다. 일명 '이리 떼 전술'이라고도 불리는 울프팩 전술은 잠수함(U보트)이 단독으로 잠행하며 마치 늑대처럼 영국상선을 찾아다니는 대신, 잠수함들을 일렬로 정렬시켜 바다를 항해하면서 호송선단을 식별하고 목표물을 탐지할 경우 잠수정단이 해당 구역에 모여서 집합적으로 공격하는 방식이다. 독일 해군은 울프팩 전술을 활용하여 대서양 전투 초기에 약 200척 이상의 호송선단 선박들을 침몰시켰다.

한편, 영국은 자원이 부족한 섬나라로 석유와 원자재 등을 수입하고 식량의 약 70% 이상을 해상무역에 의존하고 있었기 때문에 제2차 세계대전 초기부터 영국으로 향하는 상선들은 독일 해군의 주요 공격목표가 되었다. 대서양 전투 초기에 영국으로 각종 물자를 수송하던 대형 선박들이 독일 해군의 U보트에 피해를 입게 되자 영국의 식량수급 사정이 악화되었다. 이에 영국 정부는 국민들에게 항전의지를 고취하기 위해 '승리를 위한 경작(Dig for Victory)' 캠페인을 전개하였다. 영국 본토 내에서 가용한 모든 유휴지에 가축과 채소를 재배하도록 대대적으로 홍보하였고, 식량을 자급자족할 수 있도록 전시정책을 추진했다.

영국 해군은 독일 잠수함의 공격에 효과적으로 대응하기 위해 전함을 활용하여 상선을 호위했고, 동시에 캐나다와 미국에 호위전력 파견을 협조했다. 당시 영국 정부가 추진했던 호송시스템(Convoy System)은 대규모 상선을 그룹화하되 폭뢰(Depth Bomb)를 탑재하여 잠수함을 격침시킬 수 있는 구축함(Destroyer)으로 호위하는 개념이었다.

또한 영국은 제1차 세계대전 이후 독일 해군의 잠수함을 탐지하기 위해 해군성 잠수함 작전본부의 주도로 진행해 온 비밀 프로젝트(Anti Submarine Detection Investigation Committee, ASDIC)의 연구결과를 미국에 공유하였다. 이를 바탕으로 양국의 과학기술자들은 수중음파탐지기(Sound Navigation and Ranging, SONAR)를 개발했다. 당시의 최첨단 과학기술이 집약되어 개발된 소나와 레이더가 해군함정에 탑재되면서 독일군의 잠수함 활동은 크게 위축되었다.

당시 독일군의 잠수함 위협을 근원적으로 제거하기 위해 연합군은 잠수함 간 무선교신 내용을 감청·해독하는 작업이 필요했다. 이에 따라 영국 정부는 밀턴킨스(Milton Keynes) 지역의 '블레츨리 파크(Bletchley Park)'라는 곳에 비밀 암호학교를 설립했다. 이곳에서 독일군의 암호장비인 에니그마(Enigma) 코드를 해독하기 위한 전문인력을 양성했다.

수학자이자 컴퓨터 과학자인 튜링(Alan Mathison Turing, 1912~54)은 블레츨리 파크에 근무하며 암호해독기를 개발하여 연합군 승리에 크게 기여하였다. 1940년 3월에는 영국군이 독일 잠수함 U-110호로부터 에니그마 장치를 입수하게 되었고, 이를 블레츨리 파크에 전달하면서 독일군 암호체계 분석의 새로운 전

독일군 암호기기 Enigma

기(轉機)가 마련되었다.

대서양 전투 초기, 영국 해군은 독일의 잠수함 공격으로 전력의 막대한 피해를 입었다. 호송선단을 운영할 해군력이 부족해진 상황에서 영국의 처칠 수상은 추축국에 군사지원을 요청했다. 당시 미국의 국내 여론은 고립주의 정서가 강했기 때문에 영국군에 대한 군사지원에 회의적인 입장이었다. 1940년 8월, 처칠 수상은 루스벨트 대통령에게 호송선단의 보호에 필요한 군함지원을 공식적으로 요청하였고, 이에 따라 미·영 양국은 '구축함-기지 교환협정'을 체결하였다.

1941년 12월, 일본의 진주만 공격으로 미국이 추축국에 선전포고를 했다. 이에 독일 해군은 잠수함을 파견하여 미국 동부 해안의 군사시설과 유조선 등에 대한 군사공격을 감행했다. 미국의 본토가 공격을 받고 수백 척의 선박이 피해를 입는 상황이 발생하자 항전여론이 조성되었고, 미국 정부는 대규모 선박 건조 프로젝트에 착수했다. 미국은 태평양의 일본군과 대서양의 독일군에 맞서 리버티선(Liberty Ship)과 에식스(Essex)급 항공모함, 구축함 등을 대량으로 건조했다.

美·英 간 체결된 구축함–기지 교환협정(Pious, 2012, pp.190~194)

제2차 세계대전 초기 영국 처칠 수상의 요청으로 이루어진 미국과 영국의 군사협정이다. 1940년 9월 2일, 미국의 루스벨트 대통령이 의회의 반대를 고려하여 대통령 행정명령으로 발표한 것으로, 미국은 제1차 세계대전 당시 사용했던 구축함 50척을 영국에 파견하기로 결정했다. 반대급부로 미국은 영국이 대서양과 카리브해 지역에서 운영하는 해군기지의 조차권을 확보하기로 합의했다. 미국이 전쟁 당사국이었던 영국에 구축함을 지원하는 것은 중립법에서 규정한 의무조항을 위반하는 것이었지만, 루스벨트 대통령은 영국의 안보가 곧 미국의 안보와 연계된다고 판단했다. 미국은 동부지역 해안을 방어하기 위해 대서양 지역에도 해·공군기지를 확보할 필요성이 있다고 판단하여 대통령 행정명령을 발표했다. 이로써 미국은 바하마, 자메이카, 세인트루시아, 세인트토머스, 안티구아, 트리니다드 등 카리브해에 위치한 8개 기지에 대해 99년간의 임대권을 획득하였다. 이와 동시에 버뮤다와 캐나다의 뉴펀들랜드 기지에 대한 임시 사용권을 확보했다.

영국 해군은 암호해독만으로는 독일 해군의 잠수함 작전을 무력화하기가 제한된다는 판단하에 1942년 1월, 대잠수함 전략을 개발하기 위한 웨스턴 어프로치스 전술부대(Western Approaches Tactical Unit, WATU)를 창설하였다. 이 부대는 다양한 위게임을 통해 독일군 U보트의 공격전술을 분석하고 효과적인 대응 방안을 도출하는 과업을 수행하였다. 이후 연합국은 대서양 전투를 치르며 독일 해군의 U보트를 무력화시키기 위해 각종 대잠무기체계와 전술을 지속적으로 발전시켰다. 대표적인 사례로는 앞서 소개한 수중음파탐지기와 함께 대형 상선에서 항공기를 발진시킬 수 있는 사출장치(Catapult), 해면 수색 레이더, 폭뢰 등이 개발되었다.

1943년 1월, 대서양 전투의 전황은 독일에 불리하게 전개되었고 힘의 균형이 전환되기 시작했다. 연합공군은 대잠수함용 폭뢰(Hedgehog)와 레이더 탐지시스템을 구비했고, 장거리 전술 비행이 가능해지면서 U보트는 점차 무력화되기 시작했다. 특히, 개전 초기 공군의 작전반경이 미치지 못한 공역, 즉 대서양 간극에 대한 전술폭격이 가능해지면서 연합공군은 대서양 전선에서 주도권을 확보하기 시작했고, 1944년 6월에 노르망디 상륙작전을 개시할 수 있었다. 아래 그림은 1941년 당시 대서양 전역이며 검은색 실선은 연합공군의 작전반경, 청색 점들은 U보트에 격침된 영국 수송선단의 위치를 보여준다.

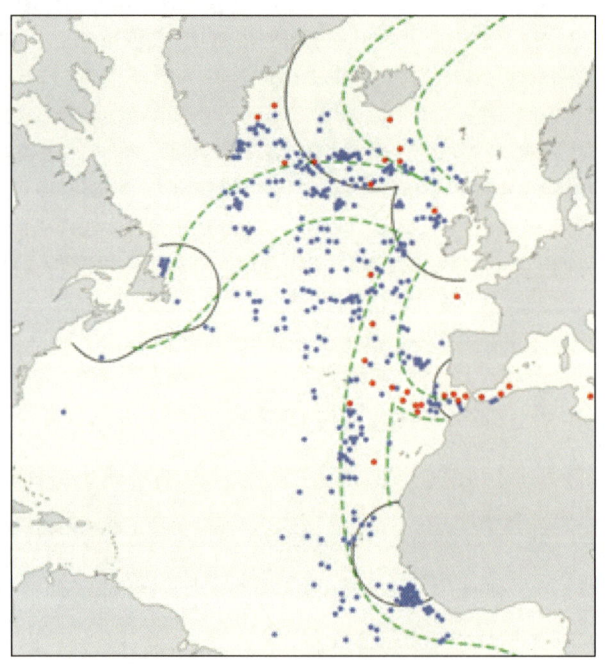

제2차 세계대전 초기 대서양 간극(Air Gap)

6. 아시아 · 태평양 전선

개전 과정과 일본의 진주만 공습: 1939년 7월~1941년 12월

중일전쟁이 전개되는 와중에 일본은 다음과 같은 이유로 태평양지역으로 전선을 확장하였다. 1939년 이후 독일의 팽창정책으로 유럽의 정세가 불안정해

짐에 따라 중국에 대한 영국의 영향력이 약화되기 시작했으며, 이로 인해 미국이 중국 문제에 본격적으로 개입하게 되었다. 또한 1939년 7월 '미·일 무역 및 항해조약(통상조약)'이 파기되면서 일본의 전시경제는 심각한 타격을 받았다. 당시 미국, 영국과의 대립이 격화하는 가운데 1939년 8월 독·소 불가침조약이 체결되었고, 같은 해 9월 노몬한 전투에서는 일본 관동군이 소련군에게 참패를 당하면서 일본은 다음과 같이 아시아·태평양 전쟁의 기본전략을 남진(南進) 노선으로 변경하였다(문정인·김명섭, 2006, pp.203~204).

노몬한 전투는 1939년 5월부터 9월까지 만주국과 몽골인민공화국의 국경지대인 노몬한에서 소련의 붉은군대와 벌어진 전투(ノモンハン, Battles of Khalkhin Gol)이며, 일본 관동군이 만주국 국경을 넘어 몽골 지역까지 영향력을 확대하는 과정에서 촉발되었다. 당시 몽골 인민공화국은 소련과 상호방위조약을 체결했기 때문에 스탈린은 몽골에 군대를 파견했으며, 주코프 장군이 이끈 기갑·항공부대는 효과적인 제병협동작전과 대규모 기동전으로 일본군을 포위 섬멸하여 약 17,000명의 사상자가 발생했다. 노몬한 전투에서 패배한 일본은 향후 소련과의 충돌이 불가피한 북진정책 대신 동남아시아와 태평양을 중심으로 한 남진정책을 추구하게 되었다.

제2차 세계대전이 발발하고 1940년 6월 추축국 독일이 프랑스를 함락시키자 같은 해 7월에 출범한 제2차 고노에 내각은 '세계정세에 따른 시국처리 요강'을 발표하여 프랑스령 인도차이나의 군사기지화, 네덜란드령 동인도의 주요 자원 확보 방침을 천명했다. 1940년 9월 일본은 독일, 이탈리아와 3국동맹(Axis Alliance)을 체결하였고, 1941년 4월 소련과 중립조약을 체결하였다. 1941년 7월, 프랑스 비시정부와의 협력을 명분으로 일본이 인도차이나반도 남부지역에 진출하여 군사기지를 건설하자 미국은 일본자산에 대한 동결령을 발표하였다.

1941년 6월 독소전쟁이 발발한 이후, 같은 해 8월에 미국의 루스벨트 대통령과 영국의 처칠 수상이 대서양헌장(The Atlantic Charter)을 발표했다. 당시 미국과 영국의 최고지도자가 발표한 공동성명에는 '영토확장 반대, 자유무역 추구, 항행의 자유, 국제노동·경제·복지 기준 확립, 전시 점령국의 자치정부 복원 지원, 자결권 존중' 등 8개 항의 공통원칙(Common Principles)을 포함하여 전후 세계평화의 목표와 원칙이 명시되어 있었다. 이에 일본은 9월 6일 어전회의를 개최하여 미국과의 교섭을 추진함과 동시에 전쟁 준비 방침을 결정하였다.

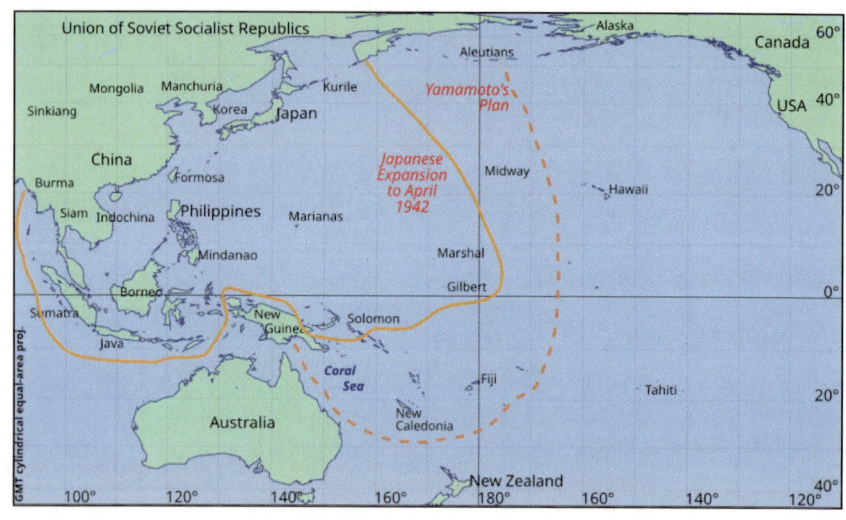

아시아·태평양 전선 초기 일본의 파상공세

당시 고노에 내각은 대서양헌장을 일본의 아시아·태평양구상에 대한 위협으로 인식하였고, 이에 따라 미국·영국과의 교섭을 기대하면서 전쟁을 준비하는 모순된 정책을 추진했다(문정인·김명섭, 2006, p.211). 한편, 인도차이나에 진출한 일본에 대해 미국·영국·네덜란드가 일본자산을 동결하고 석유 수입을 전면 금지하면서 일본의 엔화 블록은 급속히 붕괴하기 시작했다. 일본은 국제사회로부터 완전히 고립되었고, 이후 자급자족에 의한 전시경제체제로의 전환이 불가피해졌다.

1941년 11월 5일 일본 제국의회는 미·일 간 협상이 실패한 상황에서 남방지역의 천연자원과 영토를 획득하기 위해 전쟁을 결정했다(Hara, 1998, p.241). 1941년 10월 출범한 도조 내각은 미국과의 교섭에 실패하자 12월 1일 어전회의를 통해 미국, 영국, 네덜란드와의 전쟁을 결의했다.

1941년 11월 5일, 일본은 중일전쟁이 진행 중인 상황에서 다음과 같이 아시아·태평양 전선에서의 기본작전방침(Fundamental operational policy)을 발표했다(Goldstein·Dillon, 2004, p.233). 첫째, 동태평양에서 미군 함대를 격멸하며 아시아 지역으로 향하는 미군의 작전선과 병참선을 차단한다. 둘째, 서태평양에서 영국의 작전선과 버마 항로를 포함하여 아시아 지역에 대한 지원을 차단하기 위해 필리핀을 중심으로 말레이 전역(Malayan campaign)을 전개한다. 셋째, 아시아의 적을 격멸하여 전략기지를 확보하고 천연자원이 풍부한 남방의 중요 지역들을 점령한다. 넷째, 장기전에 대비하여 전략적 요충지를 점령하고 지역 확장을 통해 방어력을 강화한다. 다섯째, 적 부대는 전멸되어야 한다. 여섯째, 성공적인 작전으로 적의 의지를 분쇄한다.

1941년 12월 7일, 일본 해군은 하와이주 오아후(O'ahu)섬에 위치한 美 태평양 함대의 해군기지를 기습적으로 공격했다. 일본 해군은 항공모함 6척과 전함 2척, 순양함 3척, 구축함 9척, 잠수함 28척, 전투기 350대를 동원하여 진주만(Pearl Harbor)을 공습했으며, 그 결과 美 해군은 전함 20척, 항공기 188대가 침몰·손실되었고 약 2,400명의 희생자가 발생했다(로페즈 외, 2021, p.88). 진주만 공습 직후 미국이 중립노선을 포기하고 일본에 대해 선전포고를 하면서 아시아·태평양 전선이 시작되었다.

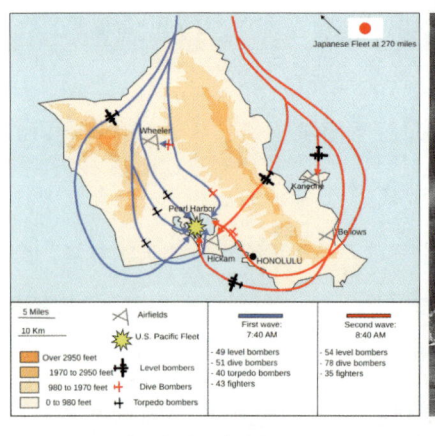

일본의 진주만 공습 요도   USS West Virginia(BB-48)호 피격

일본의 공세와 초기 전역: 1941년 12월~1942년 5월

1941년 12월 7일 진주만 공습 이후 약 6개월 동안 일본 해군과 육군은 공세적 기동전을 전개하여 홍콩, 말레이반도, 필리핀, 태국, 버마, 인도네시아, 싱가포르 등 동남아시아의 광활한 지역을 점령했다. 또한 일본군은 괌(Guam), 웨이크섬(Wake Island), 솔로몬 제도(Solomon Islands), 알류샨 열도(Aleutian chain)의 일부 섬을 포함하여 태평양 남동부 지역의 요충지를 점령함으로써 중요한 해상 전초기지(Outposts in the ocean)를 확보했다. 일본제국주의는 대동아공영권(大東亞共榮圈)을 건설한다는 명분을 내걸고 동남아시아와 태평양을 전략적 목표로 삼아 말레이반도, 필리핀, 버마를 침공했으며, 인도네시아와 남태평양의 전략적 요충지를 확보하기 위해 남방작전(南方作戰)을 전개했다.

아시아·태평양 전선 초기 일본의 공세와 주요 전역을 살펴보면 다음과 같다. 일본군은 진주만 공습과 동시에 영국령 홍콩과 타이, 말레이반도를 공략하였다. 1941년 12월 8일, 일본군 제23군은 제38사단을 주력으로 제45항공전대의 지원을 받아 영국의 전초기지인 홍콩을 공격하여 영국과 캐나다 수비대를 제압하고 크리스마스를 기해 함락시켰다. 또한 일본군 제15군은 태국을 침공했으며, 상륙작전 초기에 태국군의 저항에 부딪혔으나 항복에 가까운 조건으로 휴전협정을 맺고 말레이반도와 버마로 향하는 진출로를 확보했다.

1941년 12월 8일부터 1942년 2월까지 말레이반도를 중심으로 전개된 말레이 전역(Malayan Campaign)에서는 4개 사단과 기갑·항공부대로 편성된 일본군 제25군이 말레이반도를 축으로 신속하게 남진하여 영국군과 호주·인도군으로 구성된 연합군을 격퇴하였다. 일본 육군은 항공지원을 통한 효과적인 기동전을 수행했으며, 타이와 말레이반도의 북부 해안에 2개 축선으로 동시 상륙작전을 개시하여 연합군의 방어선을 무너뜨렸다.

당시 일본군은 전투 경험이 풍부하여 말레이반도의 정글 지형에 잘 적응하였으나 연합군은 작전 지형에 익숙지 않았고 부대 간 유기적인 통합이 제한되어 효과적인 방어작전을 수행하지 못했다. 일본군은 말레이 전역에서 영국군을 중심으로 한 연합군을 격파했으며, 불침항모로 여겨지던 싱가포르를 점령함으로써 인도양으로의 진출로를 확보했다.

영국 해군은 12월 10일 콴탄(Kuantan) 인근의 해상전투에서 전함 프린스 오브 웨일즈(Prince of Wales)호와 순양전함 리펄스(Repulse)호를 상실했으며, 말레이 전역의 실패로 연합군의 극동방어선은 큰 타격을 받았다. 말레이 전역에서 영국군이 패배한 원인은 제공권·제해권의 조기 상실, 정글전 미숙, 토착민의 전의 부족(戰意不足), 작전상 불필요한 지역에 대한 분산방어 및 철수 지연 등이다(정하명 외, 2021, pp.404~405).

다음으로 1941년 12월부터 1942년 5월까지 전개된 필리핀 전역에 대해 살펴보겠다. 1898년 미국-스페인 전쟁 이후 미국의 식민지로 편입된 필리핀은 아시아·태평양 전선 초기에 자치 정부가 운용되고 있었으며, 일본군이 동남아 지역으로 신속히 전선을 확장해 나가기 위해 반드시 확보해야 할 전략적 요충지였다. 당시 필리핀에는 맥아더 장군의 지휘하에 약 31,000명의 미군과 10만 명의 필리핀 육군이 주둔하고 있었다.

1941년 12월 8일, 혼마 마사하루(本間雅晴) 중장이 이끄는 일본군 제14방면군은 일본 해군과 항공대의 지원하에 미군의 주요 군사시설인 클라크 비행장(Clark Airfield)을 공습하고 필리핀 상륙작전을 전개하여 1942년 1월 2일 수도 마닐라를 점령했다. 연합군은 일본군의 진격 속도를 지연시키기 위해 바탄(Bataan)반도와 코레히도르(Corregidor)섬으로 후퇴하여 필사적인 방어작전을 수행하였다.

1942년 1월 7일부터 4월 9일까지 바탄반도 전투에서 연합군은 전투 경험 부족, 보급지원의 문제 등으로 인해 효과적인 방어작전에는 실패했지만 일본군의 진출 속도를 지연시키는 등 제한적인 수준에서 작전 성과를 달성했다. 1942년 5월 5일에는 필리핀 방어선의 마지막 보루인 코레히도르섬에서 치열한 전투가 벌어졌다. 일본군은 우세한 화력으로 집중적인 포격전을 벌이며 상륙작전을 전개하였고, 5월 6일 연합군의 항복을 통해 필리핀을 완전히 점령했다.

1942년 1월부터 5월까지 전개된 버마 전역은 일본군에게 2가지 측면에서 전략적으로 중요했다. 첫째, 버마는 인도로 진출하는 관문이기 때문에 인도와의 군사적 연결고리를 차단하기 위해 반드시 확보해야 할 요충지였다. 둘째, 버마는 연합군이 중국의 국민당 정부를 지원하는 주요 보급로(Burma Road)가 지나가는 지역으로 중국의 군사적 저항을 약화시키기 위해서는 차단할 필요가 있었다.

1942년 1월 16일 일본군은 제15군을 주력으로 타이를 출발하여 버마 남동부 지역으로 신속히 진격 후, 3월 초 수도 랑군(Rangoon, 현 양곤)을 점령하였다. 영국군과 인도군으로 편성된 연합군 부대는 美 공군과 중국 원정군의 지원을 받아 방어작전을 수행했으나 일본군의 압도적인 공세를 막지 못했고 5월 중순 버마에서 철수하였다. 1942년 5월 전략적 요충지인 버마를 점령한 일본군은 동남아 지역에서의 영향력을 크게 확장함과 동시에 중국에 대한 보급로를 차단하였다.

다음으로 일본은 아시아·태평양 전선의 기본작전방침에서 제시한 바와 같이, 동남아시아의 천연자원을 확보하여 자급자족이 가능한 전시경제체제를 구축하기 위해 1942년 1월부터 5월까지 네덜란드령 동인도 제도(현 인도네시아)와 남태평양을 중심으로 남방작전을 전개하였다. 필리핀과 말레이반도를 확보한 일본군은 1941년 1월 11일 제16군을 주력으로 보르네오(Borneo)섬, 술라웨시 (Sulawesi)섬 등 동인도 제도로 상륙작전을 개시했다. 당시 미국, 영국, 호주, 네덜란드 4국은 통합사령부(ABDA Command)를 자바(Java)에 설치하고 '말레이 방벽 (Malay Barrier)'을 중심으로 한 극동방어전략을 수립했다(정하명 외, 2021, 410).

일본군은 항공대의 지원하에 기습적인 상륙작전을 전개하여 연합군의 반격 작전 이전에 동인도 제도의 주요 섬들을 신속히 점령하였다. 또한 일본군은 미국과 호주의 해상교통로를 차단하고 전략적 방어선을 강화하기 위해 남태평양의 요충지를 중심으로 공세를 전개했으며, 1942년 1월 말까지 타라와(Tarawa), 라바울(Rabaul) 등 중요한 전초기지를 확보했다. 일본군의 남태평양 공세는 개전 초기 성공을 거두었지만 1942년 8월부터 1943년 11월까지 솔로몬 제도의 과달카날, 길버트 제도의 타라와 전투에서 크게 패배했다.

일본군의 와조전술(蛙跳戰術) vs 연합군의 우회(Bypass) 전술(나상철, 2021, pp.91~112)

아시아·태평양 전쟁 시 수많은 도서 지역으로 이루어진 태평양 지역의 지리적 특성을 반영한 전술이다. 일본군은 단기결전 전략을 중심으로 태평양의 전략적 요충지들을 마치 개구리 뜀뛰기(leapfrog)처럼 순차적으로 점령해 나가는 와조전술을 구사하여 서전을 승리로 장식했다. 반면, 연합군은 과달카날 해전의 승리 이후 일본군의 강력한 방어 지역을 우회하고 취약한 지역을 우선 점령하는 방식으로 이른바 '섬 건너뛰기(Island hopping)' 전술을 구사하여 태평양전선에서 일본군의 전력을 점진적으로 약화시켰다.

한편, 미군은 1942년 4월 초 일본 본토에 대한 전략폭격(Doolittle Raid)을 감행했으며, 같은 해 5월 연합군은 산호해(Coral Sea) 전투에서 호주를 목표로 한 일본군의 공세를 저지했다. 산호해 해전에서는 연합군과 일본군이 전통적인 해상전투 대신 항공모함을 활용한 공중전을 전개했다. 연합군은 개전 이후 최초로 산호해 해전을 통해 남태평양 지역에서 일본군의 전세 확장을 억제하는 데 성공했다.

개전 이후 1942년 5월까지 일본군은 1단계 작전을 성공적으로 마무리하여 동서 5,000km, 남북 6,000km에 이르는 광대한 지역을 점령했다. 일본군의 승리 요인과 2단계 작전 구상과정을 간략히 살펴보면 다음과 같다(문정인·김명섭, 2006, pp.213~214). 먼저 아시아·태평양 전선의 서전에서 일본군이 1단계 작전을 성공적으로 마무리할 수 있었던 요인은 첫째, 연합군의 전략이 유럽의 대독항전에 초점을 맞추고 있었기 때문이다. 당시 미국은 소련과 중국이 구사한 전략을 활용하여 일본군에게 공간을 내어주고 시간을 버는 개념의 전략적 접근법을 취했다.

둘째, 일본군은 기습전략으로 연합군의 주력부대를 격파하고 제공권·제해권을 장악함으로써 차후 작전을 유리하게 이끌 수 있었다. 하지만 당시 일본의 육군과 해군은 서전의 승리를 확대하기 위한 2단계 작전을 놓고 첨예한 갈등 양상을 보였다. 당시 일본 해군은 연합함대를 편성하여 미드웨이로부터 하와이를 공략하고, 美 해군의 주력부대와 함대결전을 통해 강화조약을 체결하는 전략을 구상했다.

반면, 일본 육군은 아시아 대륙에서의 지상전을 중시했으며, 호주 점령계획에 반대함과 동시에 남방자원을 전력화하여 장기 지구전 태세를 확립하자는 입장을 고수했다. 결국 일본 대본영은 절충안을 제시하여 호주 상륙작전 계획을 백지화했으며, 뉴기니(New Guinea)의 포트 모레즈비(Port Moresby), 피지(Fiji), 사모아 제도(Samoan Islands), 뉴칼레도니아(New Caledonia)를 대상으로 한 작전과 미드웨이 해전을 추진하기로 결정했다.

두리틀 폭격(The Doolittle Raid Official Website)

1942년 4월 18일 미국은 일본의 전쟁의지를 약화시키고 진주만 공습 이후 실추된 미국인의 사기를 높이기 위해 일본 본토에 대한 공습을 단행했다. 美 육군 항공대 소속 두리틀(James H. Doolittle) 중령은 B-25 폭격기(Mitchell) 16대를 편성하여 도쿄, 요코하마, 요코스카, 가와사키, 나고야, 고베, 오사카 등 일본의 주요 거점도시들을 폭격하였다. 당시 미군은 장거리 폭격을 위한 전진기지가 없었고 일본과 중립조약을 체결한 소련 영토를 활용할 수 없었기 때문에 B-25 폭격기를 전례없이 항공모함에서 발진시켰다.

미드웨이 해전: 1942년 6월 4일~6월 7일

1942년 5월 초, 일본 해군은 제1항공함대를 주력으로 뉴기니의 전략적 요충지인 모르즈비(Moresby)항을 점령하기 위해 산호해에서 해전을 치렀으며, 연합군의 공습으로 항공모함 쇼호(昇邦)가 격침되는 피해를 입었다. 5월 3일, 트럭(Truk)섬에서는 구축함과 소해정 등 함정들이 연합군의 폭격으로 침몰하는 등 일본 연합함대는 개전 이후 처음으로 대형 군함을 상실하는 위기에 직면했다. 이 시기 연합군과 일본군의 전황은 중대한 전환점을 맞이하고 있었다.

1942년 4월 미군의 두리틀 공습 이후 일본 연합함대는 태평양 방어의 허점을 보완하기 위해 대본영 해군부와 육군의 반대에도 불구하고 美 해군과의 함대결전을 주장하였다. 일본 연합함대사령관인 야마모토 이소로쿠 제독은 태평양 동쪽의 초계선을 강화하기 위해서는 美 해군과의 신속한 결전이 필요하다고 주장했으며, 5월 5일 대본영은 미드웨이와 알류샨 열도에 대한 공격을 지시했다(일본역사학연구회, 2019b, pp.254~255).

야마모토 이소로쿠(山本五十六, 1884~1943) 제독

러일전쟁 시 쓰시마 해전에 참전했으며, 주미 해군무관을 역임하였고, 아시아·태평양 전쟁 시 일본제국 해군의 연합함대 사령관으로 진주만 공습과 미드웨이 해전, 과달카날 전투를 지휘했다. 1943년 4월 18일, 라바울 상공에서 전선 시찰 도중 美 육군 항공대의 공격으로 전사하였다.

니미츠(Chester Nimitz, 1885~1966) 제독

1905년 美 해군사관학교(Ana Police)를 졸업 후 제1차 세계대전에 참전했으며, 아시아·태평양전쟁 시 태평양함대 총사령관으로서 산호해, 미드웨이, 필리핀, 레이테만, 오키나와 전역을 지휘하여 전쟁승리에 기여했다. 1944년 원수로 진급하였고 전후 제10대 해군참모총장을 역임하였다.

미드웨이 해전의 지휘관

미드웨이 해전의 승리

  1942년 6월, 미드웨이 해전은 아시아·태평양 전선의 흐름을 바꾼 전환점이 되었다. 일본 대본영은 제1단계 작전의 성공을 바탕으로 태평양 지역에서의 전략적 우위를 확립하고 美 태평양 함대를 무력화하여 전략적 요충지인 미드웨이 섬을 점령하고자 했다. 이를 위해 일본의 연합함대는 당시 주력 항공모함이었던 아카기(赤城), 카가(加賀), 히류(飛龍), 소류(蒼龍) 4척과 전함, 순양함, 구축함 등으로 구성된 대규모 항모전단을 편성하여 1942년 6월 4일 공격을 개시했다.

  미드웨이 해전에서 일본군은 두 차례에 걸쳐 공습을 전개했으나, 니미츠

(Chester Nimitz, 1885~1966) 제독이 이끄는 美 태평양함대는 전투정보부대의 암호해독을 통해 일본 연합함대의 작전계획을 사전에 파악하여 일본군 함재기 108대가 동원된 제1파 공격에 효과적으로 대응할 수 있었다. 제1항공함대 사령관 나구모(南雲忠一) 제독이 제2파 공격을 지시하자 일본군은 공격 준비를 위해 아카기와 자매함인 카가의 뇌격기에 장착된 어뢰를 폭탄으로 교체해야 했기 때문에 항공모함에서는 무장 전환을 위해 약 2시간이 소요되었다.

6월 4일 7시 28분경 중순양함 도네(利根)호의 초계기가 미드웨이 북방 380km 지점에서 美 해군의 함정 10척이 식별되었다고 보고했지만 공교롭게도 이날 도네의 캐터펄트에 문제가 발생하여 정찰기가 30분 늦게 이륙하였고, 그 결과 美 항모전단의 기동 상황을 뒤늦게 식별하였다(Toland, 2024, p.529). 일본의 함재기들이 격납고에서 재무장하고 있는 상황에서 美 전투기와 B-17(Flying Fortress) 폭격기들이 일본의 항모전단을 무차별 공격했다.

미드웨이 해전에서 연합군은 전술폭격과 어뢰 공격을 통해 일본 연합함대의 항공모함 4척, 순양함 1척, 함재기 250대를 파괴하여 대승리를 거두었다. 당시 미군이 운용한 단엽 뇌격기(TBD Devastator)와 어뢰(Mark-13)는 성능이 뒤떨어지고 기술적 결함을 갖고 있어 대부분 격추되었으나, 일본 항공모함의 방공체계를 분산시킴으로써 단엽 급강하폭격기(SBD Dauntless)의 전술적 운용 여건을 보장하였고 일본군 연합함대에 궤멸적 피해를 입혔다.

연합군은 미드웨이 해전에서 일본 연합함대의 항공모함 전력을 크게 약화시킴으로써 아시아·태평양 전선의 주도권을 확보하게 되었다. 미드웨이 해전의 승리를 발판으로 연합군은 공세로 전환했으며, 섬 건너뛰기(Island hopping) 전략을 통해 일본의 점령지들을 탈환하기 시작했다.

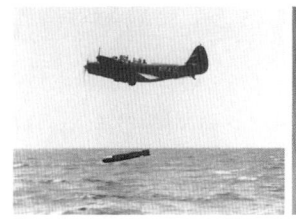

뇌격기(Devastator)   급강하폭격기(Dauntless)   어뢰(Mark 13)

과달카날 전역: 1942년 8월 7일~1943년 2월 9일

아시아 · 태평양 전선의 서전(緖戰)을 승리로 장식한 일본은 1942년 중반까지 남태평양의 솔로몬 제도와 뉴기니 등 전략적 요충지들을 장악하고 호주와 미국 의 연합작전 간 필요한 해상보급로에 위협을 가했다. 당시 일본군은 솔로몬 제 도의 주요 거점인 과달카날(Guadalcanal)섬에 비행장을 건설 중이었고, 연합군은 주요 방어선(Arc Line)이 차단당할 수 있다는 우려로 이 섬의 전략적 가치를 높이 평가했다. 따라서 미드웨이 해전에서 승리한 연합군은 일본군의 세력 확장을 저지하고 작전적 주도권을 확고히 다지기 위해 과달카날 전역을 계획하였다.

1942년 8월 7일 美 제1해병사단은 이틀에 걸쳐 툴라기(Tulagi)와 과달카날섬 에 상륙작전을 전개하여, 8월 21일 테나루(Tenaru) 인근의 핸더슨 비행장을 탈 환하기 위해 일본군 제28사단과 최초의 지상전을 벌였다. 1942년 8월 8일부터 이틀간 치러진 사보(Savo)섬 해전에서 美 해군은 일본 함대의 공격으로 큰 피해 를 입었다.

9월 12일부터 3일간 치러진 에드슨 능선(Edson's Ridge) 전투에서는 비행장을 탈환하려는 일본군 제1군단 예하 제2사단의 대규모 공격을 효과적으로 방어했 다. 9월 중순부터 10월 초까지 코코다(Kokoda)와 부세(Busa)에서 지상전투가 이 어졌으며 美 해병대는 일본군의 공세를 성공적으로 방어했다. 1942년 10월 에 스페란스(Esperance)곶 해전과 11월 과달카날 해전에서 양측 모두 큰 피해를 입었으며, 1943년 2월 9일 일본군이 섬에서 철수할 때까지 소모전이 지속되었다.

일본군은 과달카날섬으로 병력과 물자 지원을 시도했으며, 미군은 이를 차단하기 위해 지속적으로 함포사격과 전술폭격을 가했다. 과달카날섬에서는 테나루 전투(8월 21일), 블러디 리지 전투(9월 12~14일), 그리고 핸더슨 비행장 공방전(10월 23~26일) 등 지상전투가 벌어졌다. 특히, 비행장을 두고 벌어진 치열한 전투는 섬의 통제권을 결정짓는 중요한 분기점이 되었다.

미군의 강력한 방어태세와 항공지원으로 일본군의 공격은 모두 격퇴되었다. 1943년 2월까지 이어진 전투 끝에 일본군은 과달카날섬에서 최종 철수했다. 일본군은 24,000명 이상의 전투 피해를 입었으며, 대부분 작전환경으로 인한 질병과 기아로 사망했다.

과달카날 전역은 미드웨이 해전에 이어 아시아·태평양 전선의 흐름을 바꾼 전환점이 되었다. 일본군은 개전 이후 최초로 지상전에서 패배했으며, 이후 전략적 주도권을 회복하지 못했다. 과달카날 전역에서의 승리는 미군과 연합군이 아시아·태평양 전선에서 공세로 전환할 수 있는 계기를 마련해 주었고 전쟁의 향방에 큰 영향을 미쳤다. 특히, 장기소모전으로 전개된 과달카날 전역에

과달카날 해전

서 일본군의 열악한 보급지원태세는 연합군과 대비를 이루면서 작전지속지원의 중요성을 보여준 사례가 되었다. 연합군이 과달카날 전역에서 승리함으로써 일본의 태평양방어선은 무너지기 시작했다. 이후 연합군은 뉴기니와 알류샨 열도, 솔로몬 · 길버트 · 마셜 제도를 순차적으로 점령하며 아시아 · 태평양 전선의 주도권을 장악해 나갔다.

아시아 · 태평양 전선에서 과달카날 전역이 진행되고 있던 시기, 유럽 동부전선에서는 스탈린그라드를 중심으로 치열한 공방전이 전개되었다. 1943년 2월 추축국 독일이 스탈린그라드 전투에서 참패하며 제2차 세계대전의 전세가 뒤집혔다면, 같은 시기 아시아 · 태평양 전선에서는 일본군이 과달카날에서 패퇴하면서 연합군과의 전력 균형이 무너지기 시작했다.

아시아 · 태평양 전선에서 과달카날 전역이 갖는 군사적 의미와 이후 일본군이 전술적 패배와 전략적 실패를 지속하게 된 요인을 살펴보면 다음과 같다(일본역사학연구회, 2019b, pp.368~371). 먼저 과달카날 쟁탈전의 군사적 의미를 짚어보면, 일본군은 지상전과 해상전투에서 동시에 패배하며 육 · 해 · 공군의 가용전력에 큰 손실을 입었다. 일본군의 항공전력 측면에서도 전함과 구축함 등 38척의 전투함을 상실하면서 연합군과의 대등했던 균형점이 깨지기 시작했다.

또한 과달카날 전역을 통해 항공부대의 지원을 받지 못할 경우 일본이 과신했던 거함 · 거포주의는 실패할 수밖에 없다는 점이 입증되었다. 당시 연합군은 전역 초기에 공중우세를 확보함으로써 수적으로 열세였던 美 해병대의 상륙작전을 성공시켰으며, 효과적인 항공지원을 통해 일본군의 보급선을 차단하고 작전지속능력을 약화시켰다.

다음으로 일본의 전술적 패배와 전략적 실패 요인을 살펴보면 첫째, 일본 대본영은 미국의 공업생산력과 전시생산체제를 과소평가했다. 1942년 10월 이후 미국의 군산복합체는 전략방어용 무기에서 공격용 무기로 생산체제를 전환하며 유럽의 동·서부 전선, 아시아·태평양 전선을 포함해 연합국의 무기고 역할을 담당했다. 둘째, 일본제국주의는 전쟁계획 수립 단계에서부터 일본군의 자체 전력을 과대평가하여 무리하게 전선을 확장했다. 셋째, 육군과 해군의 대립과 불신, 후퇴를 허용하지 않는 지역고수주의도 일본군의 전술·전략상의 경직성을 더욱 심화시키는 요인으로 작용했다.

솔로몬 제도·뉴기니 전역: 1942년 8월~1945년 8월

아시아·태평양 전선에서 솔로몬 제도와 뉴기니 전역은 매우 중요한 전략적 가치를 지녔다. 특히, 연합군과 일본군 양측 모두에게 전쟁의 흐름을 결정짓는 과정에서 반드시 확보해야 할 전략적 요충지였다. 먼저 솔로몬 제도는 미국과 호주를 연결하는 해상 보급로이며, 일본군의 입장에서 연합군의 해상·공중 보급로를 차단할 수 있고, 뉴기니(New Guinea)와 라바울(Rabaul), 뉴브리튼(New Britain) 등을 연하는 남태평양 방어선의 중요한 일부를 형성하는 지역이다. 연합군의 입장에서는 일본군의 남태평양 방어선을 돌파하고 차후 작전을 위한 전략적 발판을 마련하기 위해 반드시 확보해야 할 전략적 요충지였다.

다음으로 뉴기니는 지리적으로 호주 북부에 위치하고 있어 일본군의 입장에서 호주를 직접적으로 위협할 수 있으며, 남동부의 주요 항구인 포트모르즈비를 확보할 경우 호주 북부지역에 대한 공격작전이 가능했다. 연합군의 입장에서도 일본군의 남태평양 방어선을 무너뜨리고 주요 보급로를 차단하여 차후 필리핀과 일본 본토로 공세를 이전하기 위해 유리한 조건을 확보할 수 있는 곳이었다.

연합군은 솔로몬 제도와 뉴기니 전역에서 일본군의 태평양 남서부 방어선을 돌파하고 일본 본토로 진격하기 위한 전략적 목표를 달성하는 데 중점을 두고 2개 축선의 상호 보완적인 작전계획을 수립했다. 맥아더 장군이 이끄는 남서태평양 함대는 뉴기니와 솔로몬 제도, 필리핀으로 이어지는 축선에서 일본군의 강력한 방어선을 돌파한 후, 필리핀 탈환을 목표로 설정했다. 니미츠 제독이 이끄는 중부태평양 함대의 작전목표는 섬 건너뛰기 전략을 활용하여 태평양 중심의 주요 거점들을 점령하고 일본 본토로 진공하는 것이었다.

축선별 주요 전투현황을 살펴보면, 남서태평양 함대는 1942년 11월~1943년 1월 부나-고나 전투(Battle of Buna-Gona)에서 약 6주간의 치열한 혈전 끝에 뉴기니의 동부지역을 확보하였고, 공세를 이어나가 1943년 8월에 뉴조지아섬을 확보함으로써 일본군의 방어선을 돌파했다. 중부태평양 함대는 1943년 콰잘린 환초(Kwajalein Atoll)를 점령하여 주요 거점을 확보함과 동시에 일본군의 전력을 크게 약화시켰다.

매우 열악한 작전환경에서 장기소모전 형태로 전개된 솔로몬 · 뉴기니 전역에서 일본군은 야마모토 이소로쿠 제독이 전사하였고, 대규모 인적 · 물적 피해를 입었다. 전역을 승리로 이끈 연합군은 태평양 남서부에서의 전략적 주도권을 확립하였고, 이후 필리핀 탈환과 일본 본토 공격을 위한 주요 발판을 마련하였다.

1943년 9월, 유럽전선에서 이탈리아가 항복하면서 추축국 동맹의 한 축이 무너지고 과달카날 전역 이후 전황이 불리하게 전개되자, 일본 정부와 대본영은 다음과 같이 '전쟁지도 대강과 그에 따른 긴급조치'를 결정했다(일본역사학연구회, 2019b, pp.377~379). 1943년 9월 30일 어전회의에서 결정된 새로운 전략방침은 이른바 '절대국방권(絶対国防圏, Absolute National Defense Zone)'을 재설정하는 것이었다.

새롭게 제시된 절대국방권은 쿠릴(Kuril), 오가사와라(小笠原), 태평양 중서부, 뉴기니 서부, 순다(Sunda), 버마를 포함하는 영역으로, 일본은 개전 이후 확장된 전선을 축소하고 본토와 전략적 요충지들을 중심으로 방어구역을 재조정하고자 했다. 일본은 연합군의 공세가 강화되고 점령지 방어가 어려워지자 추가적인 영토 상실을 방지하고 유리한 조건에서 종전을 모색하기 위해 최후방어선을 설정했다. 일본제국주의는 절대국방권에서 전력을 총결집하여 연합군의 공세를 저지하고자 했다.

한편, 일본 정부는 식민지·점령국과 전략적 협력을 강화하기 위해 1943년 11월 5일 대동아회의(도쿄회의)를 개최하여 연합국의 대서양헌장에 대비되는 태평양헌장을 발표했다. 태평양헌장에서 제시된 5대 원칙은 다음과 같으며 이를 통해 일본은 아시아·태평양 전쟁이 서구 열강의 제국주의로부터 식민지들을 독립시키기 위한 해방 전쟁이라고 미화했다(문정인·김명섭, 2006, pp.218~219). "① 지역 내 국가들과의 협력, ② 개별국가들의 주권과 독립 인정, ③ 개별국가의 전통과 문화 존중, ④ 경제적 협력, ⑤ 국제문화교류와 인종차별 철폐"이다.

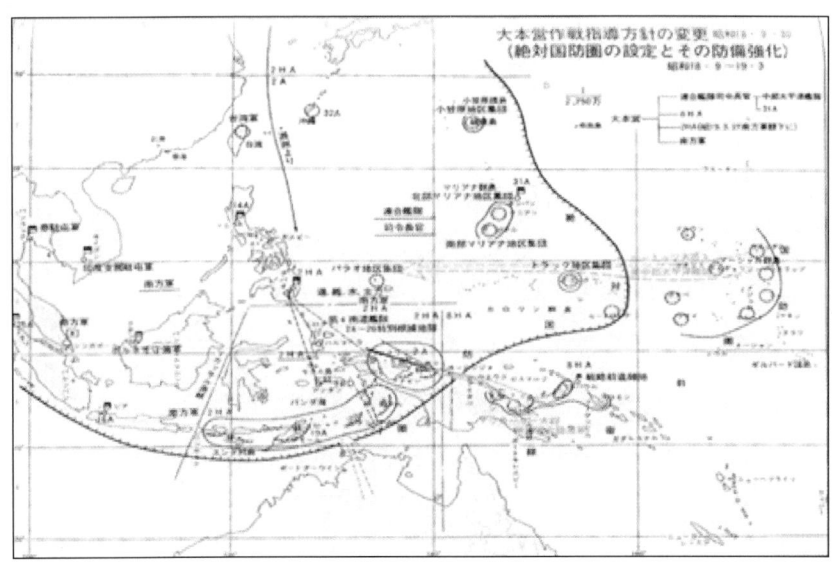

일본이 설정한 절대국방권

마리아나 · 레이테 전역: 1944년 6~12월

연합군은 일본이 절대국방권으로 설정한 최후방어선을 돌파하고 일본 본토 공격을 위한 여건을 조성하기 위해 주요 거점들을 확보할 필요가 있었다. 마리아나 제도는 지리적으로 일본 본토와 근접하여 공군기지로 활용할 수 있는 전략적 요충지였기 때문에 연합군은 1944년 6월 이후 사이판(Saipan), 티니안(Tinian), 그로토(Grotto) 등 주요 거점을 대상으로 대규모 상륙작전을 감행했다. 사이판 전투(1944년 6월 15일~7월 9일)에서 연합군은 美 해병대 2개 사단과 제27사단을 주력으로 상륙작전을 전개하여 섬을 점령했다.

그로토 해안을 중심으로 벌어진 전투에서는 일본군 육군 제17사단이 동굴에 구축해 놓은 강력한 방어진지를 돌파하기 위해 화염방사기를 사용하여 소탕작전이 전개되었다. 사이판 전투의 패배 소식이 전해지면서 일본의 여론은 전쟁 승리에 대한 회의감이 확산되었고, 도조 히데키 총리가 정치적 책임을 지고 사임하였다.

티니안 전투(1944년 7월 24일~8월 1일)에서는 연합군이 기만 상륙작전과 강력한 화력지원을 통해 결사항전을 펼친 일본군의 저항을 무력화하고 섬을 장악하였다. 마리아나 전역에서 승기를 잡은 연합군은 B-29 폭격기의 발진기지로 활용할 수 있는 사이판을 확보함으로써 효과적인 전략폭격을 위한 발판을 마련했으며, 일본 본토에 대한 공습이 가능해지면서 점차 아시아 · 태평양 전선의 주도권을 확보하게 되었다.

한편, 필리핀 제도는 남중국해와 남태평양 지역의 군사적 요충지로서 동남아시아와 일본 본토를 연결하는 주요 해상보급로이다. 연합군의 입장에서 필리핀은 서태평양 지역에서의 제해권을 장악하여 남방자원의 이동 루트를 차단하고 일본 본토 상륙작전의 전초기지로 활용할 수 있다는 점에서 매우 중요한 전략적 요충지였다. 따라서 연합군은 필리핀을 탈환하기 위해 레이테(Leyte)만을 중심으로 1944년 10월 중순 대규모 상륙작전을 감행했다. 연합군은 美 제6군단과 제7기병사단 등으로 편성된 제6군을 주력으로 약 175,000명의 병력을 투입하여 레이테섬에 상륙작전을 개시했다. 미군은 약 10만 명 규모의 일본군 제14군의 강력한 저항을 뚫고 신속히 내륙지역으로 진출하여 주요 거점을 점령하였다.

사이판 전투　　　　　레이테만 해전　　　　　수리가오 해전

10월 23일부터 4일간 벌어진 레이테만 해전에서는 연합군과 일본군이 대규모 함대를 동원하여 해상전투를 벌였다. 연합군은 항공모함 6척과 전함 6척, 전투기 500대를 운용하여 파상공세를 가했으며, 일본군 제1기동부대도 항공모함 4척, 전함 2척을 동원하여 강력한 방어작전을 펼쳤다. 연합군은 정보우위를 통해 효과적인 기만작전을 전개하였고 제공권·제해권을 장악함으로써 조기에 주도권을 확보했다.

반면, 일본군 제1기동부대는 연합군의 기만작전을 간파하지 못했고 항공전력과 숙련된 조종사가 부족하여 적의 공세를 저지하지 못했다. 연합군은 레이테 전역에서 승리함으로써 약 2년 만에 필리핀을 탈환하였고, 이후 루손섬을 포함하여 필리핀 제도를 점령하는 과정에서 중요한 발판을 마련하였다.

일본군은 레이테만 전투에 모든 함대를 투입했으나 전황이 악화되자 조종사들이 폭탄을 적재하여 연합군 함정에 충돌하는 가미카제(神風)식 공격을 구사했다. 3일간 치러진 레이테 해전에서 일본군은 약 420명의 조종사들이 자살공격으로 연합군 함정 16척을 격침시켰고 약 80척에 피해를 입혔으나, 동시에 항공모함 4척과 순양함 13척, 항공기 500대를 상실하는 등 재앙적 피해를 입었다 (Danzer 외, 2005, p.581).

가미카제(神風) 특공대

1274~1281년 일본을 침공한 몽고군 함대를 파괴했던 태풍을 '신의 바람'으로 칭한 것에서 유래한 이름이며, 아시아·태평양 전쟁 당시 목표물에 충돌하여 비행기와 조종사를 희생시키는 공격전술로 불리게 되었다. 1944년 10월 필리핀 레이테만 해전 이후부터 본격적으로 자행되었던 공격전술이다.

버마 · 루손 전역: 1944년 3월~1945년 8월

1944년은 연합군이 본격적인 공세로 전환하고 일본군이 주요 전역에서 패배한 후 본토 방어준비에 착수하게 되면서 아시아·태평양 전선의 흐름이 전환되는 시기였다. 버마 전역에서는 영국 제14군과 美 제1기병사단을 주력으로 한 연합군과 일본군 제15군 · 제33군 간의 치열한 공방전이 전개되었고, 임팔(Imphal) 전투는 전쟁의 흐름을 결정짓는 중요한 국면사로 기록되었다. 당시 전황에서 버마는 양측 모두에게 매우 중요한 전역이었다.

일본군은 인도 북동부를 침공하여 연합군의 보급선을 차단하고, 인도 내에서 영국에 대한 적대감을 자극함으로써 친일세력을 확대하고자 했다. 이에 따라 일본군은 '우고 작전(U-Go Operation)'을 계획하여 임팔 지역을 공격 후 아삼(Assam) 지역을 장악하고 연합군을 인도에서 완전히 몰아내고자 했다. 한편 연합군의 상황을 살펴보면, 슬림(William J. Slim) 장군이 이끄는 영국군 제14군은 버마에 대한 일본군 제15군의 공세를 예상하고 방어준비를 하고 있었다. 연합군은 임팔과 버마 접경지대인 코히마(Kohima)를 방어거점으로 삼아 일본군의 진격을 저지할 계획을 세웠다.

1944년 3월, 일본군 제15군은 임팔 방면으로 공세를 개시했으며, 히라바야시 마사카즈(平林正一) 장군이 이끄는 제33사단을 중심으로 임팔을 포위하여 연합군을 고립시키고자 했다. 당시 일본군이 계획한 작전목표는 임팔과 코히마 간 연결을 차단하고, 임팔을 함락시킴으로써 인도 북동부로의 진출로를 확보하는 것이었다. 초기작전은 비교적 순조롭게 진행되었으나 연합군이 주요 보급로를 차단하자, 일본군도 임팔 북부와 남부 지역에서 연합군을 압박하기 시작했다. 연합군이 공중보급을 통해 강력하게 저항하자 일본군의 작전지속지원이 차질을 빚기 시작하면서 전선은 교착상태에 빠져들었다.

한편, 코히마는 임팔과 더불어 중요한 전략적 요충지로 일본군이 임팔을 포위하기 위해서는 반드시 확보해야 할 주요 목표였다. 1944년 4월, 일본군 제33사단은 코히마에 대한 공세를 시작했으나 영국군 제2사단과 인도군 제4사단의 강력한 저항으로 양측 모두 많은 사상자가 발생하였고 전투는 연합군의 승리로

임팔 전투

끝났다.

임팔 전투는 1944년 7월 일본군이 철수하면서 사실상 종료되었다. 일본군 주력부대는 약 65,000명이 전사하였고 핵심 참모들이 직위 해제되었으며, 제15군은 궤멸적 수준의 피해를 입었다(Toland, 2024, p.941). 특히, 보급지원이 제한되면서 많은 병력이 기아와 질병으로 사망했다. 임팔 전역을 계기로 연합군은 버마에서 대대적인 반격을 시작했으며, 1944년 말부터 1945년 초까지 일본군의 잔존부대를 차례로 격파하며 버마의 주요 도시를 수복하였다. 1945년 3월, 연합군은 버마의 수도 랑군을 점령 후 버마 전역에서 사실상 승리를 확정 지었다. 버마 전역의 승리는 아시아 · 태평양 전선의 흐름을 바꾸는 중요한 계기가 되었으며, 이후 연합군은 남방지역에서 일본군이 점령했던 지역들을 순차적으로 수복했다.

다음으로 1945년 1월부터 종전 시기까지 필리핀 최대의 섬에서 전개된 루손 전역에 대해 살펴보겠다. 연합군의 주요 작전목표는 필리핀을 탈환 후 일본군의 항공 · 해상 전력을 격멸함으로써 일본 본토 진공(進攻)을 위한 교두보를 확보하는 것이었다. 맥아더가 이끄는 美 제6군은 필리핀 전역의 핵심 목표인 루손섬 상륙작전을 준비했으며, 이미 제공권 · 제해권을 상실한 일본군은 장기소모전을 통해 루손섬을 사수하고 연합군의 진출을 최대한 지연시키고자 했다. 이를 위해 야마시타 도모유키(山下奉文) 대장이 지휘하는 일본군 제14군은 루손 북부의 산악 지대를 중심으로 방어거점을 구축하여 지구전을 준비했다.

1945년 1월 9일, 연합군은 링가옌(Lingayen)만에 상륙작전을 전개하여 신속하게 교두보를 확보했다. 이후 수도 마닐라를 목표로 루손섬 중심부로 진격하여 2월 초, 마닐라 외곽까지 도달하였다. 일본군은 시가전을 통해 강력히 저항했으며, 민간인을 인질로 삼아 연합군의 진출을 최대한 지연시켰다.

연합군은 2월 말까지 마닐라를 완전히 탈환했지만 이 과정에서 수많은 민간

루손섬 전투

인과 군인들이 희생되었다. 일본군은 루손 북부의 산악지대에서 게릴라전을 펼치며 저항했지만, 연합군의 압도적인 물량공세에 밀려 약 20만 명 이상의 손실을 입고 패배했다. 연합군은 필리핀을 탈환하였고 일본군 주력을 격멸하여 일본 본토 진격을 위한 핵심 거점을 확보하였다. 루손 전역의 승리로 연합군은 제해 · 제공권을 완전히 장악함으로써 일본 본토 공격의 중요한 교두보를 확보하였고, 아시아 · 태평양 전선에서 승리의 발판을 마련했다.

중국 전역: 1937년 7월 7일~1945년 8월 15일

일본은 1937년 발발한 중일전쟁이 계속되는 상황에서 아시아 · 태평양 전쟁을 일으켜 전선을 확장했다. 따라서 아시아 · 태평양 전선을 이해하기 위해서는 이미 중국대륙에서 장기전 양상으로 전개되고 있던 중일전쟁의 전황을 파악할 필요가 있다. 1941년 12월 진주만 공습 이후 아시아 · 태평양 전선에 참전한 미국은 영국과의 전략적 협력을 토대로 중국을 본격적으로 지원하기 시작했다. 미국은 양면전쟁을 치르는 일본제국주의와의 전면전을 유리하게 이끌기 위해 중국대륙을 주요 전선으로 상정하고, 장제스가 이끄는 국민당 정부를 적극적으로 지원했다.

미국의 대중국 지원은 주요 무기체계와 군수품, 금융·정보 지원 등을 포함하여 광범위하게 이루어졌다. 미국의 군사지원은 무기대여법에 근거하여 제2차 세계대전이 종전될 때까지 지속되었으며, 주로 버마 로드를 통해 이루어졌다. 또한, 중국의 항일전쟁이 치열하게 전개되던 1941년 말 미국인 의용 조종사들로 편성된 비행대(Flying Tigers)가 중국군을 지원했으며, 이들은 진주만 공습 이후 미군에 합류했다(SBS 보도자료, 2023). 연합국의 일원인 영국도 중국전선에 대규모 군사지원을 제공하였고, 버마 전역에서는 중국군과 함께 일본군에 맞서 연합작전을 수행했다.

아시아·태평양 전선의 중요한 축(軸)이었던 중국 전역에서는 국민당과 공산당이 제2차 국공합작을 통해 항일전쟁을 전개했다. 두 정당은 이념적 노선이 달랐지만 전시 위기상황에서 일본제국주의의 침략에 맞서 싸우기 위해 연합전선을 구축하였다. 연합국의 군사지원하에 정규군을 운용했던 국민당은 주요 거점도시들을 중심으로 일본군과 대규모 전면전을 벌였지만, 공산당이 이끄는 홍군(紅軍)은 중국의 중·북부 지역을 중심으로 유격전(게릴라전)을 전개했다. 마오쩌둥이 이끄는 공산당은 국공합작을 통한 항일전쟁기에 농촌을 중심으로 세력을 확장했으며, 주로 일본군의 후방을 교란함으로써 통제력을 약화시키는 데 기여했다.

국공합작(나태종, 2010, pp.146~149)

중국 현대사에서 국민당과 공산당을 중심으로 형성된 국공합작(國共合作)은 2차례에 걸쳐 진행되었다. 1차 국공합작(1924~1927년)은 연소(聯蘇), 용공(容共), 공농부조(工農扶助)의 3대 원칙에 합의하여 성립되었고 1926년 3월 중싼(中山)함 사건 이후 갈등이 심화하며 결렬되었다. 2차 국공합작(1937~1945년)은 루거우챠오(盧溝橋) 사건으로 촉발된 일본 제국주의의 침략에 대항하기 위해 항일민족전선으로 성립되었다.

1943년 이후 아시아 · 태평양 전선의 전황이 연합국에 유리하게 전개되면서 중국 전역에서도 일본군의 전세가 악화되기 시작했다. 이 시기 연합국은 일본군의 병참선을 차단하고, 해상 및 공중에서 일본의 전력을 약화시키는 데 중점을 두고 중국 전역을 지원했다. 일본군은 중국대륙의 철도와 항공기지를 확보하기 위해 1944년 4월부터 12월까지 이른바 '대륙타통작전(大陸打通作戰 또는 一号作戰)'을 통해 중국의 중 · 남부 지역에 대한 공세를 전개했다. 일본군의 작전목표는 베이징(北京)에서 광저우(廣州)까지 이어지는 철도를 점령하여 중국대륙을 가로지르는 병참선을 장악하고, 미군의 항공기 발진 기지를 파괴하여 일본 본토에 대한 전략폭격을 원천적으로 차단하는 것이었다.

1944년 4월, 일본군 제12군 4개 사단은 1단계 작전으로 충칭(重慶)의 제1 · 5전구군을 격파하고 뤄양(洛陽)을 점령하였다. 5월 하순에 개시된 2단계 작전에서는 제11군 8개 사단과 제23군 2개 사단이 2개 축선으로 남진하여 후난성(湖南省)의 창사(長沙)를 함락시켰고 광시성(廣西省)을 공격, 구이린(桂林)과 류저우(柳州)를 점령했다. 일본군은 대륙타통작전을 통해 주요 지역들을 확보했으나, 2천km 이상 전선이 확대되면서 중국 공산당의 팔로군과 신4군의 저항에 직면하였고, 결국 작전목적을 달성하지 못했다.

대륙타통작전 당시 팔로군과 신4군을 중심으로 한 인민해방군은 15곳 이상의 근거지를 중심으로 47만 명 규모의 정규군과 200만 명의 민병으로 편성되었으며, 8,600만 명의 인구를 보유한 해방구에 총력을 기울여 일본군의 배후를 공략했다(일본역사학연구회, 2019b, pp.391~395).

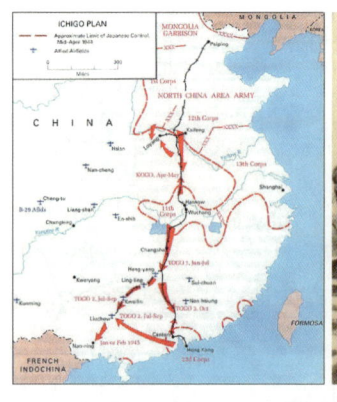

대륙타통작전계획   월한(月汉) 철도 근접전투 중인 일본군

1944년 대륙타통작전의 실패 이후 중국군이 일본군에 대한 대대적인 반격 작전을 실시하자 중국대륙에서 일본군의 세력은 점차 약화되기 시작했다. 미국은 장제스가 이끄는 국민당 정부에 대한 군사지원을 지속적으로 확대하기 위해 버마를 통한 주요 보급로를 유지하되 공중지원을 통해 중국군의 방어력을 강화했다.

한편, 1945년 이후 연합군의 공세가 강화되고 일본 본토에 대한 군사적 압박이 가중되면서 일본군은 중국 전역에서 방어작전에 주력하게 되었다. 특히, 연합군이 버마 전선에 대한 공세를 강화하는 상황에서 중국군의 반격작전에 대응하기 위해 일본군은 공격작전 대신 점령지역을 방어하는 데 총력을 기울였다. 1945년 8월 초, 소련이 대일 선전포고를 하고 만주를 공격하자 중국 전역의 일본군은 방어능력을 상실하게 되었다. 1945년 8월 15일, 쇼와 천황의 항복 선언과 함께 중국대륙에서 일본군의 모든 군사작전은 중단되었다.

아시아 · 태평양 전쟁기 중국 전역은 양면전쟁을 통해 일본군의 전력을 분산시키고, 연합국의 군사지원과 중국군의 항전을 통해 일본군의 자원과 전력을 소모시킴으로써 전쟁 국면을 전환시키는 데 크게 기여하였다. 따라서 아시아 ·

태평양 전쟁기 일본제국주의를 종식시키는 과정에서 중국 전역이 기여한 역할은 매우 크다고 평가할 수 있다. 하지만 일본의 패망 이후 아시아·태평양 전선이 종식되었음에도 불구하고 중국에서는 국민당과 공산당 간의 내전이 재점화되었다.

중국 공산당은 전쟁 기간을 통해 정치적 영향력을 지속적으로 확장했으며, 이는 국공내전 당시 공산당이 승리하는 데 중요한 요인이 되었다. 장제스가 이끄는 국민당은 미국과 연합국의 대규모 군사지원에도 불구하고 장기간의 전쟁 수행 과정에서 부정부패, 무능력을 드러내며 중국 인민들로부터 신뢰를 잃었다. 이로써 국공내전은 1949년 공산당의 승리로 끝났으며, 중화인민공화국이 수립되었다.

1949년 중화인민공화국 수립(오버리, 2019, pp.282~283)

중국대륙에서는 1936년 이후 국민당과 공산당이 연합전선을 구축하여 항일투쟁을 전개했다. 일본의 패전 이후 1946년 국공내전이 발발하여 전시 일본군이 점령했던 영토를 차지하기 위한 경쟁이 벌어졌다. 1948년 공산당은 만주와 서주에서 강력한 세력을 형성하여 중국 북부지역을 급속히 점령하며 국민당을 패퇴시켰다. 1949년 10월 1일, 중화인민공화국이 수립되었고, 국민당 정부는 1950년 5월 대만으로 도주하였다.

중일전쟁 이후 아시아·태평양 전쟁을 통틀어 중국공산당은 국민당과 국공합작을 통해 항전하며 일본제국주의가 몰락하는 데 큰 역할을 했다. 전시 중국공산당이 운용했던 부대 유형과 특징, 주요 전술에 대해 간략히 살펴보면 다음과 같다(프레블, 2024, pp.76~79). 중국공산당이 운용했던 군대는 크게 3가지 유형으로 조직되었다. 첫째, 재래식 부대로 편성된 정규군이다. 공산당의 정규군인 홍군은 국민혁명군과 유사하게 재래식 무기로 편제되고 재래식 군사훈련을 받왔으며, 종전 이후 인민해방군(人民解放軍)으로 개칭되었다. 마오쩌둥은 국민혁명군을 대상으로 한 군사작전 시 재래식 부대인 홍군을 활용하였다.

둘째, 지방부대는 특정 지역에 대한 재래식 방어작전을 주로 수행하는 부대이며 정규군에 비해 무장수준과 전투력이 낮았다. 셋째, 인민으로 구성된 민병대와 자경단을 포함하는 기타 부대이다. 세 번째 유형의 부대는 공산당의 통제지역뿐만 아니라 국민당과 일본군 관할지역에서도 조직되었으며 첩보수집, 보급지원 등을 통해 게릴라전을 지원했다.

다음으로 국민당의 정규군(국민혁명군)과 대비되는 홍군의 가장 차별화된 특징은 경보병 위주로 편성되었다는 점이다. 대규모 재래식 전력을 보유했던 국민혁명군과 달리 홍군은 주로 소화기만으로 무장했으며, 박격포와 야포 등 중화기는 거의 보유하지 못했다. 따라서 홍군은 경보병 부대의 특성에 맞는 전술을 창안할 수 있었고, 전시 크게 3가지 형태의 전투수행 방식을 구사했다.

첫째, 기동전(機動戰)은 주로 유동적인 전선에서 재래식 부대를 활용한 기습을 통해 국지적 우세를 달성하는 전술이었다. 홍군은 1930년대 초반부터 국공내전 말기까지 작전적·전술적 수준에서 기동전을 수행했다. 둘째, 진지전(陣地戰)은 고착된 전선에서 고정 진지를 중심으로 공방을 수행했던 전술로서 전후 국공내전 과정에서 주로 활용되었다. 셋째, 게릴라전은 주력부대와 민병대, 자경단 등 모든 가용부대를 활용하여 적의 전선 배후에서 소규모로 벌이는 유격전술이었다.

중국공산당의 대장정(프레블, 2024, pp.86~87)

1930년부터 1934년까지 중국 국민당은 총 5회에 걸쳐 공산당 포위·토벌작전을 전개했다. 1934년 10월 제5차 포위작전이 전개되면서 공산당은 홍군을 재건할 수 있는 새로운 진지를 확보하기 위해 1935년 10월까지 중화소비에트~산시성(陝西省)에 이르는 약 4,800km의 전략적 이동, 즉 역사적인 대장정(大長征)을 감행했다.

중국공산당은 창군 시기부터 매우 열악한 수준에서 군사력을 확대해 나갔기 때문에 국민당과의 군사적 대립, 항일무장투쟁 과정에서 인민대중의 지지를 확보하는 것이 매우 중요한 과제였다. 이처럼 전력의 열세를 극복하고 생존을 추구해야만 했던 특수한 전략환경으로 인해 중국공산당은 '인민전쟁' 개념을 창안하였고, 이를 기반으로 재래식 기동전과 함께 맞춤형 게릴라전술을 발전시켰다. 인민전쟁(People's War)은 항일전쟁과 국공내전기 마오쩌둥이 농촌과 산악을 중심으로 지구전과 유격전을 전개하면서 억압받는 인민의 지지를 받아 공산주의 혁명을 완수하고자 한 전략개념이다.

다음으로 중국공산당이 항일전쟁 시기에 수립한 군사전략에 대해 간략히 살펴보겠다(프레블, 2024, pp.90~94). 1937년 중일전쟁 발발 이후 제2차 국공합작이 전개되면서 홍군의 주력부대는 국민당이 이끄는 국민혁명군에 편입되었으며 다음과 같이 2개의 부대로 재편되었다. 팔로군(八路軍)은 중국의 중북부 지역을 거점으로 일본군의 배후 또는 비점령지역에서 작전을 수행했으며, 신4군(新四軍)은 중국 남부지역에 잔류했던 게릴라부대로 편성되었다.

1935년 12월, 중국공산당 정치국은 대장정 이후 무장투쟁의 방향을 모색하기 위해 다음과 같이 새로운 전략을 수립했다. 첫째, 국민당과의 내전에서 공산당의 전략적 입지를 강화하기 위해 '항일(抗日)'이라는 민족적 저항을 슬로건으로 삼는 것이었다. 둘째, 홍군의 규모를 대폭 확대하는 것이었다. 셋째, 소련으로부터 대규모 군사지원을 받는 것이었다. 넷째, 게릴라전을 통해 중국공산당의 통제 지역을 점진적으로 확대해 나가는 것이었다. 이를 위해 마오쩌둥은 대일 항전전략을 지구전으로 전환하였다. 즉, 기동전을 수행하는 정규군을 비정규전 부대로 전환하여 산악유격전을 통해 게릴라전을 수행하는 것이었다. 이를 통해 홍군은 중국 북부지역에 강력한 방어진지를 건설하여 전력을 보존하고, 일본군의 주력을 고착시킴으로써 항일전선에서 주도권을 확보하고자 했다.

1938년 마오쩌둥은 공산당 항일전략 관련 강연에서 지구전 개념을 강조했다. 즉, 일본군이 공격할 시 전략적 방어로 전환하고, 일본군이 이익을 공고화할 때 전략적 교착 상황을 조성 후 반격작전으로 일본을 패배시킨다는 것이다. 이를 토대로 중국공산당은 일본군과의 대규모 교전을 회피하면서 정규군과 민병대를 계속 확대해 나갔다. 1945년 이후 중국공산당은 진지 재건에 주력하며 홍군을 강화했으며, 그 결과 팔로군은 약 60만 명, 신사군은 29만 명 규모로 성장했다.

이오지마·오키나와 전역: 1945년 2~6월

레이테만 해전 이후 미군은 일본 본토에 대해 지속적인 공습을 전개했으며, 일본군은 태평양 도서에 대한 지배력을 모두 상실하고 일본 본토 방어에 전념하게 되었다. 1945년 2월에는 아시아·태평양 전선에서 가장 치열한 격전지로 평가받는 이오지마(硫黄島, Sulfur Island)에서 연합군의 상륙작전이 전개되었으며, 美 해병대 7만 명이 투입되어 약 4주 동안 치열한 혈투가 벌어졌다. 연합군의 입장에서 이오지마는 일본 본토로 진공작전을 전개하기 위해 반드시 확보해야 할 주요 교두보였다. 반드시 사수해야 할 전략적 거점이었기 때문에 일본군도 수리바치(摺鉢)산을 중심으로 터널과 동굴을 뚫어 강력한 방어진지를 구축하여 항전했다.

연합군은 美 제5해병사단과 제3해병사단을 주력으로 이오지마에 상륙했다. 주요 작전목표는 대규모의 포격과 항공지원으로 일본군의 방어선을 무력화시키고, 상륙작전 이후에는 지상전투를 통해 주요 거점을 점령하는 것이었다. 미군은 철저한 정보수집을 통해 일본군의 정교한 방어선을 철저히 분석하였고, 이를 토대로 공격작전을 준비했다.

일본군은 이노우에 미츠오(井上光雄) 중장이 지휘하는 제109사단을 주력으로 강력한 방어선을 구축하였고, 요새화된 동굴진지와 지하벙커를 활용하여 연합군의 파상공세를 저지하고자 했다. 이오지마 전투에서는 태평양 전선에서 미군 최대의 피해가 발생하여 해병대 6,000이 전사했으며, 일본군도 민간인을 포함해 약 200명 정도만 생존했다(Danzer 외, 2005, p.583).

미국의 전쟁채권 판매(U.S. Holocaust Memorial Museum)

美 트루먼 행정부는 이오지마 전투의 승리를 대규모 전쟁자금을 조달하기 위한 캠페인에 효과적으로 활용했다. 미국의 전시내각은 이오지마 전투에서 해병대원들이 성조기를 게양하는 모습을 촬영한 종군기자 로젠탈(Joe Rosenthal)의 사진을 부각시켜 전쟁채권 홍보 포스터를 제작했다. 우측 사진은 1945년 5월 14일부터 6월 30일까지 진행된 제7차 전쟁채권 캠페인(7th War Loan Drive)을 대대적으로 홍보하는 포스터이다. 미국의 전시채권은 1942년부터 1945년까지 8회에 걸쳐 판매되었고 약 8,500만 명의 미국인이 1,857억 달러의 채권을 구입했다. 당시 25달러의 전쟁채권은 18.75달러에 구입할 수 있었고 10년 후 상환을 약정하여 판매되었다.

1945년 4월부터 6월까지 전개된 오키나와(沖繩) 전역에서는 아시아·태평양 전선의 막바지에 대규모의 지상전투가 벌어졌다. 오키나와섬은 일본 본토로부터 불과 600km 떨어진 전략적 요충지로서 전술폭격 및 상륙작전을 감행하기 위해서는 반드시 선점해야 할 거점이었다. 특히, 연합군의 입장에서 오키나와섬은 일본 본토로 진공작전을 전개하기 위해 반드시 확보해야 할 중요 목표였으며, 일본군의 입장에서도 최후의 방어선인 오키나와를 절대적으로 사수해야만 했다. 따라서 연합군은 美 제10군과 제7함대를 중심으로 하여 오키나와 상륙작전을 준비했으며, 일본군은 오키나와의 험준한 산악지형을 최대한 활용하여 중층 방어선을 구축했다.

1945년 4월 1일, 미군은 오키나와 서부 해안에 대규모 상륙작전을 감행했다.

일본군이 유인전술을 구사하면서 해안상륙은 비교적 무난하게 진행되었으나, 내륙으로 진격하는 과정에서 일본군의 강력한 저항에 부딪혔다. 美 제10군을 주력으로 한 연합군은 섬 북부와 고지대에서 치열한 내륙전투를 벌였으며, 일본군 제32군의 강력한 방어진지를 돌파하는 과정에서 큰 피해를 입었다. 연합군은 지속적인 화력지원을 받으며 약 3개월간 치열한 지상전을 벌인 끝에 오키나와섬을 완전히 점령하였다.

오키나와 전역에서는 매우 치열한 공방전이 이어졌으며, 양측 모두 극심한 인명 피해를 입었다. 일본군은 1,900회 이상의 가미카제 자살공격을 가해 연합군 함정 30척을 침몰시켰고 300척 이상의 군함을 손상시켰다. 특히, 오키나와 전역에서는 약 7,600명의 미군과 110,000명의 일본군이 전사하였고, 수많은 민간인 사상자가 발생하여 전쟁의 참상을 여실히 보여주었다(Danzer 외, 2005, p.583).

오키나와 전역에서 연합군은 일본 본토 상륙을 위한 주요 거점을 확보하였고, 일본의 항전의지를 약화시키는 계기를 마련했다. 오키나와에서의 패배로 일본의 항전의지는 크게 약화되었으며, 결과적으로 아시아·태평양 전선의 종식을 앞당기는 기폭제가 되었다. 특히, 오키나와에서 드러난 전쟁의 참혹함은 美 트루먼 행정부가 일본 본토에 대한 원자폭탄 투하를 결정짓는 과정에서도 중요한 영향을 미쳤다.

이오지마·오키나와 전역의 교훈과 美 트루먼 행정부의 전략 변화

영국의 처칠 수상은 오키나와 전역의 참상을 토대로 일본 본토에 대한 진공작전 시 연합군의 대규모 피해가 불가피하다고 우려했으며, 미군 100만 명과 영국군 50만 명이 희생될 수 있다고 예측했다. 미국은 예상되는 전투원의 피해를 최소화하고 전쟁을 신속히 종결하기 위해 맨해튼 프로젝트를 통해 개발에 성공한 원자폭탄의 사용을 결정했으며, 결과적으로 일본의 무조건 항복을 이끌어내는 결정적인 계기가 되었다.

원자폭탄 투하와 일본의 항복: 1945년 7~8월

오키나와 전역 이후, 연합군은 일본 본토로 상륙하기 위한 구체적인 계획을 수립하였다. 맥아더와 니미츠 제독은 일본군의 결사항전과 예상 피해 등을 고려하여 다음과 같이 2단계 작전계획을 수립했다(정하명 외, 2021, pp.439~440; 일본역사연구회, 2019b, p.474). 주요 작전개념을 살펴보면, 올림픽 작전(Operation Olympic)은 1945년 11월에 美 제6군이 일본 규슈(九州) 남부지역에 상륙하여 교두보를 확보한 후 본토의 주요 거점을 점령하는 계획이었다. 다음으로 코로넷 작전(Operation Coronet)은 1946년 3월에 美 제8군과 제10군을 주력으로 일본 최대의 인구 밀집지역인 간토(関東) 방면으로 진격하여 도쿄를 점령하는 것이 목표였다. 하지만 일본군의 강력한 저항이 예상되는 상황에서 일본 본토 상륙작전을 준비하는 과정은 여러 가지 제한 사항에 부딪혔다.

당시 일본인들은 본토에서의 결전에 대비해 결사항전을 준비하고 있었고, 민간인들까지 전쟁에 동원될 가능성이 있었기 때문에 연합군은 큰 피해를 감수해야만 했다. 특히, 일본의 작전지형을 고려 시 대규모 상륙작전을 수행하기 위해서는 노르망디 상륙작전 이상의 군수지원이 필요했고, 내륙지역 작전도 쉽지 않다는 문제가 있었다. 일본군의 결사항전과 작전지형의 제한 사항, 상륙작전 시 군수지원 등 일본 본토 상륙작전은 연합군 측에 큰 부담을 안겨주었다. 따라서 연합군은 대규모 상륙작전의 위험을 줄이면서 일본의 조기항복을 유도할 수 있는 방안을 모색해야만 했다.

1945년 4월 12일, 美 루스벨트 대통령이 뇌출혈로 갑작스럽게 사망하면서 당시 부통령이었던 트루먼(Harry S. Truman, 1884~1972)이 대통령직을 승계했다. 루스벨트 대통령이 4선에 도전하던 1944년 선거에서 부통령으로 선출되었던 트루먼은 제2차 세계대전의 막바지에 미국의 대통령직을 이어받게 되었으며, 전쟁을 종식하기 위해 중요한 정책적 결정을 단행해야만 했던 전시 지도자였다.

美 트루먼 대통령의 원자폭탄 투하 결정(이성주, 2018, pp.552~555)

1945년 5월 8일, 트루먼 행정부는 정부와 군의 고위관료, 과학자 등 14명으로 구성된 잠정위원회를 소집하여 원자폭탄 사용 여부에 대해 논의했다. 과학자 그룹은 원폭 사용의 윤리적 문제를 제기했고, 행정부와 군부는 전후 미소 양국 간 세력균형의 변화 측면에서 필요성을 제기했으나 결정적인 고려 사항은 미군의 사상자 규모였다. 결국 1945년 6월 21일, 트루먼 대통령은 잠정위원회를 통해 경고 없는 원자폭탄의 조기사용을 결정했다.

트루먼 대통령이 집권 초기 구상한 제2차 세계대전 수행 전략은 루스벨트 행정부의 정책을 이어받아 전쟁을 신속히 종결짓고 전후 세계질서를 재편하는 것이었다. 1945년 5월 8일 독일이 항복을 선언하자, 트루먼 행정부는 소련과의 협력관계를 유지하면서 전후 재건을 준비하는 것으로 대유럽 전략을 구상했다. 하지만 아시아·태평양 전선에서는 일본군의 저항이 계속되고 있었으며, 전쟁을 종식시키기 위해서는 일본 본토에서의 지상전이 불가피한 상황이었다.

이오지마와 오키나와 전역에서 미군이 감당하기 힘든 희생을 치렀기 때문에 트루먼 행정부는 일본 본토에서의 희생을 최소화할 수 있는 전략적 대안을 모색하게 되었다. 일본 본토에 대한 진공작전 시 일본군의 결사항전으로 미군의 대량 피해가 발생할 수 있다는 전망이 여전히 우세한 가운데, 1945년 7월 16일 뉴멕시코주에서 첫 번째 핵폭발 실험인 '트리니티 실험(Trinity test)'이 성공했다.

당시 트루먼 대통령은 포츠담 회의에 참석하고 있었으며 독일 현지에서 관련 소식을 보고받았다. 1945년 7월 26일, 미국은 포츠담 선언(Potsdam Declaration)을 통해 일본에 즉각적인 항복을 요구했으며, 이를 거부할 경우 '즉각적이고 완전한 파멸(The alternative for Japan is prompt and utter destruction)'을 초래할 것이라고 경고했다(Office of the Historian of the U.S. Department of State). 또한 연합군은 일본 본토에 전단을 배포하여 원자폭탄의 위력과 예상되는 피해를 경고했다. 하지만 일본 천황과 스즈키 내각(鈴木內閣)은 미국의 최후통첩을 거절하였고, 결국 트루먼 행정부는 원자폭탄 사용을 결정했다.

1945년 8월 6일, B-29 폭격기가 히로시마(広島) 상공에 우라늄 원자폭탄(Little Boy)을, 8월 9일 나가사키(長崎)에 플루토늄 원자폭탄(Fat Man)을 투하했다. 세계 최초로 투하된 원자폭탄의 위력은 상상을 초월하였고 피폭지역은 도시의 절반 이상이 폐허가 되었으며, 약 20만 명이 방사선에 노출되어 사망했다. 1945년 8월 15일 정오(正吾)를 기해 히로이토(裕仁, 昭和天皇) 일본 천황은 항복을 선언 후 연합국이 제시한 포츠담 공동선언을 수락하겠다고 발표했으며, 1945년 9월 2일 美 해군 미주리호(USS Missouri) 함상에서 항복문서에 공식 서명했다.

1945년 7월 17일에 개최된 포츠담 회담에서는 ① 독일의 완전 무장해제, ② 나치당 해체, ③ 전범의 재판 회부, ④ 독일식 재벌인 콘체른 해체, ⑤ 독일의 분할 점령, ⑥ 소련의 배상금 수취 방안, ⑦ 독일 중앙정부 수립 문제 및 독일-폴란드 국경선 확정에 합의했으며, 일본 정부에 대해서는 '전체 일본 군대의 무조건 항복'을 즉시 선언할 것을 강조하는 최후의 통첩 사항을 포함하였다(박건영, 2020, pp.296~298).

제2차 세계대전의 종전 이후 새로운 국제질서를 재편하기 위한 연합국의 구상은 1945년 2월 얄타회담(The Yalta Conference)에서 구체적으로 논의되었다. 군사적 관점에서 얄타회담은 연합국들이 제2차 세계대전의 유럽 전선과 아시아·태평양 전선을 마무리하고 전후질서를 재편했다는 점에서 큰 의미를 갖는다. 동시에 한반도 분단의 직접적인 원인을 초래하게 된 '소련의 참전'을 야기했다는 점에서도 역사적 의미가 크다.

당시 소련의 지도자 스탈린은 추축국 독일이 다시는 소련을 위협하지 못하도록 연합국들이 영토를 분할하여 점령하는 방안을 제시했다. 영국 처칠 수상의 완강한 반대에도 불구하고 미국의 루스벨트 대통령은 다음과 같은 2가지 사항을 중재안으로 제시했다(박건영, 2020, pp.289~292). 첫째, 아시아 · 태평양 전선을 마무리하기 위해 소련이 대일전에 참여해야 한다는 것이다. 둘째, 전후 새로운 국제질서를 확립하고 세계평화를 유지하기 위한 국제연합의 창설에 소련의 지지가 필요하다는 것이다. 얄타회담에서는 독일의 점령과 전쟁배상, 영토귀속 및 신탁통치 등 전후 유럽의 문제들과 소련의 대일전 참전, UN 설립 회의 관련 의제들이 논의되었다. 특히, 한반도 문제와 관련하여 미 · 영 · 소 · 중 4국에 의한 신탁통치안의 큰 틀을 논의했다.

1945년 5월 7일 독일의 항복 이후, 소련은 일본이 항복을 선언하기 불과 1주일 전인 8월 8일에 대일 선전포고를 하고 뒤늦게 아시아 · 태평양 전선에 참전했다. 1945년 8월 15일 일본의 항복 이후, 소련은 일본군의 무장해제를 명분으로 한반도에 진출하여 북한 지역에 진주(進駐)했다. 당시 소련의 급속한 남하를 저지하기 위해 미국이 38도선을 획정하면서 한반도는 해방과 동시에 분단이 되었다. 전후 일본에서는 약 7년간 미국이 주도하는 연합군 최고사령부(Supreme Commander for the Allied Powers, SCAP)에 의해 점령지 통치가 시행되었다.

우라늄 원자폭탄   플루토늄 원자폭탄   히로시마 원폭투하
(리틀보이, Little Boy)   (팻맨, Fat Man)   (B-29 에놀라게이 촬영)

4장

승리 이후

1. 총평: 전쟁의 특징과 참상

20세기 인류의 역사에서 제2차 세계대전은 매우 특별한 의미를 가지며 21세기의 국제질서에서도 여전히 핵심적인 준거점으로 평가받고 있다(골드스타인 · 피브하우스, 2015, p.68). 그것은 약 6년이라는 기간 동안 광범위한 지역에 걸쳐 치러진 이 전쟁에서 사상 초유의 천문학적 피해가 발생했고 참혹한 전쟁범죄가 자행되었기 때문이다. 또한 교전국 모두 전쟁에서 승리하기 위해 군사 과학기술 경쟁을 가속화하면서 첨단 무기체계와 원자폭탄 등 대량살상무기가 개발되어 실전에 사용되었다. 특히, 전후 국제질서가 새롭게 재편되면서 미국과 소련을 중심으로 한 냉전체제가 형성되었고 본격적인 핵시대가 개막되었다. 그런 의미에서 제2차 세계대전은 역사의 흐름을 바꾼 전쟁이었으며, 냉전시대와 탈냉전시대를 막론하고 현 국제질서의 성격을 규정한 구조사(構造史)라고 할 수 있다.

제2차 세계대전의 전쟁사를 현재의 시점에서 다시금 고찰하는 것은 전후 세대로서 당대의 역사적 경험을 추체험하고, 오늘의 안보 상황에 효과적으로 대응해 나가기 위함이다. 그런 의미에서 제2차 세계대전의 주요 특징과 피해 현황을 살펴보면 다음과 같다. 먼저 제2차 세계대전은 총력전(Total war) 개념하에서 치러진 전쟁이었다. 즉, 전·후방, 전투원과 비전투원, 남녀노소의 구분 없이 국력을 총동원하여 치러진 전쟁이었다.

제1차 세계대전이 총력전의 서막을 올렸다면 제2차 세계대전은 첨단 과학기술 경쟁, 전쟁지속능력 확충에 중점을 두고 치러진 완성된 형태의 총력전이었다(이강경·문은석·황수현, 2022, p.173). 특히, 연합국과 추축국을 막론하고 수많은 민간인들이 비전투원으로서 국내 전선(Home Front)에 참여함으로써 전쟁 승리의 핵심적인 역할을 담당하였다.

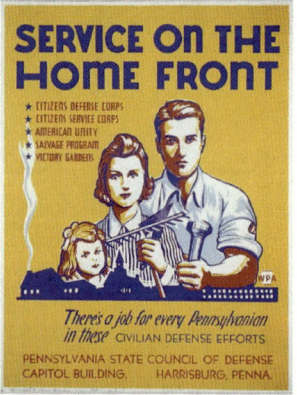

전시 미국의 국내 전선(Home Front)

제1~2차 세계대전 시 남성들이 전장에 투입되자 국내에 남아 있던 여성들이 일자리를 대체했다. 제2차 세계대전 당시 미국의 취업 여성은 약 1,900만여 명에 달했다. '리벳공 로지(Rosie the Riveter)'는 美 Home Front의 상징으로 산업시설에서 일한 여성인력을 대표하는 문화적 상징이 되었다. 당시 국내에 거주한 여성들은 전쟁수행에 필요한 각종 군수물자를 생산하고 전쟁 비용의 조달, 국내 식량문제 해결과 자원의 재활용 등 다양한 영역에서 Home Front 활동을 전개하여 전쟁 승리에 기여했다.

제2차 세계대전은 모든 참전국이 총력전 개념하에서 국가의 모든 역량을 쏟아부은 전쟁이었기 때문에 제1차 세계대전에 비해 사상 초유의 인적·물적 피해가 발생했다. 주요 교전국을 중심으로 인명피해와 전쟁비용 현황을 제시하면 〈표 11〉과 같다(로페즈 외, 2021, pp.142~175). 또한 추축국과 연합국을 통틀어 참전국들이 겪었던 전쟁의 참상을 간략히 살펴보면 다음과 같다(테일러, 2020, pp.418~420). 약 7천만 명이 전쟁 중 어느 때인가 전투원으로 참전했고, 그중에서 1,700만 명이 사망했다. 러시아인들은 총인구 22명 중 한 명이, 독일인은 25명 중 한 명이, 미국인은 5백 명 중 한 명이 죽었다. 특히, 근대 이전의 주요 전쟁들과 다른 점은 군인들에 비해 더 많은 민간인들이 사망했다는 사실이다.

수많은 사람들이 공중폭격, 학살, 강제노역 등으로 죽어갔다. 폴란드는 인구의 15%를 잃었고, 이 중 3분의 1이 유대인이었다. 소련은 인구의 10%를 잃었고 군인과 민간인을 포함하여 1,400만 명이 독일군에 의해 살해되었다. 독일군 450만 명의 사상자 중 4분의 3이 소련 지역 동부전선에서 전사했다. 독일의 민간인 60만여 명은 연합군의 전략폭격으로 사망했다. 유럽에 거주하던 유대인 900만 명 중 500~600만 명이 독일군에 의해 가스실에서 살해되었다. 소련에서는 1,710개의 도시, 7만여 곳의 마을, 6백만 채의 가옥, 3만 2,000개의 공장이 파괴되었다.

〈표 11〉 제2차 세계대전 시 주요 교전국별 인적 · 물적 피해현황

| 구분 | 군인 사망(명) | 1939년 인구 대비 피해율(%) | | 전쟁비용 (1945년, 억불) |
		군인	민간인	
미국	418,500	99.59	0.41	2,960
영국	363,360	4.8	95.2	1,200
소련	27,917,000	44.22	55.78	1,920
독일	8,666,500	61.9	38.1	2,720
일본	3,365,900	76.23	23.77	560
이탈리아	510,000	70.59	29.41	940

* 이 표에서 제시된 현황은 정확한 인명피해 조사가 제한되어 최대한의 추산치로 산정되었음.
* 최근의 통계는 아시아, 아프리카의 경우 실제 사망자 수가 훨씬 많았을 것으로 추산됨.

2. 전후처리

주요 회담

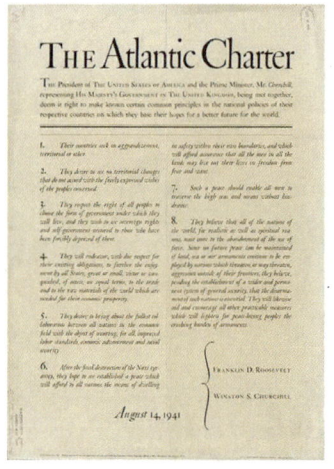

대서양헌장

제2차 세계대전 시 연합국은 상호 협력과 효과적인 전후(戰後) 처리를 위해 1941년 대서양 회담을 시작으로 수차례의 수뇌부 회담을 가졌다. 1945년 7월에 개최된 포츠담 회담에서는 독일의 군국주의 부활을 원천적으로 차단하기 위해 군대와 비밀경찰, 예비군 등 모든 군사조직을 해체하고, 항공기와 잠수함 등 무기체계 생산시설을 폐쇄하기로 결정하였다. 하지만 전후 냉전정책을 추진하는 과정에서 소련이 동유럽 지역에서의 영향력 강화를

〈표 12〉 제2차 세계대전 시 전후처리를 위한 연합국의 주요 회담

구분	기간	주요 협의 내용
대서양 회담 (미·영)	'41.8.9.~12. ※ 대서양헌장: 8.14.	• 전후의 세계질서에 대한 14개조의 평화조항 • 소련 등 33개 국가가 승인 　※ 전후 국제연합 창설의 원칙이 됨
카이로 회담 (미·영·중, 1차) (미·영·소, 2차)	'43.11.22.~26.(1차) ※ 카이로 선언: 11.27. '43.12.2.~7.(2차)	• 일본의 침략 응징, 대일(對日) 전쟁의 상호 협력 • 만주, 대만, 평후 제도 등 중화민국에 반환 　※ 대한민국의 독립문제가 처음으로 언급됨
테헤란 회담 (미·영·소)	'43.11.28.~12.1.	• 프랑스 북부지역에 대한 상륙작전 결정 • 독일 패전 후 소련의 대일 참전의사 표명
얄타 회담 (미·영·소)	'45.2.4.~11.	• 독일 패전 후 분할점령 방법 논의 • 국제연합의 안전보장이사회 의결방식 조율
포츠담 회담 (미·영·중)	'45.7.17.~8.2. ※ 포츠담 선언: 7.26.	• 종전 이후 유럽의 전후질서 구축 문제 논의 • 일본의 무조건 항복 요구 　※ 식민지 독립에 대해 카이로 선언 재확인

위해 동독의 군사무장을 유지했다. 따라서 미국도 서독의 재무장을 추진하였고, 1955년 서독 연방군(Bundeswehr)이 창설되었다. 독일은 전후 연합군의 점령정책에 따라 미국과 영국, 프랑스, 소련에 의해 1945년부터 1949년까지 약 4년 동안 분할 · 점령되었다. 전후 강화조약은 1990년 독일의 통일 직전, 연합국 4개국과 동 · 서독 간에 비로소 체결되었다.

뉘른베르크 전범재판

1943년 11월 1일, 모스크바 선언을 통해 연합군은 전쟁범죄를 저지른 독일인을 전후 피해국가로 인도하여 통일된 법률에 따라 기소하기로 결의했다. 종전 이후 연합국은 나치 독일의 전범(戰犯)을 단죄하기 위해 나치의 거점도시였던 독일 뉘른베르크(Nuremberg)에서 국제군사재판을 진행했다. 연합국(미국, 영국, 프랑스, 소련)은 자체 검사를 임명하여 다음과 같은 범죄행위들을 기소했다. ① 전쟁의 공동 모의, ② 평화에 반하는 범죄, ③ 전쟁범죄, ④ 반인륜적 범죄. 뉘른베르크 전범재판은 역사상 처음으로 연합국이 패전국의 전범을 기소하고 전쟁범죄를 저지른 개인들을 국제법에 근거하여 책임을 지도록 단죄했다는 점에서 큰 의의가 있다.

전범재판이 뉘른베르크에서 열리게 된 이유와 준비과정, 역사적 의미를 간략히 살펴보면 다음과 같다(양천수, 2011, pp.82~94). 먼저 나치 독일의 핵심 수뇌부들을 전쟁범죄자로 규정하여 국제 형사 재판 절차에 의거 처벌한 최초의 전범재판이 뉘른베르크에서 개최된 이유는 크게 2가지의 역사적 배경 때문이었다. 첫째, 국가사회주의 독일노동자당(Nazi)의 전당대회가 1927년 이후부터 제2차 세계대전 발발 이전까지 뉘른베르크에서 열렸기 때문이다. 둘째, 1935년 나치 독일의 악명 높은 反유대주의 법률(인종법, Nuremberg Laws)이 뉘른베르크에서 제정되었기 때문이다. 다음으로 뉘른베르크 전범재판의 준비과정을 간략히 살펴보면, 연합국들은 1941년 6월 독 · 소전쟁이 발발한 이후 전범재판의 필요성을 진지하게 검토하기 시작했다. 이는 제네바 협약(Geneva Conventions)이 비교적 잘 준수되었던 유럽 서부전선과 달리 독 · 소전쟁은 슬라브민족과 유대인들을 대규모로 학살한 절멸전쟁(絶滅戰爭)의 성격이 강했기 때문이었다. 1942년 1월 13일, 독일이 점령했던 9개국 대표들은 영국 런던의 성 제임스 궁전에서 '전쟁범죄의 처벌에 관한 선언'을 통해 독일이 자행한 전쟁범죄를 재판에 따라 처벌하기로 결의했다. 이후 1945년 2월 12일 얄타회담에서는 모든 전쟁범죄자들을 정의롭고 신속하게 처벌하는 것이 연합국 수뇌부들의 확고한 의지임을 천명하였다. 연합군은 1945년 7월에 개최된 포츠담 회담에서 이러한 단죄(斷罪) 의지를 재확인하였고, 같은 해 8월 영국에서 소집된 국제회의를 통해 '유럽 추축국의 주요 전쟁범죄자 소추 및 처벌에 관한 협약'을 제정하였다. 이후 1945년 8월 8일 '뉘른베르크 국제군사법원에 관한 규약'이 조약 내용에 포함되면서 전범재판을 시행하기 위한 역사적 · 국제법적 기초가 마련되었다. 전후 국제사회에서는 재판의 법적 근거와 성격, 한계 등을 둘러싸고 다양한 논쟁이 벌어졌지만 뉘른베르크 전범재판은 법철학적 · 국제법적으로 긍정적인 평가를 받고 있다. 특히, 뉘른베르크 전범재판은 제2차 세계대전기 히틀러와 나치 독일이 저지른 만행을 일반 대중들에게 알리는 계기가 되었고, 침략전쟁을 범죄행위로 위법화(違法化)했다는 점에서 역사적으로 긍정적인 평가를 받았다.

뉘른베르크 전범재판은 1945년 11월에 시작되어 403회에 걸쳐 진행되었으며 나치의 지도부, 친위대 (Schutzstaffel, SS), 보안방첩대(Sicherheitsdienst, SD), 돌격대(Sturmabteilung, SA)와 비밀경찰 (Gestapo), 국방군(Wehrmacht)의 핵심 참모장교, 기업가, 외교관, 공무원, 판사, 의사 등을 기소하여 재판하였다. 1945년 11월 20일부터 1946년 10월 1일까지 진행된 재판에서는 고위급 전범으로 기소된 24명 중 생존자 22명에게 사형 12명, 무기징역 3명, 장기형 4명, 그리고 3명에게 무죄를 선고하였다.

1961년에는 이스라엘에서 대규모 유대인 강제 이송에 가담했던 독일 보안본부의 관리인 아이히만(Adolf Eichmann, 1906~62)에 대한 재판결과를 둘러싸고 독일사회 내부적으로 큰 논란이 일어났다. 철학자인 아렌트(Hannah Arendt, 1906~75)는 『예루살렘의 아이히만』이라는 책에서 "자신은 국가의 명령에 따를 수밖에 없었다"며 예루살렘의 법정에서 무죄를 주장하는 아이히만을 통해 평범한 사람들에 의해 자행되는 '악의 평범성 (Banality of evil)'을 지적했다. 아렌트는 아이히만이 저지른 죄는 '사유의 불능성(Inability to think), 즉 타인의 입장에서 생각하지 못하는 생각의 무능함'이라고 지적했다. 특히 생각하지 않는 무능함이 악으로 연결될 때 반인륜적 범죄를 아무런 죄의식 없이 저지를 수 있다고 강조했다.

뉘른베르크 전범재판　　　　　한나 아렌트　　　　　재판 중인 아돌프 아이히만

도쿄 국제군사재판

아시아 · 태평양 전쟁의 종전 이후 전후처리 과정에서는 일본의 전쟁책임을 규명하고 일본의 정치 · 경제체제를 새롭게 재편성하기 위한 작업이 다각적으로 전개되었다. 일본의 무조건 항복 이후 일본 본토는 미군에 의해 점령되었으며, 맥아더(Douglas MacArthur, 1880~1964) 장군이 연합국 최고사령관(General Headquarters, GHQ)으로 임명되어 일본의 점령 정책을 관장했다.

당시 미국이 주도했던 전후 처리의 핵심 목표는 일본제국주의가 남긴 군사주의를 해체하고, 일본사회에 민주주의를 확립하는 것이었으며, 이를 위해 美군정은 1947년 새로운 헌법을 제정했다. 전후 일본의 평화헌법은 천황의 권력을 크게 제한함과 동시에 제9조에서는 전쟁을 수단으로 하는 국가 권력의 행사를 포기하고, 군대를 보유하지 않도록 규정했다. 전후 미국은 평화헌법을 토대로 일본의 군수산업을 해체하였고 전범 기업들의 분할 및 재편을 추진했다.

전후 연합국은 추축국 지도자들과 주요 전쟁범죄 행위들을 처벌하기 위해 다양한 방안을 논의했다. 미국은 재판에 따른 처벌을 주장하면서 다음과 같이 극동국제군사재판소를 설치하여 전범들을 처벌하였다(이장희, 2009, pp.195~222). 태평양 지역 연합국 최고사령관 맥아더 원수는 1946년 1월 19일 극동군사재판소 설립을 위한 특별선언을 발표하였고 일반명령 1호(극동국제재판소 헌장)를 공포하였다.

극동국제재판소 헌장에서 규정한 전쟁범죄는 ① 침략전쟁의 계획·준비개시·수행에 임했거나 그 공동모의에 참가한 죄(평화에 대한 죄), ② 포로의 살해나 학대 등 전시 국제법을 위반한 죄(통상의 전쟁범죄), ③ 인종적 이유 등에 의한 대량학살이나 혹사 행위(인도에 대한 죄)이다. 1948년 11월 4일 선고공판이 개최되어 25명의 피고인 전원에게 유죄가 선고되었다. 도조 히데키 등 7명이 교수형에 처해졌으며, 16명이 종신금고형, 2명이 금고형을 받았다. 도쿄 전범재판은 인도적 범죄에 대한 경시, 쇼와 천황의 면책 등 여러 가지 문제점을 남겼다.

전후 일본의 평화헌법(국회법률도서관)

1946년 11월 3일 제정된 일본국 헌법(이하 평화헌법)은 전문에서 "정부의 행위에 의하여 또다시 전쟁의 참화가 일어나지 않도록 할 것을 결의한다"는 내용을 명시하였고, 제2장(전쟁의 포기) 제9조에 "① 일본 국민은 정의와 질서를 바탕으로 하는 국제평화를 성실하게 추구하며, 국권의 발동인 전쟁과 무력에 의한 위협 또는 무력행사는 국제분쟁을 해결하는 수단으로서는 영구히 이를 포기한다. ② 전항의 목적을 달성하기 위하여 육·해·공군 기타의 전력은 보유하지 아니한다. 국가의 교전권은 인정하지 아니한다"고 규정했다.

3. 승리 / 패배 요인 분석

연합군의 승리 요인

인류역사상 최악의 소모전으로 치러진 약 6년간의 세계대전에서 연합군이 승리할 수 있었던 요인을 정리하면 다음과 같다(이강경·문은석·황수현, 2022, p.158). 첫째, 전시 대량생산체제를 갖춘 미국의 참전으로 연합국은 양질의 무기체계와 대규모의 군수품을 공급받았으며, 전쟁지속능력의 절대적인 우위를 확보할 수 있었다. 소련은 개전 초기 독일군의 공습으로 서부지역에 산재해 있던 약 3,000여 개소의 산업시설들이 파괴되었다. 전시 초기 소련의 산업생산력은 3분의 1 수준으로 감소했다.

당시 스탈린은 가용한 산업인프라를 보호하기 위해 약 6개월에 걸쳐 볼가강과 우랄산맥, 중앙아시아, 시베리아 지역으로 공장시설을 이전시켰다. 가까스로 재배치에 성공한 산업시설들은 조업을 가동하기 위해 많은 노동자들을 필요로 했고 소련 당국은 약 2,000만 명의 노동자들을 동부지역으로 이주시켰다. 우랄산맥 동부지역에서 천막형태로 급조되었던 군수공장들은 열악한 조건 속에서도 놀라운 생산성을 발휘했다. 소련의 산업시설 재배치는 총력전 수행에 크게 기여하였고 독소전쟁의 승리와 함께 제2차 세계대전의 흐름을 바꾸는 원동력이 되었다.

둘째, 연합군은 미국과 영국을 중심으로 연합참모본부(CCS)를 조직하여 육·해·공군의 통합지휘체계를 구축함으로써 보다 효과적인 작전을 전개할 수 있었다. 또한 연합국은 전쟁기간 중 지속적인 전략폭격을 실시하여 독일의 군수시설과 산업인프라를 파괴하였고, 전방위적인 봉쇄를 통해 추축국의 전쟁지속능력을 약화시켰다. 당시 미국은 유럽 동부전선에서 항전 중이던 소련군에 대규모 군수품을 지원하여 독일군으로 하여금 양면전쟁을 강요함으로써 전승에 크게 기여했다.

셋째, 연합군은 전쟁의 명분에 대한 정당성을 바탕으로 국제사회의 전폭적인 지지와 지원을 이끌어냈다. 특히, 미국의 루스벨트 대통령과 영국의 처칠 수상, 프랑스의 드골 장군 등 국가지도자들이 탁월한 리더십으로 국민들의 항전의지를 고취하였다. 또한 아이젠하워, 패튼, 몽고메리 장군 등 군 지휘관들의 지휘 역량도 큰 힘을 발휘했다. 전후 소련은 대조국전쟁 시 특별한 전공을 세웠던 도시들을 기념하기 위해 상트페테르부르크(舊 레닌그라드), 볼고그라드(舊 스탈린그라드), 세바스토폴, 오데사 등 12개 도시에 영웅도시의 칭호를 부여했다. 오늘날 러시아를 포함하여 유럽의 많은 국가들이 항전의식을 계승하기 위해 해마다 뜻 깊은 전승행사를 치르고 있다.

넷째, 연합국들은 국가총력전을 수행하기 위해 추축국을 압도하는 전시생산체제를 가동하고 전쟁지속능력을 유지하였다. 전시라는 특수한 상황에서 모든 국민들이 고통을 분담하며 총력전을 뒷받침하기 위해 국가의 전시정책에 적극적으로 동참했다. 미국의 Victory Garden 캠페인, 영국의 Dig for Victory 캠페인 사례와 같이 연합국들은 전시 식량수급이 불안정해지자 전 국민이 정원과 텃밭 등 가용한 유휴지를 경작하여 부족한 식량을 조달하도록 국가 차원의 시책을 단행했다. 미국과 영국을 중심으로 전시생산체제가 가동되고 국내 식량문제를 해소하기 위한 국민적 노력이 활성화되면서 국가총력전이 효과적으로 전개되었다.

넷째, 연합국들은 첨단 과학기술이 집약된 무기체계를 개발하여 실전에서 활용하였다. 특히, 영국과 미국은 독일군의 첨단전력을 무력화시키기 위한 무기체계 연구개발에 심혈을 기울였다. 영국에서는 '처칠의 장난감 가게(Churchill's Toyshop)'라는 병기연구소와 특수무기 연구개발 전담부서(Directorate of Miscellaneous Weapon Development, DMWD)를 중심으로 새로운 아이디어에 기반한 첨단 무기체계를 개발했다.

미국에서는 버니바 부시(Vannevar Bush, 1890~1974)가 주도하는 과학연구개발국 (Office of Scientific Research and development, OSRD)에서 레이더, 대잠수함 무기, 원자폭탄 등 첨단 무기체계 연구개발을 활발히 전개하였다. 특히, 연합군 정보기관은 독일군의 암호체계를 해독하기 위해 '울트라(Ultra) 작전'을 수행했다. 연합군은 효과적인 정보작전을 수행하여 정보우위를 달성하고 전장의 주도권을 확보했다. 실제로 울트라 작전을 통해 연합군은 1940년 됭케르크 철수작전과 대서양 전투 시 대잠수함 작전, 1944년 노르망디 상륙작전을 성공으로 이끌었다.

미국과 영국의 캠페인 포스터

美 버니바 부시가 이끈 과학연구개발국

추축국의 패전 요인

제2차 세계대전은 총력전 개념하에서 전쟁지속능력이 전쟁의 승패를 좌우했던 최초의 기동전이었다. 1939년 9월, 독일의 폴란드 침공을 시작으로 추축국은 장기간에 걸쳐 광범위한 지역에서 연합국을 상대로 전쟁을 수행했다. 추축국의 패전 요인을 독일군을 중심으로 살펴보면 다음과 같다(이강경 · 김금률 · 김현식 · 문용득, 2022, pp.245~247). 첫째, 총력전 수행의 측면에서 독일은 인적 · 물적 자원을 포함하여 연합국의 전쟁지속능력을 극복하지 못했다. 즉, 독일은 의도하지 않았던 양면전쟁의 늪에 빠져들었고 무분별한 전선의 확대와 전쟁의 장기

<표 13> 제2차 세계대전기 주요 교전국의 전시생산체제

구분	주요 현황 및 특징
미·영 연합군의 전시생산체제 (이강경·문은석·황수현, 2022, pp.149~178)	• 국가 산업시설을 신속하게 군수품 생산기지로 전환 • 전략물자 수급을 조정·통제하기 위한 조직개편 * 美 부흥금융공사·전시생산위원회, 英 조달부, 항공기생산부 등 • 전시생산체제 전환을 위해 관련 법률안 제정 및 시행 * 미국의 징발권한부여법, 군수공업육성법, 경제안정법 등 • 미국의 무기대여법 제정(1941년), 연합국에 무기체계·군수품 지원 * 민간기업의 방위산업 참여 확대, 전쟁지속능력 향상에 기여 • 총력전 수행체제를 지원하기 위한 국내전선(Home Front) 유지 * 식량의 자급자족, 자원재활용, 여성의 산업활동 참여 등
소련의 전시생산체제 (이강경·김금률·편관서·김대웅, 2022, pp.47~68)	• 1930년대 스탈린의 공업화 정책으로 전시생산체제의 근간 형성 - 스타하노프 운동을 전개하여 소련의 철강 생산량 증대 - 대규모 산업인프라 건설, 군수산업의 질적·양적 성장 • 대규모 플랜트에 기반한 소품종 대량생산 체제 구축 • 민수용과 군수용 일원화 정책 추진으로 신속한 전시전환 보장 • 개전 초기 전시 산업시설의 재배치를 통한 전쟁지속능력 유지 - 국가방위위원회를 중심으로 자원관리 및 강력한 산업통제 - 안정적인 군수품 생산체제 유지를 위해 노동인력 통제
독일의 전시생산체제 (이강경·김금률·김현식·문용득, 2022, pp.235~267)	• 유럽의 점령지역을 독일의 전시경제 체제로 편입·종속시킴 * 농산물과 원자재의 주요 공급지, 공산품의 공급처 등으로 활용 • 1944년 기준, 930만 명의 외국인 노동자를 강제노동에 활용 • 군수장관 알베르트 슈페어가 추진한 전시생산체제 - 무기체계의 유형 및 설계 변경 최소화, 생산비용 절감 - 원가보상 계약제도 등 합리화 조치로 전시생산의 효율성 제고 - 군수품 생산공정 간소화로 노동시간 및 생산시간 단축 등 • 전쟁장기화, 양면전쟁으로 전시생산능력 약화 및 효율성 저하
일본의 전시생산체제 (이강경·강재구, 2024, pp.119~145)	• 전시경제와 연계하여 강력한 재정·금융정책 추진 • 전간기 중화학공업화를 통해 군비확장, 전시 공업생산력 강화 * 육군과 해군의 공창(工廠)을 중심으로 주요 군수품 생산 • 중일전쟁 이후 군수생산블록 구축, 방위산업 인프라 확충 • 국가 주도의 전시생산체제 가동, 전쟁지속능력 강화 * 물자동원계획, 생산력확충계획, 국가총동원법 제정·시행 • 과달카날 전역 이후 해상수송 제한으로 전시생산능력 약화

화로 전쟁지속능력이 급격히 저하되었다.

　제2차 세계대전기 독일이 전격전을 적용한 것은 제1차 세계대전의 특징이었던 참호전의 교훈을 토대로 강력한 기계화부대들이 효과적인 전투력을 발휘할

190　제2차 세계대전, 승리의 역사

수 있다는 전술적 판단 때문이었다. 독일군은 개전 초기 급강하 폭격기와 기계화부대의 전술적 운용, 보병 및 포병 부대의 후속공격 등 전격전을 통해 놀라운 전과를 달성했다. 하지만 1940년 이후 전장이 확대·장기화되면서 독일군은 전쟁지속지원 능력을 상실했다.

〈표 14〉 제2차 세계대전기 주요 교전국의 무기체계 연구개발

구분	주요 현황 및 특징

미·영 연합군의
연구개발 사례
(이강경·문은석·황수현,
2022, pp.149~178)
	• 영국의 무기체계 연구개발
	  - 전간기: 1916년 과학산업연구부 창설, 민간 연구개발 지원
	  - 1930년대 후반 군사적 취약성 보완을 위해 연구개발 집중투자
	    * 전투기와 레이더, 수중음파탐지기, 암호해독 기술 등
	  - 첨단 무기체계, 특수무기 개발을 위해 전담부서 운영
	• 미국의 무기체계 연구개발
	  - 전간기: 대학, 기업을 중심으로 연구소 설립 및 연구개발 활성화,
	    1930년대 대공황 극복 과정에서 연구개발에 집중 투자
	  - 1940년 국방연구위원회, 1941년 과학연구개발국 설치

소련의
연구개발 사례
(이강경·김금률·
편관서·김대웅,
2022, pp.47~68)
	• 1928년 미래전에 관한 보고서(Future War) 발간, 연구개발 착수
	  - 첨단 무기체계가 미래전의 승패를 좌우한다는 인식 확산
	  - 전차와 항공기를 핵심 플랫폼으로 인식, 연구개발 본격화
	• 1930년대 스탈린 주도로 강력한 공업화 정책 추진 및 군비확충
	  - 방위산업 성장: 재래식 수공업 탈피, 대량 생산체제 구축
	  - 제2차 5개년 계획과 연계하여 무기체계 연구개발 추진
	• 소련과학아카데미를 중심으로 기초 및 응용연구 활성화
	• 주요 무기체계: T계열 전차, 전투기(IL-2), 다련장로켓(BM-13)

독일의
연구개발 사례
(이강경·김금률·
김현식·문용득,
2022, pp.235~267)
	• 항공무기체계 연구개발
	  - 1935년 공군에 기술부서와 공군무장국 설치, 연구개발 주도
	    * 하인켈-178, 메서슈미트, V-2 로켓 등을 개발하여 전력화
	  - 1936년 스페인 내전에 참전하여 항공기의 전술적 운용 시험
	• 레이더 연구개발: 해군 신호연구부의 쿤홀드 주도로 연구개발
	  * 항공기 조기경보 및 해상탐색용 레이더 개발(Seetakt, Freya)
	• 전차 연구개발: 1935년 중전차 개발(Panzer, Tiger 전차 등)
	• 로켓 연구개발: 1930년대 초 고체·액체 연료 로켓기술 개발
	• 원자폭탄 연구개발: 최초로 핵분열 원리 발견, 핵무기 개발은 실패

일본의 연구개발 사례 (이강경·강재구, 2024, pp.119~145)	• 영일동맹에 기초한 영국의 기술지원 및 해군력 강화 • 과학기술을 국가총력전 체제의 핵심기제로 활용(기술국책론) * 1941년 5월 과학기술 신체제 확립 요강 발표 • 전함 연구개발: 거함·거포주의를 토대로 무장력·기동성에 중점 • 전투기 연구개발: 화력·기동성 중시, 전투원의 생존성 경시

괴벨스(Paul Joseph Goebbels, 1897~1945)는 1924년 나치당에 합류 후 히틀러에 대한 충성심과 탁월한 대중 선동 능력을 인정받아 1929년 당 선전 부장으로 임명되었고, 1933년 나치의 집권과 함께 선전장관이 되었다. 1943년 2월, 독일군이 스탈린그라드 전투에서 소련군에게 처참하게 패배하자 군의 사기가 크게 떨어지고 독일 사회는 혼란에 빠져들었다. 괴벨스는 2월 18일, 베를린 슈포르트팔라스트(Sportpalast) 회의장에 대중들을 모아놓고 독일의 총력전을 호소하며 다음과 같이 연설했다.

"…여러분 총력전을 원합니까? 필요하다면, 지금으로선 상상할 수도 없는 혹독한 전쟁을 각오할 수 있습니까? …(중략)… 불타는 마음과 차가운 머리로, 우리는 이 고비를 넘어서야 합니다. 우리는 승리를 향해 나아가고 있습니다. 그 승리는 총통을 향한 우리의 충성심을 바탕으로 합니다. 오늘 저녁, 저는 다시 한번 온 나라에 그 의무를 되새기고자 합니다. 총통께서는 우리들에게 과거의 어떤 성취보다 더 큰 성과를 기대하고 있습니다. 우리는 그분을 실망시키지는 않을 것입니다. 그분이 우리의 자랑인 만큼 우리도 그분의 자랑이 되어야 합니다. 나라에 큰 위기와 시련이 닥쳤을 때, 진정한 남자와 여자가 누구인지 드러납니다. 우리는 더 이상 성별에서 우위를 논할 수 없습니다. 남녀 모두 동일한 의지력과 정신력을 보여주고 있기 때문입니다. 이 나라는 모든 것에 맞설 준비가 되어 있습니다. 총통 각하의 지휘하에, 우리 모두 그를 따를 것입니다. 지금 이 국가적인 성찰의 시간에 우리는 굳건하게 승리할 것을 믿습니다. 눈앞에 승리가 있으니, 손을 뻗어 거머쥐기만 하면 됩니다. 승리를 위해 모든 것을 바치겠다고 다짐합시다. 그것이 이 시간에 해야 할 의무입니다. 이렇게 외칩시다. 이제, 모두 일어나 폭풍을 일으키자!"

제2차 세계대전기 독일 군수산업의 특징은 다음과 같다(이강경 · 김금률 · 김현식 · 문용득, 2022, p.238). 독일은 1933년 히틀러의 집권 이후, 급진적인 사회주의 정당을 해산하고 노동조합 활동을 금지했다. 또한 신개념의 고속도로였던 아우토반(Autobahn)과 각종 사회 인프라를 건설하여 국민들로부터 큰 지지를 받았다. 동시에 군비확충과 재무장에 무게를 두어 군수산업을 활성화하였고, 독일경제의 수요 부족 문제를 해결했다. 특히, 중앙집권적 계획경제를 실시하여 중공업과 군수산업을 접목시켰으며, 효과적인 군비증강을 이루어냈다. 미국의 글로벌 기업을 중심으로 한 파워엘리트들은 나치 독일의 경제정책에 커다란 관심을 갖게 되었고 대대적인 사업투자에 나섰다.

당시 히틀러의 팽창정책에 따라 대대적인 군비확장을 추진했던 독일은 엄청 난 방위산업 수요를 창출했으며, 노조활동을 금지함으로써 외국 투자기업에 최 대 이윤을 보장해 주었기 때문이다. 1942년 2월, 히틀러의 지명으로 군수부 장 관(Minister of Armaments)에 임명된 슈페어(Albert Speer, 1905~81)는 독일 군수산업에 내재된 비효율적인 관행을 척결하고 생산성을 향상시키는 데 큰 역할을 했다. 하지만 전쟁이 장기화하고 독소전쟁 수행 및 미국의 참전으로 양면전쟁의 늪에 빠져들게 되면서 독일의 전쟁지속능력은 한계에 부딪혔다. 당시 독일은 점령지 로부터 강제노동력을 총동원했지만 미국과 영국, 소련 등 연합국의 효율적인 전시생산체제와 대규모 군수품 생산능력을 극복할 수 없었다.

둘째, 제2차 세계대전기를 통틀어 독일군은 군별 대립이 심화하여 효과적인 지휘체계를 발휘하지 못했다. 독일군 최고사령부는 전술과 작전 분야에 전념했

제2차 세계대전 당시 독일에 진출한 미국의 기업들(파월, 2017, pp.44~53, 299~334)

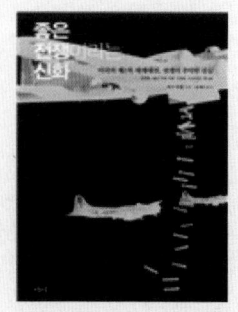

1920년대 이후, 미국의 대기업들은 독일에 자회사를 설립하고, 독일계 회사 들과 전략적 제휴를 맺었으며 대공황기에도 높은 수익을 올렸다. 당시 미국 은 적성국 교역법(Trading with the Enemy Act of 1917, TWEA)을 제정하 여 적국과의 무역거래를 금지하고 있었다. 하지만 1941년 12월 13일, 루스 벨트 대통령은 미국 기업들이 적성국가와 사업을 할 수 있도록 승인하는 포고 령을 발표했다. 이로써 독일에 진출한 미국기업들은 히틀러의 치하에서도 계 속해서 사업을 확장할 수 있었고, 일본의 진주만 공습 이전까지 약 4억 7,500 만 달러를 투자한 것으로 추산된다. 1930년대에 독일에 투자한 미국의 거대 기업은 약 20개 회사에 달하며 대표적인 기업은 포드, 제너럴모터스(GM), 스 탠다드오일 오브 뉴저지, 듀퐁, 유니온카바이드, 웨스팅하우스, 제너럴일렉트릭(GE), 굿리치, 이스트만코닥, 코 카콜라, IBM, ITT 등이다. 이 외에도 뉴욕 월스트리트의 J. P. 모건, 딜론 & 리드, 설리번 & 크롬웰 등 대형 로펌 과 투자회사, 유니온 은행 등 금융회사들도 독일에 진출하여 미국의 투자기업을 지원했다. 당시 포드 자동차와 제너럴모터스의 독일 자회사들은 탱크와 항공기, 트럭 등의 군용장비를 생산했다. 스탠더드 오일은 스페인을 통 해 고무, 경유, 윤활유 등 전략적 원자재를 공급했다. 만약 이러한 전쟁물자들이 공급되지 않았다면 독일군은 제 2차 세계대전 초기 유럽 전역에서 큰 승리를 달성하지 못했을 것이다.

지만 전황이 악화되면서 히틀러의 간섭과 독단적 결정이 잦아졌고, 결국 제 기능을 발휘하지 못했다. 특히, 전쟁 양상이 최초 의도했던 방향으로 전개되지 않으면서 히틀러는 전술적인 영역까지 깊숙이 개입하게 되었다.

독소전쟁을 예로 들면, 독일군은 동계작전 준비가 미비된 상태에서 작전환경에 익숙한 소련군을 상대로 전투를 치러야 했고, 결국 불리한 조건 속에서 후퇴를 거듭할 수밖에 없었다. 당시 히틀러는 총통의 사수명령을 어기고 후퇴했다는 이유로 룬드쉬테트와 구데리안 등 독일군의 고위급 지휘관들을 대거 파면하는 등 리더십의 패착을 저질렀다.

셋째, 독일은 연합국과의 전쟁을 보다 전략적인 관점에서 이끌어가지 못했다. 독일군은 전투의 승리가 곧 전쟁의 승리를 보장한다고 믿었다. 즉, 작전적 승리를 통해 전략적 목표 달성이 가능하다고 오판했다. 실제로 독일군은 제2차 세계대전기에 다수의 전역에서 전술적 승리를 달성했지만 국가의 역량을 전략적으로 결집하지 못해 결국 전쟁에서 패배했다.

대표적인 과오를 제시하면, 히틀러는 당시 전략무기인 항공기 대신 잠수함 생산을 우선적으로 추진했다. 하지만 대서양 전투에서 살펴본 바와 같이, 독일의 잠수함은 연합국의 해상수송을 제한하는 역할을 했을 뿐, 연합국이 보유한 생산능력을 무력화하지는 못했다.

반면, 연합국은 지속적인 전략폭격을 통해 독일의 산업인프라를 파괴하고 전시생산능력을 감소시켰다. 이를 통해 독일군의 기동능력을 사실상 무력화시켰다. 또 다른 전략적 과오는 히틀러가 우려했던 바와 다르게 양면전쟁의 늪에 빠져들었다는 점이다. 제1차 세계대전의 교훈을 바탕으로, 독일군은 양면전쟁을 회피하고자 했지만 히틀러의 허황된 야욕으로 전선이 양면으로 확장되었고 결국 전쟁에서 패배했다.

넷째, 독일군은 전쟁기간을 통틀어 광범위한 지역에서 유대인과 민간인들을 잔인하게 학살하고 물자를 약탈했다. 독일군의 전쟁범죄는 거의 모든 점령지역에서 국민들의 반발과 민족적 저항을 불러왔다. 프랑스의 드골 장군은 영국으로 망명하여 자유프랑스(La France Libre)를 조직하였고 국내·외 레지스탕스 활동을 전개했다. 유고슬라비아에서는 왕국의 군대로 조직된 체트니크(Chetnik)와 공산당이 조직한 민족해방군(Partisan)을 중심으로 反나치 저항 투쟁을 이어나갔다. 우크라이나와 폴란드에서도 농민 주도의 反체제 무장단체가 조직되었고, 벨기에에서는 전직 군인들이 저항조직을 결성하여 지속적인 레지스탕스를 전개했다.

아시아·태평양 전선에서 일본의 패전 요인과 전훈(戰訓)을 살펴보면 다음과 같다(일본역사학연구회, 2019b, pp.367~543; Toland, 2024, pp.172~546; Danzer 외, 2005, pp.578~587). 먼저 일본의 패전 요인을 간략히 살펴보면 첫째, 일본제국주의는 총력전 수행에 필요한 산업자원이 절대적으로 부족했으며, 풍부한 자원과 산업기반을 보유한 미국의 전시생산체제를 극복할 수 없었다.

둘째, 일본은 군사전략의 실패로 인해 과달카날과 미드웨이 해전 등 주요 전역에서 패배하는 등 서전(緒戰)에서의 전술적 성공을 전략적 승리로 연결시키지 못했다.

셋째, 미국과 연합국이 보여준 강력한 회복탄력성과 군사전략의 우위이다. 미국은 전시경제체제를 가동하여 군수품을 대량으로 생산했고, 유럽과 태평양 전선에서 자원과 병력을 효과적으로 운용했다.

넷째, 일본은 연합국의 전략적 공세를 감당하지 못했다. 미국이 주도한 연합군은 이른바 '섬 건너뛰기(Island hopping)' 전술로 일본의 방어선을 무너뜨리고 태평양 지역의 군사적 요충지들을 순차적으로 점령했다. 다섯째, 연합군은 일본 본토에 대한 전략폭격을 통해 일본군의 전쟁지속능력을 점진적으로 약화시켰으며, 미국은 원자폭탄을 투하하여 전쟁을 종결지었다.

다음으로 아시아·태평양 전선의 주요 전훈을 살펴보면 다음과 같이 5가지 측면으로 정리할 수 있다. 첫째, 경제적 자원의 중요성이다. 철강과 석유 등 전략물자는 전쟁의 승패를 좌우했으며, 전시경제체제는 전쟁지속능력에 결정적 영향을 미쳤다. 둘째, 군사전략의 중요성이다. 개전 초기의 전술적 성공을 전쟁 승리로 연결시키기 위해서는 일관된 군사전략이 중요했지만 일본은 군부와 정치세력의 끊임없는 파벌투쟁으로 합리적인 작전계획을 수립·시행하지 못했다. 셋째, 혁신의 중요성이다. 아시아·태평양 전선에서 군사기술의 발전과 혁신은 전쟁의 승패를 좌우했지만 정신의 중요성을 강조하는 심리기제(大和魂 やまとだましい)가 과학적 합리성을 압도했던 일본은 첨단 무기체계 연구개발 및 과학기술 경쟁에서 결국 뒤처졌다. 넷째, 자원관리의 중요성이다. 제2차 세계대전과 아시아·태평양 전쟁은 여러 전선에서 동시다발적으로 전투가 벌어졌기 때문에 효율적인 전장관리와 자원의 통제가 매우 중요했다. 다섯째, 동맹의 중요성이다. 전시 강력한 동맹체제를 유지하는 것이 전승의 요체이나, 일본은 연합국처럼 동맹의 시너지를 창출하지 못했고 고립된 상황에서 장기전을 수행하여 전략적으로 패배했다.

〈표 15〉 제2차 세계대전기 독일의 전쟁범죄와 저항운동(로페즈 외, 2021, pp.154~171)

구분		주요 전쟁범죄
독일의 전쟁범죄	유대인 집단학살 (홀로코스트)	• 1941년 6월, 소련 침공 이후부터 집단학살 자행 * 나치 특무부대(아인자츠그루펜)에 의한 집단학살 • 서유럽과 중부유럽의 유대인 공동체는 강제수용소로 이송 하여 일산화탄소 등 가스실에서 집단학살 • 유대인 학살방법: 가스트럭/가스실 학살 및 총살 등 - 강제노역, 기근, 질병, 추위 등으로도 상당수 사망 - 아우슈비츠 공식 사망자 수: 23만 명 • 유대인 총사망자: 572만 명(유럽 내 유대인의 58.4%)
	살인특무부대 운용	• 나치 독일은 유대인 절멸을 위해 살인특무부대 운용 - 특별특공대와 특수작전특공대를 편성하여 운용 - 국방군, 나치친위대, 경찰, 우크라이나인이 증원됨 • 기동성을 갖춘 부대로 주로 총탄에 의한 학살을 자행함
	강제수용소 운영	• 유형: 집중수용소, 절멸수용소, 강제노동 수용소 • 폴란드 아우슈비츠 수용소: 집중 + 절멸수용소 기능 • 총력전 수행과 연계된 부헨발트식 시스템 * 산업시설 주변에 강제수용소 건설, 노동력 착취
국가별 저항운동	프랑스 레지스탕스	• 1940년 6월 이후, 드골 장군이 주도하여 창설한 자유프랑스 군(FFL)을 중심으로 레지스탕스 전개 • 주요활동: 독일군 및 친독협력자 살해, 애국시위, 사보타주, 첩보활동, 유대인 보호, 프랑스 난민 지원 등 • 전쟁기간 중 약 50만 명 활동, 3.4만 명 사망
	독일 점령지역의 저항운동	• 북서부 유럽의 애국적 저항운동 - 게릴라전보다는 첩보전, 사보타주(파괴공작) 위주 - 탈주자 지원, 선전활동, 파업, 협력 거부 등 • 중부 유럽의 생존적 저항운동 - 나치독일의 잔혹한 탄압에 맞서 군사적으로 저항 - 유고, 그리스 등 저항세력 결성, 게릴라전 수행 • 소련에서의 전환적 저항운동(파르티잔) - 공산주의자, 유대인, 소작농, 포획병사 등으로 구성 - 스탈린은 파르티잔을 군사작전, 정치적 목적에 활용

〈표 16〉 제2차 세계대전기 유럽 점령지역에 대한 독일의 약탈행위(로페즈 외, 2021, pp.34~35)

구분	주요 약탈 행위

노동력 착취	• 1940~44년 유럽 점령지역의 노동력을 독일의 전시경제에 편입
	  - 약 760만 명이 자의 혹은 타의로 강제노역에 동원
	  - 소련·폴란드 출신이 50% 이상, 전쟁포로와 여성이 25% 차지
	  - 1944년 기준 약 50만 명이 나치 친위대(SS)의 통제하에 독일기업 또는 나치친
	    위대 산하 기업에서 강제노역
	  - 독일의 전체 노동력 중 강제동원된 외국인 비율은 20% 수준
	• 유럽의 각 점령지역에서 동원한 노동력을 독일경제에 활용
	  - 제2차 세계대전기에 독일은 1,730만 명의 병력을 동원함
	  - 400만 명 이상이 독일의 무기체계, 군수품 생산에 동원
	• 독일은 선전활동, 높은 임금 책정, 일제단속, 포로수용소 동원 등 다양한 방식으로
	  외국인 노동자를 동원(독일 경제에 활용)
	• 유럽 점령지의 국가별 특화산업을 기준으로 강제노역 부과
	  * 프랑스는 항공·자동차 분야, 네덜란드는 통신·조선분야 등

경제적 약탈	• 불공정한 환율 정책 적용
	  - 식품, 원자재, 반제품 등을 헐값에 대규모 수입
	    * 강철의 12%, 석탄·가죽·황산·곡물의 20%, 알루미늄의 50%
	  - 독일의 막대한 식량수입으로 유럽 전역에서 만성적인 기근 발생
	    * 점령지 국민의 일일 칼로리 섭취량은 약 50~70% 감소
	• 지역별 높은 점령비용 부과
	  - 독일이 착취한 자본의 대부분은 점령지로 재유입
	  - 각 국가별 국내기업에 군수품 주문 등의 형태로 사용
	• 프랑스에 대한 약탈
	  - 정유공장 파괴, 원자재 및 열차 몰수, 특허 약탈 등
	  - 프랑스의 GDP 중 1/3 또는 1/2이 독일에 유입

문화적 약탈	• 유럽 국가별로 소장한 예술작품 약탈 • 독소전쟁 시 소련에서 징발한 물자들을 대가 없이 착취 • 각종 특허나 재산권 등을 헐값에 매수 • 상당한 경제력을 보유했던 유대인들을 광범위하게 약탈 * 약탈규모 산정 불가, 대부분 전쟁물자 조달에 사용

〈표 17〉 아시아 · 태평양 지역에서 일본의 전쟁범죄와 저항운동[*]

구분		주요 약탈 행위

일본의 전쟁범죄	민간인 학살	• 개전 이후 점령지를 중심으로 광범위한 민간인 학살 자행
		  - 1942년 싱가포르 점령 후 중국계 싱가포르인을 반일 저항세력으로 간주하여 약 25,000명 학살
		  - 1945년 2월 필리핀 철수 시 약 10만 명의 민간인 학살
		• 만주에 주둔한 731부대(관동군 방역급수부대)의 생체실험
		  * 중국, 조선, 대만 등 식민지인을 대상으로 각종 질병 연구

	식민지의 수탈	• 전쟁수행과 연계하여 점령지의 자원을 강제 동원
		  - 식량, 석유, 광물 등 주요 전략자원과 각종 원자재를 본토로 수송하여 군수품 생산에 활용
		  - 자원수탈로 식민지의 생산성 저하로 대규모 기근 초래
		• 문화적 약탈
		  - 식민지의 문화를 조직적으로 억압하고 일본의 문화 강요
		  - 일본어 교육 강요 등 민족정체성 말살, 문화재 약탈

	강제징용, 성 착취	• 식민지 및 점령지로부터 대규모 노동력을 강제 동원 * 본토 및 점령지의 군수공장, 광산, 철도건설 현장에 투입 • 식민지의 여성들을 위안부로 강제 동원하여 성 착취

국가별 저항운동	중국	• 제2차 국공합작: 팔로군(八路軍), 신사군(新四軍)의 항전
		  - 국민당 군대는 주요 대도시와 거점 방어작전 수행
		  - 공산당 군대는 농촌지역을 중심으로 게릴라전 수행

	조선	• 임시정부를 중심으로 항일 무장 독립운동 전개 * 광복군은 대일작전 전개, 연합군과 진공작전 계획 • 독립운동과 병행하여 비폭력 저항운동 전개
	동남아시아	• 베트남: 호찌민을 중심으로 항일 무장투쟁 전개(베트민) • 필리핀: 민족주의 · 공산주의 조직을 중심으로 게릴라전 • 버마: 반파시스트 인민자유연맹 주도로 항일 운동 • 인도, 말레이시아, 인도네시아: 항일 무장투쟁 등

---

* 로페즈, 장 외. 2021. 『제2차 세계대전 인포그래픽』. 파주: 북이십일레드리버. p.146.; 일본역사학연구회. 2019b.『태평양전쟁사 2: 광기와 망상의 폭주』. 서울: 채륜. pp.101~145.; 문정인 · 김명섭. 2006.『동아시아의 전쟁과 평화』. 서울: 연세대학교출판부. pp.197~237.; 유타카, 요시다. 2013. 『아시아태평양전쟁』. 최혜주 옮김. 서울: 어문학사. pp.125~142의 내용을 참조하여 작성함.

4. 무기체계 및 전술교리의 발전[*]

제2차 세계대전은 주요 교전국들이 보유한 군사과학기술을 경쟁적으로 활용하여 첨단 무기체계를 개발하고 실전에서 검증한 전쟁이었다. 앞서 살펴본 바와 같이, 첨단 무기체계는 새로운 전술교리와 융합하여 전투의 승수효과를 발휘했고, 전장의 승패 요인으로 작용했다.

영국의 군사전략가인 리델하트는 제1차 세계대전 이후 클라우제비츠가 제시한 '섬멸전(Annihilation War)' 이론의 타당성에 대해 의문을 제기했다. 섬멸전은 적 부대의 병력과 무기체계를 완전히 파괴하여 저항의 근원을 영구적으로 말살하는 개념이며 대규모 인명피해를 수반했다. 따라서 리델하트는 이러한 문제의식을 토대로 기동전의 중요성에 입각한 간접접근전략을 제시했다(이내주, 2017, pp.235~236). 그는 국가 간의 전쟁에서 승리하기 위해서는 적의 취약 요인, 즉 아킬레스건을 파괴하여 저항의지를 무력화하는 것이 무엇보다 중요하다고 보았다. 이를 위해서는 공군의 화력지원과 연계하여 기갑부대의 전술적 운용이 필요하다는 교리를 제시했다. 이것을 전격전이라는 새로운 전술교리로 한 단계 보완 및 발전시킨 것은 바로 독일군이었다.

현대전에서 기계화전(Armoured Warfare) 교리를 체계적으로 정립한 국가는 영국과 프랑스였지만, 기갑부대의 전술적 운용개념을 제2차 세계대전이라는 실전에서 채택하여 적용한 국가는 독일이었다. 영국군과 프랑스군이 전차를 보병부대의 지원 플랫폼으로 인식하고 있을 때, 독일군은 기갑부대를 전격전의 핵심 수단으로 활용했다. 실제로 제2차 세계대전 초기에 독일은 전격전을 통해

---

[*] 이 글은 정하명 등. 2021. 『세계전쟁사』. 서울: 황금알. pp.444~449.의 내용을 참조하였고, 다음의 학술 논문에서 발표한 내용을 수정 · 보완하였다.; 이강경 · 문은석 · 황수현. 2022. "제2차 세계대전시 미 · 영 연합군의 승전요인 고찰: 무기체계 연구개발 및 전시생산체제를 중심으로". 『군사연구』 제153집. 육군군사연구소. pp.159~160.

전장을 지배할 수 있었고 전 유럽을 공포의 도가니로 몰아갔다.

제2차 세계대전의 흐름을 바꾸고 전쟁의 승패를 좌우했던 무기체계와 전술교리의 특징을 정리하면 다음과 같다. 첫째, 지상전을 수행하는 육군의 경우에 세열탄과 무반동총, 대전차포, V로켓 등 다양한 무기체계와 전차, 자주포 등의 기계화 장비들을 개발하여 전장에서 운용했다. 특히, 독일은 제1차 세계대전 시 후티어전술을 전격전으로 발전시켰고, 미군은 화력집중점이라는 포병전술을 창안했다.

둘째, 해군에서는 항공모함이 전함을 대체하여 주력함으로 활약하기 시작했다. 항공모함의 전술적 운용은 기존의 선형대형에서 항모전단 중심의 원형대형으로 전환되었고, 함재기가 핵심 무기체계로 운용되었다. 1942년 말 전력화된 레이다와 1943년 초 미군이 개발한 VT 신관은 대공방어에 효과적으로 사용되었다.

제2차 세계대전기 주요 전차(톰슨·밀레트, 2013, pp.68~69, 194~195, 226~227)

Tiger 전차는 88mm 주포와 2정의 7.92mm 기관총, 100mm 전면장갑 채택으로 가공할 위력을 발휘했다.
M4 셔먼 전차는 75mm 주포를 탑재했으며, 1944년 이후 연합군 기갑부대의 표준장비로 편제화되었다.
T-34 전차는 빠른 속도와 두꺼운 경사장갑, 76.2mm 주포를 장착하여 당시 최고의 전차로 인정받았다.

| 獨 타이거(Tiger) 전차 | 美 셔먼(M4 Sherman) 전차 | 蘇 T-34 전차 |

레이다는 영국의 원천기술을 바탕으로 1941년 6월 창설된 美 과학기술개발국(Office of Science Research and Development, OSRD)이 연구개발을 주도하여 실용화했다. VT 신관의 경우 비밀 누설의 우려에 따라 1944년 벌지전투 시 처음으로 사

용되었다. 또한 연합군의 반격 시 상륙작전의 필요성이 대두되었고, 1942년 11월 북아프리카 전역에서 횃불작전(Operation Torch)을 통해 그 중요성이 입증되었다. 특히, 항공모함의 전술적 운용과 상륙작전 시에는 이동식 근접지원체계가 중요한 역할을 했다. 이것은 대규모 상륙작전과 해상작전 시 전투근무지원을 동시에 실시하는 개념이다.

제2차 세계대전을 통틀어 이러한 근접지원체계가 뒷받침되지 않았다면 항공모함의 운용과 성공적인 상륙작전은 불가능했을 것이다. 한 가지 특징적인 사항은 항공모함 운용과 상륙작전 수행, 이동식 근접지원체계가 이른바 Task Force 형태로 운용되었다는 점이다. 예를 들면, 항공모함 TF는 제공권과 제해권을 장악하기 위해 순양함과 구축함 등을 포함하여 항모전단으로 구성되었다. 한편, 독일 해군의 잠수함인 U보트를 무력화하기 위해 수중음파탐지기, 폭뢰와 어뢰, 초단파 레이다 등의 무기체계가 개발되면서 대잠수함 전술이 발전하였다.

제2차 세계대전 시 연합국이 개발한 'VT(Variable Time) 신관(국방기술품질원, 2011, p.23; 정하명 등, 2021, p.445)

VT신관은 전파의 송·수신 원리를 이용하여 군사적 목표물에 접근 시 자동으로 폭발하도록 설계한 근접신관(Proximity fuse)의 일종이며, 감응형 신관으로도 불린다. 영국이 원천기술을 활용하여 미국과 공동으로 연구개발한 신관이며, 주로 육·해군의 대공포 탄약으로 사용되었다. 당시 대공포탄은 시한신관을 사용하여 명중률이 낮았으나 미·영 연합국은 레이더의 원리와 진공관을 적용하여 이러한 문제점을 보완했다. 작동원리는 목표물 주변으로 전파를 방사 후 반사되는 신호를 인식하여 폭발하는 방식이다. 우측의 그림은 MARK 53 근접신관의 설계도이다.

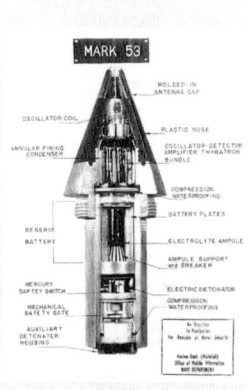

셋째, 공군에서는 제1차 세계대전 시 처음으로 선보인 항공기가 중요한 전략무기로 등장하였다. 제공권(Air Supremacy)은 적 공군력의 간섭을 배제할 수 있는 절대적인 공중우세의 정도를 뜻하며, 공중재패의 개념을 포함하는 보다 광의의

개념이다(군사용어사전). 다시 말해, 제공권은 공중에서 행동의 자유를 확보하는 것이다. 즉, 공중전으로 적의 전투기를 제거하고, 적 항공시설과 산업시설을 폭격하는 것이다.

제공권과 연계하여 중요한 전술교리는 전략폭격과 전술폭격이었다. 먼저 전략폭격(Strategic Bombing)은 적의 전쟁 수행 능력을 조기에 분쇄하는 것이다. 영국은 항공력이 열세인 상황에서도 독일의 산업인프라에 대한 지속적인 전략폭격으로 주도권을 확보했다. 연합군은 개전 초기 전략폭격을 위한 엄호기가 부족했고 항공기 자체의 취약점 때문에 주로 야간폭격에 의존했다. 하지만 미군의 참전 이후 B-17F 폭격기가 주간 정밀폭격을 수행했고, B-29 개발 이후부터는 본격적인 전략폭격이 가능해졌다.

전술폭격(Tactical Bombing)은 독일군이 전격전을 통해 효과적으로 활용했으며 연합군도 폭격기의 성능개량을 통해 전술적 운용을 강화했다. 특히, 레이더와 폭격조준기, 요격용 제트전투기가 개발되면서 전략 · 전술폭격에 관한 공군의 전술교리는 한층 더 발전하였다. 또한 제2차 세계대전기를 통틀어 원거리 목표에 대한 공수작전(Airborne Operation) 교리도 정립되었다.

제2차 세계대전 시 운용된 주요 폭격기(톰슨·밀레트, 2013, pp.20~21, 82~83)

Ju-87은 1,800m 상공에서 수직강하하는 급강하 폭격기로 도시지역에 대한 전술폭격에 주로 활용되었다.
B-17F는 항속거리가 3,200km이며 영국 공군에 인도되어 독일 본토에 대한 전략폭격 시 주로 운용되었다.
B-29는 4발 장거리 전략폭격기로 세계 최초로 핵무기 투하를 실시했고 6·25전쟁에도 투입된 기종이다.

獨 슈투카(Ju-87, Stuka) 　　美 B-17F(Flying Fortress) 　　美 B-29(Superfortress)

다음으로 아시아·태평양 전선에서 일본군이 개발한 무기체계와 전술교리에 대해 살펴보겠다. 전시 일본제국주의는 전통적인 단기결전전략을 구현하고 전장의 승수효과를 창출하기 위해 다양한 지상·해상·항공 무기체계와 무선통신 기술을 개발하였다. 당시 일본의 주요 무기체계 연구개발 사례를 살펴보면 다음과 같다. 먼저 미쓰비시(三菱, Mitsubishi)사, 나카지마(中島, Nakajima)사 등 민수기업을 통제하여 개발한 'A6M2 0식 함상전투기(零式艦上戰鬪機, 이하 제로센)'는 아시아·태평양 전선 초기에 매우 우수한 성능을 발휘했다. 경량화와 기동성에 중점을 두어 개발된 제로센 전투기는 전쟁기간 중 취약했던 화력을 보강하기 위해 무장능력을 강화하는 등 성능개량을 시도했지만 미국과 연합국의 기술수준을 능가하지 못했다. 특히, 편대 중심의 교전전술이 발전하고 항공기의 무선통신 기술이 중요해지면서 연합국의 신형 전투기에 비해 성능이 떨어지기 시작했다.

다음으로 일본 해군은 러일전쟁 이후 본격적인 건함(建艦) 계획을 추진했다. 영일동맹을 통해 함정 건조 기술을 고도화할 수 있었던 일본 해군은 이를 토대로 러일전쟁 시에 확립되었던 이른바 '거함(巨艦)·거포(巨砲) 주의'와 '함대결전(艦隊決戰) 사상'을 구현하기 위해 초대형 전함인 야마토(大和)함과 무사시(武蔵)함을 건조하였다. 두 전함은 당시 세계 최대의 전함으로 18인치 함포를 탑재하였고 250kg 미만의 폭탄으로부터 생존성을 보장할 수 있는 갑판용 장갑을 채택함으로써 막강한 화력과 방어력을 동시에 구비했다. 하지만 아시아·태평양 전선에서는 항공모함이 주축이 된 전투 양상이 전개되면서 효과적으로 사용되지 못했다.

아시아·태평양 전쟁기 일본은 해상·항공 전력 외에도 다양한 지상무기체계를 개발하여 실전에서 운용했다. 당시 일본이 전력화한 주요 지상전력은 97식 중전차(치하, チハ)와 3식 중형전차(치누, チヌ), 1식 47mm 자주포, 97식 57mm

대전차포, 100식 기관단총 등이다. 1938년에 개발된 97식 중전차는 57mm 주포를 탑재하였고 경량장갑을 채택하여 중국 전선에서 탁월한 성능을 발휘했으나 미국의 M4 셔먼 전차에 비해서는 화력과 방호능력이 떨어졌다. 아시아·태평양 전선 후반기에 개발된 3식 중전차는 75mm 주포를 탑재하여 화력을 보강하였으나, 패색이 짙어지면서 효과적으로 사용되지 못했다.

아시아·태평양 전쟁기에 일본군은 통신 및 레이더 기술 개발에도 총력을 기울였다. 특히, 레이더 기술은 공중전과 해전에서 필수적인 기술이었기 때문에 일본은 다양한 안테나 시스템을 개발하고자 했다. 일본 해군은 해상에서 적 함대나 항공기를 탐지하기 위해 고주파를 송수신할 수 있도록 설계된 '21형 전파탐지용 레이더'를 개발했다. 초기 모델은 비교적 간단한 파라볼라 안테나를 사용했으나, 이후 모델에서는 보다 정밀한 탐지가 가능하도록 개량 안테나를 채택하였다. 일본군은 항공기와 지상관제소, 함대 간의 무선통신을 위해 항공기에 다양한 통신 안테나를 장착하여 활용했으며, 이를 통해 전투 실시간 지휘통제 여건을 보장했다.

한편, 아시아·태평양 전쟁기 일본 해군은 어뢰(Torpedo)의 정확성을 높이기 위해 회전하는 물체의 축이 외부의 힘에 대해 유지되는 특성을 이용한 장치인 자이로스코프(Gyroscope) 기술을 도입했다. 자이로스코프는 어뢰의 방향을 안정시키고, 목표물에 대한 정확한 조준을 가능하게 해주는 새로운 기술이었다. 일본 해군이 개발한 '유도어뢰(Gyro-guided Torpedo)'는 자이로스코프를 활용하여 발사 후 일정한 궤도를 유지하도록 설계되었으며, 아시아·태평양 전선의 해상 전투에서 효과적으로 사용되었다. 이른바 자살어뢰로 알려진 '카이텐(Kaiten)'도 자이로스코프 기술을 활용한 특수어뢰였다. 개발 초기에는 승무원의 조종 없이 자율적으로 기동하도록 설계된 카이텐은 이후 파일럿이 직접 조종하여 목표물을 타격하는 방식의 자살어뢰로 개량되었다. 당시 자이로스코프 기술은 카이텐의 정확한 방향 유지와 전술적 운용에 핵심적인 역할을 수행했다.

다음으로 아시아·태평양 전쟁 당시 일본 해군이 중시했던 주요 전술교리를 점감요격전술(漸减邀擊戰術, Point-Blank Assault Tactics), 거함·거포주의(巨艦·巨砲主義, Big Ship-Big Gun Doctrine)와 연계된 함대결전(艦隊決戰) 사상을 중심으로 간략히 살펴보겠다. 먼저 점감요격전술은 일본 해군이 적용했던 전술교리로 적의 함대가 일본 본토나 주요 거점에 접근할 경우 항공기와 잠수함, 주요 함정 등을 선제적으로 투입하여 근접전투와 강력한 화력지원을 통해 적의 전력을 점진적으로 약화시키는 전술적 개념이다. 점감요격전술은 일본 해군이 수세에 몰리면서 채택하게 된 소모전 방식의 전술로 대규모 해상전투를 통해 연합군의 기동 속도를 둔화시키고 전력을 약화시키는 전술이다. 이는 일본 해군이 함대결전을 유도하여 전력의 열세를 극복하기 위해 고육지책으로 선택한 전술이었다.

아시아·태평양 전쟁기 일본이 개발한 주요 무기체계(톰슨·밀레트, 2013, pp.36~37, 88; 로페즈 외, 2021, p.63)

1940년에 전력화된 제로센은 경량화된 동체로 설계되어 기동성이 뛰어났으며 작전반경이 넓어 전쟁 초기 탁월한 성능을 발휘했다. 하지만 기체 장갑이 취약하여 생존성이 떨어졌으며 1943년 후반기부터 미국의 신형 전투기들에 밀리기 시작했다. 야마토급 거대전함은 460mm 함포(3연장×3기)와 155mm 함포(3연장×4기), 127mm 함포(2연장×6기), 25mm 함포(24기)를 탑재하여 강력한 화력을 보유했으나 항공모함의 등장으로 전함의 시대는 막을 내렸다. 인간어뢰 카이텐은 비교적 길게 설계되어 승무원을 위한 전용칸과 잠망경이 탑재되었다. 카이텐은 목표물에 곧바로 돌격해서 자살 공격을 하는 용도로 사용되었고, 1944년 11월 이후 최초로 사용되어 이오지마·오키나와 전투 등에서 4척의 미군 함정을 침몰시켰다.

함상 전투기(A6M, 제로센)　　　　야마토급 거대전함　　　　카이텐(回天, Kaiten)

일본 해군은 점감요격을 통해 적의 주요 전력을 약화시킨 후, 대규모 해상전투를 수행하여 적을 섬멸하고 결정적인 승리를 추구하고자 했다. 하지만 실제 아시아 · 태평양 전선에서는 미드웨이 해전에서 입증된 바와 같이 일본군 점감요격전술의 작전적 효과는 매우 제한적이었다.

거함 · 거포주의는 대구경 함포를 탑재한 초대형 전함을 중시하는 해군의 전략사상으로 일본 해군은 제1차 세계대전 이후 전함이 대규모 해전에서 승리할 수 있는 핵심 무기체계라고 확신했다. 따라서 거함 · 거포주의에 기반하여 강력한 함포를 탑재하고 견고한 장갑으로 무장된 전함을 운용하여 적 함대에 치명적인 타격을 입히고 전투에서 승리하고자 하는 전략개념을 확립하게 되었다.

이와 연계하여 함대결전사상은 결정적인 대함 전투를 통해 전쟁의 승패를 결정짓고자 하는 전략개념이다. 일본 해군은 일대일의 대규모 함대 전투에서 승리함으로써 전쟁의 흐름을 결정지을 수 있다는 믿음을 가지고 있었다. 아시아 · 태평양 전선의 발단이 된 진주만 공습은 함대결전사상이 투영된 대표적인 전사(戰史)이다. 일본 해군은 아시아 · 태평양 전선에서 미국과의 군사적 충돌이 불가피하다는 판단하에 연합국 함대와의 대규모 해상전투에서 승리하고자 함대결전사상에 기반한 전술을 구사하였다.

하지만 아시아 · 태평양 전쟁이 장기전 양상으로 전개되면서 거함 · 거포주의와 함대결전사상은 뚜렷한 한계에 직면했다. 항공모함과 항공기의 전술적 중요성이 커지면서, 일본 해군이 중시했던 전함 중심의 전통적 전략개념은 우위를 상실하게 되었다. 대표적인 사례로 1942년 6월 초에 벌어진 미드웨이 해전(Battle of Midway)에서 전함에 의한 함대결전을 시도했던 일본 해군은 항공모함을 효과적으로 운용한 미군에 패배하면서 큰 타격을 입었다.

5. 전쟁의 의미와 교훈

전쟁의 폐해

히틀러의 집권 이후 나치 독일은 유대인에 대한 광범위한 탄압과 말살정책을 추진했다. 1933년 4월 1일, 유대인 소유의 상점들에 대한 불매운동 계획이 발표된 이후 독일사회에서는 급진적인 나치 당원들과 돌격대원들을 중심으로 유대인에 대한 살해, 상점과 예배당 파괴 등의 테러행위가 확산되었다.

1941년 9월 1일, 히틀러는 독일과 폴란드에 거주하는 모든 유대인에게 '다윗의 별'을 상징하는 유대인(Jude) 표식을 가슴에 달도록 의무화했다(톰슨·밀레트, 2013, pp.14~15). 독일이 침공하여 점령한 유럽 국가에서는 모든 유대인에게 이러한 정책이 적용되었다. 특히, 나치 독일은 우생학적 관점에서 장애인들을 안락사시키는 이른바 T-4 작전을 추진했고 독일과 오스트리아, 유럽 국가에서 약 30만 명의 유대인들을 학살했다. 히틀러는 장애와 같이 인종적으로 건강하지 못한 요소를 뿌리 뽑아야 한다는 우생학적 믿음을 신봉하였고, 이러한 논리로 유대인 대학살(Holocaust)을 현실화시켰다.

다윗의 별

제2차 세계대전 중 히틀러와 나치 독일은 국내 및 유럽의 점령지에 거주하는 유대인과 슬라브족, 장애인 등을 포함해 약 1,100만 명을 학살하는 만행을 저질렀다. 이 중 유대인은 약 600만 명으로 당시 유럽 거주 유대인의 3분의 2에 해당한다. 독일군의 유대인 집단학살은 독일과 점령지역에 있는 약 4만여 개의 집단수용소에서 조직적으로 이루어졌다. 특히, 아우슈비츠(Auschwitz)와 부헨발트(Buchenwald) 등의 강제수용소에서는 유대인들을 대상으로 한 생체실험이 자행되었다.

부헨발트 수용소(홀로코스트 백과사전)

부헨발트는 나치 독일의 집단수용소 중 한 곳으로, 1937년 7월 독일 바이마르 북서부 지역에 설치되었다. 초기에는 정치범 수용소로 활용되었으나 1938년 11월 이후 유대인과 범죄자, 여호와의 증인 신자, 독일군 탈영병 등을 감금하였다. 1941년 이후 의사와 과학자들이 수감자들을 대상으로 가혹한 의학실험을 하기 시작했다. 주로 전염병에 대한 생체실험이 진행되었으며, 수백 명이 사망하였다. 1945년 4월 11일, 미군 제6기갑 사단이 수용소를 점령하면서 부헨발트의 참상이 알려졌다.

일본군의 전쟁범죄

아시아·태평양 전쟁 당시 일본제국주의가 저지른 전쟁범죄는 매우 다양하고 광범위하게 자행되었으며, 식민지 수탈과 강제징용, 민간인 학살 등을 중심으로 간략히 살펴보겠다. 일본제국주의는 조선과 대만 등 해외식민지를 대상으로 쌀과 석탄, 광물 등 주요 물자들을 광범위하게 수탈했으며, 이를 통해 전쟁 수행에 필요한 핵심 자원을 충당했다. 대표적인 사례를 살펴보면, 조선은 일본의 농업식민지였으며 1937년 이후 1945년 종전 시까지 한반도에서만 약 3,640만 석의 쌀이 일본으로 수탈되었고, 이는 조선에서 식량난을 가중시키는 요인이 되었다(서정익, 2008, p.441). 특히, 전쟁이 격화되면서 일본은 한반도와 중국 등 주요 식민지와 점령지에서 약 700만 명 이상의 사람들을 강제 징용하여 전시 노동력으로 활용했다. 징용 노동자들은 일본 본토의 광산, 군수공장, 철도 건설 현장 등에서 강제 노동에 동원되었으며, 극도로 열악한 작업환경에서 수많은 사람들이 희생되었다.

전쟁기간 중 일본제국주의는 독일의 나치와 유사한 방식으로 주요 점령지에서 수많은 민간인을 학살했으며 잔혹한 전쟁범죄를 저질렀다. 중일전쟁 초기 중국 난징에서 약 20~30만 명의 중국인을 학살한 바 있는 일본군은 1942년 2월 싱가포르에서 약 5만 명의 중국계 민간인을 학살했으며, 1945년 2~3월 필리핀의 수도 마닐라(Manila)에서 약 10만 명의 민간인을 학살하였다. 또한 아시아·태평양 전쟁기를 통틀어 일본제국주의는 만주 일대에 주둔한 731부대를 통해 약 3,000~10,000명의 식민지인들을 대상으로 각종 전염병과 동상 등 생체실험을 자행했다. 특히, 일본군은 조선과 중국, 필리핀 등 식민지로부터 약 20만 명의 여성을 '강제 위안부'로 동원했으며, 이들 대부분은 성노예로 착취를 당했다.

일본 관동군 방역급수부대: 731부대(Harris, 1994, pp.57~82)

이시이 시로(石井四郎)를 중심으로 한 일본의 과학자들은 1931년 만주 사변 이후 1945년 8월 아시아·태평양 전쟁의 종전 시까지 중국 전역에서 생체실험을 통해 생물학(BW) 및 화학전(CW)에 대한 연구를 수행했다. 731부대는 탄저병, 장티푸스, 천연두, 황열병, 파상풍, 콜레라, 이질, 유행성출혈열 등 각종 질병에 대해 생체실험을 수행했다.

첨단 과학기술의 발전

제2차 세계대전은 첨단 무기체계들이 총동원된 과학기술 전쟁이었다. 동시에 국가의 산업생산력과 신기술, 무기체계 연구개발, 전쟁지속능력이 전쟁의 승패를 좌우하는 현대전의 특징을 여실히 보여주었다. 특히, 전쟁기간을 통틀어 교전국들이 경쟁적으로 무기체계 연구개발 경쟁에 뛰어들면서 과학기술 분야에서는 괄목할 만한 성장이 이루어졌다. 미국의 사례를 간략히 살펴보면, 루스벨트 대통령은 당시 과학연구개발국(Office of Scientific Research and Development)의 책임자인 버니바 부시에게 제2차 세계대전 이후 미국의 과학 분야 발전 방안을 검토해 달라고 지시했다. 당시 루스벨트 대통령은 버니바 부시 국장에게 보낸 서한에서 다음과 같이 4가지 문제에 대한 해법을 요구했다.

① 전쟁 중 성취된 과학적 성과를 최대한 신속히 전파하기 위한 조치는 무엇인가?
② 질병을 퇴치함에 있어, 의학 및 관련 과학 분야의 지속적인 발전을 위한 조치는 무엇인가?
③ 민·관 연구와 상호교류 및 협력을 지원함에 있어 연방정부의 역할은 무엇인가?
④ 과학계의 인재를 발굴하고 육성하기 위한 효과적인 프로그램은 무엇인가?

1945년 7월, 버니바 부시는 『과학, 그 무한한 프런티어(Science-the endless frontier)』라는 제목의 보고서를 루스벨트 대통령에게 보고했다. 이를 토대로 국립과학재단이 설립되었으며, 전후 미국의 과학기술 발전에 크게 기여했다.

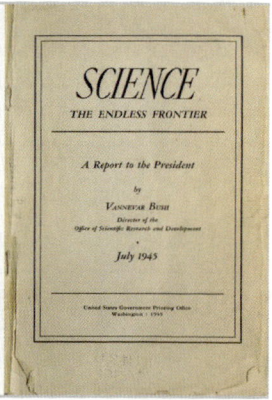

『과학, 그 무한한 프런티어』(美 국립연구재단)

버니바 부시는 전후 유럽의 기초과학에 의존할 수 없는 상황을 고려하여
전시 과학연구개발 분야 예산을 평시로 전환하고 이를 관리할 국가기관
의 설립을 제안했다. 또한 과학기술 분야의 전문인력 부족을 해결하기 위
한 인재양성 시스템의 정비를 권고했다. 이를 위해 연구원의 채용과 보상
체계 개선, 상임 과학자문단의 설립, 특허제도 강화를 통한 연구자의 인센
티브 제공, 장학금과 연구비 지원 프로그램의 도입, 과학자들이 자유롭게
연구주제를 선택할 수 있도록 완전한 재량권 부여 등을 제안하였다. 특히,
다수의 질병에 대한 적절한 예방과 치료법의 개발 필요성도 역설하였다.

전쟁의 추체험(追體驗, Re-enactment)

일상의 삶은 각자가 1인칭 주인공으로 살아가는 것이기에 역동적이긴 하지
만 그것을 입체적으로 느끼기는 힘들다. 하지만 한 편의 영화는 관객의 입장에
서 3인칭 관찰자가 되어 스크린 속 세상을 들여다보는 것이기에 연출된 현실을
좀 더 입체적으로 바라볼 수 있다. 그래서 한 편의 영화는 종합예술임과 동시에
일상에서 포착하지 못하는 삶의 차원들을 발견하게 되는 공간이기도 하다. 영
화 속에 담겨 있는 서사(敍事, Narrative)적 형식은 복잡하고 모순으로 가득 찬 현
실의 삶을 이해하는 통로가 된다. 그런 의미에서 영화라는 매체는 복잡한 세상
속 문제들을 새로운 시각으로 바라보게 해주는 일종의 관념적 창(窓)이다. 한 편
의 전쟁영화 속에는 전장(戰場)의 실상, 휴머니즘, 리더십과 군인정신을 비롯하
여 우리가 지향해야 할 역사의식, 자유와 평화, 인간의 존엄성에 대한 성찰의
화두가 담겨 있다.

문학과 영화라는 예술 장르는 다른 사람의 경험을 마치 자신의 체험처럼 느끼
게 해주는, 이른바 '추체험(追體驗, Re-enactment)'의 매체이다. 추체험은 역사학 및
해석학 분야에서 주로 논의되는 개념으로 "타자(他者)의 체험을 상상적으로 다
시금 경험해 보는 것 또는 자신의 관점에서 재구성해 보는 것"이다(신진욱, 2009,

pp.119~124). 우리가 한 편의 전쟁영화를 볼 때 뭔가 남다른 느낌과 감동을 받게 되는 것은 누군가 온몸으로 겪었을 전쟁을 '추체험'하는 계기가 되기 때문이다.

제2차 세계대전은 총력전 개념하에서 전쟁지속능력을 보장하기 위해 군인을 포함하여 과학자와 기술자, 민간전문가, 여성 등 수많은 사람들의 참여와 희생으로 치러진 전쟁이었다. 그런 의미에서 인류역사상 최악의 전쟁이었던 제2차 세계대전의 숨겨진 역사를 글과 영상으로 복원하는 작업은 앞으로도 계속되어야 한다. 그것은 전쟁을 경험하지 못한 전후 세대들에게 몸으로 체험하지 못한 역사의 아픔을 '추체험'할 수 있는 효과적인 매체가 되기 때문이다. 따라서 이 책에서는 추체험을 통해 제2차 세계대전의 역사를 이해할 수 있도록 역사적 가치가 있는 전쟁영화를 부록에 제시하였다. 단순한 오락성과 흥미 위주의 액션, 지나친 픽션, 정치적 편향성을 갖는 영화는 배제했다. 제2차 세계대전을 다룬 최신작 중에서 역사적 고증을 바탕으로 전쟁의 다양한 국면사(局面史)를 생생하게 재현하고 전후 세대들에게 전쟁의 참상을 추체험하는 데 도움이 되는 영화들을 선정했다.

6. 전후 국제질서의 변화

집단안보체제의 강화

제2차 세계대전 중 연합국들은 수차례의 정상회담을 통해 전후 처리 문제를 논의하고 국제연맹을 대체할 새로운 집단안보체제를 모색하였다. 1941년 미국의 루스벨트 대통령과 영국의 처칠 수상은 대서양헌장을 발표하고 전후 평화구축의 원칙을 천명했다. 또한 1944년 8~10월, 워싱턴 D.C. 근교에 있는 덤버튼오크스(Dumbarton Oaks)에서 미국과 영국, 소련 등 연합국 대표들이 모여 국제연합 창설을 위한 예비 실무회담을 가졌다. 이 회의에서 유엔총회와 안전보장이

사회, 국제사법재판소 운영 방안 등 초안이 마련되었다. 이후 1945년 2월, 얄타 회담을 통해 국제연합 안전보장이사회의 표결 방식에 대해 합의를 도출하였고, 10월 24일 국제연합을 창설했다.

미국은 제2차 세계대전을 사전에 예방하지 못했던 국제연맹의 오류를 되풀이하지 않기 위해 브레턴우즈 체제를 구축하였다. 이를 통해 유엔이 안정적으로 작동할 수 있는 경제적 기초를 다졌다. 국제연합은 창설 이후 현재까지 국제 평화와 안전보장에 기여해 왔다. 특히, 국제협력의 증진과 인권 개선, 평화유지 활동(PKO) 등 다차원적인 활동과 지속적인 개혁과정을 통해 세계 번영을 추구하는 글로벌 거버넌스(Global Governance)의 핵심 기구로 발전해 왔다.

국제연합(United Nations, UN)의 창설과정(외교부, 2021, p.12)

1942년 1월 1일, 국제연합을 창설하기 위해 26개국 대표들이 워싱턴에 모여 연합국들의 공동노력이 담긴 '연합국 선언(Declaration by United Nations)'에 서명했다. 1943년 10월 30일 모스크바 외상회의에서 미·영·중·소 4개국은 '일반적 국제기구의 조기 설립' 필요성에 합의하였다. 1944년 8~10월에는 미·영·중·소 4개국 대표가 워싱턴 Dumbarton Oaks 회의에서 『일반적 국제기구 설립에 관한 제안』을 채택하였다. 또한 국제연합의 창설 목적과 원칙, 구성 등에 합의한 후 국제연합 헌장의 초안을 마련하였다.

1945년 4월 26일에는 50개국 대표들이 샌프란시스코에서 '국제기구에 관한 연합국 회의'를 개최하였고, 6월 26일 국제연합 헌장을 채택 후, 10월 24일 서명국 과반수가 비준서를 기탁하여 국제연합을 발족했다.

| 덤버튼 오크스 회의 | 국제연합 본부 | UN 안전보장이사회 |

냉전시대의 개막과 핵무기의 확산

제2차 세계대전의 종전 이후, 전체주의 세력이 붕괴하고 미국과 소련을 중심으로 한 본격적인 냉전(Cold War)이 시작되었다. 전후 유럽과 세계질서는 미국을 중심으로 한 자유주의 진영과 소련을 중심으로 한 사회주의 진영으로 양분되었고, 이데올로기적 대립 속에서 팽팽한 긴장상태를 유지했다. 연합국의 일원이었던 미국과 소련은 전후 유럽의 질서를 재편하는 과정에서 자국의 영향력을 확대하기 위한 정책을 추진하였고, 이후 약 40년간 대립관계를 형성했다.

제2차 세계대전 초기에 발트 3국을 병합했던 소련은 이후 폴란드와 동독, 체코슬로바키아, 헝가리, 루마니아 등의 국가에 사회주의 정부를 수립하며 동유럽의 질서를 주도했다. 이에 미국은 '트루먼 독트린'을 발표함과 동시에, 유럽의 공산화를 막고 서유럽의 경제부흥을 유도하기 위해 마셜플랜을 추진하였다. 미·소 양국이 북대서양 조약기구(NATO)와 바르샤바 조약기구(Warsaw Pact)를 창설하여 집단안보체제를 구축하면서 냉전체제가 보다 심화되었다.

새로운 국제질서가 형성되면서 수많은 신생 독립국가들이 탄생하였고 동시에 대한민국과 독일 등 분단국가들이 탄생했다. 특히, 아시아와 아프리카 국가들을 중심으로 비동맹 중립노선이 형성되었다. 유럽에서는 통합노력이 가시화되었고, 이후 유럽연합(European Union, EU)으로 발전하였다.

미국의 맨해튼 프로젝트로 원자폭탄이 개발되고 제2차 세계대전의 종전과 함께 본격적인 핵시대가 개막되었다. 일본의 히로시마와 나가사키에 투하된 원자폭탄이 가공할 만한 위력으로 태평양전쟁의 종지부를 찍는 모습을 보며 주요 강대국들은 경쟁적으로 핵개발에 착수했다. 냉전시대의 개막과 함께 핵무기의 확산이 본격화되었으며, 1949년 소련의 핵실험 성공 이후 영국과 프랑스, 중국이 핵개발에 뛰어들었다. 강대국들을 중심으로 수직적 핵확산이 빠르게 진행되면서 핵무기의 감축을 위한 군비통제 협상이 본격적으로 진행되었다.

대표적인 핵확산방지체제는 핵확산금지조약(Non Proliferation Treaty, NPT), 국제원자력기구(International Atomic Energy Agency, IAEA), 국제원자력수출통제체제(Nuclear Export Control Regime, NECR), 미사일기술통제체제(Missile Technology Control Regime, MTCR), 핵확산방지구상(Proliferation Security Initiative, PSI)이다. 핵확산 방지를 위한 국제사회의 다각적인 노력에도 불구하고 인도와 파키스탄, 이스라엘 등의 국가들이 핵개발에 나서면서 수평적 핵확산과 함께 핵무기의 전략적 불균형이 초래되었다. 이후 이란과 리비아, 북한 등의 국가들이 비밀리에 핵개발을 추진했다.

냉전시기 핵무기의 확산과 함께 미국, 소련의 우주경쟁도 치열하게 전개되었다. 제2차 세계대전의 종전 직후, 독일이 전쟁기간에 개발한 로켓 기술을 흡수하기 위해 미국과 소련은 관련 기술자들을 자국으로 유치하고자 노력했다. 독일은 1943년 이후 약화된 전세를 역전시키기 위해 신무기 개발에 매진했다. 당시 로켓은 일종의 게임체인저(Game changer)로 인식되었기 때문에 미국은 '페이퍼클립 작전(Operation Paperclip)', 소련은 '오소아비아킴 작전(Operation Osoaviakhim)'을 통해 독일의 과학기술자들을 자국으로 유치하였고 관련 기술자료들을 입수했다.

페이퍼클립 작전(제이콥슨, 2016)

페이퍼클립 작전은 제2차 세계대전 종전 이후 독일의 첨단기술을 입수하기 위해 미국 정부가 추진했던 비밀작전이다. CIA의 전신인 전략서비스국(OSS)은 V-2 로켓 개발에 참여했던 기술자 1,600여 명의 독일 과학자들을 밀입국시켰다. 당시 소련과의 기술경쟁에서 우위를 점하기 위해 미국은 패전국 독일로부터 원자폭탄, 탄도미사일, 생화학무기 등을 연구했던 과학자와 공학자, 기술자들을 극비리에 입국시켰다.

전후재건과 새로운 국제질서의 태동

제2차 세계대전은 천문학적인 인적·물적 피해를 동반했던 참혹한 전쟁이었다. 유럽과 아시아의 주요 도시들은 모두 폐허가 되었고, 경제는 파탄 지경에 이르렀다. 연합국의 승리를 이끌었던 미국은 전후 강력한 패권국가로 거듭났으며 이를 통해 자유주의 국제질서를 새롭게 확립해 나갔다. 전술한 바와 같이, 미국은 국제연합의 창설을 주도하며 집단안보체제를 확고히 구축함과 동시에 브레턴우즈 체제를 통해 글로벌 경제질서를 새롭게 구축하였다. 특히, 전후 피폐해진 유럽의 경제를 재건하고 자유민주주의 국가들의 자립계획을 재정적으로 지원하기 위해 유럽부흥계획을 추진하였다.

1948년 4월 3일, 미국의 트루먼 대통령은 마셜플랜을 추진하기 위해 경제협력법에 서명했고, 전담부서로 경제협력부(Economic Cooperation Administration, ECA)를 신설하였다. 4년 동안 약 120억 불이 투입된 마셜플랜은 유럽 동맹국들의

경제 재건과 공산주의의 확산 방지에 크게 기여한 것으로 평가된다. UN의 창 설과 브레턴우즈 체제 구축, 마셜플랜을 통해 미국은 전후 새로운 국제질서를 주도하며 패권국가로 등장하였다.

샌프란시스코 체제와 동아시아의 전후질서

제2차 세계대전의 종전 이후 미국은 새로운 국제질서를 재편했으며, 1951년 9월 8일 샌프란시스코 강화조약(Treaty of San Francisco)을 체결하여 동아시아 지역 의 정치적·군사적·경제적 구조를 새롭게 설계했다. 전후 미국의 주도하에 태 동한 샌프란시스코 체제의 주요 규범은 다음과 같다(김숭배, 2020, pp.45~47).

첫째, 전쟁 종료에 따른 평화의 회복 및 구축이다. 평화조약 전문에는 연합국과 일본이 국제평화 및 안전을 유지하기 위해 우호적인 연계하에 협력하도록 규정했으며, 제1장(평화) 1조에서 전쟁상태의 종료를 선언했다. 둘째, 미·일 안전보장조약의 수반성이다. 평화조약은 여전히 군국주의가 소멸하지 않은 상황에서 자위권 행사수단을 보유하지 않은 일본이 주권국가로서 집단안보 약정을 체결할 권리를 승인했다. 셋째, 배상의 완화이다. 평화조약은 제5장(청구권 및 재산) 제14조 a항에서 "일본이 전쟁 중 발생시킨 피해와 고통에 대해서는 연합국에 배상해야 한다"고 명시하면서도 "일본의 생존 가능한 경제유지"를 중시했다. 따라서 제14조 b항을 통해 "연합국은 모든 배상청구권과 연합국 국민들의 청구권을 포기한다"고 규정했다.

샌프란시스코 강화조약(김영호 외, 2008, p.5)

1951년 9월 8일, 48개국이 서명한 샌프란시스코 강화조약은 일본의 식민지 침략범죄와 아시아·태평양 전쟁범죄를 징치하기 위해 시작되었다. 하지만 1949년 중국 공산화와 1950년 6·25전쟁 이후 냉전전략의 일환으로 변질되었으며, 일본을 동아시아 반공전선의 중심국가로 끌어들이는 조약이 되었다. 이 과정에서 일본제국주의의 전쟁범죄는 미완의 단죄로 끝났으며, 과거청산 없는 한일 관계의 전후사가 전개되었다. 샌프란시스코 강화조약으로 미·일 안보조약이 체결되었고 강화조약에서 배제되었던 한국은 이후 불리한 입장에서 한일 기본조약을 맺었다. 한일협약은 샌프란시스코 강화조약의 틀 안에서 이루어진 것이었다.

---

7. 제2차 세계대전의 연구 동향

제2차 세계대전은 크레벨드(Martin van Creveld)가 제시한 '시스템의 시대'와 햄스(Thomas X. Hammes)가 언급한 '제3세대 전쟁'을 대표하며, 교전국들이 무기체계 연구개발과 군수품 대량생산을 통해 국가총력전 개념으로 수행했던 기동전이었다(크레벨드, 2006, pp.20~369; 햄스, 2008, pp.1~53). 또한 이 전쟁은 인류역사상 가장 많은 인명피해가 발생했던 최악의 전쟁이었으며, 전후 미·소 냉전체제로 이어지면서 국제질서에 큰 영향을 미쳤다. 약 6년 동안 치러진 전쟁의 상처는 냉전시대와 탈냉전기를 거치며 오늘날까지 민족·인종 간 갈등을 유발하고 역사·영토분쟁, 종교문제 등의 원인이 되고 있다. 역사적 맥락에서 현 국제질서와 안보 상황은 제2차 세계대전의 정치적·경제적·문화적 유산(遺産)이기 때문에 현재의 안보 이슈를 효과적으로 해결해 나가기 위해서는 제2차 세계대전의 역사적 함의를 재평가하는 노력이 필요하다.

　제2차 세계대전 관련 연구는 탈냉전 이후 러시아를 비롯한 공산진영 국가의 사료가 공개되면서 보다 새로운 관점에서 다양한 연구들이 진행되었다. 전후 냉전시기에는 전쟁을 바라보는 시각이 이념적 사고의 영향을 받았다. 하지만 1990년대 소련의 붕괴 이후 탈이념적 연구환경이 조성되면서 제2차 세계대전 연구의 새로운 지평이 열렸다.

　한편, 제2차 세계대전기 독소전쟁이 갖는 역사적 의미와 전쟁사적 가치는 매우 크다고 판단된다. 당시 미국과 영국, 소련은 연합국의 일원으로 효과적인 군사협력을 통해 전쟁 자원을 공유하며 히틀러와 나치 독일의 침략에 공동으로 대응하여 전쟁을 수행했다. 하지만 전후 미·소를 중심으로 전개된 이념적 대립은 승전요인에 대한 역사적 평가를 왜곡·축소했으며, 장기간 지속된 냉전체제는 전쟁 기여도에 대한 진영 간 상반된 해석을 구조화하는 논리적 기제로 작용해 왔다(이강경·김금률·편관서·김대웅, 2022, pp.49~50). 따라서 냉전시기 제2차 세계대전의 승전요인에 대해서는 객관적인 평가와 합의가 제대로 이루어지지 못한 것이 사실이다. 따라서 제2차 세계대전의 연구 흐름을 짚어보는 것은 매우 의미가 있다. 연구사적으로 주요 쟁점이 되고 있는 3가지 논점을 중심으로 연구 동향을 제시하면 〈표 18〉과 같다.

《표 18》 제2차 세계대전의 연구 동향(김남균, 2016, pp.189~225)

구분	주요 연구 동향
전쟁의 원인에 관한 연구	• 주요 쟁점: 서유럽 국가들이 히틀러의 침략을 막지 못한 이유 • 리델하트의 견해: 제2차 세계대전은 불필요한 전쟁이었다고 주장 * 주요 원인: 1936년 히틀러의 라인란트 점령을 허용한 점 • 휴 트레버 로퍼, 어니스트 맨들의 견해 - 히틀러는 독일제국의 회복과 부활을 위해 침략전쟁 계획 - 독일제국 건설계획의 핵심은 동유럽, 특히 소련을 점령하는 것 • 수정주의 역사학자인 A. J. P. 테일러의 견해 - 히틀러는 전쟁의도가 없었으며, 세계대전은 우발적인 실수였음 - 1936년까지 히틀러의 군비증강은 신화에 불과하다고 주장 • 제러드 와인버그의 견해 - 전쟁 발발에 대한 히틀러의 책임 인정 - 제2차 세계대전은 유럽의 국지전이 글로벌 전쟁으로 확전된 것
연합군의 승리요인에 관한 연구	• 주요 쟁점: 불리한 전황 속에서 연합군이 승리한 이유 • 리처드 오버리의 견해: 연합군의 승리를 3가지 요인으로 설명 - 연합군의 전략폭격, 제공권 장악: 독일의 전쟁지속능력 약화 - 제해권 장악: 군수품의 원활한 공급으로 승전의 기틀 마련 - 러시아의 결사항전이 연합군 승리의 결정적 요인이었음 • 마틴 라크, 앤드류 로버츠, 스티븐 프리츠, 로버트 커추불의 견해 * 러시아의 성공적인 방어전을 연합군 승리요인으로 평가 • 폴 케네디의 견해: 격려문화, 창의성 중시 등 문화적 요인 제시 • 니콜라스 스타가르트의 견해: 독일인의 전쟁심리 분석
전쟁의 책임에 관한 연구	• 주요 쟁점: 종전 이후 개최된 국제전범재판의 정당성과 효과 • A. J. P. 테일러의 견해 - 히틀러를 도덕적 잣대로 평가하는 입장에 반대 - 주권국가의 실수이지 범죄로 처벌되어서는 안 된다고 주장 • 존 케니 등의 견해: 국제법적으로 전범재판의 정당성 지지 • 바락 쿠슈너의 견해: 전범재판의 효과성이 미약하다는 관점 제시 • 티머시 스나이더의 견해: 스탈린, 히틀러의 집단학살 문제 제기 * 피의 땅(폴란드, 벨라루스 등)에서 홀로코스트 이상의 학살 자행

제 2 부

주요 교전국의 전시생산체제

1장

제2차 세계대전의 결정변수

제2차 세계대전기에 연합국과 추축국의 전시생산체제는 매우 경쟁적인 양상으로 전개되었다. 하지만 전선이 확대되고 전쟁이 장기소모전으로 전개되면서 전시생산체제는 국가별 대전략(Grand strategy)을 비롯하여 산업구조, 군사력 운용 등 정치적 · 경제적 · 군사적 요인들로부터 큰 영향을 받았다. 전쟁이라는 위기 상황에서 주요 교전국들은 공통적으로 국가의 모든 가용자원과 산업동원 능력을 총동원하여 전시생산체제를 가동했다. 하지만 자국의 특수한 정치 · 문화적 전통과 제도, 경제적 여건 등을 토대로 전시정책을 탄력적으로 조정하고 전시생산체제를 가동했는지 여부에 따라 전쟁의 양상이 바뀌었다. 이와 관련하여 영국의 저명한 경제사학자인 밀워드(Allan Milward)는 제2차 세계대전기 영국의 전시 전쟁수행 정책을 '전략적 융합(Strategic synthesis)'이라는 개념으로 설명했다 (Milward, 1977, pp.18~54). 밀워드는 전략적 융합을 전시 총생산 개념과 연계하여 다음과 같은 수식으로 설명했다.

"$x = p + r + s + e - f$"

(x는 총생산, p는 평시 국가총생산, r은 경제적으로 활용할 수 있는 준비금, s는 평

시의 자본대체율을 유지하지 않음으로써 얻을 수 있는 비축자금, e는 국가 외부로부터 유입되는 가용자원, f는 행정적 마찰로 인한 효율성 감소를 뜻하는 계수)

밀워드는 영국이 전쟁에서 승리할 수 있었던 것은 단순히 전략·전술·무기 체계 등 군사적 요인으로만 설명할 수 없으며, 정치적·경제적·사회적·문화적·심리적 요인들을 종합적으로 분석해야 한다고 주장했다. 또한 제2차 세계대전기 영국의 전시경제정책과 군사전략을 이해할 수 있도록 이른바 '전략적 융합' 개념을 제시했다. 이는 당시 영국의 전쟁지속능력이 군사전략과 경제적 자원관리, 정치적 결정 등 전시 정책 요인들의 융합 결과로 이루어진 것임을 강조하기 위해 제시된 용어이다.

밀워드는 영국이 경제적 자원을 효율적으로 동원하고 동맹국들과 협력을 통해 전략적 목표를 달성했으며, 동시에 군사작전을 성공적으로 수행함으로써 전쟁에서 승리할 수 있었다고 평가했다. 이처럼 제2차 세계대전기 연합국과 추축국들이 가동했던 전시체제는 경제구조와 정치적 의사결정, 군사전략 등 다차원적 요인들이 복합적으로 연계되어 있으며, 전시생산체제는 밀워드가 제시한 전략적 융합의 산물이라고 할 수 있다.

따라서 제2부에서는 전쟁의 흐름을 바꾼 주요 국면사로서 연합국과 추축국의 전시생산체제를 개관하였고 주요 교전국인 미국, 영국, 소련, 독일, 일본의 사례를 중심으로 무기체계 연구개발과 전시생산체제를 고찰하였다. 전쟁이라는 위기 상황에서는 국가의 한정된 자원을 둘러싸고 경쟁적 수요가 발생하며, 정치적·사회적 혼란 등 행정적 마찰 요인들이 발생하기 때문에 전시생산체제는 효율성이 감소할 수밖에 없다. 제2부에서는 주요 교전국들이 효율적인 전시생산체제를 가동하기 위해 어떻게 행정적 마찰을 최소화하고 전략적 융합을 시도했는지 살펴보겠다.

제2차 세계대전은 산업화된 총력전이었기 때문에 참전국별로 동원할 수 있는 가용자원의 규모가 다르고 경제적 기반과 제약 조건이 상이했기 때문에 국가별 전시생산능력은 뚜렷한 차이를 보였다. 특히, 연합국과 추축국의 전쟁수행 전략은 전시생산체제와 밀접하게 연계되어 있었으며, 그 결과 전쟁이 장기전 양상으로 전환되면서 전략적 우위가 변화되기 시작했고 연합국에 유리한 방향으로 전개되었다.

역사적으로 19세기 후반에 근대화를 통해 후발 산업국가로 성장했던 추축국 독일과 이탈리아, 일본은 경제규모와 산업생산력의 측면에서 자본주의 선발국가였던 미국과 영국을 감당할 수 없었다. 따라서 추축국들은 개전 초기의 공세적 전략으로 전쟁의 승패를 결정짓는 단기결전 접근법을 취했지만, 장기전 양상에서는 효과적인 동원체제와 전시생산체제를 가동하지 못했다.

당시 히틀러와 나치 독일은 제한된 경제규모와 가용자원을 고려하여 소모전 방식의 전쟁계획을 거부했으며, 전간기에 구축해 놓은 첨단전력으로 전격전을 수행함으로써 군사적 교착상태를 피하고자 했다. 또한 아시아 대륙에서 중국과 전쟁을 수행하고 있었던 일본도 태평양의 주요 거점들을 조기에 점령하고 미국과의 결전으로 유리한 조건에서 협상을 시도하기 위해 진주만 공습을 감행했다.

연합국은 전투원의 사기와 생존성을 강화하고 전쟁지속능력을 극대화하기 위해 기술 · 비용집약적인 접근법이긴 하지만 추축국보다 더 많은 자원을 투입하여 전시생산체제를 가동했다. 전략 · 전술, 조직 · 편성, 리더십 등이 유사하다고 가정했을 때 전장의 승패를 가름 짓는 요소는 결국 군수지원이라는 점에서 연합국은 전시생산체제의 우위를 통해 전쟁에서 승리했다고 평가할 수 있다 (Harrison, 2004, p.4).

전시 연합국들은 군사력 건설에 집중함으로써 제1차 세계대전과 같은 대규모 살육전을 피하고자 했다. 즉, 연합국들은 참호전 개념하에서 보병 중심의 전술을 고집하지 않았으며, 대신 첨단 과학기술 개발과 방위산업을 활성화하여 치명성을 가진 게임체인저급 무기체계 연구개발에 집중적으로 투자했다. 당연히 막대한 자원과 예산이 소요되는 방위산업의 특성상 연합국의 전시생산체제가 본궤도에 오르고 효율성을 발휘하기까지는 상당한 시간이 소요되었다.

소련은 1930년대에 중화학공업을 중심으로 산업체제를 개편함으로써 대숙청, 대기근 등 경제적 혼란에도 불구하고 강력한 방산인프라를 구축했다. 이를 통해 소련은 전간기에 미국과 영국, 독일, 이탈리아, 일본과 함께 제2차 세계대전기의 방위산업 중심국가로 도약할 수 있었다. 1938년 기준으로 연합국의 국내총생산(GDP) 규모는 추축국의 약 2.4배였지만, 추축국인 독일의 경우 전쟁 이전에 군사재무장을 완료했기 때문에 전쟁준비 측면에서는 연합국에 대해 전력의 우위를 선점할 수 있었다(Francis, 2016, p.303).

미국과 영국, 소련을 중심으로 한 연합국은 전쟁 발발 이후에 재무장 프로그램을 본격적으로 가동했기 때문에 전시 초기에 추축국들의 공세 전략을 효과적으로 억제하지 못했다. 개전 이후 1940년 6월 프랑스가 함락될 때까지 연합국의 상황을 간략히 살펴보면, 러시아는 기계설비 구축과 대규모 공장 건설에 여념이 없었고, 영국과 프랑스는 항공기 생산라인을 본격적으로 확충하기 시작했다. 특히, 고립주의 노선을 기조로 매우 낮은 수준의 군비를 지출하고 있었던 미국은 유럽의 전쟁특수를 충족하기 위해 기계설비와 항공기 생산을 위주로 군수산업을 가동했으며, 자체적인 군비확장을 추진하지는 못한 상황이었다. 결과적으로 개전 이후 1941년까지 추축국은 서전의 승리를 통해 광범위한 지역의 식민지를 점령할 수 있었다. 1939년부터 1941년까지 추축국의 국내총생산(GDP)은 연합국의 4분의 3 수준이었으나, 1942년에는 연합국의 GDP가 추축국의 2배를 넘었고 1943년에는 3배 수준으로 벌어졌다(로페즈 외, 2021, p.14).

1942년 이후 연합국이 주요 전역을 승리로 이끌면서 전쟁의 흐름이 바뀌기 시작했다. 서유럽 전선에서는 영국 본토에 대한 공습을 포함하여 독일군의 공세가 지속되었지만, 북아프리카 전역의 엘 알라메인 전투, 동유럽 전선의 스탈린그라드 전투를 포함하여 아시아·태평양 전선의 미드웨이 해전과 과달카날 전역에서 대승을 거두며 연합국은 전쟁의 주도권을 확보하기 시작했다. 특히, 이 시기부터는 연합국이 본격적으로 전시생산체제를 가동하기 시작하면서 추축국과의 군비경쟁을 유리하게 이끌었다.

제2차 세계대전의 전환점이 된 1942년에 미국과 영국, 캐나다는 전시생산체제의 효율성을 극대화하기 위해 자원활용과 군수품 생산을 연합하여 배분하기로 합의하였다. 즉, 연합국 간 전략자원의 수급을 조정하여 지역별 자원의 불균형을 해소하고 국가별로 특성화된 산업생산력과 잠재력을 최대한 활용하기 위한 전략이었다. 대표적으로 영국의 사례를 살펴보면, 전시생산체제를 가동하기 위해 영국 정부는 국민소득의 약 54%에 해당하는 예산을 할당했으며, 전시경제에 필요한 필수재들을 미국과 캐나다로부터 대량 수입했다. 당시 북아메리카와 섬나라 영국이 대륙을 넘어 전략자원을 공유할 수 있었던 것은 이 시기 대서양 전선에서 연합국들이 독일군 잠수함(U보트)의 무차별 공세를 효과적으로 억제하기 시작했기 때문이다.

1942년 이후 연합국은 대서양을 관통하는 대규모 수송선단을 보호하기 위해 군함과 항공기를 활용한 호송체계를 구축했고 레이다·소나와 같은 전파탐지 기술을 발전시킴으로써 독일군 잠수함의 공격을 효과적으로 격퇴할 수 있었다. 특히, 독일군의 암호체계를 성공적으로 해독하고 폭격기의 항속거리 증가로 장거리 전술폭격이 가능해지면서 연합군은 대서양에서의 제해권을 장악해 나가기 시작했다.

1943년 이후 연합국은 주요 전선에서 전술적·전략적 승리를 이어나감과 동시에 전시생산체제를 효과적으로 가동함으로써 추축국에 대한 압박을 강화해 나갔다. 연합국의 핵심 국가였던 미국은 1944년까지 국가의 가용자원을 총동원했으며, 1938년 기준 GDP의 약 2배까지 국가 총생산량을 확대했다. 미국은 국민소득의 약 42%를 전비로 투입했으며, 그 결과 연합군의 전시생산 규모는 꾸준히 증가하여 독일과 이탈리아 대비 3.3:1, 일본 대비 10:1로 증가했다 (Francis, 2016, p.305). 당시 미국의 무기체계 생산규모는 전 세계 생산량의 약 50%에 육박했으며, 영국의 생산량을 합산할 경우 65% 수준에 달했다.

제2차 세계대전기 주요 교전국의 전시생산체제에서 한 가지 주목해야 할 점은 미국과 영국, 캐나다를 중심으로 한 연합국의 전시경제와 산업구조가 추축국에 비해 선진화되었다는 점이다. 즉, 전시 생산된 군수품을 전장에 효율적으로 운송할 수 있는 병참선과 탄력적인 노동인력 운영 및 생산시스템을 보유했던 연합국은 독일과 비교했을 때 생산성 측면에서 약 1.4:1의 우위를 보였다.

특히, 1941년 6월 독일의 침공으로 GDP의 약 25%가 감소했던 소련은 전시생산체제로 전환함과 동시에 서부지역에 산재해 있던 약 1,500개의 군수품 생산공장과 기계설비 등 대규모 산업시설을 우랄산맥을 넘어 시베리아와 중앙아시아 등 안전한 후방지역으로 이전했다. 당시 소련은 약 2년간 민간 부문 산업시설의 약 50%를 군수산업으로 전환하였고, 1943년 기준으로 국민소득의 약 58%를 전비에 할당하는 조치를 단행했다(Harrison, 1988, p.186). 스탈린 체제하에서 이루어진 소련의 전시생산체제는 미국의 무기대여법을 통한 대규모 군수지원에 힘입어 시너지 효과를 창출했으며, 유럽 동부전선의 흐름을 바꿀 수 있는 전쟁지속능력의 원동력이 되었다.

1943년 2월 스탈린그라드에서 패배한 독일은 전쟁지속능력을 강화하기 위해 본격적인 국가총동원을 시작했지만, 독일의 전시생산체제는 이미 본궤도에 올랐던 연합국 수준을 따라가지 못했다. 전쟁의 막바지인 1945년에 이르면, 독일은 연합군의 전략폭격으로 산업인프라가 파괴되면서 전시경제가 붕괴되기 시작했으며, 독일에 비해 경제규모와 산업생산력이 제한되었던 일본도 전시생산체제의 한계를 드러내기 시작했다.

이처럼 추축국의 전시생산체제가 종말점에 도달하게 된 것은 1943년 이후 연합국이 전략폭격을 지속하면서 제해권·제공권을 장악한 이후 해외로부터의 전략자원 수급에 차질이 빚어졌기 때문이다. 특히, 석유와 석탄, 철광석 등 핵심 전략자원의 수급 문제는 국내적으로 자원 배분의 혼란을 가져왔고, 그 결과 동원체제의 실패와 군비 생산의 감소로 이어졌다.

결론적으로 제2차 세계대전에서 연합국이 승리하고 추축국이 패배하게 된 것은 군사적 차원과 경제적 요인이 모두 작용했다고 볼 수 있다. 1942년 이후 추축국의 전략적 우세가 약화되기 시작한 것은 표면상 군사적 실패로 인한 것이지만 실질적으로는 전시생산체제를 중심으로 한 경제적 요인의 실패였다는 평가가 우세하다(Broadberry · Harrison, 2006, p.9).

연합국은 효과적인 전시경제 운영을 통해 자원을 안정적으로 동원하였고, 동맹국들 간의 협력을 통해 시너지효과를 창출함으로써 개전 초기의 전략적 열세를 극복할 수 있었다. 또한 효율적인 산업동원과 전시생산체제를 가동함으로써 군사적 실패를 만회하고 손실을 대체할 수 있었다. 특히, 연합국은 추축국을 압도하는 수준으로 대규모 군수품을 지속적으로 생산해 내며 전선에 공급함으로써 전력의 불균형을 해소하고 전쟁을 승리로 이끌 수 있었다.

제2부에서는 제2차 세계대전의 승패를 결정지은 국면사로서 주요 교전국들의 전시생산체제를 중점적으로 다루고자 한다. 제1부에서 살펴본 바와 같이 제2차 세계대전은 주요 전선별로 역동적인 전쟁의 양상을 보여주었다. 영국의 전쟁사가인 오버리가 지적한 바와 같이, 제2차 세계대전 초기에는 연합국의 승리를 예측할 수 없을 정도로 불확실한 전황이 전개되었다(Overy, 2006, pp.1~29).

하지만 1942년을 기점으로 전쟁의 흐름이 전환되었는데, 오버리는 연합국이 승리할 수 있었던 원동력으로 군사적 차원을 넘어서는 경제적·기술적 요인의 중요성을 제시했다. 즉, 공중우세와 전략폭격, 전시 지도자들이 보여준 리더십과 정치적 결단력, 동맹의 결속력 등 군사적 요인과 함께 자원동원, 첨단 무기체계 연구개발, 전시생산능력 등 경제적·기술적 요인이 연합국의 승리를 견인했다고 평가했다.

제2부에서는 무기체계 연구개발을 포함하여 전쟁지속능력을 보장해 준 연합국의 전시생산체제를 주요 교전국인 5개국의 사례를 중심으로 살펴보았다. 제2차 세계대전기의 전시생산체제를 고찰하기 위해서는 경제사에 대한 이해가 필요하다. 따라서 이 책에서는 밀워드(Allan S. Milward)와 해리슨(Mark Harrison), 오버리(Richard Overy)가 저술한 세 권의 선구적인 저술을 참고했으며, 독자의 이해를 높이기 위해 주요 내용을 간략히 소개하고자 한다.

Milward가 저술한 *War, Economy and Society 1939~1945*(1977)는 제2차 세계대전기 주요 교전국들의 전시 경제정책과 사회적 변화를 심도 있게 다루고 있으며, 전쟁이 각국의 경제구조와 생산방식, 사회변화, 그리고 전후 세계 경제질서에 어떤 영향을 미쳤는지를 심층적으로 분석했다. 각 장의 주요 내용을 간략히 살펴보면 다음과 같다(Milward, 1977, pp.1~395).

서론에서는 전쟁과 경제의 관계를 규명하고 있다. **Milward**는 제2차 세계대전이 단순한 군사적 충돌을 넘어, 교전국들의 경제적·사회적 구조에 전방위적으로 영향을 미친 총력전이었다고 주장했다. 제2

War, Economy and Society 1939-1945

차 세계대전기에 모든 교전국은 국가의 모든 가용자원을 전쟁 수행에 총동원해야만 했으며, 이러한 경제적 압력은 인적·물적 자원의 동원시스템과 생산성의 극적인 변화를 강요했다. Milward는 전쟁의 경제사적 의미를 탐구하기 위해서는 전시 경제 정책과 그것이 초래한 사회적 결과들을 심층적으로 분석할 필요가 있다고 강조했다.

제1장(War as Policy)에서 Milward는 전쟁이 단순한 군사적 충돌이 아니라 국가의 정책적 선택이었음을 강조하였고, 추축국 독일과 일본은 경제적·군사적 목표를 달성하기 위해 전쟁수행 전략을 수립했다고 평가했다. 특히, 제2차 세계대전이 각 교전국의 경제정책과 밀접하게 연계되어 있다는 가정하에 국가별로 전쟁을 수행하기 위해 어떻게 인적·물적 자원을 총동원하고 활용했는지 분석하였다.

제2장(The Economy in a Strategic Synthesis)에서는 전시경제가 어떻게 군사전략과 결합되어 전쟁의 양상을 결정했는지를 다루고 있다. Milward는 전쟁 초기 각국이 경제적 자원을 효과적으로 활용하기 위해 어떤 전략을 채택했는지를 분석했다. 독일은 경제력의 한계를 극복하기 위해 공세적인 전략을 선택하여 신속하게 점령지역을 확장하고 가용자원을 확보하고자 했지만, 독소전쟁으로 전선을 확장시킴으로써 경제적 부담을 안게 되었다고 평가했다. 반면, 영국은 해상봉쇄를 통해 독일 본토로 공급되는 자원을 차단하는 전략을 채택하여 독일 경제에 심각한 타격을 안겨주었다.

제3장(The Productive Effort)에서는 전시 연합국과 추축국이 군수품 생산을 극대화하기 위해 기울인 노력을 소개하고 있다. Milward는 미국, 소련, 독일, 일본 등의 주요 교전국들이 산업생산력을 어떻게 군수산업으로 전환했는지를 분석했다. 미국은 대규모 산업기반시설과 자원을 바탕으로 전시 압도적인 생산력을 발휘했으며, 이른바 '민주주의의 병기고'로서 연합국의 전쟁지속능력을 실질적

으로 견인했다. 독일은 개전 초기 전격전을 통해 단기결전을 추구했으나, 장기전에 효과적으로 대비하지 못함으로써 결국 자원의 부족, 생산성 저하 문제에 직면했다. 한편, 소련은 대규모 산업시설을 동부지역으로 재배치하여 독일의 침공으로부터 생존성을 보호함과 동시에 효과적인 전시생산체제를 가동함으로써 독소전쟁을 승리로 이끌었다.

제4장(The Direction of the Economy)에서는 전시경제가 어떻게 중앙집권적 통제 아래 가동되었는지 조명하고 있다. Milward는 각국의 정부가 전시경제를 계획적으로 운영하고 자원을 배분한 방식에 주목했다. 독일은 개전 초기 민간경제와 군수산업의 균형을 맞추기 위해 총력을 기울였으나, 전쟁이 장기화하면서 군수산업에 가용자원을 집중적으로 투입하였다. 영국과 소련은 국가 주도로 전시경제를 강력하게 통제함으로써 전쟁 수행에 필요한 전략물자를 안정적으로 생산할 수 있었다. 특히, 영국은 전시 식량배급제와 같은 특단의 조치를 통해 경제적 안정을 유지했으며, 소련은 계획경제시스템의 강점을 최대한 활용하여 전시 자원 배분의 효율성을 높일 수 있었다고 평가했다.

제5장(The Economics of Occupation)에서는 독일과 일본이 점령지역에서 경제적 자원을 어떻게 착취하고 활용했는지를 다루었다. Milward는 독일이 전쟁수행을 위해 동유럽과 서유럽의 점령지에서 식량과 원자재 등 가용자원을 대량으로 약탈하고 현지 주민들을 강제노동에 동원했다고 분석했다. 일본도 동아시아 점령지에서 전략자원을 확보하기 위해 독일과 유사한 정책을 펼쳤으나, 연합국의 해상봉쇄와 전략폭격으로 기대했던 성과를 거두지 못했다고 평가했다. Milward는 점령지역을 대상으로 한 약탈경제의 비효율성과 부작용을 분석했으며, 추축국의 점령지 경제정책이 결과적으로 전쟁수행 능력을 약화시키는 요인이 되었다고 분석했다.

제6장(War, Technology and Economic Change)에서는 제2차 세계대전기에 가속화된

과학기술 발전과 혁신이 장기적으로 경제적 변화를 가져온 과정을 규명했다. Milward는 전시 교전국들이 전략적 우위를 확보하고 전쟁의 흐름을 유리하게 이끌기 위해 새로운 군사기술을 개발하고 전시생산체제와 연계시키는 과정을 살펴보았다. 대표적인 사례로 미국은 맨해튼 프로젝트를 통해 원자폭탄을 개발함으로써 전쟁의 양상을 근본적으로 바꿔놓았으며, 미국과 영국은 레이더와 암호해독 등 첨단기술을 발전시킴으로써 전략적 우위를 확보할 수 있었다고 평가했다. Milward는 전시에 연쇄적으로 이루어진 기술혁신이 전후 경제에도 중요한 영향을 미쳤으며, 특히 항공기와 전자산업의 발전을 촉진했다고 평가했다.

제7장(War, Population and Labour)에서는 전쟁이 노동력과 인구에 미친 영향을 분석했다. Milward는 전쟁으로 인해 각국의 노동구조가 어떻게 변했는지를 추적하였고, 특히 여성을 포함하여 대규모로 동원된 비전통적 노동력에 주목했다. 즉, 전쟁으로 인해 남성들이 군대에 징집되면서 국내 전선에서는 노동력 부족 현상이 심화했으며, 이를 해소하기 위해 수많은 여성 인력들이 대규모로 노동시장에 동원되었다는 점을 조명했다. 독일과 소련은 점령지역의 주민과 전쟁 포로들을 강제노동에 활용했으며, 이는 전시 인력동원의 중요한 부분을 차지했다. 또한 Milward는 장기소모전으로 치러진 참혹한 전쟁이 인구의 대규모 이동을 촉진했으며, 전후 사회적 구조에도 큰 영향을 미쳤다고 평가했다.

제8장(War, Agriculture and Food)에서는 전쟁이 농업과 식량 공급에 미친 영향을 살펴보았다. Milward는 전시 국가들이 식량문제를 어떻게 해결했는지 분석하면서 식량의 공급 부족이 전쟁 수행에 미친 영향을 설명했다. 영국의 경우 식량 배급제를 실시하여 전시 사회적 안정을 유지한 반면, 독일은 동유럽에서 대규모의 식량자원을 착취함으로써 점령지의 반발과 저항을 초래했다. 소련은 전시 농업생산성을 유지하기 위해 대규모의 노동력을 동원했다고 평가했다.

제9장(Economic Warfare)에서는 경제 부문을 중심으로 전개된 전쟁에서 주요 교

전국들의 전략과 전술을 분석했다. Milward는 경제를 중심으로 치러진 전쟁이 제2차 세계대전의 중요한 국면사였다고 강조했다. 미국과 영국을 중심으로 한 연합국은 독일과 일본에 대한 경제제재와 해상봉쇄를 통해 추축국의 전쟁지속 능력을 약화시키고자 했다. 특히, 연합국의 전략은 독일에 대한 석유공급을 차단하고 일본의 전시경제를 고립시킴으로써 추축국의 패배를 가속화하는 것이었다.

제10장(Reconstruction of the International Economy)에서는 전후 국제 경제질서의 구축 과정을 다루고 있으며, Milward는 미국이 주도한 마셜플랜과 브레턴우즈 체제를 중심으로 전개된 경제적 재건 과정을 설명했다. 미국은 전후 유럽의 재건과 경제회복을 지원하기 위해 대규모 원조를 제공했으며, 이는 서유럽 국가들이 전쟁의 폐허에서 벗어나 경제를 재건하는 데 중요한 역할을 했다고 평가했다. 특히, 브레턴우즈 체제는 국제질서를 새롭게 확립함으로써 전후 세계경제의 안정과 성장을 도모했다고 평가했다.

마지막으로 결론에서는 제2차 세계대전의 경제사적 의미를 평가하고 있다. Milward는 제2차 세계대전이 총력전(Total war)이었다고 규정하였고, 전후 세계의 경제적 구조에도 지속적인 영향을 미쳤다고 평가했다. 이 책은 제2차 세계대전을 경제적·사회적 관점에서 이해하는 데 중요한 실마리를 제공하며, 전쟁이 현대 경제사에 미친 광범위한 영향을 체계적으로 분석한 연구로 평가받는다. 총력전은 국가 간 군사적 충돌을 넘어, 주요 교전국들이 국가의 모든 가용자원을 총동원하여 전쟁을 수행함으로써 경제적·사회적·기술적 변화를 가져왔다는 점에서 현대전에도 시사하는 바가 크다.

총력전 체제하에서 전쟁의 목표는 단순히 적국을 무력화하는 것이 아닌, 적국의 경제적 기반과 사회적 결속력을 철저하게 파괴하는 것이었다. 따라서 총력전 체제하에서는 전쟁지속능력을 보장하기 위해 국가의 모든 자원을 효율적으로 배분하고 전시생산체제를 효과적으로 가동하는 것이 매우 중요한 과제였다. 이 책은 제2차 세계대전을 경제사적 관점에서 깊이 있게 분석한 연구로 약 6년간의 전쟁이 각 교전국의 경제와 사회에 미친 영향을 복합적으로 규명하고 있다는 점에서 학술적 의미가 크다.

다음으로 살펴볼 책은 영국의 경제사가 Mark Harrison이 저술한 *The Economics of World War II: Six Great Powers in International Comparison* (1998)이다. 이 책은 제2차 세계대전의 경제사를 심도 있게 분석한 책으로, 주요 교전국의 전시경제를 비교 분석한 논저이다. 이 책의 서론에서는 전쟁의 경제적 토대를 중심으로 국가별 비교 연구의 필요성을 제시하고 있다.

The Economics of World War II

Mark Harrison은 제2차 세계대전이 국가별 자원을 총동원하여 전개된 총력전이었기 때문에 이 전쟁이 교전국들의 경제에 미친 영향을 분석하는 것이 역사적 관점에서 전쟁사를 이해하기 위해 필요한 과정이라고 강조했다. 이 책에서 다루는 연구 대상은 주요 교전국인 6개국(영국, 미국, 독일, 소련, 일본, 이탈리아)의 전시경제체제와 성과를 비교 분석하는 것이며, 각 장의 주요 내용을 간략히 살펴보면 다음과 같다 (Harrison, 1998, pp.1~307).

제1장(The United Kingdom: The Keynesian Revolution and Economic Mobilization)에서는 영국의 경제력과 한계를 중심으로 전시경제체제를 다루었다. 영국은 제2차 세계대전 초기에 독일의 무차별적인 공세 속에서도 신속하게 전시경제로 전환하였지만, 그 과정에서 경제적 부담이 가중되었다. Harrison은 영국의 전시 동원

과 생산력 강화가 어떤 과정을 통해 이루어졌고, 그것이 전쟁지속능력 발휘에 어떤 영향을 미쳤는지 분석했다. 또한, 미국의 대규모 군사원조와 연합국들의 협력체제가 영국 경제에 미친 영향에 대해 살펴보았다.

제2장(The United States: From Cash-and-Carry to Full Mobilization)에서는 미국의 전시경제 성장을 중점적으로 분석했다. 미국은 다른 국가들과 달리, 전쟁으로 인해 경제가 급속히 성장했던 유일한 나라였기 때문에 Harrison은 미국의 군수산업 발전과 동원시스템의 작동과정을 면밀히 살펴보았고 이를 통해 미국이 전후 국제질서를 주도하게 된 역사적 과정을 분석했다. 특히, 미국의 자원조달과 산업 생산력이 전쟁 승리에 어떤 역할을 했는지 평가했으며, 전시경제체제의 성공적인 모델로 미국의 사례를 제시하고 있다.

제3장(Germany: Guns, Butter, and Economic Mirage)에서는 나치 독일의 경제적 잠재력과 한계를 중심으로 전시경제체제를 분석했다. 독일은 개전 초기에 전격전을 통해 서전을 승리로 장식하며 막대한 경제적 성과를 거두었으나, 전쟁지속능력을 보장할 수 있는 효과적인 전시경제체제를 가동하지 못함으로써 장기전 양상에서 전략적 한계를 드러냈다. Harrison은 이 점에 주목하여 독일의 자원배분과 생산성 문제, 그리고 군수산업의 비효율성을 중심으로 독일의 전시경제체제에 내재된 취약성을 분석했다. 또한, 전쟁 후반기에 접어든 이후 독일 경제가 어떻게 붕괴되었는지를 규명하면서 나치 독일이 경제적 측면에서 패망하게 된 이유를 분석했다.

제4장(The Soviet Union: From Blitzkrieg to Total War)에서는 독소전쟁의 절박한 위기 상황 속에서 나치 독일의 예봉을 꺾고 전쟁을 승리로 이끈 원동력으로서 소련의 전시경제체제를 다루었다. 소련은 제2차 세계대전기를 통틀어 최대규모의 인적·물적 피해를 입었음에도 불구하고, 효과적인 동원체제와 전시생산체제를 가동하여 동부전선에서 독일군의 주력을 격퇴하고 연합군의 승리에 결정적

인 역할을 했다. Harrison은 소련의 중앙집권적인 계획경제체제가 전시에 어떻게 작동했는지 심층적으로 분석했다. 전시 소련이 보여준 경제적 회복력은 이 책에서 가장 중요하게 다루고 있는 주제이며, Harrison은 바로 이 점이 전후 국제질서에서 소련의 위상을 강화시켜 준 요인이었다고 평가했다.

제5장(Japan: The Strategy of Economic Warfare)에서는 일본제국주의의 총동원과 패망 과정을 중심으로 전시경제체제를 분석했다. 일본은 독일과 마찬가지로 개전 초기에 서전을 승리로 장식하며 아시아 · 태평양 전선에서 영향력을 확대했지만, 전쟁이 장기소모전 양상으로 전개되면서 자원수급의 한계에 직면하였고 추축국 동맹체제의 결속력이 약화되면서 전략적 우위를 상실하게 되었다. Harrison은 일본의 군수생산, 자원확보의 문제점 등을 중심으로 일본의 전시경제체제가 전쟁 말기에 어떻게 붕괴되었는지를 분석했다. 또한, 패전 이후 일본의 재건 과정을 간략히 언급하며, 일본이 전후 세계 경제에서 다시 부활하게 된 배경을 설명했다.

제6장(Italy: The Weakest Link in the Axis)에서는 이탈리아의 경제적 취약성을 중심으로 전시경제체제를 다뤘다. 이탈리아는 제2차 세계대전에 참전한 추축국 중 경제적으로 가장 열세인 국가였다. Harrison은 이탈리아 전시경제의 구조적 약점과 군수산업의 한계를 분석하며, 이러한 경제적 취약성이 전쟁의 패배로 이어진 과정을 설명했다.

결론에서는 각국의 전시경제를 종합적으로 비교하며, 제2차 세계대전이 국가별 경제에 장기적으로 미친 영향을 평가했다. Harrison은 총력전 개념으로 전개된 장기소모전에서 경제적 자원을 효과적으로 동원한 국가들이 전쟁에서 승리하였고 전후 국제질서를 주도하게 되었다는 점을 토대로 전시 경제사의 중요성을 강조했다. 특히, 제2차 세계대전의 역사적 교훈이 오늘날의 국제질서에 주는 함의에 대해서도 논의했다.

마지막으로 영국의 전쟁사가 Richard Overy는 *Why the Allies Won*의 제6장(A Genius for Mass-Production: Economies at War)과 제7장(A War of Engines: Technology and Military Power)에서 전시생산체제와 연계된 연합국의 승리요인을 다음과 같이 제시했다(Overy, 2006, pp.220~299). 제6장에서는 연합국의 효과적인 자원 동원과 전시생산체제가 어떻게 전쟁을 승리로 이끌었는지에 대해 크게 4가지 관점에서 설명했다.

Why The Allies Won

첫째, 총력전 수행을 위한 전시경제로의 전환을 다루고 있다. 당시 미국과 영국, 소련 등 연합국은 전쟁의 장기화를 예상하며 전시경제로 신속히 전환하였고 자원을 총동원하여 대규모 군수품 생산체제를 갖췄다. 미국은 '민주주의의 병기고'로서 연합국의 중추적 역할을 자임했으며, 항공기와 군용차량, 탄약 등 주요 군수품을 대량으로 생산하여 전선에 공급했다. Overy는 연합국의 전시생산체제가 장기소모전을 지속할 수 있는 실질적 토대를 마련했다고 평가했다.

둘째, 연합국의 전시경제가 효율성과 생산성을 극대화하는 방향으로 가동되었다는 점이다. 미국의 경우 포드(Ford)사와 같은 대기업의 생산라인이 전시 수요에 맞게 조정되었고, 이러한 맞춤형 생산체제는 연합국이 단기간에 대규모 군수품을 생산할 수 있는 기반이 되었다. Overy는 추축국인 독일과 일본이 중앙집권적이고 비효율적인 전시경제를 운영함으로써 대량생산체제를 구현하지 못했으며, 결국 전쟁이 장기화되면서 연합국의 전력을 능가하지 못했다고 평가했다.

셋째, 전시 인력동원의 측면에서 연합국은 여성, 소수 민족, 그리고 농촌의 인력을 산업현장에 대규모로 투입하여 전시 노동생산성을 극대화했다. Overy 는 전시 인력동원이 산업생산성을 높이고, 전시경제를 지속적으로 유지하는 데 있어서 중요한 역할을 수행했다고 평가했다. 넷째, 자원의 전략적 활용으로 Overy는 연합국이 석유, 철강, 고무 등 필수 전략자원을 총동원하고, 이를 전시 생산체제와 효과적으로 연계시킴으로써 군사작전에 기여했다고 분석했다.

제7장에서는 기술혁신이 전쟁의 양상을 어떻게 변화시켰는지를 분석했다. Overy는 연합국이 기술적 우위를 바탕으로 군사력을 극대화하여 승리했다고 평가했으며, 핵심 요인으로 '첨단 무기체계 연구개발, 암호해독을 통한 정보작전, 전략폭격, 제해권·제공권 장악, 원자폭탄 개발'을 제시했다. 특히, 군사기술의 혁신 측면에서 연합국이 항공기와 군함, 전차 등 고성능의 전투플랫폼을 개발하여 추축국에 비해 우수한 화력과 기동성을 확보할 수 있었으며, 미국의 B-29 폭격기와 영국의 스핏파이어 전투기 같은 항공기가 전쟁의 중요한 전환점을 마련하는 데 기여했다고 평가했다.

또한 Overy는 영국이 울트라(Ultra) 프로젝트를 통해 독일군의 암호체계를 해독하고 연합국이 독일과 일본에 대한 장거리 전략폭격 능력을 확보함으로써 추축국의 기동성을 전략적으로 억제하고 전시생산체제를 약화시킬 수 있었으며, 결과적으로 승리할 수 있었다고 평가했다.

제2부에서는 제2차 세계대전의 흐름을 바꾼 국면사로서 주요 교전국들의 무기체계 연구개발을 포함하여 전시생산체제를 중점적으로 살펴볼 것이다. 연합국은 미국과 영국, 소련을 중심으로 다루었고, 추축국은 1943년 9월에 항복을 선언한 이탈리아를 제외하고 독일과 일본의 사례를 분석하였다. 제2차 세계대전 당시 주요 교전국들은 기술혁신 경쟁을 통해 게임체인저급 첨단 무기체계를 개발했으며, 총력전 체제하에서 국가의 가용자원을 총동원하여 전시생산체제

를 가동함으로써 전쟁지속능력을 보장하였다. 제2차 세계대전의 전훈은 신냉전의 국제질서와 다중전쟁의 시대에도 여전히 시사하는 바가 크며, 복합경쟁의 시대에 한국이 방산 강국으로 도약하는 과정에서 중요한 이정표를 제시해 주고 있다.

2장

미국과 영국: 전략적 융합[*]

   2025년은 제2차 세계대전 종전 및 국제연합(United Nations)이 창설된 지 80주년을 맞이하는 해이다. 제2차 세계대전이 연합국의 승리로 끝나면서 대한민국은 일제강점기를 벗어나 해방을 맞이하였고 UN의 지원하에 단독정부를 수립하였다. 6·25전쟁 시에는 UN군의 참전으로 자유민주주의를 수호하고 경제발전을 이룩할 수 있었다. 하지만 대한민국이 UN에 가입한 지 34주년을 맞이하는 2025년, 한반도와 동북아의 안보 상황은 북한의 군사 위협과 미·중 전략경쟁, 러시아-우크라이나 전쟁의 장기화로 불확실성과 불안정성이 심화하고 있다. 특히, 김정은 집권 이후 북한 체제는 기존에 완성했던 핵무기를 보다 고도화하고 새로운 게임체인저(Game changer)로 주목받고 있는 극초음속 미사일(Hypersonic Missile)을 개발하는 등 한반도와 동북아 지역의 안보 위협을 더욱 가중시키고 있다.

   제2차 세계대전을 포함하여 무기체계 연구개발 및 전시생산체제와 연계된

---

*   2장의 내용은 다음의 학술논문에서 발표한 내용을 수정·보완하였다.; 이강경·문은석·황수현. 2022. "제2차 세계대전시 미·영 연합군의 승전요인 고찰: 무기체계 연구개발 및 전시생산체제를 중심으로". 『군사연구』 제153집. 육군군사연구소. pp.149~178.

전쟁 양상의 변화 관련 논의를 간략히 살펴보면 다음과 같다. 크레펠트(Martin van Creveld)는 과학기술이 전쟁의 발달과 변화에 미친 영향을 중심으로 전쟁 양상을 도구의 시대, 기계의 시대, 시스템의 시대 및 자동화의 시대로 구분하였다(크레펠트, 2006, pp.20~369).

도구의 시대(선사시대~A.D. 1500년)에는 인간의 근육과 동물 등이 에너지의 원천으로 활용되는 전쟁 기계들이 개발되었다. 기계의 시대(1500~1830년)는 에너지를 생성하는 기계의 출현과 화약무기의 발명이 가져온 혁명적 변화를 특징으로 한다. 시스템의 시대(1830~1945년)는 산업혁명 이후 철도와 전신 등 새로운 플랫폼이 개발되고 기술혁신이 보다 제도화된 시기이다. 마지막으로 자동화 시대(1945년~현재)는 사이버네틱스(인공두뇌)와 자동제어시스템 등의 출현에 따라 구현되고 있는 자동화된 전쟁수행을 특징으로 한다. 크레펠트는 과학기술이 전쟁의 모든 분야, 즉 전쟁의 원인 · 목적 · 수단 · 방법, 전쟁의 기획 · 준비 · 수행 · 평가 · 결과, 전략과 전술, 지휘통솔 등은 물론이며 사고의 틀까지 지배한다고 강조했다.

또한 햄스(Thomas X. Hammes)는 전쟁 양상과 변화 요인을 중심으로 고대 전쟁부터 9 · 11테러 이후 현재까지의 전쟁을 다음과 같이 1~4세대 전쟁으로 정의했다(햄스, 2008, pp.1~53). 1세대 전쟁은 적의 병력을 파괴하는 인력전(나폴레옹 전쟁), 2세대 전쟁은 적의 전투력을 무력화하는 화력전(제1차 세계대전), 3세대 전쟁은 적의 지휘통제 및 병참선을 파괴하는 기동전(제2차 세계대전), 4세대 전쟁은 보다 진화된 분란전(Insurgency)을 의미한다. 이 책에서 다루고자 하는 제2차 세계대전은 '시스템의 시대'를 대표하는 '제3세대 전쟁'으로, 교전국들이 기술혁신에 기반한 무기체계 연구개발과 군수품 대량생산을 통해 총력전 개념으로 수행했던 기동전(機動戰)이었다.

약 80년 전에 치러진 제2차 세계대전의 전쟁사를 현재의 시점에서 고찰하는 것은 당대의 역사적 상황과 경험을 추체험(追體驗, Re-enactment)함으로써 오늘날 우리가 직면하고 있는 안보 상황을 올바로 이해하고 대응해 나가기 위함이다. 근대 해석학을 개척한 딜타이(Wilhelm Dilthey, 1833~1911)는 역사의 해석학적인 재구성을 위한 주요 방법론으로서 '추체험(追體驗, Re-enactment)'이라는 개념을 제시했다. 추체험은 '이입'과 '현재화', '상상력'이라는 하위 인식활동을 통해 타인이 체험한 역사적 상황을 거꾸로 추적해 보는 '역진적 작업(Inverse Operation)'이며, 구체적인 인식활동의 내용은 다음과 같다(신진욱, 2009, pp.119~124). 이입은 타자의 입장이 되어 보는 것이고, 현재화는 당대의 구조적 환경을 이해하는 과정이며, 상상력은 타자의 경험을 해석자의 삶으로 재구성해 보는 시도이다.

추체험은 전쟁사 연구 시 주로 현재화와 상상력을 통해 연구자의 해석학적 지평을 넓혀준다는 측면에서 의미를 갖는다. 역사적 맥락에서 현재의 국제질서와 안보 상황은 제2차 세계대전의 정치적·경제적·문화적 유산(遺産)이기 때문에 현재의 안보 이슈를 효과적으로 해결해 나가기 위해서는 제2차 세계대전의 역사적 함의를 재평가하는 노력이 필요하다. 따라서 제2장에서는 제2차 세계대전의 흐름을 바꾼 연합국의 승전요인을 살펴보고, 주요 국면사(局面史)라고할 수 있는 전쟁지속능력을 중심으로 미·영 연합군의 무기체계 연구개발 및전시생산체제 사례를 분석하였다. 이를 통해 현존 군사위협, 변화하는 미래전의 효과적인 대응 방향과 연계된 시사점 및 군사적 함의를 도출하였다.

다음으로 제2차 세계대전의 연구 흐름과 연합국의 무기체계 연구개발 및 전시생산체제에 관한 기존의 논의와 특징을 간략히 살펴보겠다. 제2차 세계대전은 인류역사상 가장 많은 인명피해가 발생했던 최악의 전쟁이었으며 전후 미·소 냉전체제로 이어지면서 국제질서에 커다란 영향을 미쳤다. 약 6년 동안 치러진 전쟁의 상처는 냉전시대와 탈냉전기를 거치며 오늘날까지 민족·인종 간의 갈등과 역사·영토분쟁, 종교문제 등의 원인이 되고 있다. 제2차 세계대전은 추축국의 무조건적 항복과 함께 '행위로서의 전투'는 종료되었으나, 전후 갈등의 불씨를 남겼다는 점에서 '상태로서의 전쟁'은 여전히 계속되고 있다.

제2차 세계대전은 총력전으로 치러진 전쟁이며 피·아교전에 따른 군 전사자 외에도 민간인에 대한 무차별 공습과 집단학살 등으로 천문학적인 인명피해가 발생하였다. 따라서 제2차 세계대전의 역사적 평가를 둘러싼 논쟁은 지금도 계속되고 있으며 전쟁의 기원과 승패 요인, 전범처리 등을 둘러싸고 다양한 역사적 해석이 제시되고 있다. 김남균은 제2차 세계대전의 연구 동향과 전망에 관한 연구를 통해 탈냉전 이후 러시아를 비롯한 공산진영 국가들의 사료가 공개되면서 보다 새로운 관점에서 연구들이 진행되었음을 강조했으며, 연합군의 승리 요인과 전쟁책임 등을 중심으로 다음과 같이 주요 연구 현황과 전망을 제시했다(김남균, 2016, pp.189~225).

연합군의 승리 요인에 관한 연구를 살펴보면, 먼저 전통주의적 역사학자들은 연합국의 우월한 산업능력이 승리에 기여했다는 입장이지만, 리처드 오버리(Richard Overy)와 마틴 라크(Martijn Lak)는 물질적 요인보다는 연합군의 제해권 장악과 소련의 성공적인 방어전을 핵심적인 승전 요인으로 평가했다. 스티븐 프리즈(Stephen C. Fritz)와 로버트 커추블(Robert Kirchubel)도 독일군의 주력을 격퇴시키고 독일 제3제국의 운명을 결정한 것은 소련이었다는 관점을 제시했다. 한편, 폴 케네디(Paul Kennedy)는 전쟁목표를 달성하는 데 연합국의 격려문화(Culture of encouragement)가 중요한 역할을 했다고 보았다.

제2차 세계대전은 당대의 첨단 무기체계들이 총동원된 전쟁이었으며, 동시에 각 교전국들의 연구개발 및 산업 생산력, 전쟁지속능력이 전쟁의 승패를 좌우하는 현대전의 양상을 입증해 주었다. 특히, 전시 주요 교전국들이 경쟁적으로 무기체계를 개발하면서 군사과학기술 분야에서는 역사적으로 유례를 찾기 힘들 정도로 급격한 발전이 이루어졌다. 연합국들이 총력전을 수행하기 위해 추진한 무기체계 연구개발과 전시생산체제는 효과적인 전쟁수행 및 지속능력 보장의 핵심 요인으로 작용하였다.

제2차 세계대전기 과학기술의 발전은 새로운 무기체계의 출현과 대규모의 군수품 생산을 가능하게 해주었다. 따라서 연합국의 승전 요인에 관한 연구에서 무기체계 연구개발과 전시생산체제는 중점적으로 다루어야 할 핵심 논제라고 할 수 있다. 하지만 기존의 국내 연구들은 주로 전략과 전술, 주요 전역별 전훈 분석, 전쟁지도자와 명장들의 리더십, 전후 국제질서와 냉전체제 등의 이슈를 중점적으로 다루었다.

주요 선행연구를 검토한 결과, 연합국의 무기체계 연구개발과 전시생산체제에 관한 연구는 상당히 제한적인 범위에서 수행되었다. 김기국은 제2차 세계대전의 발발을 계기로 연구개발의 중요성을 인식하게 된 영국의 과학기술체제 변화과정을 고찰하였다(김기국, 2000). 이관수는 20세기 이후 대공황과 제2차 세계대전을 거치며 비약적으로 발전하게 된 미국의 연구개발체제와 군사화 과정을 분석하였다(이관수, 2003). 또한 오버리(Richard J. Overy)는 제2차 세계대전기 연합국의 승전 요인을 다룬 연구에서 미국과 영국, 소련을 중심으로 한 연합군이 독일군의 전격전을 극복하고 승리할 수 있었던 핵심 요인을 제시하였다(오버리, 2003, pp.429~438).

오버리는 연합국의 핵심적인 승전 요인으로 제해권 장악과 소련의 성공적인 항전을 제시했다. 특히, 연합군이 제해권을 장악할 수 있었던 요인으로 '전략폭격(Strategic Bombing)'의 중요성을 강조했다. 당시 미 · 영 연합군은 장거리 폭격기를 운용하여 독일의 거점도시와 군수산업 시설을 파괴하였고, 독일 공군은 이를 방어하기 위해 주력 항공기들을 국내로 재배치할 수밖에 없었다는 것이다. 제2차 세계대전기를 통틀어 미국과 영국이 운용했던 장거리 폭격기는 지속적인 무기체계 연구개발 과정에서 운용 성능이 진화적으로 발전했으며, 특히 항속거리가 획기적으로 신장되면서 연합국의 전략폭격은 전쟁의 흐름을 바꾸는 전기(轉機)를 마련했다고 평가했다.

다음으로 손병권은 미국의 루스벨트 대통령 당시 미국이 고립주의 노선을 탈피하고 무기대여법의 제정 등 국제주의로 전환하게 된 과정을 고찰하였다(손병권, 2007). 또한 제1차 세계대전 시 창설되어 제2차 세계대전 당시 전시생산위원회(War Production Board)의 모체가 되었던 전시산업위원회(War Industries Board)의 사례를 중심으로 미국의 전시체제가 국가발전 과정에 끼친 영향 등을 규명했다(손병권, 2010).

한편, 박계호와 김용빈은 총력전 수행과 연계하여 미국의 전비조달 사례를 분석하였다(박계호 · 김용빈, 2014). 박민아는 제2차 세계대전 시 미국 국방연구위원회(National Defense Research Committee, NDRC)의 광학연구에 관한 분석을 통해 전시 산업체의 역할 및 대학과의 협업관계에 대해 고찰하였다(박민아, 2019). 위와 같이 기존의 선행연구들은 주로 영국과 미국의 연구개발체제 발전과정과 전쟁 지속능력 보장을 위한 전시정책에 주로 초점을 맞추고 있으며, 제2차 세계대전 당시 연합국의 무기체계 연구개발과 전시생산체제에 관한 연구는 다소 미비한 실정이다.

1. 경쟁과 협력에 기반한 게임체인저 연구개발

제2차 세계대전은 연합국과 추축국 모두 총력전 개념하에서 각국이 보유한 군사과학기술을 집약적으로 활용하여 첨단 무기체계를 개발하고 실전에서 활용한 전쟁이었다. 특히, 첨단 무기체계는 새로운 전술교리와 결합됨으로써 전투의 승수효과를 창출했고 전장에서 승리의 요인으로 작용했다. 리델하트(B. H. Liddell Hart)는 제1차 세계대전 이후 클라우제비츠가 제시했던 '섬멸전(Annihilation War)' 개념의 타당성에 대해 의문을 제기했다. 섬멸전은 적 부대의 병력과 장비를 완전히 사살·파괴·포획하여 저항의 근원을 영구히 말살하는 개념으로 대량의 인명피해를 수반했다. 리델하트는 이러한 문제의식에 따라 기동전의 중요성을 기반으로 한 간접접근전략을 제시했다(이내주, 2017, pp.235~236).

리델하트는 국가 간의 전쟁에서 승리하기 위해서는 적이 가진 취약점, 즉 아킬레스건을 파괴함으로써 저항 의지를 분쇄하는 것이 중요하다고 보았다. 이를 위해서는 공군의 화력 지원하에서 독립적인 기갑부대의 전술적 운용이 필요하다는 개념을 제시했다. 이러한 교리를 전격전(Blitzkrieg)이라는 새로운 전술로 발전시킨 것은 제2차 세계대전을 일으킨 독일군이었다. 기계화전(Armoured Warfare) 교리를 개발하고 체계화시킨 국가는 영국과 프랑스였지만, 기갑부대의 전술적 운용을 실전에서 활용한 국가는 독일이었던 것이다. 영국군과 프랑스군이 전차라는 무기체계를 보병부대의 보조적인 무기체계로 인식하고 있을 때, 독일군은 기갑부대를 전격전의 핵심 플랫폼으로 활용하였다. 미·영 연합국은 무기체계 연구개발과 전시생산체제를 가동하여 게임체인저를 생산함으로써 이러한 제한 사항을 극복했다.

제1부 4장의 종전과정 및 평가에서 살펴본 바와 같이, 무기체계와 전술교리 발전은 제2차 세계대전의 성격을 규정하고 연합국과 추축국의 승패를 좌우했던 핵심 요인이었다. 당시 지상전을 수행했던 육군은 대전차화기를 포함하여 전차, 장갑차 등 첨단 무기체계들을 연구 개발하여 실전에서 운용했다. 특히, 전격전을 중심으로 한 기동전뿐만 아니라 종심방어와 고슴도치 진지, 화력집중점 사격법 등의 창의적인 전술교리를 발전시켰다.

해군 전력의 측면에서는 전함 대신 항공모함이 주력함으로 자리 잡으면서 함재기의 전술적 활용이 중요해졌다. 1942년 말에 실용화된 레이다와 1943년 1월 미군이 개발한 VT(Variable Time) 신관 등은 대공방어에 효과적으로 사용되었다. 영국의 원천기술을 바탕으로 미국과 공동개발한 VT 신관은 육군과 해군의 대공포 탄약으로 사용되었으며, 레이더의 원리와 진공관을 활용하여 목표물 주변으로 전파를 방사 후 전파가 되돌아오면 작동하는 방식이다.

한편, 공군의 전술교리에서는 제공권 확보와 연계된 전략·전술폭격이 중요해지면서 항공기가 핵심 전략자산으로 인식되었다. 특히, 미국이 제2차 세계대전에 참전한 이후로 '하늘의 요새(Flying Fortress)'라고 불린 B-17F 폭격기가 주간 위주의 정밀폭격을 수행했고, B-29가 개발된 이후에는 본격적인 전략폭격이 이루어졌다. 제2차 세계대전을 통틀어 공군의 전술적 운용은 지상군의 근접지원과 전장차단에 중점을 두었으며, 전술적 임무수행이 단일 항공지휘관에 의해 통합됨으로써 강력한 힘을 발휘했다.

한편, 연구개발(R&D)이란 국가가 보유하지 못한 기술을 단독 또는 외국과 협력하여 공동으로 연구하고 기술을 실용화하여 필요한 무기체계를 생산·획득하는 활동이다(국방과학기술용어사전). 무기체계 연구개발 시 특정 국가가 보유한 군사 과학기술, 즉 밀리테크(Mili-Tech)는 무기체계의 질과 군사력의 수준을 결정짓는 핵심 지표라고 할 수 있다. 밀리테크는 군사(Military)와 기술(Technology)의 합성어로 무기체계의 원천이 되는 군사기술이며, 시대별 밀리테크의 진화과정

〈표 19〉 밀리테크의 진화과정(매일경제 국민보고대회팀, 2019, pp.75~89)

구분	밀리테크의 발전과정 및 특징
밀리테크 1.0	• 무기체계를 만드는 재료의 혁신이 가져온 변화 • 고대의 무기는 인간의 근력을 사용하고 화약을 사용하지 않는 냉병기였음
밀리테크 2.0	• 근대국가 탄생의 원동력이 된 화약무기의 시대 • 화약무기의 발명은 세계사의 흐름을 바꾼 군사혁명의 촉매제가 됨 • 총포전술은 기사를 중심으로 유지된 중세 유럽사회의 봉건제를 붕괴시킴
밀리테크 3.0	• 산업혁명으로 등장한 대량 살상무기의 시대 • 군사과학기술이 무기체계를 획기적으로 변화시키고 전쟁의 승패를 결정하는 요인으로 작용함
밀리테크 4.0	• 혁신적인 하이테크 무기체계와 게임체인저(Game changer)가 등장한 시대

은 〈표 19〉와 같다.

제2차 세계대전 초기 연합국들은 나치 독일군이 선보인 잠수함(U-boat)과 급강하폭격기(Ju-87), 전차(Tiger) 등 첨단 무기체계와 전격전 교리에 밀려 지상·해상·공중에서 고전을 면치 못했다. 하지만 미국과 영국을 중심으로 한 연합국이 독일군의 첨단전력을 무력화시키기 위한 무기체계 공동 연구개발을 본격적으로 추진하면서 추축국의 압도적인 전력이 상쇄되기 시작하였고, 연합국의 전시생산체제와 연동되면서 시너지 효과가 창출되었다.

영국은 신형 무기를 개발하기 위해 제1부에서 살펴본 바와 같이 특수무기를 개발하는 전담부서(DMWD)와 '처칠의 장난감 가게(Churchill's Toyshop)'와 같은 비밀 병기연구소를 설치하여 운영했다. 제2차 세계대전 당시 영국 해군성은 다양한 무기체계를 연구하기 위해 과학기술자와 해군 장교, 예비역 군인 등으로 구성된 DMWD를 설치하여 참신한 아이디어에 기반한 무기체계를 개발하였다. 실전 배치되어 운용된 대표적인 사례는 대잠수함 무기체계인 헷지호그(Hedgehog)와 대전차 수류탄 발사장치인 블랙커 발사기(Blacker Bombard) 등이다. 또한 1939년에 비밀 군사연구소로 설립된 국방성1과는 일명 '처칠의 장난감 가게'라고 불렸으며, 노르망디 상륙작전에서 실전 운용된 인공항구(Mulberry)와 대전차 투척장치(PIAT) 등을 개발하였다.

미국에서는 루스벨트 대통령이 당시 독일과의 기술격차 극복의 필요성을 주장했던 과학기술계의 제안을 수용하여 창설한 과학연구개발국(OSRD)을 중심으로 산·학 협력체계를 본격적으로 가동하였다. 그 결과 레이더와 수중음파탐지기, 원자폭탄 등 첨단 무기체계 연구개발이 활발히 추진되었다.

영국의 사례

18세기 중반 이후 영국은 산업혁명(Industrial Revolution)을 통해 근대과학을 태동시킨 발상지이며, 역사적으로 수많은 발명품과 과학기술 업적을 남겼다(외교부 서유럽과, 2021, pp.146~154). 1765년 제임스 와트(James Watt)의 증기기관 발명을 시작으로 20세기 이후 최초의 항생제인 페니실린(Penicillin)과 텔레비전 등을 개발하였다. 1928년 알렉산더 플레밍(Alexander Fleming, 1881~1955)이 최초로 발견하고, 1939년 영국 옥스퍼드 대학의 플로리(Howard Walter Florey, 1898~1968)팀이 정제(Purification)에 성공함으로써 페니실린은 본격적인 항생제의 시대를 열었으며, 제2차 세계대전기 인류의 역사발전에 다음과 같이 공헌하였다(김유항·황진명, 2021, pp.41~44).

제2차 세계대전 초기 영국은 모든 화학공장을 전쟁물자 생산에 동원했기 때문에 페니실린의 대량생산은 1943년 7월 이후 미국의 전시생산국(War Production Board) 주도로 추진되었다. 페니실린은 폐렴, 패혈증에 의한 사망이나 전투 부상에 따른 사지절단을 현격하게 줄이는 데 중요한 역할을 하여 연합군 병사의 12~15%의 생명을 구하는 데 기여했으며, 원자폭탄과 레이더 및 합성고무와 함께 제2차 세계대전에서 연합군의 승리를 이끈 주요 과학기술 연구개발 사례로 손꼽힌다.

The Haldane Report(1918)

1935년 왓슨 와트(Watson Watt)가 개발한 레이더(RAdio Detection And Ranging, RADAR)는 제2차 세계대전 초기 영국 본토 항공전에서 효과적인 대공방어에 작전적으로 크게 기여하였다. 특히, 영국은 산업혁명 이후부터 축적해 온 제조·공정기술을 토대로 방위산업을 발전시켰으며, 양차 세계대전에서 첨단 무기체계 연구개발 및 군수품을 대량생산함으로써 자주국방 체제를 확립할 수 있었다(장원준 외, 2014, p.128).

영국은 1916년 과학산업연구부를 창설하여 민간 연구개발을 지원하기 시작했으며, 특히 자치기구인 연구위원회(Research Council)를 통해 산·학 연구개발을 체계적으로 지원하기 시작했다(김기국, 2000, p.11). 영국의 연구위원회(Research Councils)는 美 국립과학재단(National Science Foundation, NSF)과 유사한 성격의 조직으로 연구개발 분야의 핵심 기구로 자리 잡았다.

한편, 영국 과학기술 발전의 토대가 된 기초연구시스템은 연구의 자율성과 독립성을 강조했던 홀데인 원칙(Haldane Principle)에 기반을 두고 있다. 이는 1904~1908년 영국 연구기금위원회의 의장을 맡았던 홀데인 경(Richard Burdon Haldane, 1856~1928)이 1918년에 제출한 보고서(Haldane Report)를 통해 확립되었다. 홀데인 원칙의 기본개념은 연구의 자율성과 독립성을 보장하는 것으로 연구지원을 결정하는 기금위원회의 운영 과정에서 정부의 통제를 최소화하고 연구자의 독립성을 존중해야 한다는 것이다(신은정, 2016, p.13; Ministry of Reconstruction of Great Britain).

제2차 세계대전 초기 영국이 나치 독일로부터 완전한 패배를 모면할 수 있었던 2가지 요인은 섬나라라는 지리적 이점과 1930년대 후반 영국이 군사적 취약성을 보완하기 위해 전투기와 레이더, 암호해독 기술 등에 집중 투자한 연구개발 덕분이었다(부트, 2013, pp.606~607). 독일 해군의 U보트에 맞서 영국 해군은 전함을 활용하여 상선을 호위했고 캐나다와 미국에 호위전력의 파견을 협조했다. 당시 영국 정부가 추진했던 호송시스템(Convoy System)은 대규모의 상선단을 그룹화하되 폭뢰(Depth Bomb)를 탑재하여 잠수함을 격침시킬 수 있는 구축함(Destroyer)으로 호위하는 개념이었다.

또한 영국은 제1차 세계대전 당시부터 독일 해군의 잠수함을 탐지하기 위해 해군성 잠수함작전본부 주도로 프랑스와 협력했던 비밀프로젝트(Anti Submarine Detection Investigation Committee, ASDIC)의 연구결과를 미국에 공유하였다. 이를 통해 양국의 과학자들은 수중음파탐지기(SONAR)를 개발하였다. 첨단기술이 집약되어 개발된 소나와 레이더가 해군함정에 탑재되면서 독일군의 잠수함 활동은 크게 위축되었다.

수중음파탐지기, SONAR(D'Amico·Pittenger, 2009, pp.426~428)

역사적으로 수중음파탐지기의 개발을 촉진한 사건은 1912년 4월 15일 세계 최대의 유람선이었던 타이타닉(Titanic)호의 침몰과 제1차 세계대전기 독일군 U보트의 공격으로 인한 연합국 선박의 대규모 피해였다. 당시 영국은 프랑스 해군과 협력하여 연합잠수함탐지조사위원회(ASDIC)를 편성하여 수중음파를 활용한 거리측정시스템을 개발하였다. 전간기와 제2차 세계대전기에 영국은 미국과 기술협력을 추진했으며, 美 해군 연구소는 구축함 등 군함에 탑재할 수 있는 능동형 소나(Active SONAR)를 개발했다.

한편, 독일 해군의 잠수함 위협을 근본적으로 제거하기 위해서는 잠수함 간의 상호 무선통신 내용을 감청하여 해독하는 과정이 필요했다. 이러한 판단하에 영국 정부는 밀턴킨스(Milton Keynes)에 소재한 '블레츨리 파크(Bletchley Park)'라는 곳에서 다음과 같이 비밀 암호학교를 운영하였다(브리태니커 백과사전). 런던 북부에 위치한 블레츨리 파크는 독일군의 암호해독을 위해 설치한 비밀 연구기관으로 과학자와 수학자, 체스 우승자, 군인, 우체국 직원 등 다양한 직종을 가진 인력들로 구성되었다. 천재 수학자인 앨런 튜링(Alan Mathison Turing, 1912~1954)은 독일군의 암호기기인 에니그마(Enigma)를 해독할 수 있는 자동 암호해독기(Bombe)를 개발했다.

블레츨리 파크에서는 독일군의 암호기기인 에니그마 코드를 해독하기 위한 전문인력을 양성했다. 컴퓨터의 초기 모델을 개발한 앨런 튜링은 블레츨리 파크에 근무하며 암호해독기를 개발하였으며, 이를 통해 연합군의 승리에 크게 기여하였다. 1940년 3월, 영국군은 독일군 잠수함 U110호로부터 에니그마 장치를 입수하여 블레츨리 파크에 전달하였고, 이를 계기로 독일군 암호체계 분석의 획기적인 전기(轉機)가 마련되었다.

독일군 잠수함을 무력화시킨 영국의 암호해독 기술(Tucker, 2005, pp.1153~1155)

제2차 세계대전기에 신호정보(Signal Intelligence, SIGINT)는 전쟁의 흐름을 바꾸는 데 중요한 역할을 수행했다. 추축국이 생성하는 전자기 방출 데이터를 수집 및 분석하여 연합국은 암호화된 메시지를 해석할 수 있었고 이를 통해 적의 작전계획과 기술적 역량을 판단할 수 있었다. 당시 연합국과 추축국은 상호 암호체계를 해독하기 위해 기술경쟁을 펼쳤으며, 그 과정에서 신호정보 관련 기술이 발전하였다. 전쟁 초기 추축국들은 초암호화된 코드북을 사용하는 영국 해군의 수기식 암호체계를 해독하여 작전을 유리하게 전개할 수 있었고, 특히 연합군 호송대의 움직임을 파악하여 타격하는 데 필요한 핵심 정보를 제공했다. 1940년 5월, 英 블레츨리 파크의 과학기술자들이 독일 공군의 암호체계(Enigma key net)를 해독함으로써 연합국은 SIGINT를 활용하여 전황을 유리하게 이끌 수 있었다. 당시 블레츨리 파크를 이끈 앨런 튜링(Alan Turing)과 고든 웰치먼(Gordon Welchman)이 독일군의 일일 암호설정 방식을 파악하기 위한 장치(당시에는 Bomb이라고 불림)를 개발하면서 정보우위를 점하게 되었다. 이를 기반으로 영국은 '울트라(Ultra)'로 알려진 정보작전을 전개할 수 있었다. 영국군은 본토 항공전 당시 독일군의 암호 정보를 해독 후 홈체인 레이더와 해안감시체계를 활용함으로써 적시에 전투기를 출격할 수 있었고, 보다 적은 수의 전투기를 투입하여 독일군의 폭격기를 요격했다. 개전 초기 대서양 전선에서 연합국에 큰 타격을 입혔던 독일의 잠수함 작전도 1941년 8월 이후 연합국이 U보트의 무선트래픽을 해독하게 되면서 효과적으로 억제되기 시작했다. 특히, 연합국은 대서양을 횡단하는 호송대의 항로 설정 시 독일군 U보트의 위치를 회피하는 방법을 통해 생존성을 보장할 수 있었고, 1941년 후반기를 기준으로 약 300척의 상선이 적의 공격으로부터 침몰하는 것을 막아낼 수 있었다. 이후 신호정보(SIGINT)는 유럽 전선과 아시아·태평양 전선을 포함하여 제2차 세계대전 대부분의 전역에서 연합국의 작전적 승리를 견인하는 데 핵심적인 역할을 수행했다.

미국의 사례

모델스키(George Modelski)와 톰슨(William R. Thompson)이 발전시킨 '리더십 장주기 이론(Theory of Leadership Long Cycle)'은 국제체제의 변화, 즉 패권국의 출현을 기술혁신의 관점에서 설명하는 거시적 국제정치이론이다. 모델스키 등은 세계경제의 장기 사이클이 40~50년 주기로 반복된다고 설명하는 콘드라티에프 주기(Kondratieff Wave)가 선도 부문(Leading Sector)에서의 기술혁신과 연동되어 움직인다고 보았다. 즉, 특정 지역과 국가에서 기술혁신이 집중적으로 일어나며 해당 선도 부문을 주도하는 국가가 세계정치경제 질서와 규범체계를 재편하며 패권국가로 부상한다는 점을 강조했다(배영숙, 2017, pp.2~3).

모델스키가 제시한 장주기(Long cycle)는 다음과 같이 4단계로 구성되며 각 주기별로 특정 국가의 상승과 하강 국면이 존재한다(박재영, 2021, p.363). ① 세계전쟁(Global war)의 시기, ② 세계대국(World power)의 시기, ③ 탈정당화(Delegitimation)의 시기, ④ 분산화(Deconcentration)의 시기이다. 본 연구에서 다루고 있는 제2차 세계대전은 세계전쟁의 시기에 해당하며, 모델스키는 약 20~30년 동안 지속되는 세계전쟁을 통해 새로운 패권국이 등장하고 새로운 주기가 시작된다고 보았다. 리더십 장주기 이론에 따르면, 미국은 19세기 후반부터 시작된 석유, 철강, 전기 등의 분야에서 강력한 기술혁신을 이루었으며, 이를 바탕으로 첨단 무기체계 연구개발 부문을 선도함으로써 제2차 세계대전을 승리로 이끌었고 전후 강력한 패권국가(Global Power)로 부상하였다.

제2차 세계대전 이전까지 미국은 소극적 과학기술 정책(Pre-Modern Science Policy)의 기조하에 농업 생산성 향상 관련 대학의 연구활동을 대규모로 지원하였고, 이후 자생적인 산업기술을 축적하기 위한 연구개발 활동을 사회적으로 확산시켰다(장용석, 2006, p.14). 미국의 연구개발 발전단계 초기과정에서 보이는 특징은 각 대학과 기업들이 연구소를 설립하여 본격적인 기초연구를 수행하였고 신기술 창출에 매진했다는 점이다.

이와 관련하여 이관수는 20세기 초반부터 제2차 세계대전 발발 이전까지 미국의 연구개발 체제 변화를 다음과 같이 제시했다(이관수, 2003, pp.111~112). MIT는 기업체의 연구 용역과제와 자문에 의존하여 확장해 왔으나, 세계 대공황으로 인한 위기를 극복하기 위해 연구용역 중앙관리, 간접경비 징수를 통해 장기적인 대학 연구기금을 조성하는 등 오늘날 세계적인 표준이 된 연구개발 관리제도를 창안했다. 또한 GE, ATT 등 미국 기업들은 독일 기업을 벤치마킹하여 1900년대 초반부터 기업체 연구소를 설립하였고, 과학적 지식을 활용한 기술개발에 집중하면서 성공적인 모델을 확립하기 시작했다. 1920년대 중반 이후부터는 연구개발의 규모가 점차 확대되어 기초 분야에서 괄목할 만한 성장을 거두기 시작했으며, 대표적인 기업은 1927년 중합반응 연구로부터 1938년 나일론 개발에 성공한 듀폰사이다.

이러한 연구개발 체제의 변화는 제1차 세계대전 이후 과학기술 발전과 연구개발이 군사력에 결정적으로 도움이 된다는 것을 체감한 미국사회에서 기부문화가 확산되었기 때문에 가능했다. 1920년대 민간과 산업 부문으로부터 기부활동이 활발해지면서 새로운 연구기관 설립을 위한 기금이 조성되었고, 특히 연구지원 활성화를 지원하기 위한 각종 보조금이 마련되기 시작했다. 이 시기 미국의 카네기(Carnegie) 재단과 포드(Ford) 재단, 록펠러(Rockefeller) 재단과 같은 기업 부설 연구재단의 설립이 활발하게 이루어진 결과 미국사회에서 연구대학이 뿌리를 내리게 되었다(배영자, 2007, p.132).

하지만 세계 대공황기를 거치며 민간과 기업의 재정지원이 어려움에 직면하게 되었고, 1940년대 이후부터 정부 주도의 연구개발 지원 정책이 추진되었다. 미국에서 빠른 속도로 확산된 연구중심 대학들은 정부의 재정지원을 바탕으로 대학 간 경쟁을 통해 연구문화를 정착시켰으며, 동시에 경쟁력 있는 분야를 중심으로 더욱 특화되고 전문화되었다(홍성욱 외, 2002, pp.10~12).

1930년대 경제대공황을 극복하는 과정에서 미국은 관련 법률안의 제정과 예산지원을 통해 첨단 무기체계 연구개발의 기본적인 토대를 마련했다. 제2차 세계대전기 연합군의 승리를 견인했던 플랫폼인 항공모함의 사례를 예로 들면, 미국은 1933년 루스벨트(Franklin D. Roosevelt) 대통령 취임 이후 '뉴딜정책(New Deal)'의 일부를 건함(建艦) 사업과 연계하여 항공모함을 건조하기 시작했다(박성용, 2011, p.178). 당시 루스벨트 행정부는 태평양 지역에서의 전쟁에 대비함과 동시에 1934~1940년까지 빈슨-트라멜 법안(Vinson-Trammel Act)을 제·개정하여 해군력 증강의 법적 토대를 마련했다. 빈슨-트라멜 법안은 워싱턴 체제에서 허용하는 한계범위 내에서 美 해군력의 확장계획을 담고 있으며 1934년 3월, 1938년 5월, 1940년 6월과 7월에 걸쳐 수정되었고, 4차례의 수정법안을 통해 미국 함대는 약 70% 증강 계획을 승인받았다(정광호, 2015, pp.72~75).

전간기 미국의 건함 정책(National Museum of the U.S. Navy)

1930년대 국제정세의 혼란 속에서 1936년 런던해군군축조약이 실패로 끝나자, 美 루스벨트 행정부는 군비경쟁의 우위를 차지하기 위해 해군력 강화 정책을 추진했다. 특히, 독일과 일본의 군비확장에 대응하기 위해 1938년 제2차 해군법(Naval Act of 1938)을 제정하여 항공모함, 전함, 순양함, 구축함 등을 중심으로 대대적인 군함 건조에 착수하였다. 제2차 빈슨 법안(The Second Vinson Expansion Act)으로 알려진 1938년 해군법은 美 해군 전력의 20% 증강, 10만 5천 톤의 전함 건조 계획이었다. 우측 사진은 美 캘리포니아주에 있는 The Mare Island Naval Shipyard에서 건조 중인 USS Wadleigh(DD-689)호의 모습이다.

제2차 세계대전을 전후하여 미국의 연구개발 시스템에는 새로운 조직개편과 함께 근본적인 변화가 일어났다. 1940년 6월 27일, 美 행정부는 MIT 전기공학 교수이자 카네기 과학재단의 최고책임자를 역임한 버니바 부시(Vannevar Bush, 1890~1974)를 중심으로 국방연구위원회(National Defense Research Committee, 이하 NDRC)를 설립하여 다음과 같이 군사과학기술 연구 강화의 기반을 조성했다(바칼, 2021, pp.50~57).

버니바 부시는 당시 신개념의 무기체계를 개발하지 않고 동일한 무기체계를 대량으로 생산하는 문제에만 집중하는 군(軍) 조직의 특성을 '프랜차이즈 상태(Franchise Phase)'와 같다고 비판했다. 또한 루스벨트 대통령에게 독일과의 기술격차를 상쇄하기 위해서는 연방정부 내에 새로운 과학기술 그룹을 만들어야 한다고 건의했으며, 이에 따라 대학과 기업의 과학기술자, 의학자, 법률가, 사업관리자, 공무원, 군 관계자, 노동자들로 이루어진 과학연구개발국이 창설되었다.

美 루스벨트 행정부는 1941년 6월, 백악관 직속기구인 과학연구개발국(Office of Science Research and Development, 이하 OSRD)을 설치하여 새로운 과학기술 연구의 핵심 조직으로 운영하였다. 국방연구위원회의 연구활동을 이관받은 과학연구개발국은 제2차 세계대전기에 미국의 무기체계 연구개발을 총괄했으며, 레이다와 수중음파탐지기, 원자폭탄 개발을 주도했다. 특히, 국방연구위원회와 과학연구개발국의 총괄책임자였던 버니바 부시는 대학과 민간기업의 자율성을 보장하고 필요시 효율적으로 동원하기 위한 수단으로 '연구계약 제도'를 도입하여 시행하였다(이관수, 2003, p.113).

제2차 세계대전기에 美 연방정부는 과학기술 연구개발에 막대한 규모의 국가예산을 투입했다. 구체적인 데이터를 살펴보면 다음과 같다(베일리, 1984, pp.180~183). 1940년 기준 7,400만 불에서 1945년 16억 불로 관련 예산이 큰 폭으로 증액되었다. 또한 연구계약 제도가 시행되면서 정부 주도의 무기체계 연구개발 예산의 상당 부분이 각급 대학의 연구소로 배정되었다. 대표적으로 매사추세츠 공과대학(MIT)의 경우 1억 1,700만 불의 보조금을 지원받아 레이더 연구개발을 추진했다. 컬럼비아 대학과 하버드 대학, 프린스턴 대학 등도 정부 예산을 지원받았으며, 이를 토대로 로켓과 탄약 등을 개발하였다.

전쟁을 수행하는 과정에서 연구개발의 중점은 적을 효과적으로 살상하고 무력화할 수 있는 첨단 무기체계에 우선순위가 부여되었다. 하지만 첨단 무기체계를 연구개발하는 과정에서 전후 미국인들의 일상생활을 혁명적으로 변화시킨 기술들이 파생되었다. 전시 연구개발을 통한 군사기술 혁신은 전후 평화산업의 토대가 되었으며, 항공, 원자력, 의학, 레이다, 원격통신 분야의 발전에 크게 기여하였다.

美 국방연구위원회(NDRC)와 과학연구개발국(OSRD)

①번 사진은 미국의 과학자인 버니바 부시의 모습으로 1939년 미국 국가방위연구위원회(NDRC)의 의장을 역임했으며, 제2차 세계대전기인 1941년에 과학연구개발국(OSRD)의 책임자로 발탁되었다. 버니바 부시 박사가 지휘했던 OSRD는 원자폭탄을 개발하기 위한 맨해튼 프로젝트를 포함하여 전시 미국의 모든 연구개발 계획을 조정·통제하는 중요한 역할을 수행했다. ②번 사진은 1947년 1월 20일 美 트루먼 대통령과 국방연구위원회의 주요 인사들이 함께 찍은 사진이며, 버니바 부시 박사를 포함하여 하버드 대학교 총장, 과학연구개발국장, MIT 총장, 국립과학아카데미 관계자들이 함께하고 있다. ③번 사진은 美 백악관 직속기구인 과학연구개발국(OSRD)에서 추진한 우라늄 프로젝트를 감독하기 위해 편성된 S-1 Committee의 모습이다. 당시 이 위원회는 1943년 가을까지 핵물질 추출 시설의 건설 관련 사항 등을 권고했다.

① 버니바 부시   ② 트루먼과 국방연구위원   ③ OSRD 산하 S1 위원회

2. 국내 전선과 전시생산체제의 시너지 효과

제2차 세계대전은 총력전 개념하에서 국가의 모든 가용자원을 총동원하여 치른 전쟁이었기 때문에 각 교전국들의 산업역량이 군수품 생산에 집중되는 '경제의 군사화'를 초래했다. 이 과정에서 국가의 산업시설을 군수물자 생산기지로 전환하는 조치가 선행되어야 했다. 미국의 경우 1932년 2월에 설립된 부흥금융공사(Reconstruction Finance Corporation)가 그 역할을 담당했으며, 구체적인 내용을 살펴보면 다음과 같다(렌즈 외, 1984, pp.265~266).

1940년 6~8월 이후 군수생산 수요가 증가하자, 부흥금융공사는 국방공장공사(Defense Plant Corporation), 고무저장회사(Rubber Reserve Company) 등 5개의 자회사를 설립하여 자금을 융자하였다. 이 중 전시경제의 군수전환에 가장 큰 영향력을 행사한 것은 국방공장공사였으며, 전전(戰前) · 전시(戰時)를 통해 기존 공업 시설의 군수시설 전환을 망설이던 기업에 총액 92억 불에 달하는 금액을 융자하고 2,300개의 군수공장을 건설하였다. 이 중 39억 불은 미국 최대기업인 제너럴 모터스, 크라이슬러, 포드자동차 등 25개사에 지원되었다. 한편, 美 행정부는 국가 전략물자의 수급을 조정 · 통제하기 위해 기존의 조직을 개편하고 새로운 조직을 신설하여 총력전 수행 체제를 보다 최적화하여 구축했다. 국가별 전시생산체제로의 전환이 완료되고 총력전 수행체제가 확립된 이후 연합국의 무기체계 생산능력은 〈표 20〉과 같이 추축국을 압도했다.

〈표 20〉 1939∼1945년 무기체계 생산현황(로페즈 외, 2021, p.27)

구분	화포 · 박격포	전차 · 돌격포	항공기	선박 · 잠수함	탄약
미국	17.9	32.4	36.1	34	36.4
영국	12.1	10.2	14.8	23.7	14.7
소련	53.7	38.4	17.9	2.2	21.3
독일	13.8	17.1	21.3	31.6	21.3
일본	1	1	8.7	7.2	6.3
이탈리아	1.5	0.9	1.2	1.2	?

* 국가별 총생산량 대비 비율

당시 영국과 미국은 전시생산체제로 전환함과 동시에 국가총력전 수행을 지원하기 위해 국내 전선(Home Front)을 유지함으로써 전쟁지속능력을 뒷받침했다. 전 국민이 참여한 가운데 부족한 식량의 자급자족을 위한 자가영농활동, 자원의 재활용, 여성들의 산업활동 참여 등 다양한 국민적 캠페인이 전개되었다.

영국의 사례

제2차 세계대전의 발발 이후 영국은 전시생산체제로 전환하기 위해 다음과 같이 행정기구를 개편하였고 전시계획을 가동했다(Berend, 2008, p.112). 1940년 조달부(Ministry of Supply)와 항공기생산부(Ministry for Aircraft Production), 특별협의체인 항공기생산회의(Airplane Production Council)를 조직하였다. 1943년 9월에는 경제전쟁부(Ministry of Economic Warfare)를 설치하고 산하에 내각우선순위위원회(Ministerial Priority Committee)와 주요물자관리위원회(Principal Supply Officers Committee)를 편성했다. 전시 군수품 생산능력을 강화하기 위해 1941년 4~11월 민간산업에 종사하던 20만 명의 여성들을 군수산업으로 전환시켰다. 영국 정부는 전쟁 지속능력을 보장하기 위해 군수품 생산과 공급을 통제하였고 주요 군수물자 생산계획을 수립하여 추진하였다.

대표적인 사례를 제시하면, 1940년 수립된 헤로게이트 계획(Harrogate Programme)은 매월 2,500대의 항공기를 생산하는 것이었고, 본토항공전을 수행하는 과정에서 다량의 항공기 피해가 발생하자 헤네시 계획(Hennessy Programme)을 추진했다. 이는 급증하는 항공기 수요를 충족하기 위해 헤로게이트 계획의 생산기간을 단축하는 내용이었다. 또한 1941년에는 공군의 전술폭격 증가에 따른 폭탄 생산계획(Bomber Programme)을 수립하여 고성능폭탄의 생산을 우선적으로 추진하였다.

영국 정부는 개전 초기 효과적인 영공방어를 위해 전투기 생산에 집중하였고, 알루미늄과 같은 금속 원자재의 수요를 충족하기 위해 자원재활용 캠페인을 전개하였다. 또한 군수품 생산에 재활용할 수 있는 가용자원을 회수하여 전차와 군함 등 무기체계 생산량을 확대하였다. 1939년 영국의 전차생산량은 969대 수준이었으나 1942년에 8,600여 대 규모로 증가했으며, 전시 영국의 알루미늄·항공기 생산현황은 〈표 21〉에 제시된 바와 같다(박계호, 2021, pp.189~190).

영국 리버풀의 Mustang 전투기 조립 공장

〈표 21〉 제2차 세계대전 시 영국의 알루미늄, 항공기 생산현황

구분	1939년	1940년	1941년	1942년	1943년	1944년	1945년
알루미늄(100톤)	25.0	19.0	22.7	46.8	55.7	3.5	31.9
항공기(대)	7,940	15,049	20,094	23,672	26,263	26,641	–

　제2차 세계대전이 발발한 이후 영국 정부는 긴박하게 전개되는 전황에 대응하기 위해 전시 생산 우선순위(War Production Priorities)를 아래의 표와 같이 3개 등급으로 재조정했다(Hancock · Gowing, 1949, p.282; O'Brien, 2015, p.33에서 재인용). 전시 영국 정부의 군사력 건설정책은 인구의 제약 조건을 반영하여 대규모의 지상군 대신 항공력을 강화하는 방향으로 전환하였다. 이는 전쟁기간 중 지상군의 전사자 비율이 상대적으로 높다는 점을 반영한 것으로 영국 정부는 대규모 인명피해를 줄이기 위해 항공기 생산을 확대하기로 결정했다. 실제로 제2차 세계대전기 영국의 폭격사령부(Bomber Command)에서 작전수행 간 전사한 승무원은 47,130명이었으며, 이는 제1차 세계대전기 솜전투(Battle of the Somme) 초기 수일

간 발생한 전사자보다 적은 인원이었다(O'Brien, 2015, p.36).

〈표 22〉 전시 초기 영국 정부의 전시 생산 우선순위 조정

구분	대상	관련 무기체계
Class 1(a)	• 최우선적으로 생산해야 할 무기체계 • 국가의 생존과 직결된 필수 무기체계	• 전투기: 독일과의 공중전 수행 • 폭격기 · 훈련기: 전략폭격, 조종사 양성 • 대공무기: 방공작전 수행 • 소화기 및 폭탄
Class 1(b)	• Class 1(a) 조달 이후 소요 제기된 5가지 품목과 구성품	• 대전차화기 • 야포, 기관총 • 탄약
Class 2	• 1940년 9월까지 조달해야 할 군수품	• 기타 육군 장비: 보병, 기갑부대 지원 • 예비물자: 위기 대응용 비축물자

전통적인 해양패권 국가였던 영국은 개전 초기 호송선단에 대한 공격으로 시작되었던 대서양전투에서 독일군 잠수함에 의해 전함과 상선의 대규모 피해를 입었다. 전간기에 체결된 해군 군축조약을 통해 영국 해군은 함정 비율 측면에서 미국과 함께 유리한 위치를 확보하고 있었음에도 불구하고 개전 이후 1942년까지 대서양에서의 제해권을 상실했다. 대서양전투 기간 중 독일군 U보트에 의해 침몰된 연합국 상선은 모두 2,200척, 1,400만 톤 규모였으나 1943년 이후부터는 연합국이 암호해독(Enigma), 전략폭격을 강화하고 대규모 건함을 추진하면서 전황이 변화되기 시작했다(로페즈 외, 2021, pp.96~97).

대서양전투는 대규모 해상 수송작전 형태로 전개되었으며, 모든 바다에 영향을 미쳤을 뿐만 아니라 항공기, 기뢰, 해상함선, 위장침입, 특공작전, 전자기 신호 해독 등 다양한 전투수단들이 등장했던 전선이었다. 영국의 처칠 수상은 제2차 세계대전 관련 회고록에서 "전쟁기간 동안 나를 진정으로 두렵게 했던 것은 단 하나, 바로 유보트였다"라는 문장을 남겼을 정도로 대서양전투는 당시 영국에 큰

부담을 안겨준 전선이었다(Churchill, 1948, p.608; 로페즈 외, 2021, p.96에서 재인용-).

제2차 세계대전기 영국은 대서양을 횡단하는 대규모 상선을 안전하게 호송하기 위해 전함과 호위함의 생산을 확대했다. 1940년부터 1943년 말까지 영국 해군은 구축함 176척과 코르벳함·호위함 160척을 생산했으며, 이를 위해 약 91.4만 명의 인력을 동원했다(O'Brien, 2015, pp.44~45).

제2차 세계대전기 영국은 소련과 더불어 미국의 무기대여법을 통해 대규모의 전쟁물자를 수급했다. 하지만 1940년 이후 전시생산체제를 본격적으로 가동하기 시작하면서 전비 지출규모와 방위산업 인력을 점진적으로 확대해 나갔다. 저명한 경제사학자인 해리슨(Mark Harrison)의 연구에 따르면, 아래의 〈표 23〉, 〈표 24〉와 같이 영국은 1941년 이후부터 국가 총지출 대비 군사비 비율이 50%를 상회하며 미국을 앞서기 시작했고, 병력 징집 및 방위산업 근로자

〈표 23〉 전시 국내순생산(Net National Product for War)* 현황

구분	미국		영국		소련		독일	
	I**	II***	I	II	I	II	I	II
1938년	-	-	7	2	-	-	17	18
1939년	1	2	16	8	-	-	25	24
1940년	1	3	48	31	20	20	44	36
1941년	13	14	55	41	-	-	56	44
1942년	36	40	54	43	75	66	69	52
1943년	47	53	57	47	76	58	76	60
1944년	47	54	56	47	69	52	-	-
1945년	-	44	47	36	-	-	-	-

* 국내순생산(NNP)은 국민총생산(GNP)에서 자본설비의 상각비를 공제한 값.
** I : 원천과 관계없이 전시조달물자 대비 군사용 비율.
*** II : 활용 분야와 관계없이 전시예산 대비 군사비 지출.

등 전쟁 수행을 위한 인력 동원 비율도 소련을 제외하고 가장 높은 수준을 보였다(Harrison, 1988, pp.186~192). 해리슨은 제2차 세계대전기 영국이 연합국과 추축국을 포함하여 다른 교전국들에 비해 최대의 동원율을 달성했으며, 구체적으로 병력 1명당 방위산업 근로자 1명, 필수재 생산을 위한 민간근로자 2명의 비율을 유지한 것으로 평가했다.

〈표 24〉 제2차 세계대전기 주요 교전국의 전시 인력동원 현황

구분		전시 산업인력**	전투원	총동원 인력
미국	1940년	8.4*	1.0	9.4
	1943년	19.0	16.4	35.4
영국	1939년	15.8	2.8	18.6
	1943년	23.0	22.3	45.3
소련	1940년	8	5.9	14
	1943년	31	23	54
독일	1939년	14.1	4.2	18.3
	1943년	14.2	23.4	37.6

* 표에 제시된 수치는 국가별 노동인구 대비 차지하는 비율임(%).
** 전시산업은 주로 무기체계 생산, 선박건조, 철강업, 화학산업 분야 종사자임.

미국의 사례

제2차 세계대전기 미국의 전시생산체제를 이해하기 위해서는 제1차 세계대전 과정에서 이루어진 조직 개편과정을 간략히 살펴볼 필요가 있다. 미국은 전시 효과적인 위기관리를 위해 대규모의 군수품을 안정적으로 수급하고 통제할 수 있는 제도적 장치를 마련하였다. 대표적인 기구는 제1차 세계대전 당시 산업화된 전쟁을 수행하기 위해 창설된 전시산업위원회(War Industries Board)였다. 전시산업위원회는 1916년 육군세출법(Army Appropriations Act)에 근거하여 전쟁부(War Department) 소속 국방위원회의 산하기구로 창설되었다. 하지만 보다 체계

적이고 중앙집권적인 전쟁물자의 조달 필요성이 대두되면서 1918년 이후 독립 기구로 개편되었다(손병권, 2010, p.136).

제2차 세계대전기에 창설된 전시생산위원회의 모체가 된 전시산업위원회는 전쟁지속능력 보장을 위한 전략물자의 생산과 수급을 원활하게 조정·통제하고 연방정부와 산업체의 유기적인 협업을 위해 교량역할을 수행하였다. 이후 1939년 유럽에서 전쟁의 조짐이 확산되자 미국은 군수품 생산능력을 확충하기 위해 관련 법안과 조직을 본격적으로 정비하기 시작했다. 미국은 1939년 1월에 군과 산업계의 교류를 촉진시키기 위해 양성발주법(養成發注法)을 제정하였고, 6월에는 전략물자비축법을 통과시켰으며, 8월에는 육·해군 공동군수국을 전시자원국(War Resources Board)으로 개편하여 본격적인 전쟁준비에 착수했다(김진균, 1996, p.48).

제2차 세계대전 발발 이후 미국은 징발권한부여법(1940), 군사훈련법, 군수공업육성법, 가격통제법, 경제안정법(1942) 등 전쟁수행에 필요한 법률을 제정함과 동시에 비상관리실(1939), 경제안정실(1942), 전시동원실(1943) 등 총괄기구와 전시식량관리청, 전시유류관리청, 전시수송위원회, 전시인력위원회 등 전쟁 수행에 필요한 기구를 설치·운영하였다(정원영, 2016, p.13).

美 전시생산위원회, War Production Board(박인규, 2019)

1942년 1월 美 루스벨트 행정부는 전시생산위원회를 창설하여 전시 미국의 군수물자 계약에 관한 전권을 위임했다. 당시 루스벨트 대통령은 행정명령을 통해 약 1만 명의 민간기업 경영진들을 전시행정기구에 포진시켰으며, 전시생산위원회에도 대기업 간부들을 등용했다. 제1차 세계대전기 군수물자 계약이 경쟁입찰이었다면, 제2차 세계대전기에는 74%가 수의계약으로 이루어졌기 때문에 이 위원회는 전시에 중요한 역할을 수행했다.

개전 초기 미국은 대공황을 극복하기 위해 고립주의(Non-interventionism) 노선을 고수하며 유럽의 전쟁에 개입하기를 주저했다. 하지만 1935년 전쟁 중인 국가와의 군수물자 교역을 금지하는 내용의 '중립법(Neutrality Act)'을 제정한 이후 영국과 프랑스 등 연합국에 무기체계와 군수품을 수출했다. 법률제정 당시에는 미국산 무기체계를 구매하는 국가들에는 현금결제와 운송에 대한 책임까지 부과하였다. 하지만 1940년 전쟁이 본격화되면서 영국의 처칠 수상은 전비조달과 군수물자 수송의 어려움을 호소하며 미국 정부에 전쟁물자의 무상공급과 운송까지 협조했다.

이에 따라 1940년 11월, 3선(三選)에 성공한 미국의 루스벨트 대통령은 전투병력을 파병하지 않으면서 영국을 지원할 수 있는 효과적인 방안을 구상하게 되었다. 또한 12월 17일, 美 의회와 국민들을 대상으로 한 대국민 라디오 연설에서 '소방호스(Garden Hose)의 비유'를 이야기하며 연합국에 대한 군사지원 필요성을 역설했다. 이어서 1941년 2월, 영국의 처칠 수상도 라디오 연설을 통해 미국 국민들에게 연합국에 대한 미국의 군사지원을 호소했다.

1941년 3월 11일, 루스벨트 행정부는 무기대여법(Lend-Lease Act)을 발효시킴으로써 미국의 방위에 필요하다고 판단되는 국가들에 대한 군수물자 공급을 승인했다. 무기대여법의 제정과 함께 중립법은 더 이상 적용되지 않았으며, 미국은 본격적으로 제2차 세계대전에 참전하는 계기를 마련했다.

미국은 천문학적인 규모의 예산이 투입된 무기대여 프로그램을 통해 전후 국제사회의 질서를 주도해 나갈 패권국의 토대를 마련할 수 있었다. 당시 무기대여법은 기존의 중립법에서 규정한 '현금수송(Cash and carry) 조항', 즉 현금으로 구매하고 자국의 선박으로 운송하는 조건을 폐지함으로써 결과적으로 미국에는 '민주주의의 병참기지, 군수물자의 수송, 세계경찰'이라는 3중 책임을 지웠다(이혜정, 2001, p.371).

美 중립법, Neutrality Act(손병권, 2007, p.4)

미국의 중립법 제정 취지와 개정 과정은 다음과 같다. 1935년 제정 이후 1941년 12월 일본의 하와이 진주만 공습으로 그 의미를 상실할 때까지 중립법은 교전국에 대한 미국의 무기체계 또는 무기체계와 관련된 원자재 및 산업생산품의 수출을 금지하는 등 미국의 중립을 확보하기 위해 유지되었다. 美 루스벨트 행정부는 1935년 이탈리아의 에티오피아 침공을 계기로 중립법을 제정했으며, 이는 유럽대륙에서 발생한 전쟁에 미국이 개입하는 것을 법적으로 방지함으로써 미국의 엄정한 중립정책을 고수하기 위한 고립주의 정책의 산물이었다. 이후 미국은 1936년, 1937년, 1939년 세 차례에 걸쳐 중립법을 개정하였다. 1937년까지의 중립법 개정은 반덴버그(Arthur H. Vandenberg) 공화당 상원의원을 포함한 고립주의자들의 강력한 지원하에 무기체계 관련 물자의 수출금지를 강화하는 법안이 발의되었으나, 1939년 중립법은 루스벨트의 정치적 견해를 반영하여 독일 등 추축국에 대항하는 영국, 프랑스를 지원하는 방식으로 개정되었다.

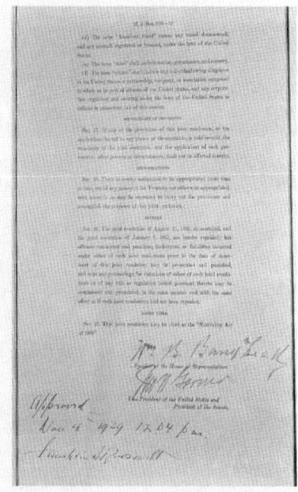

그럼에도 불구하고 무기대여법은 특정 국가의 방위가 미국의 안보에 사활적 요인이라고 판단될 경우 대통령이 방위물자를 판매·임대 또는 교환할 수 있도록 허용하는 법안이었기 때문에 전통적 고립주의를 고수해 온 미국이 국제주의 노선으로 전환하게 된 계기를 마련해 주었다. 특히, 세계 최고의 산업생산력을 자랑하는 미국의 군수물자가 유럽의 연합국들에 대규모로 제공됨으로써 제2차 세계대전에서 미국의 참전은 이미 기정사실화되었다고 할 수 있다.

1941년 12월 8일, 미국은 추축국에 대한 선전포고 후 신속하게 전시생산체제에 돌입했고 안정적인 병력동원과 군비확충, 전시생산체제 구축 등에 필요한 법률안들을 제정하여 시행했다. 대표적인 법안으로는 1940년 9월에 제정된 징병법(Selective Service Act), 선별훈련복무법(The Selective Training and Service Act), 1943년 6월에 제정된 스미스-코널리법(Smith-Connally Act) 등이 있다.

미국 정부는 원활한 전시생산체제를 가동하기 위해 1942년 1월, 전시생산위원회(War Production Board)라는 조직을 창설하여 군수물자 생산과 계약에 관한 전권을 위임했다. 특히, 대기업 출신 간부들을 위원으로 임명하여 전략물자의 수급, 전쟁물자 조달 우선순위 등을 효과적으로 조정·통제했다. 또한, 막대한 전쟁비용을 마련하기 위해 세금 인상과 전쟁채권 발행 등 다양한 정책을 추진했다(박계호·김용빈, 2014, pp.143~150). 전시생산위원회의 통제하에 대규모의 생산라인을 보유한 민간기업들이 무기체계 생산에 참여하게 되면서 군수품 생산체제가 본격적으로 가동되었다. 전시생산체제는 미국의 산업발전에 중요한 원천이 되었으며, 전후 '군산복합체'로 상징되는 독특한 시스템을 창출했다.

군사전문가인 오브라이언(Phillips Payson O'Brien)은 제2차 세계대전에서 승패를 가른 핵심 요인으로 해상·공중전의 중요성을 강조했으며, 다음과 같이 2가지 근거를 제시했다(O'Brien, 2015, pp.3~6, 481~488). 첫 번째 이유는 지상전과 해상·공중전의 속성, 해당 무기체계의 특징에 관한 차별성이다. 영토를 중심으로 전개되었던 대규모 지상전은 예외적인 상황을 제외하고 경제적 가치가 매우 적었으며 전투결과가 해상·공중전에 미치는 영향이 크지 않았다. 또한 전투 피해가 발생하더라도 총포류와 전차 등 대부분의 지상무기체계는 생산비용이 크

군산복합체, 軍産複合體, Military-Industrial Complex(군사용어대사전 편집위원회, 2016, p.142)

군산복합체의 사전적 의미는 "제2차 세계대전 이후 미국을 중심으로 군부와 독점적 대기업이 공동의 이익을 위해 상호 의존하는 체제"를 뜻한다. 1961년 1월 17일, 미국의 제34대 대통령 아이젠하워(Dwight D. Eisenhower, 1890~1969)가 ①번 사진의 퇴임연설에서 언급하면서 세상에 알려진 용어이다. 전후 미국사회에서는 대규모 전쟁을 통해 경제부흥을 추구하는 이른바 '군사 케인스주의'를 경고하는 개념으로 사용되고 있다. ②번 사진은 Sidney Lens가 1970년에 저술한 *The Military-Industrial Complex*로 제2차 세계대전 이후 미국 주도의 국제질서를 뒷받침해 온 군산복합 권력의 특징을 분석한 군사 분야의 고전이다.

① 아이젠하워 대통령의   ② 군산복합체론   ③ 미국의 방산기업   ④ B-58 생산공장
퇴임연설   (Sidney Lens,   (크라이슬러 전차 공장, 1940)   (Fort Worth의 Convair)
   1970)

지 않아 비교적 소액의 예산으로 보충할 수 있었다. 하지만 해상·공중전의 경우에는 전투결과가 지상전에 결정적인 영향을 미쳤으며, 큰 틀에서는 전쟁의 향방을 결정하기도 했다. 특히, 지상무기체계에 비해 항공모함, 전투기, 폭격기 등 해상·공중 플랫폼은 생산 비용·기간이 과도하게 소요되었기 때문에 전투 피해 발생 시 적시적인 보충·대체가 어렵다는 특징이 있다.

이러한 관점에서 오브라이언은 미·영 연합군이 군함과 전투기 등 핵심 무기체계에 대한 연구개발 및 전시생산체제에서 추축국을 능가했기 때문에 승리할 수 있었다고 평가했다. 즉, 소모전·총력전 양상으로 치러진 장기간의 전쟁에서 연합국은 치명성을 가진 고성능의 함정과 전투기를 선제적으로 개발하고, 추축국에 비해 상대적으로 많은 물량을 생산함으로써 제해·제공권을 장악하고 전략적 우위를 점할 수 있었다는 것이다.

오브라이언은 제2차 세계대전기에 기술적 · 산업적 차원에서 벌어진 항공기와 군함의 개발 · 생산 경쟁 현황을 다음과 같이 제시했다. "독일의 전시생산체제에서 항공기 생산 비율은 연간 국가생산량의 약 50% 이상을 차지하였고, 영국의 경우 독일의 생산량을 큰 폭으로 상회했다. 또한 연합국과 추축국을 막론하고 해상 · 공중 무기체계 생산 비율은 전시 국가생산현황의 약 3분의 2 수준을 차지했으며, 일본 제국주의는 그 비율이 더 높았다"고 평가했다.

제2차 세계대전에서 해상 · 공중전이 중요한 두 번째 이유는 기동성(Mobility)에 대한 부분이다. 오브라이언은 추축국 독일과 일본의 패전이 1943년 이후부터 이미 결정되었다고 평가했다. 즉, 연합군이 제해권과 제공권을 장악하기 시작하면서 추축국의 군대와 상선은 기동성이 약화되었다고 분석했다. 1943년 여름부터 독일은 대서양 전투에서 연합국의 상선을 제압하지 못했고 이로부터 주도권을 상실하기 시작했다. 일본도 1943년 후반기부터 연합군의 해상봉쇄와 전략폭격으로 인해 고립되기 시작하였다. 결국, 제해 · 제공권을 상실한 독일과 일본은 전시생산체제에 심각한 타격을 입게 되었고 전쟁지속능력을 상실했다.

3. 전쟁지속능력은 승리의 원동력이다

제2차 세계대전 종전 이후 미 · 소를 중심으로 냉전체제와 핵시대가 열리면서 새로운 국제질서가 형성되었다. 1990년 舊 소련의 붕괴와 함께 탈냉전 시대가 전개되었지만, 2001년 9 · 11 테러를 계기로 글로벌 안보환경은 테러리즘과 지역분쟁, 팬데믹, 기후변화 등 전 지구적 문제가 확산하는 등 불확실성과 불안정성이 더욱 심화하기 시작했다. 전후 형성된 국제질서가 오늘날 인종 · 민족간 갈등과 영토 · 역사 문제 등 국제 안보환경에 영향을 미치고 있다는 점에서 제2차 세계대전은 여전히 '현재 진행 중인 전쟁'이라고 할 수 있다.

따라서 현재의 안보위협에 효과적으로 대응해 나가기 위해서는 제2차 세계

대전이 남겨준 역사적 교훈을 환기할 필요성이 있다. 첫째, 유화적인 군사 ·
외교정책은 결코 평화를 보장해 주지 않으며 확고한 자주국방 능력과 군사대
비태세, 전쟁억제 능력만이 국가의 안전을 보장해 준다는 점이다. 전간기 히틀
러의 팽창주의적 야욕을 효과적으로 억제하지 못한 영국, 프랑스의 유화정책
(Appeasement Policy)이 결국 나치 독일의 침략전쟁을 부추기는 결과를 초래했음을
상기할 필요가 있다. 둘째, 연합국의 첨단 무기체계 연구개발과 전시생산체제
가 결국 추축국의 전쟁수행 능력을 상쇄하고 전쟁을 승리로 이끄는 데 핵심적
인 원동력이 되었다는 점이다.

제1차 세계대전이 총력전의 서막(序幕)을 올린 전쟁이었다면, 제2차 세계대전
은 첨단 과학기술 경쟁을 통한 무기체계 연구개발과 전시생산체제를 중심으로
전쟁지속능력의 확충에 중점을 두고 치러진 완성된 형태의 총력전이었다. 전술
한 바와 같이, 미국은 연방정부가 주도하고 산 · 학 · 연이 중심이 된 미국식 연
구개발 시스템과 전시생산체제를 가동함으로써 연합국의 승리를 이끌었다. 제
2차 세계대전기에 영국과 미국이 주도했던 첨단 무기체계 연구개발과 전시생
산체제는 개전 초기 나치 독일이 상대적 우위를 점했던 전쟁지속능력의 제한
사항을 극복하는 데 핵심 요인이 되었으며, 연합국의 전쟁 승리에 크게 기여하
였다.

제2차 세계대전을 계기로 연합국의 군수산업은 양적 · 질적으로 성장했으며,
민간 산업 부문과의 연계를 통해 국내경제에도 막대한 파급효과를 가져왔다.
전시에 대규모 군비지출을 통한 군수물자 생산은 당면한 전쟁수행의 군사적 목
적 외에도 연합국의 경제안정과 성장이라는 정책적 수단으로도 큰 역할을 담당
했다. 특히, 미국의 경우에는 군수산업의 확대가 무기체계의 연구개발과 양산
을 포함하여 국가 전략산업의 발전에도 크게 기여하였고, 국내 경제적인 측면
에서도 구조적 · 장기적인 영향을 끼쳤다는 점에서 한국의 방위산업 정책에 시

사하는 바가 크다(윤정로, 1996, p.24).

한편, 한반도와 동북아는 지정학적 특수성으로 인해 전통적인 안보딜레마가 상존하고, 북한의 핵·미사일 위협, 미·중 패권경쟁, 우크라이나와 대만문제 등 다양한 안보 이슈가 공존하는 '신냉전(New Cold War)의 한복판'이다. 주변 열강의 이해관계가 상충하고 군사위협이 상존하는 특수한 안보환경 속에서 대한민국은 국가안보와 경제발전이라는 두 가지 목표를 동시에 추구해야 하는 시대적 과제를 안고 있다.

제2차 세계대전이라는 장기적인 구조사(構造史) 위에서 분단시대를 살아가고 있는 대한민국의 입장에서는 끊임없이 전쟁의 역사를 추체험함으로써 현재의 안보위협과 변화하는 미래전 양상에 효과적으로 대응해 나갈 필요성이 있다. 따라서 제2차 세계대전 당시 미·영 연합군의 핵심적인 승리 요인인 무기체계 연구개발과 전시생산체제를 고찰하는 것은 군사적 함의가 매우 크다고 할 수 있다.

제2차 세계대전기 연합군의 승리 요인은 향후 한국군이 어떤 방식으로 군사대비태세를 확립해 나가야 하는지에 대해 명확한 방향을 제시해 주고 있다. 즉, 한반도 및 동북아 지역의 신냉전체제와 러시아–우크라이나 전쟁 등 현존 군사 위협에 효과적으로 대응하기 위해서는 첨단 과학기술에 기반한 무기체계 연구개발, 방위산업의 질적 향상을 통한 자주국방태세 확립이 필요하다고 판단된다.

특히, 제2차 세계대전기 미·영 연합군의 사례에서 고찰한 바와 같이 적의 위협을 무력화할 수 있는 맞춤형 무기체계의 연구개발을 위해 국방 연구개발(R&D) 역량을 확충해야 하고, 이를 위해 동맹국과의 군사협력을 더욱 강화해 나갈 필요성이 있다. 또한 급변하는 전장환경에서 주도권을 확보하고 전쟁지속능력을 강화하기 위해 4차 산업혁명 기술에 기반한 방위산업 육성과 더불어 전시생산체제의 실효성을 체계적으로 검증하고 보완해 나가는 노력이 필요하다고 판단된다.

3장

소련: 생산적 희생과 전략적 인내[*]

제2차 세계대전기 소비에트 사회주의 공화국 연방(소련)은 독·소 전쟁에서 연합국 승리의 중요한 축을 담당했다. 소련은 유럽 동부지역에서 제2전선을 형성하여 히틀러와 나치 독일의 침략전쟁에 맞서 싸우며 양면전쟁을 강요했으며, 결과적으로 전쟁의 큰 흐름을 바꾸어 놓았다. 약 4년간의 전쟁에서 소련은 천문학적인 인명피해와 물적 손실을 입었지만 강력한 항전태세를 바탕으로 독일군에게 막대한 전력의 소모를 강요하였고, 결국 전쟁을 승리로 이끌었다.

이와 관련하여 영국의 역사학자인 오버리(Richard J. Overy)는 제2차 세계대전 종전 이후 이데올로기의 대립 속에서 잊히고 왜곡되었던 독·소 전쟁의 역사적 의미를 새로운 관점에서 평가했다. 즉, 1941년부터 1945년까지 치러진 독일과의 전쟁에서 소련의 효과적인 방어전이 연합국 승리의 핵심 요인이었다는 것이다(오버리, 2003, pp.429~438). 오버리는 독·소 전쟁이 비전투원을 포함한 대량 살육전이었으며, 특히 소련 측 사망자가 약 2,700만 명이었고, 제2차 세계대전 중

[*] 3장의 내용은 다음의 학술논문에서 발표한 내용을 수정·보완하였다.; 이강경·김금률·편관서·김대웅. 2022. "1941~1945년 독소전쟁시 소련의 승전요인 고찰: 무기체계 운용 및 전시생산체제를 중심으로". 『한국군사학논총』 제11집 3권. 미래군사학회. pp.47~68.

독일군 사상자의 80%가 유럽 동부전선에서 발생했다는 점에 주목했다.

최근 러시아의 우크라이나 침공은 제2차 세계대전의 역사적 유산이라는 점에서 독·소 전쟁은 여전히 현재진행형의 전쟁사라고 할 수 있다. 전간기(戰間期) 독·소 전쟁의 역사를 오늘날 다시 고찰하는 것은 추체험의 차원에서 현존 군사 위협과 미래전 양상에 효과적으로 대비해야 하는 한국군에 중요한 함의를 갖는다. 추체험이란 역사의 해석학적인 방법론으로 상상력에 기반하여 역사적 상황을 거꾸로 추적해 보는 역진적 작업이기 때문이다.

제3장에서는 제2차 세계대전기에 전쟁의 흐름을 바꾸고 연합군의 승리에 크게 기여한 독·소 전쟁에서 소련군의 승전 요인을 추체험의 관점에서 고찰하였고 주요 시사점과 함의를 도출하였다. 이를 위해 약 4년간 치러진 독일과의 전쟁에서 소련군의 항전을 가능하게 했던 2가지 핵심 요인, 즉 무기체계 획득 현황과 전시생산체제를 중심으로 분석하였다.

제3장은 4개 절로 구성하였으며, 독·소 전쟁 관련 연구 동향에서는 소련군의 군사전략 형성 과정과 스탈린 체제하의 공업화 정책, 독일과의 전쟁수행 관련 주요 연구들을 검토하였다. 다음으로 제2차 세계대전기 독·소 전쟁의 주요 흐름과 경과, 소련군의 승전 요인을 간략히 분석한 후, 소련군의 무기체계 획득 현황과 전시생산체제를 중점적으로 고찰하였다.

제3장의 핵심 주제인 소련군의 무기체계 획득 현황과 전시생산체제를 고찰하기 위하여 문헌연구(Literature Review) 조사방법을 적용하였다. 제2차 세계대전 관련 연구는 탈냉전 이후 국가보안법이 철저하게 유지되었던 소련의 국가문서들이 공개되면서 활발히 연구가 진행되었으며, 영·미 학계를 중심으로 1차 사료들이 다수 번역·발간되었다.

냉전시기 소련의 국가보안법은 군 조직에 관한 첩보, 병력이나 부대의 수, 위치, 전투능력, 무기와 장비, 전투훈련, 부대의 일상적 상태, 그리고 군수·예산지원 문제 등을 주요 군사기밀로 규정했다(Scott · Scott, 1986, p.2). 따라서 제3장에서는 탈냉전 이후 국내에 번역된 도서와 학계에 공개된 학술자료를 분석에 활용하였다.

홉스(Thomas Hobbes, 1588~1679)는 인간의 본성 속에서 분쟁을 일으키는 3가지 주된 요인을 ① 경쟁(Competition), ② 불신(Diffidence), ③ 공명심(Glory)에서 찾을 수 있다고 했다. 즉, 지배자가 되기 위해 폭력을 사용하고, 자기방어와 영광을 위해 투쟁한다고 보았다. 특히, 국제관계의 본질을 날씨의 본성과 시간의 개념에 빗대어 다음과 같이 묘사하였다(Hobbes, 2016, p.131).

> "한두 번 내리는 소나기가 아니라 여러 날에 걸쳐 비가 오락가락할 때 날씨가 좋지 않다고 하는 것과 마찬가지로, 전쟁의 본질도 실제 전투행위에 있는 것이 아니라 전투가 벌어질 가능성이 있느냐 없느냐, 전투가 벌어지지 않는다는 보장이 있느냐 없느냐에 달려 있다. 그 밖의 기간이 평화이다."

최근 북한의 7차 핵실험이 예상되고 있는 상황에서 한반도와 동북아 지역의 안보 상황은 홉스가 지적한 국제체제의 무정부적 속성을 여실히 보여주고 있다. 따라서 추체험의 관점으로 전쟁사를 연구하는 것은 군사대비태세를 확립하는 데 군사적 함의가 크다고 할 수 있다.

제2차 세계대전을 통틀어 독 · 소 전쟁이 갖는 역사적 의미와 전쟁사적 가치는 매우 크다고 판단된다. 전쟁의 규모와 피해현황의 측면에서 독 · 소 전쟁은 주요 연합국들이 치른 전쟁과 큰 차이를 보였다. 러시아 대사관이 공개한 자료에 따르면 독 · 소 전쟁의 규모와 성격은 다음과 같은 특징을 갖는다(주한 러시아 연방 대사관).

"독·소 전쟁의 전선(戰線)은 총연장 길이를 기준으로 1941년 개전 당시에는 4,000km, 1942년에는 무려 6,000km 이상이었으며 1,418일간의 전쟁기간 중 1,320일간 격렬한 전투가 치러졌다. 서부전선에서는 총 338일 중 193일, 북아프리카 전선은 973일 중 309일, 이탈리아 전선의 경우 663일 중 492일간 격렬한 전투가 벌어졌다. 또한 독일군은 동부전선에 전차의 4/5, 전투기의 2/3를 투입했으며, 이는 反히틀러 연합군이 보유한 군사 역량의 75%가 독·소 전쟁에 투입되었다는 것을 의미한다. 한편, 제2차 세계대전기에 독일군이 입은 총피해의 73%가 동부전선에서 발생했다. 소련은 전쟁기간 중 약 2,600만 명의 사상자와 국가자산의 30%의 물적 피해를 입었다. 특히, 소련군의 성공적인 방어전과 반격작전으로 인해 노르망디 상륙작전과 유럽의 제2전선이 형성될 수 있었고, 독일군 치하의 유럽 11개국이 해방되었다."

하지만 전후 냉전체제하에서 미·소를 중심으로 한 이념적 대립은 승전요인에 대한 역사적 평가를 왜곡·축소하고 진영 간에 상반된 해석을 구조화하는 논리적 기제로 작용해 온 경향이 강하다. 당시 미국, 영국을 중심으로 한 연합국과 소련은 상호 군사협력을 통해 전쟁자원을 공유하며 나치 독일의 침략에 맞서 전쟁을 치렀지만, 승전 요인에 대해서는 오랫동안 객관적인 평가와 합의를 제대로 이루지 못했다고 판단된다.

제2차 세계대전 시기 독·소 전쟁 관련 선행연구를 확인한 결과, 연구 동향은 크게 3가지 논점을 다루고 있었다. 첫째, 볼셰비키 혁명 이후 소련체제의 형성과 발전과정을 다룬 연구이다. 둘째, 스탈린 체제하에서 급속하게 추진되었던 경제개발 계획과 공업화 추진전략 등에 관한 연구이다. 셋째, 소련군의 군사전략과 작전수행, 전투역량, 군사협력 등을 중심으로 수행된 연구이다. 주요 연구현황을 간략히 살펴보면 다음과 같다.

이정하는 미하일 프룬제의 군사사상과 총력전 구상에 관한 연구에서 소비에트 연방의 출범 이후부터 전간기 붉은 군대의 군사교리와 총력전 개념의 발전 양상을 분석하였다. 프룬제(Mihail V. Frunze, 1885~1925)는 군사적인 목적을 위해 평시에도 국가를 조직화하고 신속하게 전시체제로 전환할 수 있어야 하며, 취약한 전방의 작전태세는 강력한 후방지원에 의해 강화될 수 있다는 이른바, 총력전 사상을 제시하여 소련의 군사화된 사회주의(Militarized Socialism) 발전에 기여하였다(이정하, 2001, pp.105~137).

다음으로 김남균은 연구사적으로 쟁점이 되고 있는 3가지 논점, 즉 전쟁의 발발 원인과 연합군의 승리 요인, 전쟁책임을 중심으로 제2차 세계대전의 연구 동향과 전망을 제시했다. 또한 전후 냉전적 사고가 전쟁의 평가를 지배했다는 점과 1990년대 舊 소련과 동유럽 국가들의 사료들이 공개되면서 제2차 세계대전 연구의 새로운 지평이 열렸다고 평가했다(김남균, 2016, p.192).

이희순은 제2차 세계대전기 독 · 소 전쟁 초기 소련의 실패 원인 평가에 관한 연구에서 초기단계 전쟁의 실패 요인을 전쟁 발발 이전 소련의 정치 · 외교 상황, 군사 상황, 사회 · 경제 상황으로 구분하여 평가하였다(이희순, 2013, pp.151~186). 이 연구에서는 소련 당국의 군수산업 계획과 부대재편 계획의 불일치, 즉 군수산업의 뒤늦은 확충 속도가 군의 대규모 개편 소요를 충족시키지 못한 점을 전쟁 초기 실패 요인으로 제시했다. 또한 류한수는 제2차 세계대전기 붉은 군대 전투역량의 실상과 허상, 소련군의 작전 수행방식을 영 · 미 연합군과 비교하여 제시했다(류한수, 2017, pp.31~61).

연합국들이 총력전을 수행하기 위해 추진했던 무기체계 연구개발과 전시생산체제는 효과적인 전쟁수행 및 지속능력 보장의 핵심 요인으로 작용하였다. 제3장에서는 제2차 세계대전의 흐름을 바꾼 독 · 소 전쟁 관련하여 기존의 선행연구들이 주로 다루지 않았던 승전 요인으로서 무기체계 획득 및 전시생산체제를 고찰하였다.

당시 소련의 전쟁지속능력은 개전 초기 파죽지세로 유럽 국가들을 유린한 독일의 예봉을 꺾는 데 핵심적으로 기여한 항전 요인이라는 점에서 제2차 세계대전의 주요 국면사(局面史)라고 평가할 수 있다. 따라서 탈냉전 이후 재평가와 함께 새롭게 해석되고 있는 제2차 세계대전사 연구의 지평을 확장한다는 차원에서 오늘날 소련의 승전 요인을 고찰하는 것은 역사적 함의가 매우 큰 작업이라고 판단된다.

프룬제(Mihail V. Frunze, 1885~1925)의 군사사상(이정하, 2001, pp.98~107)

1904년 상트페테르부르크 공과대학에서 경제학을 공부한 프룬제는 엥겔스의 군사 저술을 통해 전쟁이론에 흥미를 가졌으며, 러시아 사회민주노동당에 입당하여 혁명활동에 참여했다. 1917년 2월까지 서부전선에서 선전·선동가로 활동했던 프룬제는 제1차 세계대전의 양상과 전쟁의 실상을 파악했다. 10월 혁명 이후 군사인민위원으로 활동했던 프룬제는 反볼셰비키 반란군을 진압하며 명성을 얻었고, 1919년 1월 동부전선의 제4군 사령관이 되었다. 같은 해 9월, 투르키스탄 전선 사령관으로 부임한 프룬제는 내전 이후  러시아의 혼란한 시대 상황 속에서 총력전 사상의 필요성을 몸으로 체험했다. 즉, 자신의 관할지역 후방을 결속시키기 위해 많은 시간이 소요되었고 작전수행을 위한 보급지원, 산업시설 복구, 철도의 운용·유지 등 군사-경제 부문의 연계성에 대해 인식하게 되었다. 1921년 내전이 종식된 이후, 프룬제는 3월에 개최된 제10차 당대회에 통합군사교리의 문제에 관한 22개 테제를 제출하였고, "통합군사교리와 적군"이라는 논문을 발표했다. 프룬제는 이 논문에서 "현대전은 국가의 모든 인민에 의해 수행되는 총력전이며, 전쟁계획 및 준비가 중요해졌다"고 역설했다.

---

1. 대미 군사협력과 기술자립화를 통한 군사력 건설

미국의 무기대여법을 통한 군수품 확보

1941년 3월 11일, 루스벨트 행정부는 무기대여법(Lend-Lease Act)을 발효시킴으로써 미국의 방위에 필요하다고 판단되는 국가들에 대한 군수물자 공급을 승인하였다. 보르신(V. F. Vorsin)의 연구에 따르면, 독·소 전쟁기에 미국이 제공한 무기체계와 군수물자는 전격전을 구사하는 독일군에 대항한 소련군의 전쟁지속능력을 보장해 준 핵심 요인이었으며, 세부 내용을 간략히 살펴보면 다음과 같다(Vorsin, 1997, pp.153~175).

1941년 3월 11일, 미국 의회는 '무기대여법(An Act to Promote the Defense of the US, Lend-lease Act)'을 통과시켰고 미국의 군사 장비, 무기체계, 탄약, 전략 원자재, 식량, 각종 상품과 서비스들을 反히틀러 연합 동맹국들에 대규모로 제공했다. 1941년 9월 30일, 모스크바에서 열린 3국(미·영·소) 대표회의에서 대소(對蘇) 물자인도를 위한 1차 의정서(Soviet Protocol)의 기본 조항이 합의되었고, 1942년 6월 11일에는 워싱턴 협정을 통해 침략국에 맞서 전쟁을 수행하는 국가에 대한 대출지원의 원칙을 확인하였다.

2차 의정서는 1942년 10월 10일 워싱턴에서, 3차 의정서는 1943년 10월 19일 런던에서, 4차 의정서는 1945년 4월 17일 오타와에서 서명되었다. 1~2차 의정서가 3개국(미·영·소) 주도로 합의된 반면, 3~4차 협정에는 캐나다도 참여했다. 당시 피지원 국가들은 미국과 양자협정을 체결했으며, 전쟁 기간 동안 총 42개국에 총 460억 달러 이상의 대여물품이 지원되었다. 이 중 소련에 대한 대여금 총액은 약 100억 달러에 달했다. 당시 미국산 통신장비는 기갑부대 운용 시 지휘통제 및 통신의 취약점을 보완해 주었으며, 미국의 군용트럭과 기관차는 대규모 군수물자의 신속한 보급, 다련장 로켓 탑재 등 다양한 군사작전에 활용되었다. 특히, 대규모 기계화부대로 전격전을 수행했던 독일군이 대규모의 군수품을 우마차로 수송했던 것과는 대조적으로, 미국산 군용트럭을 지원받았던 소련군은 신속하고 효율적인 보급지원을 통해 전쟁지속능력을 보장할 수 있었다. 이와 관련하여 노브(Alec Nove)는 독·소 전쟁기 무기대여법을 통한 서방의 군사지원에 대해 다음과 같이 수송자산의 제공 측면에서 높이 평가하였다 (Nove, 1998, p.310).

"전전(戰前)의 소련 경제가 가진 약점들 중 한 가지는 자동차의 생산에 있었다. 1928
년에는 차량을 거의 생산하지 못했으며, 1930년대에는 비로소 몇몇 새로운 공장들
이 세워졌다. 하지만 소련의 생산능력으로는 기동전의 수요를 충족시킬 수 없었다.
군용차량의 수는 전쟁이 시작되었을 때 27.2만 대에서 전쟁이 끝날 무렵 66.5만 대
로 늘어났지만, 증가의 상당 부분은 미국의 무기대여 정책에서 나온 것이었다. 당시
무기대여 및 수입물자 현황은 상당량의 기계공구(4만 4,600개), 기관차(1,860량), 비철
금속(51만 7,500톤), 케이블과 전선(17만 2,100톤)이었다. 이러한 군수물자들은 공업,
운송 및 통신에서 장애물을 어느 정도 극복하는 데 도움을 주었다."

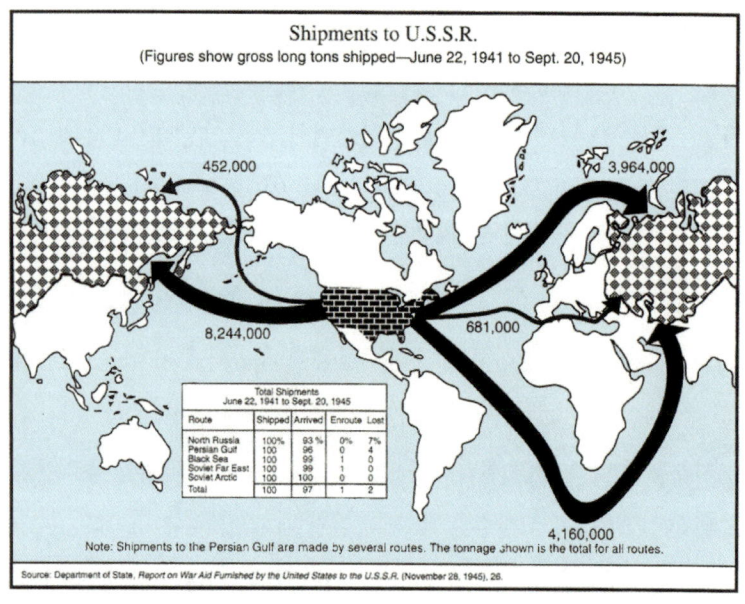

美 무기대여 프로그램의 수송경로(1941년 6월 22일~1945년 9월 20일까지의 총톤수)

미국의 무기대여 프로그램에 따라 소련에 제공된 미국의 군수물자는 1942
년 이후 큰 폭으로 증가했다. 전쟁 초기에는 최단경로인 북극 경로, 즉 아이
슬란드(Iceland)에 집결 후 소련 북부의 무르만스크(Murmansk)와 아르한겔스크
(Arkhangelsk)를 경유하여 대량의 군수품을 수송했다. 하지만 독일군의 전술폭격

으로 산발적인 피해가 발생하자 연합국은 1942년 5월 이후부터 이란을 통한 지중해-페르시아만 수송로와 알래스카-북태평양을 통해 소련으로 이어지는 수송로를 활용했다. 이를 위해 이란에 군수물자 수송용 철도를 건설하여 아제르바이잔(Azerbaijan)까지 운행했다.

미국의 무기대여 프로그램은 대규모의 군수지원 작전으로 전개되었으며, 다음과 같이 대형 상선과 항공기를 활용하여 수송되었다(Nove, 1998, pp.153~156). 연합군은 독·소 전쟁 기간 중 총 1,600만 톤 이상의 군수물자를 26,600척의 선박으로 소련에 지원했다. 북해 호송항로를 통해서는 총 400만 톤의 화물을 소련에 제공했으며, 이는 전체 대여물량의 22.6%를 차지했다. 하지만 세계대전기에 가장 위험한 항로였기 때문에 독일군의 공격을 받기 쉬운 하계에는 호송대 운용을 중단해야만 했다.

특히, 1942년 7월에 발생한 PQ 17 호송단의 참사 이후에는 북해 호송항로를 활용한 물자수송이 정지되었다. 당시 PQ 17 호송단은 수송선박 34대 중 23대가 침몰하여 3,350대의 자동차, 430대의 탱크, 210대의 폭격기, 그리고 약 10만 톤의 화물이 파괴되었다. 불과 164대의 탱크, 87대의 비행기, 896대의 자동차가 목적지에 도착했다. 다음으로 전쟁기간을 통틀어 지속적으로 사용되었던 태평양 항로를 통해 800만 톤(47.1%)의 군수품이 지원되었다. 이란을 경유하는 인도양 항로를 통해서는 420만 톤(24%)의 물자를 수송했다.

독·소 전쟁기 태평양을 통한 미국의 對 소련 무기대여 지원 현황은 〈표 25〉와 같다. 1941년 6월 개전 이후 항로별 선박 수와 위탁화물량은 꾸준히 증가하였고 독일의 패색이 짙어지고 항복을 선언한 1945년 5월을 전후로 최고 수준에 달했다. 미국의 무기대여는 대부분 극동지역의 항로를 통한 해상수송으로 이루어졌으며, 위탁화물은 구형 화물선과 리버티선, 유조선 등을 통해 지원되었다.

<表 25> 독 · 소 전쟁기 미국의 무기대여 현황(Drent, 2017, p.44)

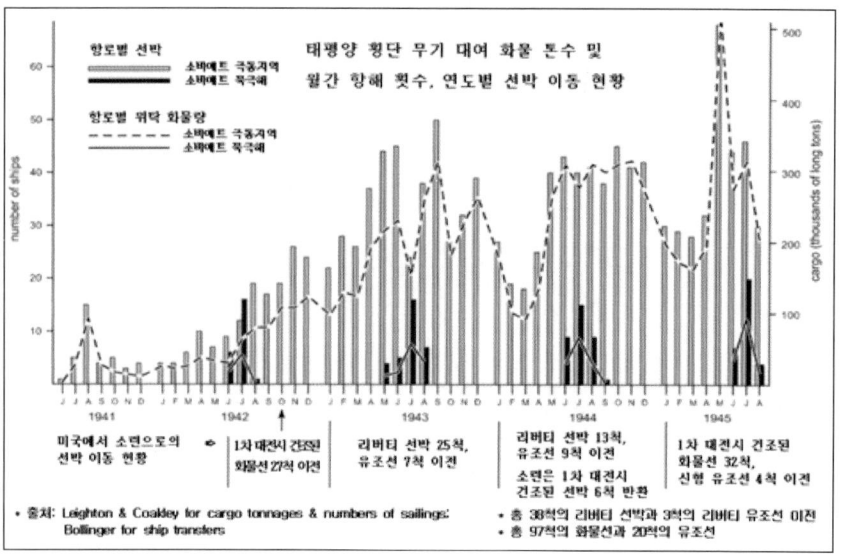

소련의 과학기술정책과 무기체계 연구개발

제1차 세계대전 당시 독일의 우수한 군대와 산업능력에 뼈아픈 패배를 경험했던 소련은 1928년 붉은 군대의 정보국에서 발간한 보고서, 『Future War』를 통해 향후 전개될 미래전에 대비하기 시작했다. 이 보고서는 미래전이 첨단 무기체계를 중심으로 수행될 것이며, 향후 수천 대의 전차와 항공기가 필요할 것이라고 예측했다(Samuelson, 2000, pp.22~28).

당시 소련의 붉은 군대와 산업계는 이러한 미래전의 수요를 충족할 준비가 되어 있지 않았기 때문에 스탈린은 소련의 경제 현대화와 군사 재무장을 최우선 과제로 추진했다. 그 결과 1930년대 소련의 군수물자 생산비율은 한 자릿수 이상 증가했으며, 방위산업은 재래식 수공업에서 탈피하여 대량 생산체제로 기술 도약을 이루었다(Harrison, 2000, pp.99~117).

이 시기부터 독 · 소 전쟁기 소련의 승리에 크게 기여했던 중무장 전차(T-34),

BM-13 다련장로켓

금속제 단엽기(IL-2 Strumovik)와 다련장로켓포(BM-13) 등의 첨단 무기체계를 개발하여 본격적으로 생산하기 시작했다. 전후 스탈린은 김일성의 6·25전쟁 계획을 지원하기 위해 북한군에 T-34 전차와 IL-2 전투기, BM-13 다련장로켓 등 주요 무기체계를 지원했으며, 동시에 소련의 군사고문단을 파견했다.

전간기 소련의 방위산업 현황을 간략히 살펴보면, 1917년 볼셰비키 혁명 당시 약 230개소에 불과했던 연구개발·생산시설은 1928년에 2배로 증가하였고, 1935년에는 4배, 1940년 기준으로 8배 이상 양적 확대를 이루었다(Davies, 2018, p.333). 또한 소련의 국민총생산(Gross National Product, GNP) 대비 국방비 투자비율은 1928년 1%에서 1937년 8%, 1940년 17%로 상승했다(Bergson, 1961, p.128). 1939년 기준으로 소련 국가예산 중 50%가 중공업 인프라 구축, 철도 및 도로건설 등 주로 국방 분야에 집행되었다.

중공업 인프라 건축은 대부분 강제노동 수용소, 즉 굴라크(Gulag)에 수용된 약 200만 명의 수감자들이 동원되었다. 당시 굴라크에는 방위산업 분야에서 종사했던 많은 전문가들이 수감되었기 때문에 이들을 활용하기 위한 연구개발 시설을 별도로 유지하였다(Harrision, 2020, pp.278~294).

〈표 26〉은 1939년 당시 소련과 독일의 주요 군수품 생산현황을 보여준다. 1930~1940년까지 소련은 25,000대 이상의 전투기를 생산했으며, 제2차 세계 대전이 발발한 1939년 당시 소련은 전 세계 군용기의 25% 이상을 생산하는 국 가였고 독일에 이어 세계 2위의 군용기 생산국으로 발돋움했다.

〈표 26〉 1939년 독일과 소련의 전시생산 현황(Davies et al., 2018, p.332)

구분	독일 (Germany)	소련 (Soviet Union)	소련의 對 독일 생산비율 (Soviet Union, % of Germany)
소총(1,000정)	1,352	1,497	111%
기관총(정)	59,100	96,400	163%
박격포(문)	4,200	4,457	106%
전차, 자주포(대)	2,100	2,986	142%
전투기(대)	8,295	7,480	90%
전함(척)	30	28	93%

전술한 바와 같이 1939년 8월, 소련은 독일과 상호 불가침협정을 체결했으 며, 이를 계기로 양국 간 무역이 확대되기 시작했다. 당시 소련은 독일 측에 석 유와 곡물 등을 공급했고 독일은 석탄과 철강, 해군기술 등을 소련 측에 제공했 다. 소련은 독일과의 군사협력을 통해 군비증강과 급속한 중공업 확장정책을 추진했으며, 그 결과 제2차 세계대전 발발 이후 군수품의 대량생산 및 동원 등 전시전환을 매우 신속하게 시행할 수 있었다. 특히, 원활한 전시동원체제를 보 장하기 위해 대규모의 비축물자를 유지했으며, 예비군 창설과 동시에 운용이 가능하도록 무기체계 대량 생산체제를 확립했다.

전통적으로 소련의 정치 지도자들은 사회주의 노선의 정당성을 재확인하는 과정에서 과학기술의 발전 필요성을 강조했으며, 특히 사회주의 혁명은 과학기술 혁명에 의해서 최종적으로 완성된다는 점을 강조하였다. 스탈린 시대 과학기술 정책의 핵심 이념은 중공업 기반의 강력한 산업화를 통한 군사력 증강, 국내 연구개발을 통한 기술자립화 노선의 추구였다.

스탈린은 20세기 초반 유럽의 자본주의 발전과정을 바라보면서 소련이 중공업에 기반한 산업화를 통해 군사대국으로 성장해 나가야 한다는 절박한 인식을 갖게 되었다. 이를 계기로 마르크스주의에 기초한 '세계 사회주의' 혁명을 탈피하여 '일국 사회주의' 노선으로 전환하였고 중공업을 중심으로 소련의 산업발전을 도모했다(Parrott, 1985, pp.19~26).

스탈린이 추진했던 기술자립화 정책은 국내 연구개발 인프라의 확충으로 구현되었다. 당시 공업화 초기 단계에 머물러 있던 소련의 과학기술 역량을 강화하기 위해 구심점 역할을 수행했던 기관은 1724년 표트르 1세(Peter the Great, 1672~1725)가 설립한 소련과학아카데미(Academy of Sciences of the U.S.S.R.)였다. 이와 관련된 연구에 따르면, 소련과학아카데미의 일반 현황은 다음과 같다(김용환, 1996, pp.7~10).

> "1927~37년 사이에 이 연구소의 연구 인원은 1,018명에서 1940년에는 16,335명으로 급속하게 증가하였다. 물가상승률을 무시한다면 과학아카데미의 예산증가율은 연구 인원수의 증가율보다 훨씬 높았다. 연구소 예산이 1928년에 100만 루블에 불과하였지만 1934년과 1940년에는 각각 2,800만 루블, 1억 7,500만 루블로 급증하였다. 이 연구소는 응용연구도 많이 수행하였지만 연구의 대부분은 기초기술에 관한 것이었다."

소련의 과학기술 연구기관은 주로 기초연구를 수행하는 과학아카데미 산하 연구기관과 대학 등 고등교육기관의 부속 연구소, 응용연구를 담당하는 정부부

처 산하의 부설 연구기관으로 대별되었다.

스탈린 체제하에서 무기체계 연구개발의 토대는 제2차 5개년 계획 추진 시 마련되었다. 당시 군사과학기술 연구자가 부족했던 소련은 전문 과학기술 인력 양성 및 무기체계 연구개발을 위한 인프라 설립을 본격적으로 추진하였다. 이러한 정책은 1930년대 이후 전차와 항공기, 화포 등 주요 무기체계 연구개발과 생산에 큰 영향을 미쳤으며 구체적인 내용을 간략히 살펴보면 다음과 같다 (Scott · Scott, 1986, p.309).

> "소련은 1932년 군사기술학원과 3개 민영기관들의 인재들을 모아 5개의 전문학원을 설립했다. 주로 군사기술과 포병 · 화학 · 전자 기술, 기계화, 자동차 분야의 전문인력들을 배출하였고, 대부분 방위산업체로 배치되었다. 소련의 혁명군사위원회 산하 군사과학연구위원회는 1928년 기계실험실을, 1931년에는 모스크바와 레닌그라드에 2개소의 제트추진 연구소를 설립했다. 1934년에는 로켓연구소와 제트추진 과학연구소로 통합되었다."

전간기와 제2차 세계대전 당시 소련의 주요 무기체계인 전차와 항공기, 다련장로켓을 중심으로 연구개발 현황을 살펴보면 다음과 같다(Scott · Scott, 1986, pp.310~313). 소련은 1923년 이후 군수산업행정부의 주도하에 소련군 군사독트 린을 구현할 수 있는 궤도차량의 연구개발에 착수했다. 이후 1925년 전차 시제 품인 MS-1을 제작하여 1927년 시험평가를 진행하였다. 본격적인 전차 연구개 발은 1929년 창설된 기계화 및 자동차개발부에서 전담하였고, 당시 소련은 영 국의 Vickers와 미국의 Christy 전차를 수입하여 소련군 전차와 비교연구 및 시 험을 진행하였다. 이를 통해 1931년 T-27 소형 전차 개발을 시작으로 1932년 과 1936년에는 수륙양용 전차인 T-37, T-38을 개발하였다.

〈표 27〉 전간기 소련이 개발한 T계열 전차

T-27   T-37   T-38

독·소 전쟁기에 큰 활약을 했던 T-34 전차는 1939년 붉은 군대에 전력화 되었고, 1941년 전반기에 1,110대가 생산되었다. 1940년 6월 소련 당국은 트 랙터 공장과 조선소에서 전차를 생산하라는 명령을 하달하였다. 한편, 소련의 항공기 개발과정을 살펴보면, 당시 소련 항공기는 90% 이상이 해외에서 수입 되었으며, 이를 개선하기 위해 1922년 3,500만 루블의 예산으로 연구개발을 추진했다. 독일의 항공기 설계사와 기술자, 조종사들을 초빙하여 항공기 생산 공장 건립을 추진하였다.

1929년 제1차 5개년 계획의 일환으로 추진된 항공기 생산계획의 목표는 해 외수입 의존도를 탈피하여 기술자립화를 달성하는 것이었다. 당시 항공기 설계 소는 중앙건설국(TsKB)과 중앙기체역학연구소(TsAGI) 2개소뿐이었으며, 이 중

TsKB는 전투기 설계를 담당했고, TsAGI는 폭격기와 수송기, 민간여객기를 설계했다. 다음으로 1931년 창설된 제트추진연구소에서는 제2차 세계대전에서 가장 훌륭한 무기체계로 손꼽히는 다련장로켓발사장치(B-13)를 개발하였다.

소련의 항공산업 발전을 주도한 연구기관(브리태니커 백과사전b)

1931년에 소련에서 설립된 제트추진연구소(Group for the Study of Reactive Motion, GIRD)는 초기 로켓과 제트 추진기술을 개발한 최초의 연구기관이다. 또한 1931년에 설립된 가스역학연구소(Gas Dynamics Laboratory, GDL)는 항공기용 로켓 엔진, 지상 발사 로켓, 미래의 우주 탐사용 로켓 기술 등에 관한 연구를 수행했으며, 창설 초기에는 고체 및 액체 연료를 사용하는 로켓 연구에 많은 노력을 기울였다. 1933년 소련 당국은 연구조직 개편을 단행하여 제트추진연구소와 가스역학연구소를 '로켓추진연구소(Rocket Propulsion Research Institute, RNII)'로 통합하였고, 이를 통해 로켓 기술 관련 연구인프라를 일원화하였다. 1930년대 로켓추진연구소에서 축적한 연구성과는 전후 소련의 로켓 기술 발전에 큰 영향을 미쳤으며, 전간기 GDL에서 활동했던 과학자들은 냉전시기 소련의 로켓 기술 및 우주개발 프로그램을 주도하는 중요한 인물들이 되었다. ②번 사진은 소련의 초창기 로켓 과학기술자였던 Georgy Langemak이며, ③번 사진은 1957년 스푸트니크 1호 발사에 중요한 기여를 한 발렌틴 글루시코(Valentin Glushko)를 주인공으로 발행된 우표이다.

① 가스역학연구소　　　② Georgy Langemak　　　③ Valentin Glushko

---

2. 강력한 공업화와 산업시설 재배치를 통한 항전태세 구축

전간기 소련의 공업화 정책 추진

호주의 저명한 역사학자인 피츠패트릭(Sheila Fitzpatrick)은 러시아 혁명의 기간과 성격을 파악하는 3가지 쟁점으로 '① 10월 혁명 이후 레닌이 추진했던 신경제정책(New Economic Policy, NEP), ② 위로부터의 혁명이었던 스탈린 체제, ③ 1937~1938년 혁명적 테러로 자행된 대숙청'을 제시했다(Fitzpatrick, 2017).

볼셰비키 혁명을 통해 소비에트 사회주의 공화국 연방을 수립했던 레닌은 급진적인 공산화 혁명 과정에서 형성된 경제적 혼란을 수습하기 위해 신경제정책을 추진했다. 이를 통해 잉여 농산물의 자유로운 판매, 소규모 기업 · 상업 운영 등 자본주의 체제를 부분적으로 수용하였고, 그 결과 소련의 경제는 제1차 세계대전 이전 수준으로 회복되었다. 하지만 신경제정책은 산업의 완전한 국유화를 유보하고 사유재산제를 일부 허용함으로써 러시아 대중들로부터 '혁명의 후퇴', 다시 말해 '반동정책으로의 회귀'에 대한 심리적 불안감을 안겨주었다.

1924년 1월, 레닌이 사망 직후 트로츠키(Leon Trotskii, 1879~1940) 세력을 숙청한 스탈린은 1927년 12월 27일 제15차 소련 공산당 대회를 계기로 실권을 장악했다. 당시 소련에서는 사회주의 경제의 방향성을 모색하기 위한 공업화 논쟁(Soviet Industrial Debate, 1923~1928)이 활발하게 벌어졌다. 주요 논쟁을 간략히 살펴보면 다음과 같다(박순성 · 정태인, 2019, pp.19~25).

먼저 우파의 대표적인 이론가였던 부하린(Niklai I. Bukharin, 1888~1938)은 농업부문의 생산성이 향상되어야 공업화와 장기적인 경제발전이 가능하며, 공업중심의 정책은 경제불균형을 초래할 것이라고 강력히 주장했다. 반면, 좌파주의적 학자인 프레오브라젠스키(Yevgeni A. Preobrazhensky, 1886~1937)는 농업과 경공업부문보다는 신속한 공업화가 필요하다고 주장했다. 즉, 자본재 산업을 중심으로 한 중공업 우선정책을 통해 경제성장 및 선진 자본주의 경제로 도약할 수 있다고 주장했다. 이러한 공업화 논쟁에 대해 콘토로비치(Kontorovich, 2013)는 당시 5개년 계획을 중심으로 한 공업화 우선정책이 전간기 국방산업의 핵심부품 공급 능력에 중점을 두었고, 결과적으로 소련의 군사력을 강화하는 요인이 되었다고 평가했다.

이후 스탈린은 1928년 제1차 5개년 계획을 수립하여 농·공업의 사회주의화와 강력한 집단화 정책을 추진하였다. 정성진의 연구에 따르면, 1928년 국가자본주의 반혁명 후 강행된 제1차 경제개발 5개년 계획을 소련에서 계획경제가 전면화된 계기로 평가했으며, 주요 내용을 다음과 같이 제시하였다(정성진, 2020, pp.131~135). 제1차 경제개발 5개년 계획은 소련의 국가계획위원회, 즉 고스플란(Gosplan)이 작성한 1,700여 쪽의 '소련 국민경제 건설의 1차 5개년 계획'으로 1929년 4월 제15차 당협의회에서 승인된 후 시행되었으며, 이를 통해 소련의 급속한 공업화가 시작되었다. 5개년 계획의 2가지 추진 목표는 공업생산력을 서구 자본주의 국가 수준으로 향상시키고 농업을 집단화하는 것이었다. 당시 중공업 부문에서의 급속한 성장을 추진하기 위해서는 현대적인 생산수단이 필요했으며, 기계류와 설비를 해외에서 대량으로 수입하기 위해 소련 공산당은 곡물과 목재 등 농업 분야의 수출비용을 재원으로 활용했다.

제1차 경제개발 5개년 계획의 추진현황과 주요 결과를 살펴보면 다음과 같다(극동문제연구소, 1989, pp.166, 209~226). 당시 소련의 공업생산고 지수는 1917년을 1로 가정했을 때 1928년에는 1.8, 1932년에는 3.7, 1937년에는 8.2, 1940년에는 12 수준으로 급속히 확대되었다. 하지만 소련 당국은 급진적인 공업화 정책을 추진하는 과정에서 농업 부문의 수출비용을 과도하게 전환하여 사용함으로써 농민들의 삶을 피폐하게 만들었고 1932년 대기근을 초래했다.

소련의 농업은 대부분 소포즈(국영농장)와 콜호즈(집단농장)를 중심으로 이루어졌으며, 농업의 집단화는 1930년대에 급속히 추진되었다. 당시 스탈린이 의도했던 목표는 농업집단화로 생산량을 증대시킴과 동시에 공업화에 필요한 노동력을 확보하고자 했다. 하지만 농민계층이 사적 토지소유를 희망했던 당시의 상황에서 국유화한 가축들이 관리부실로 대량 폐사했다. 특히, 부유한 농민들을 농촌의 자본주의 계급이라고 규정했던 공산당의 적대정책으로 인해 농업생산량을 증대시키지 못했고, 결과적으로 대기근을 초래했다.

스탈린은 생산수단의 국유화와 계획경제를 중심축으로 하는 사회주의 방식으로 소련의 산업발전과 경제성장을 추진하였다. 이를 토대로 독·소 전쟁을 승리로 이끌었고 냉전체제하에서 미국과 양대 패권국으로서 우주개발 및 군비경쟁을 전개했다. 1930년대에 이루어진 스탈린의 소련 공업화 정책은 독·소 전쟁 준비에 크게 기여하였다. 당시 스탈린이 강력하게 추진했던 공업화 전략은 철강산업을 주축으로 했다. '일국 사회주의'를 주창했던 스탈린은 5개년 계획을 통해 소련의 철강 생산량을 300만 톤에서 1,600만 톤으로 늘리고 대규모 인프라를 건설했으며, 반혁명 분자들을 철강산업의 강제노동자로 활용했다.

〈표 28〉 1930년대 소련의 공업화와 전쟁준비 현황(Berend, 2008, p.111)

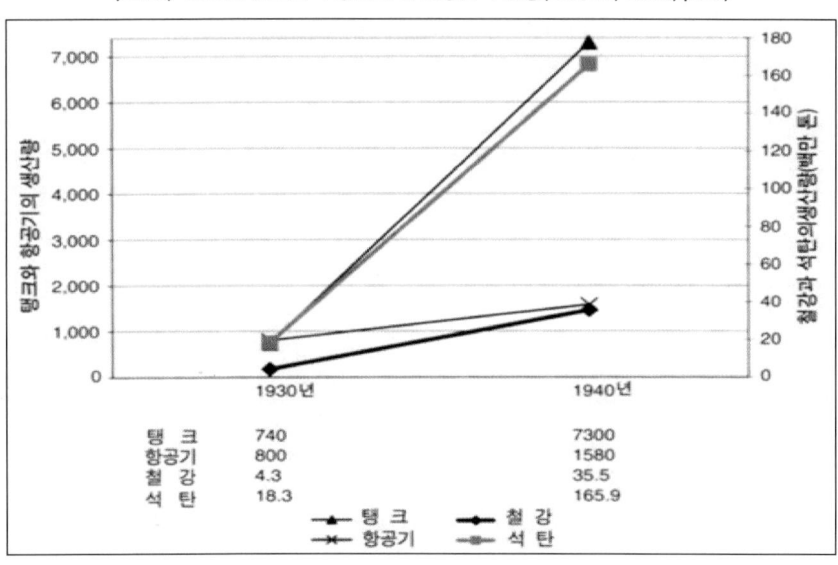

스탈린 시대의 공업화 정책은 돈바스(Donbas) 지역의 석탄채굴자 스타하노프(Stakhanov)를 통해 대대적으로 상징화되었다. 스타하노프는 1935년 1인 평균 생산량의 14배에 해당하는 100톤의 석탄을 채굴하는 경이적인 생산 기록을 세웠

고, 스탈린은 그의 이름을 기념하여 '스타하노프 운동'을 전개했다(오피니언뉴스, 2018). 전간기 공업화 정책을 상징하는 스타하노프 운동은 소련을 강철국가로 탈바꿈시켰으며, 결과적으로 4년 동안 치러진 독 · 소 전쟁에서 나치 독일의 침략을 막아내는 원동력이 되었다.

1930년대 소련의 공업화와 전쟁준비 현황은 〈표 28〉에 제시된 바와 같다. 이 시기에는 군비증강과 직접적으로 연계되는 핵심 자원개발과 무기체계 생산량이 크게 증가했으며, 특히 석탄과 탱크 생산량이 급증했다. 1940년대 이후부터 소련의 군수산업은 국가의 산업 부문에서 절대우위를 차지하기 시작하였고, 1940~1944년 생산량은 약 2.5배 증가했다. 특히, 탱크와 군용차량의 생산은 약 7배, 전투기 생산은 4배 이상 증가하였다(Berend, 2008, p.110).

소련 산업정책의 가장 큰 특징은 대규모 플랜트에 기반한 소품종 대량생산, 민수용과 군용의 일원화 정책이었다. 이를 통해 소련은 독 · 소 전쟁기 민수용 트랙터 공장을 전시에 전차 생산기지로 활용할 수 있었다. 특히, 소련이 공업화 정책을 본격적으로 추진하기 시작한 1920년대 후반부터 미국과 유럽의 대기업들이 소련의 산업인프라 구축에 참여하게 되면서 소련은 다음과 같이 중공업 정책과 군비증강을 본격화할 수 있었다(Scott · Scott, 1986, p.307).

1930년 포드 자동차(Ford Motor Co.)는 고르키(Gorkii)에 자동차 공장을 설립했다. 미국 자동차 산업의 중심지였던 디트로이트(Detroit)의 존 칼더(John K. Calder)는 스탈린그라드의 유명 트랙터 공장과 첼랴빈스크(Chelyabinsky)에 당시 세계 최대규모의 트랙터 공장을 설립했다. 미국의 기술자들은 드네프로스트로이(Dneprostroi)에 세계 최대의 발전소를 세웠으며 당시 세계 최대인 85,000마력 터빈을 미국으로부터 도입했다. 소련은 서방으로부터 산업인프라를 도입하고 기술자들을 유치했으며 최신 장비들을 수입하였고 당시 레나(Lena)강 지역과 콜리마(Kolyma)강에서 채굴한 금으로 대금을 지급하였다.

스탈린 시대의 스타하노프 운동(차승주, 2016, pp.83~84)

1930년대 중반 소련의 광부였던 알렉세이 스타하노프(Alexei Stakhanov)는 새로운 방식의 채광기술을 활용하여 경이적인 생산성을 달성했던 노동자였다. 사회주의 국가에서 대중운동의 원형으로 상징되는 스타하노프 운동(Stakhanovite Movement)은 노동방법의 개선이나 기술혁신으로 노동자가 작업량을 초과하여 완수할 경우 물질적 포상을 제공하는 방식으로 전개되었다. 하지만 이 운동은 생산현장에서 갈등을 유발하고 품질의 질적 저하 등의 문제점으로 인해 1930년대 말에 중단되었다.

전시 산업시설 이전 및 군수품 생산

1941년 6월 22일, 독일의 침공 이후 소련에서는 비상사태법이 공포되어 군대가 행정권과 사법권을 장악하였고, 6월 30일 국가수뇌부로 구성된 국가방위위원회(State Committee of Defense)가 결성되었다. 군의 최고통수권자로서 국가방위위원회 의장직을 동시에 수행하게 된 스탈린은 개전 직후 전시 시설대피 계획을 수립하여 군수산업 시설에 대한 대규모 이전 명령을 하달했다.

독 · 소 전쟁 초기에 독일군의 파상공세를 효과적으로 저지하지 못했던 소련 지도부는 1941년 6월 24일, 철수위원회(Committee on Evacuation)를 조직하였고 대규모 산업시설에 대한 동부지역으로의 이전 준비에 착수했다. 1941년 6월부터 11월까지 1,523개의 국영기업체를 이동시켰으며, 이 중 1,360개 시설은 소련 최대의 공장들이었고 세부현황은 다음과 같다(Scott · Scott, 1986, p.116). 약 226개 시설은 볼가강 인근, 667개 시설은 우랄산맥, 224개 시설은 서부 시베리아, 78개 시설은 동부 시베리아, 308개 시설은 카자흐스탄과 중앙아시아 도처로 이전되었다.

당시 약 1,000만 명으로 추산되는 노동자들이 함께 이동하였고, 동부지역으로 이전된 공장 가운데 일부는 1941년 말부터 군수품을 생산하기 시작했다. 당시 산업시설 재배치는 독일의 전략폭격으로부터 산업인프라를 보호하고 전쟁 지속능력을 보장하기 위해 우랄산맥 동부지역으로 군수공장 및 산업시설을 긴급 이전하는 조치였다. 소련 당국은 1941년 11월까지 92만 3,000량의 철도 화차와 우마차 등 가용 수송수단을 총동원하여 대규모의 산업인프라를 신속히 이전하였으며 당시 긴박하게 전개되었던 산업시설 재배치 과정은 다음과 같다 (Glantz · House, 2007, pp.104~106).

> "산업시설을 실은 기차가 목적지에 도착했을 때는 겨울로 접어든 상태라 영구동토층 때문에 어떤 형태의 건물 기초도 세울 수 없었다. 공장 시설들은 기차에서 내려져 난방도 되지 않는 임시 목조 건물에 설치되었다. 작업은 영하로 떨어지는 야간에도 나무에 설치된 전등과 장작불에 의존한 채로 계속되었다. 중공업 시설의 대규모 이전과 재조직은 인내력과 조직력의 측면에서 놀라운 성과였다. 소련은 산업시설의 잠재력을 이끌어내는 데 1년이 걸렸다. 1941년의 절망적인 전투들은 기존에 생산되었던 장비와 물자를 가지고 치러졌고, 간혹 생산되는 신형 전차와 야포는 페인트도 칠하지 않은 채로 전쟁에 보내졌다."

우랄산맥 동부지역에서 천막형태로 급조되었던 군수공장들은 열악한 입지 조건하에서도 놀라운 생산 성과를 달성했다. 개전 초기 불리한 전황 속에서도 1941년 하반기 우랄지역 산업단지의 전차 생산량은 4,177대였으며, 1942년 상반기에는 11,021대로 증가했다(권홍우, 2020). 1942년 중반 이후부터는 모스크바 지역의 전시 군수품 생산능력이 빠르게 회복되면서 주요 무기체계의 경우 독일군의 생산능력을 능가하기 시작했다.

미국의 무기대여법, 영국의 군사지원과 별개로 1945년 종전 시까지 소련은 전차 및 자주포, 각종 야포, 개인화기 생산능력 부문에서 세계 1위를 기록했다.

당시 국가총력전을 수행하기 위해 소련 당국은 여성과 10대 청소년을 포함하여 대규모 산업인력을 동원했으며, '대조국 전쟁 수행'이라는 명분하에 이들을 하루 10시간 이상의 혹독한 생산활동에 투입했다.

하지만 독일군은 개전 이후 약 5개월 만에 소련의 서부지역에 위치한 주요 농업·광산업 요충지를 점령하였다. 당시 독일군이 점령한 지역들은 소련 전체에 석탄, 선철 및 알루미늄 채광량의 50%, 식량 생산량의 약 40%를 공급하던 지역이었다. 이 때문에 1941년 말 소련의 중공업 및 기초재료의 산업생산량은 6월 기준 20% 수준으로 급감했다(Altrichter, 1997, p.111).

모스크바 소재의 폭탄 제조 공장(1941년 12월)

따라서 소련 당국은 동부지역으로 이전시킨 군수공장들을 정상적으로 가동하기 위해 시베리아와 우랄, 모스크바 분지 등지에서 석탄 채굴량을 크게 늘려야만 했으며, 1942년 3월 이후 비로소 생산곡선이 상향세로 전환되었다. 당시 스탈린은 국가방위위원회의 의장으로서 비점령 지역, 특히 우랄 지역과 서부 시베리아 지역에서의 생산능력을 극대화하기 위해 전시 공업정책을 강력히 통제했으며 그 결과 소련의 무기체계 생산현황은 〈표 29〉와 같이 큰 폭으로 개선되었다(Nove, 1998, p.309).

〈표 29〉 독소전쟁기 소련의 무기생산 및 연합국의 무기원조 현황

구분	소련의 무기생산	연합국의 무기원조	무기원조 비율
계	729,200대	39,100대	5.4%
항공기	136,800대	18,700대	13.7%
전차 및 자주포	102,500대	10,800대(일부 구형)	10.5%
화포	489,900대	9,600문	1.9%

독·소 전쟁기 개전 초기의 불리한 전황 속에서도 대규모의 산업시설을 성공적으로 재배치하고 전시생산체제를 가동할 수 있었던 것은 스탈린 체제의 강력한 중앙집권체제가 뒷받침되었기 때문에 가능한 일이었다. 이와 관련하여 '일국 사회주의' 노선에 입각한 소련형 사회주의국가 모델을 이룩했던 스탈린 시대의 주요 특징을 살펴보면 다음과 같이 3가지 측면으로 요약할 수 있다(극동문제연구소, 1989, pp.97~98). ① 중공업화 및 산업집단화의 달성, ② 사회주의국가의 방위, ③ 국내 반대파에 대한 엄격한 통제와 숙청이다.

1941년 7월 3일, 스탈린은 대국민 연설을 통해 독일의 파시즘에 맞서는 전쟁을 선포하였고, 동시에 소련의 투쟁을 위협하는 내부의 적에 대해 선전포고를 함으로써 계엄령하에서 전시생산체제의 가동 여건을 보장할 수 있었다(오버리, 2003, p.118). 특히, 국가방위위원회는 안정적인 군수물자 생산시스템을 유지하기 위해 1942년 2월 포괄적인 인력법을 제정하여 노동인력을 강력하게 통제하기 시작했다(Thompson, 2004, p.451).

Ural 지역 공장에서 생산된 T-34 전차(1942년)

독·소 전쟁기 소련과 독일의 전시 생산현황을 당시 전장의 주요 플랫폼이었던 항공기, 전차, 화포를 중심으로 살펴보면 〈표 30〉과 같다. 소련은 전쟁기간을 통틀어 주요 무기체계의 생산량 측면에서 독일을 압도했으며, 무기체계의 질적 열세를 양적 우세로 상쇄하며 전쟁을 승리로 이끌었다.

〈표 30〉 소련과 독일의 전시 생산현황, 1941~1945년(오버리, 2003, p.217)

구분		1941년	1942년	1943년	1944년	1945년
항공기(대)	소련	15,735	25,436	34,900	40,300	20,900
	독일	11,776	15,409	28,807	39,807	7,540
전차(대)	소련	6,590	24,446	24,089	28,963	15,400
	독일	5,200	9,300	19,800	27,300	–
화포(문)	소련	42,300	127,000	130,000	122,400	62,000
	독일	7,000	12,000	27,000	41,000	–

3. 자강(自強)과 동맹(同盟)이 승리의 원동력이다

전간기 소련의 군사력 증강과정에서 중요한 의미를 갖는 것은 1922년 독일과 체결한 라팔로 협정(Treaty of Rapallo) 및 스페인 내전(Spanish Civil War, 1936~1939년)의 참전 경험이었다. 라팔로 협정을 계기로 소련은 독일로부터 전차와 항공기, 잠수함, 탄약 등 군수물자 생산시설 구축에 필요한 예산과 기술을 지원받았다. 특히, 소련군은 스페인 내전에서 反프랑코 전선을 비밀리에 지원하며 군의 지휘통제 능력과 전술적 운용, 무기체계 등을 시험평가하였고, 다양한 실전경험을 쌓았다.

당시 소련군은 스페인 내전과 핀란드 전쟁을 통해 전투기 성능의 문제점을 명확하게 인식하였고, 이를 보완하기 위해 서방 진영의 전투기와 대등한 수준의 전투기를 생산하기 위한 대규모 계획을 수립했다(Scott · Scott, 1986, pp.107~113). 소련은 스페인 내전의 참전 경험에 대한 실증적인 연구결과를 토대로 군사독트린, 전략 · 전술에 상당한 결함이 있음을 인식하게 되었으며, 이를 향후 군사혁신의 밑거름으로 활용하여 강력한 군사력 건설을 추진했다.

라팔로 협정(김용구, 2019, pp.648~650)

1922년 4월 16일 독일과 러시아가 이탈리아의 라팔로 (Rapallo)에서 비밀 회동 후에 체결한 조약으로 주요 합의 사항은 다음과 같다. "첫째, 독일은 소련을 법률상의 국가로 승인하며 양국은 최혜국대우 원칙에 따라 무역관계를 설정한다. 둘째, 양국은 제1차 세계대전과 관련된 모든 손해배상을 포기하며, 독일은 소련의 국유화 조치로 인해 발생한 모든 요구를 포기한다. 셋째, 양국은 경제적 필요를 충족하기 위해 서로 협력한다." 라팔로 협정은 1918년에 체결된 브레스트-리토프스크 조약의 공식적인 폐기선언이었다.

전간기 소련은 스탈린 체제하에서 모든 생산수단을 국유화함과 동시에 강력한 공업화 정책을 추진했다. 또한 중앙집권적인 계획경제체제를 구축함으로써 군사력을 강화하고 국가성장의 발판을 마련했다. 스탈린은 세계 사회주의 혁명 노선에서 한 걸음 물러나 소련이라는 국가에 한정해 사회주의 체제를 건설하겠다는 이른바 '일국사회주의(Socialism in one country)' 노선을 추진하였다. 이러한 정치적 변화 과정 속에서 미국을 중심으로 한 서방 국가들은 소련의 공업화 정책을 대외적으로 지원하였고, 소련과의 反파시즘 연합전선을 구축했다(심현용, 2017, p.228).

전간기의 주요 시기인 1928~1937년 소련의 경제는 급속한 공업화를 기반으로 연평균 6.2%의 높은 성장률을 달성했으며, 이러한 기록적인 성과는 제2차 세계대전 발발 이후 독ㆍ소 전쟁기 소련의 전시생산체제 전환과 전쟁수행에 큰 영향을 미쳤다. 개전 초기 신속하게 전시체제로 전환하는 과정에서 소련의 경제는 급격한 소비감소와 함께 군비지출이 급격하게 증가하였다. 당시 소련의 국민총생산(GNP) 대비 군비지출 비중은 1940년 4%에서 1942년 17%로 4.3배 이상 큰 폭으로 증가하였고, 군수물자 생산이 공업총생산에서 차지하는 비중은 1940년 26%에서 1942년 68%로 약 2.6배 수준으로 증가했다(극동문제연구소, 1989, p.227).

오버리는 제2차 세계대전의 가장 큰 역설에 대해 '공산주의의 노력으로 자유민주주의를 구한 점'이라고 평가하였으며, 연합국의 궁극적인 승리 요인으로 ① 제공권ㆍ제해권의 장악과 ② 독ㆍ소 전쟁기 소련군의 성공적인 방어전을 제시했다(Overy, 1995, pp.1~24). 즉, 오버리는 제2차 세계대전기 전쟁자원과 군사적 노력의 통합이 연합국의 승리를 보장해 준 핵심 요인이라고 평가했으며, 특히 전쟁자원을 연합국 측에 유리하게 전환시킨 요인으로 '미국이 보여준 재무장 속도와 규모, 소련의 산업시설 재배치'라는 점을 강조했다.

전시 초기의 전황은 소련군에게 매우 불리하게 전개되었고 독일군은 전격전을 통해 1941년 9월 30일, 소련 북서부의 레닌그라드(Leningrad)와 스몰렌스크(Smolensk), 브랸스크(Bryansk), 우크라이나 하르키우(Kharkiv)를 연하는 지역까지 점령했다. 당시 독일이 점령했던 서부지역은 소련 산업생산량의 3분의 1, 철강 생산량의 50% 이상을 차지하는 전략적 요충지였다. 하지만 소련은 미·영 연합국과의 군사협력, 무기체계 연구개발 및 획득 노력, 대규모의 산업시설 재배치를 통한 전시생산체제를 가동함으로써 불리했던 전황을 상쇄하고 전쟁을 승리로 이끌었다.

미국의 무기대여는 소련 전시생산체제에 내재된 여러 가지 제한 사항을 보완해 줌과 동시에 수송자산을 제공함으로써 광활한 전장에서 소련군의 기동력과 작전의 융통성을 보장해 주었다. 특히, 전간기에 소련은 미래전에서 첨단 무기체계의 중요성을 인식함으로써 강력한 공업화 정책과 연계된 무기체계 연구개발을 추진했으며, 그 결과 독·소 전쟁기에 전차와 항공기 등 핵심 플랫폼을 개발·운용하여 전쟁을 승리로 이끌었다.

역사적 관점에서 제2차 세계대전은 현재까지 지속되고 있는 한반도의 분단체제와 동북아의 전통적 안보딜레마를 형성한 근본적인 배경이 되었다. 그런 의미에서 제2차 세계대전은 오늘날 '상태로서의 전쟁'이자 '행위로서의 전쟁'을 지속화시킨 우리 시대의 중요한 '구조사(構造史)'라고 할 수 있다(이강경·김금률·김현식·문용득, 2022, p.238).

최근 한반도와 동북아의 안보환경은 집권 10년 차를 넘긴 김정은 정권의 계속되는 핵 위협 고도화와 미·중 패권경쟁의 심화, 러시아의 우크라이나 침공 등으로 불확실성과 불안정성이 심화하고 있다. 북한은 여전히 핵보유국 지위에 기반한 전략국가화를 추구하는 가운데 7차 핵실험을 준비하고 있으며, 극초음속미사일 등 게임체인저(Game changer) 개발에 열을 올리고 있다. 또한 중국은 대만해협에서의 긴장을 고조시키고 있으며, 우크라이나를 침공한 러시아를 측면에서 지원하고 있는 상황이다. 이러한 관점에서 한반도와 동북아 지역은 국가 간 전쟁 의지가 상존하며, 홉스가 이야기한 '전쟁상태'에 있다고 평가할 수 있다.

러시아-우크라이나 전쟁(Russo-Ukrainian War)

2022년 2월 24일 러시아가 우크라이나의 탈나치화 (Denazification), 비군사화(Demilitarization)를 주장하며, 특별군사작전을 전개하여 촉발된 전쟁이다. 미국과 NATO·EU를 중심으로 한 서방진영이 단일대오를 형성하며 우크라이나에 대한 대규모 군사지원을 단행하면서 국제전·대리전으로 확전되었다. 2023년 우크라이나의 대반격 작전이 실패로 끝난 이후 전선이 교착되면서 장기소모전 양상으로 전개되고 있다. 우측

사진은 2023년 1월 도네츠크(Donetsk) 지역에서 항전하는 우크라이나군의 모습이며, T-72B 전차가 작전지역으로 기동하고 있다.

따라서 이 책에서는 독·소 전쟁기 소련의 항전태세 관련 기존의 연구에서 심층적으로 다루지 않았던 무기체계 획득 및 전시생산체제를 고찰함으로써 제2차 세계대전사에 대한 인식의 지평을 넓히는 데 기여했다고 판단된다. 제4세대 전쟁을 포함한 미래전 양상에서도 무기체계 획득 및 전시생산체제는 전쟁지속능력의 핵심 요소일 수밖에 없다는 점에서 군사적 함의는 매우 크다고 할 수 있다. 특히, 제2차 세계대전의 흐름을 바꾼 독·소 전쟁에서 소련군의 항전 요인인 무기체계 획득 및 전시생산체제는 북한의 군사위협과 미래전 양상에 대응해 나가야 하는 한국군에 시사하는 바가 크다고 판단된다. 향후 승전 요인으로서 전쟁지속능력의 중요성에 대한 보다 실증적인 후속연구가 진행되기를 기대해 본다.

4장

독일: 구조적 모순과 비효율성[*]

2022년 2월 24일, 러시아의 우크라이나 침공 이후 전쟁이 장기화 국면으로 접어들면서 유럽의 많은 국가들이 군비강화 계획을 밝혔다. 우크라이나 사태를 계기로 과거 전범국가였던 일본과 독일의 재군비 움직임도 가속화하고 있다. 이와 관련하여 세계적인 경제 분야 매체인 포브스(Forbes)는 우크라이나 사태와 관련하여 푸틴의 가장 큰 실책이 독일의 재무장을 촉발한 점이며, 러시아의 우크라이나 침공이 독일로 하여금 유럽에서 전통적 군사강국이라는 지위를 회복할 수 있도록 길을 열어주었다고 평가했다(Forbes, 2022). 특히, 제2차 세계대전 패망 이후 군사력 증강을 자제해 온 독일은 군(軍)의 현대화를 위해 약 135조 원을 투입하고 향후 국방비를 GDP 대비 2% 이상 인상하는 등 본격적인 군비증강을 추진하고 있다(The New York Times, 2022).

역사적으로 독일의 군비증강은 국제사회의 민감한 이슈였으며, 독일이라는 국가가 지닌 지정학적 특수성은 이른바 '독일 딜레마'라고 하는 특수한 조건을

---

* 4장의 내용은 다음의 학술논문에서 발표한 내용을 수정·보완하였다.; 이강경·김금률·김현식·문용득. 2022. "제2차 세계대전시 독일의 패전요인 고찰: 무기체계 연구개발 및 전시생산체제를 중심으로". 『한국군사학논집』 제78집 2권. 육군사관학교 화랑대연구소. pp.235~267.

만들어냈다. 즉, 역사적으로 독일이 군비증강을 추진하면 팽창주의로 나아갔고, 반대로 독일의 군비가 약화되었을 때에는 주변 열강이 득세하여 유럽의 세력균형이 무너졌다는 것이다. 러시아의 우크라이나 침공으로 야기된 유럽 국가들의 군비증강 움직임이 심화될 경우 국제사회는 또다시 신냉전의 소용돌이 속으로 빠져들 가능성이 크다.

한편, 미국의 랜드연구소(RAND Corporation)는 업무재설계(Reengineering)의 개념을 '생산공정이나 업무의 프로세스를 새로운 개념으로 재설계하는 과정'이라고 정의했다. 특히, 군사 부문의 업무재설계를 ① 미래 전력구조의 설계, ② 군사적 의사결정 과정, ③ 작전적 및 전술적 수준에서 새로운 기술을 도입하기 위한 중·단기적 조치로 구분하였다(Steele, 2005, pp.13~15, 41~49).

전간기와 제2차 세계대전기 독일은 미래 전력구조 설계와 신기술 도입 측면에서 매우 탁월한 성과를 달성했다. 또한 제1차 세계대전의 패배 이후 베르사유체제하에서 냉혹한 군비제한에 직면했던 독일은 젝트의 비밀재군비를 통해 독일국방군의 재설계에도 성공했다. 역설적으로 제1차 세계대전의 굴욕적인 패배가 역사상 유례없는 독일군의 군사적 혁신을 촉진하는 요인이 되었던 것이다. 특히, 전승의 요체인 전쟁지속능력 보장의 측면에서 독일은 효과적인 무기체계 연구개발 및 전시생산체제의 기반을 갖추고 있었다. 하지만 군사적 의사결정의 측면에서는 리더십을 제대로 발휘하지 못함으로써 전쟁지속능력을 극대화하지 못했고 결과적으로 전쟁에서 패배했다.

제2차 세계대전을 전후하여 독일 군수산업의 특징을 간략히 살펴보면, 나치독일은 1933년 히틀러의 집권 이후 급진적인 사회주의 정당을 해산하고 노동조합의 활동을 금지했다. 독일은 베르사유 체제하에서 비밀리에 군비확충과 재무장을 추진하며 군수산업을 활성화하였고, 독일경제의 수요부족 문제를 근본적으로 해결했다. 특히, 중앙집권적인 계획경제를 실시하여 중공업과 군수산업을 접목시킴으로써 효과적인 군비증강을 이루어낼 수 있었다.

　당시 미국의 글로벌 기업을 중심으로 한 파워엘리트들은 나치 독일의 경제정책에 큰 관심을 갖게 되었고 대대적인 사업투자에 나섰다. 이는 히틀러의 팽창정책에 따라 대대적인 군비확장을 추진했던 독일이 막대한 방위산업 수요를 창출함과 동시에 노조활동을 원천적으로 차단했기 때문에 가능한 일이었다. 특히 1942년 2월, 히틀러의 지명으로 군수부 장관(Minister of Armaments)에 임명된 알베르트 슈페어(Albert Speer, 1905~1981)는 독일의 군수산업에 내재된 비효율적인 관행을 척결하고 생산성을 향상시키는 과정에서 큰 역할을 수행했다. 하지만 히틀러의 예상과 달리 전쟁이 장기화하고 독·소 전쟁과 미국의 참전으로 양면전쟁의 늪에 빠져들게 되면서 독일의 전쟁지속능력은 결국 한계에 부딪혔다.

알베르트 슈페어(Francis, 2016, pp.1208~1209)

제2차 세계대전기(1942~1945년) 추축국 독일의 국방장관을 역임한 알베르트 슈페어(Albert Speer, 1905~1981)는 1927년 건축면허를 취득 후 1930년 12월 나치당의 대중집회에서 아돌프 히틀러와 처음으로 만났으며, 이듬해 3월 나치당에 입당했다. 이른바 '히틀러의 건축가'로 불렸던 슈페어는 1937년 베를린 건설 감찰관을 시작으로 1941년 무기·군수부 장관(Minister for Armament and Munitions)에 취임했다. 1942~1944년 슈페어는 독일의 무기생산량을 3배까지 끌어올렸으며, 해군 무기체계 강화, 로켓 및 원자폭탄개발 프로그램을 담당했다. 독일의 패전 이후 뉘른베르크 전범재판에서 20년의 징역형을 선고받고 복역했다.

　최근 유럽과 중동지역에서 다중전쟁이 벌어지고 있는 가운데 북한의 군사위협이 고도화하는 등 한반도와 동북아, 글로벌 안보 상황은 불확실성이 심화하고 있다. 현재 한국군은 북한의 핵·미사일 위협을 포함하여 극초음속 미사일 등 신개념 무기체계를 중심으로 한 군사위협에 노출되어 있다. 역사적 관점에서 제2차 세계대전은 한반도 분단체제와 동북아의 전통적 안보딜레마 형성에 근본적인 원인을 제공하였다. 그런 의미에서 제2차 세계대전은 오늘날 한반도의 운명과 국제질서를 결정지은 우리 시대의 중요한 '구조사(構造史)'라고 할 수 있다.

따라서 제4장에서는 제2차 세계대전기 독일의 패전 요인을 전쟁지속능력의 핵심 요소인 무기체계 연구개발과 전시생산체제를 중심으로 고찰하였다. 약 80년 전 제2차 세계대전의 역사를 오늘날 재고찰하는 것은 추체험의 차원에서 역사적 함의를 갖는다. 특히, 독일군의 무기체계 연구개발과 전시생산체제를 재고찰하는 것은 현존 군사위협과 미래전 양상에 효과적으로 대비해야 하는 한국군의 군사대비태세에도 시사하는 바가 크다고 판단된다.

주요 선행연구의 동향과 특징을 간략히 살펴보면 다음과 같다. 햄스(Thomas X. Hammes)는 고대로부터 현재까지 지속되고 있는 전쟁의 개념을 변화 요인과 양상에 따라 〈표 31〉과 같이 4세대 전쟁으로 구분하였다(햄스, 2008, pp.1~53). 이 책에서 다루고자 하는 제2차 세계대전은 제3세대 전쟁으로 연합국과 추축국을 포함하여 모든 참전국이 국가총력전의 개념하에서 무기체계 연구개발과 전시생산체제를 가동하여 치러진 기동전이었다.

〈표 31〉 전쟁의 양상과 변화 요인에 따른 세대 구분(햄스, 2008, pp.1~53)

구분	전투 수행 방법	주요 전쟁
1세대 전쟁	• 적의 병력을 파괴하는 인력전	나폴레옹 전쟁
2세대 전쟁	• 적의 전투력을 무력화하는 화력전	제1차 세계대전
3세대 전쟁	• 적의 지휘통제 및 병참선을 파괴하는 기동전	제2차 세계대전
4세대 전쟁	• 보다 진화된 형태의 분란전(Insurgency)	이라크 전쟁 등

또한 영국의 전쟁사가인 오버리(Richard J. Overy)는 제2차 세계대전의 개전 초기 독일군의 전격전에 고전했던 연합국이 승리할 수 있었던 것은 연합국의 제해권 장악과 독·소 전쟁 시 소련의 성공적인 방어전 때문이었다고 주장했다(Overy, 2003, pp.429~438). 특히, 연합군이 제해권을 장악할 수 있었던 결정적인 요인으로 '전략폭격(Strategic Bombing)'을 제시했다. 당시 미·영 연합군은 장거리 폭격기 등을 활용하여 독일의 주요 도시와 산업시설을 파괴하였고, 독일 공군은 이를 방어하기 위해 주력 항공기들을 국내로 재배치할 수밖에 없었다는 것이다. 또한 오버리는 개전 초기 놀라운 전과에도 불구하고 독일군이 연합군에 패배한 주요 원인으로 히틀러와 나치 독일의 중앙집권적인 군사문화를 지적했다.

또 다른 연구자인 하비(A. D. Harvey)는 독일의 전시생산체제에 내재되어 있었던 구조적 경직성과 비효율성을 지적했다. 1940년 개전 초기에 독일은 영국보다 58%의 국방비를 더 지출했지만 실제 군수품의 생산규모는 작았으며, 이러한 사실은 독일의 노동 생산성이 낮았다는 것을 반증한다고 강조했다(Harvey, 1994, pp.540~549). 한편, 밀워드(Alan Milward)에 따르면 전시 독일은 유럽 국가들과 미국에 비해 기계·제조 부문 산업에서 완전 우위를 차지하고 있었다. 특히, 연합군 공군의 전략폭격에도 독일의 전시생산체제는 1944년 기준으로 250개 보병사단과 40개 기갑사단에 군수품을 보급할 수 있었다는 점을 제시했다(Milward, 1977, pp.42~43, 66~69, 334).

다음으로 살라브라코스(Ioannis D. Salavrakos)는 매우 논쟁적 이슈인 제2차 세계대전기 독일의 군비생산 능력을 재평가한 연구에서 1941년 독·소 전쟁과 미국의 참전으로 독일이 2가지 유형의 전쟁을 수행하게 되었다고 지적했다. 첫째, 소련과의 대규모 육상전투였고, 둘째, 앵글로색슨계 열강인 미·영 연합군과의 해전 및 항공전이었다. 살라브라코스는 독일이 소련과의 전쟁에서 유럽 점령지의 자원과 산업력을 활용하여 비교적 잘 싸웠지만 앵글로색슨계 열강과 치른 해전 및 항공전에서는 실패했음을 강조했다(Salavrakos, 2016, pp.124~125).

상기 연구자들은 제2차 세계대전기 추축국 독일이 패전하게 된 요인을 전쟁의 흐름과 연계하여 분석하고 있다. 특히, 제2부의 핵심 주제인 전시생산체제와 관련하여 당시 독일군에 내재된 구조적 문제점과 비효율성, 생산능력을 재평가했다는 점에서 함의를 갖는다.

제4장에서는 제2차 세계대전의 종전 80주년을 맞이하여 추축국 독일의 패전요인을 고찰하기 위해 전쟁지속능력의 핵심 요소인 무기체계 연구개발과 전시생산체제를 중심으로 분석하였다. 이를 통해 최근 한국군이 직면하고 있는 현존 군사위협, 변화하는 미래전의 효과적인 대응 방향과 연계된 시사점 및 군사적 함의를 도출하였다. 제4장에서 다루고자 하는 부분은 6년 동안 광범위한 지역에서 전개된 제2차 세계대전의 특수성과 제한된 지면을 고려하여 1939년 9월 폴란드 침공을 시작으로 독일이 참전한 주요 전선으로 한정하였다.

1. 폐쇄적 연구개발과 미완(未完)의 기술혁신

제2차 세계대전은 연합국과 추축국 모두 총력전의 개념하에서 각국이 보유한 군사과학기술을 집약적으로 활용하여 첨단 무기체계를 개발하고 실전에서 운용한 '시스템의 전쟁'이었다. 특히, 신형 무기체계는 새로운 전술교리와 결합되어 전투의 승수효과를 발휘했고 전장에서 승패 요인으로 작용했다.

이와 관련하여 전술한 바와 같이 크레펠트(Martin van Creveld)는 과학기술이 전쟁의 발달과 변화에 결정적인 영향을 미쳤다고 보았으며, 전쟁의 양상을 ① 도구의 시대, ② 기계의 시대, ③ 시스템의 시대, ④ 자동화 시대로 구분했다(Creveld, 2006, pp.20~369). 이 중 제2차 세계대전의 성격을 상징하는 '시스템의 시대(1830~1945년)'는 산업혁명 이후 철도와 전신, 항공기 등 새로운 플랫폼이 개발되고 기술혁신이 보다 제도화된 시기라고 정의했다. 또한 '자동화 시대(1945년

~현재)'는 인공지능과 자율제어시스템 등의 출현으로 가능해진 자동화된 전쟁수행을 주요 특징으로 한다.

제2차 세계대전은 모든 참전국이 첨단 과학기술을 총동원하여 새로운 무기체계를 개발하고 실전에서 활용했다는 점에서 시스템의 시대가 자동화 시대로 전환되는, 과도기적 전쟁 양상의 특징을 보여주었다. 제2차 세계대전 당시 미국과 영국, 독일은 산업혁명을 통해 성숙해진 기계·장치산업과 전쟁수행의 필요에 따라 개발수요가 창출된 전자·시스템 산업을 결합하여 전차와 항공기, 항공모함 등의 첨단 플랫폼과 원자폭탄, V로켓, 근접신관 등 대량살상무기를 개발했다.

약 6년간 치러진 장기전(Protracted War)에서 연합국과 추축국이 벌였던 무기체계 연구개발 경쟁은 마치 창과 방패의 대결 양상을 보여주었다. 일방이 첨단 과학기술을 통해 새로운 무기체계를 개발하면 상대국은 해당 무기체계의 전력을 상쇄하고 전투 피해를 최소화할 수 있는 새로운 무기체계를 개발했다. 이처럼 경쟁적인 대결과정에서 군사과학기술은 무기체계 연구개발과 연계하여 빠른 속도로 발전하였다. 제2차 세계대전기 미국과 영국을 중심으로 한 연합국은 상호 유기적인 기술협력을 통해 연구개발의 시너지 효과를 달성했지만, 당시 첨단기술력을 선도하고 있었던 독일은 다른 추축국들과 원활한 군사기술협력을 이루지 못함으로써 전쟁의 주도권을 상실하게 되었다.

제2차 세계대전기 무기체계 연구개발은 적을 공격하는 대량살상무기와 아군의 생존성을 보장하는 방어시스템을 창출한다는 점에서 전승의 핵심 요인이었다. 따라서 제1절에서는 독일의 패전 요인으로서 무기체계 연구개발 과정에서의 문제점과 한계를 항공기와 레이더, 전차와 V-로켓, 원자폭탄을 중심으로 살펴보겠다.

먼저 항공 무기체계의 연구개발 사례를 살펴보면, 독일공군(Luftwaffe)은 1935

년 전쟁준비와 연계하여 새로운 과학기술 연구 및 로켓·우주개발 계획을 추진했으며 다음과 같은 성과를 달성했다(Berend, 2008, p.165). 1939년 6월, 세계 최초의 로켓비행체인 하인켈(Heinkel)-176, 세계 최초의 터빈제트기인 하인켈(Heinkel)-178을 연구개발하여 시험비행을 마쳤고, 1944년에는 제트전투기인 메서슈미트(Messerschmitt)를 전선에 투입하였다. 특히, 세계 최초의 탄도미사일인 V-2로켓을 개발하여 제2차 세계대전기 영국 본토 공습 시 사용하였다.

헤르만 괴링

전간기 독일 공군의 창설 이후 주요 항공기 연구개발 과정을 살펴보면 다음과 같다(Murray, 1983, pp.13~21). 헤르만 괴링(Hermann W. Göring, 1893~1946)은 제1차 세계대전 당시 공군 조종사 출신으로 1935년 비밀리에 창설된 독일 공군의 총사령관으로 임명되었다. 또한 독일 공군의 기술부서(The Luftwaffe's technical departments)와 연구개발을 총괄하는 공군무장국(The Office of Air Armamen)의 수장으로 전투기 조종사 출신이었던 어네스트 우데트(Ernest Udet)가 임명되었다. 하지만 괴링과 우데트는 새롭게 창설된 공군의 수장으로서 항공기 연구개발을 효과적으로 지휘할 기술적 지식을 갖추지 못했다.

독일 공군의 최고지도자들이 장기적인 비전과 전략적 통찰력을 제대로 발휘하지 못해 전쟁이 개시된 1939년까지 독일의 항공기 생산량은 목표 대비 70% 수준에 불과했으며, 이는 전쟁기간을 통틀어 독일의 항공기 생산능력을 약화시키는 요인이 되었다.

1935년 창설 초기, 독일 공군은 제2세대 항공기 개발에 착수하였고 전쟁기간 중 공수부대의 수송기로 활용된 Ju-52를 개발했다. 이후 공군 내부의 폭격기 개발 요구에 따라 1936년 중형 폭격기 개발 프로그램에 착수하였고, 그 결과 Ju-86, He-111, Do-17을 차례로 개발하여 시험평가를 마쳤다. 1936년 스페인 내전에 참전한 독일 공군은 항공기의 전술적 운용을 테스트했으며, 주요 문제점으로 고공에서 목표물의 정확한 타격이 제한된다는 점을 식별하였다. 또한 급강하 폭격기인 Ju-87의 폭탄 투하능력이 뛰어나다는 점을 실전에서 확인하였고, 급강하 폭격기의 개발 필요성을 인식하게 되었다.

당시 독일 공군은 군수산업의 생산성이 낮은 점을 고려하여 폭탄의 낭비를 최소화할 수 있는 급강하 폭격기의 전력화 필요성을 주장했다. 이러한 전술적 요구에 따라 Ju-88 폭격기의 경우 약 50,000건의 설계변경이 이루어졌으며, 결과적으로 항공기 중량이 7~12톤으로 증가되었고 비행속도는 500km/h에서 300km/h로 감소했다. 또한 독일 공군은 장거리의 목표물을 전략폭격할 수 있는 4엔진 폭격기(Four-engine Bomber)를 연구개발하기 시작했다.

1939년 8월 독일 공군은 첨단 항공기 개발에 집중하기 위해 생산시스템을 대대적으로 개편하였고 He-177, Ju-88, Me-210을 위주로 생산라인을 제한했다. 이로써 독일의 차세대 항공기에 대한 폭넓은 연구개발이 상당 부분 지연되었고, 결국 1943년 이후의 전쟁에서 연합군 공군에게 제공권을 빼앗기는 결과를 초래했다.

〈표 32〉 제2차 세계대전 당시 독일이 개발한 항공기

하인켈(Heinkel-177)   융커스(Ju-88)   매서슈미트(Me-210)

다음으로 레이다(RADAR) 시스템의 연구개발 사례를 살펴보겠다(Scitor Corporation, 2015, pp.12~17). 제2차 세계대전기 레이더의 기술 혁신에 있어서 독일은 선두를 달렸다. 독일군은 전쟁이 발발하기 전에 해상도와 성능, 내구성이 우수한 레이더 기술을 보유했지만 제2차 세계대전 기간 중 연합국을 따라잡을 수 없었다. 1933년 4월, 독일 해군 신호연구부(The German Navy Signals Research Division)의 쿤홀드(Rudolf Kuhnhold, 1903~1992)는 1934년 독일 해군의 연구를 지원하기 위해 GEMA라는 회사를 설립했으며, 1935~1936년 반사신호 탐지에 필요한 펄스 전송기술과 항공기 조기경보 레이더를 개발했다.

1936년 4월 18일, 독일 해군은 최초의 레이더인 시타크트(Seetakt) 해상 탐색 레이더를 전력화했다. 시타크트는 방위 정확도 ±3도, 반경 15~20km 범위의 주요 선박을 탐지할 수 있었다. 1938년에는 지상 항공기 경보용 레이더인 프레야(Freya)를 개발했으며, 이 시스템은 영국의 Chain Home에 비해 회전과 이동이 쉽고 작은 안테나를 채택했다.

Freya 레이다는 탐지능력을 향상시키기 위해 단파(Short wave)를 사용하였고 목표물을 정밀하게 포착할 수 있는 뷔르츠부르크(Wuerzburg) 레이다와 함께 전술적으로 운용되었다. 1942년 2월에는 리히텐슈타인 레이더(Lichtenstein radar)를 전력화하여 야간작전 시 전술적으로 운용하기 시작했다. 1942년 3월 이후 영국 공군의 전략폭격이 본격적으로 시작되었고, 당시 리히텐슈타인 레이더를 장착하여 야간 비행 중인 연합국 전투기들을 추적할 수 있게 되었다.

1943년 7월, 영국 공군은 함부르크에 대한 전략폭격 시 독일군의 방공레이더망을 교란하기 위해 금속조각(Strips of foil)을 사용하기 시작했다. 독일군 레이더는 일시적으로 기능을 상실했지만, 항공기와 금속 호일을 구별하기 위해 도플러 레이더(Doppler radar)를 사용함으로서 이러한 문제점을 해소했다.

영국 공군이 레이더 교란기술을 고도화하자 독일군은 레이더 기술개발을 보

리히텐슈타인 레이더

다 강화하기 위해 고주파 연구실을 설립했다. 약 3,000명의 과학기술자로 구성
된 이 연구실은 1943년 2월 초 로테르담(Rotterdam) 상공에서 H2S 레이더를 탑
재한 채 추락한 영국 폭격기의 잔해를 분석하였고, 약 6개월 후 H2S의 시제품
을 제작하여 시험평가를 실시하였다. 이를 통해 독일 공군은 1943년 말까지 연
합군 H2S 레이더 항법 신호의 추적 방법을 알아냈다.

이후 독일은 Naxos Z라고 불리는 호밍시스템(Homing system)을 개발하여 야간
공습에 투입된 연합군 전투기의 항적을 추적할 수 있게 되었다. 1944년 말, 독
일과 연합군의 레이더 기술 격차는 거의 해소되었지만 연합군이 제공권을 장악
하게 되면서 독일군은 첨단 레이더를 탑재한 항공기를 운용할 수 없었다.

<표 33> 제2차 세계대전 당시 독일이 개발한 레이다

시타크트(Seetakt)　　　　프레야(Freya)　　　뷔르츠부르크(Wuerzburg)

　다음으로 제2차 세계대전기를 통틀어 독일군 전격전 수행의 핵심 플랫폼이었던 전차의 연구개발 사례를 간략히 살펴보겠다. 독일군은 1935년 이후 신속한 전선 돌파를 위해 중(重)전차 개발계획을 수립하였고 그 결과 타이거 전차(Tiger Tank)를 개발했다. 압도적인 화력과 방어력을 가졌던 타이거 전차는 최초 30톤에서 57톤으로 중량이 증가하여 기동력과 연료 사용의 측면에서 효율성이 떨어졌다. 또한 독일군은 1936년부터 보병지원과 대전차전 수행에 최적화된 팬저 전차(Panzer Tank)를 개발하였고 종전 시까지 지속적으로 생산했으며, 가장 많은 개량형 전차를 개발하여 실전에서 운용했다.

　특히, 독·소 전쟁기에는 소련의 T-34 전차에 대항하기 위해 1942년 판터 전차(Panther Tank)를 개발했으며 방호력을 극대화하기 위해 경사장갑을 채택했다. 1943년 7월, 세계 최대의 전차전으로 평가받는 쿠르스크 전투에 실전 투입되었던 판터 전차는 뛰어난 방호력으로 소련군의 T-34 전차를 무력화시켰다. 하지만 잦은 기계적 결함으로 인해 실전에서의 운용성은 현저히 떨어졌다.

　다음으로 제2차 세계대전 당시 독일이 연합국에 대한 전략폭격을 수행하기 위해 개발한 탄도미사일(V-1, V-2)의 연구개발 사례를 간략히 살펴보겠다. 1930년대 초반, 독일은 고체연료 로켓의 시험발사 이후 액체연료 로켓기술 개발을

<표 34> 제2차 세계대전 당시 독일이 개발한 전차

타이거 전차(Tiger Tank)　　　팬저-4 전차(Panzer IV F)　　　판터 전차(Panther Tank)

추진했으며, 히틀러 집권 이후 비밀리에 미사일 개발 프로젝트를 추진하였다. 1937년 5월, 당시 신진 물리학자였던 폰 브라운(Wernher von Braun, 1912～1977) 박사는 발트해 인근에 시험장 설치 방안을 제안하였고, 이에 히틀러는 페네뮌데 로켓연구소(The German rocket development research center in Peenemünde)를 설립했다.

브라운 박사는 1932년부터 독일 육군의 병기국 산하 로켓연구소에서 탄도미사일 기술을 축적했으며, 이를 토대로 A-1, A-2, A-3 로켓과 V-1 로켓을 개발하였고 1942년 V-2 로켓 시험발사에 성공했다. 하지만 독일이 비밀리에 개발했던 탄도미사일(V-1과 V-2)의 생산효율성은 매우 낮았다.

V-1 로켓의 평균 생산비용은 약 5,000Reichsmarks(이하 RM)였으며, 1대의 로켓 제작 시 무려 900시간이 소요되었다. 특히, V-2 로켓의 연구개발비는 미국이 원자폭탄을 개발하기 위해 추진했던 맨해튼 프로젝트의 약 25%에 해당하는 20억 RM이 투입되었다. 이러한 고액의 연구개발 비용은 재래식 무기체계 조달에 투입될 수 있는 기회비용이었다. 따라서 제2차 세계대전 당시 독일이 개발한 V-1과 V-2 로켓은 비용 대비 편익이

폰 브라운

매우 낮았으며, 독일군의 전쟁수행에도 크게 기여하지 못했다.

<표 35> 제2차 세계대전 당시 독일이 개발한 탄도미사일

A-4탄도미사일　　　　　Peenemunde의　　　　　Mittelwerke의 V-2로켓
(V-2 로켓)　　　　　　로켓시험발사장　　　　　　생산시설

　　다음으로 원자폭탄의 연구개발 사례를 간략히 살펴보겠다(Scitor Corporation, 2015, pp.31~40). 독일은 역사상 처음으로 핵분열의 원리를 발견했지만 제2차 세계대전기 핵무기를 개발하는 데에는 실패했다. 당시 연구개발 분야에서 직면했던 가장 큰 어려움은 자원과 산업 능력의 부족, 고위 지도층의 지원 부족이었다. 1939년 4월 24일, 물리화학자인 폴 하르텍(Paul K. Harteck, 1902~1985)은 독일 육군청에 최근 핵물리학의 연구 동향과 핵무기에 사용되는 우라늄의 핵분열 가능성을 설명했고, 이후 육군 병기부는 독립된 기관인 핵연구소를 설립했다.

　　제2차 세계대전 당시 독일은 원자력 에너지의 군사적 응용 관련 연구소를 가진 유일한 나라였다. 1940년 1월, 독일 전쟁부는 카이저 빌헬름 연구소(Kaiser Wilhelm Gesellschaft)를 인수하였고 소속 과학자들은 곧바로 원자로 건설에 착수했다. 당시 연구원들은 감속재로 활용되는 흑연이 너무 비싸고 많은 시간이 소요되었기 때문에 중수(中水)를 사용하기로 결정했다. 1940년 4월, 독일군은 노르웨이 침공 이후 수력발전소를 점령했으며, 이곳에서 안정적으로 중수를 공급할 수 있었다.

하지만 1942년 독일의 핵무기 개발 과정에서 많은 차질이 빚어졌다. 여러 가지 다양한 방법을 시도했지만 U-235를 분리하는 데 실패했다. 당시 저명한 물리학자였던 베르너 하이젠베르크(Werner K. Heisenberg, 1901~1976)는 라이프치히(Leipzig)에서 실험 도중 우라늄이 폭발하는 사고를 겪었고 실험용 원자로도 파괴되었다. 독일의 핵개발 프로그램이 실패했던 핵심 요인은 전쟁지휘부의 무관심과 편견이었다. 1942년 6월, 알베르트 슈페어는 핵무기 개발을 위한 연구를 이른바 '유대인 물리학'이라고 평가절하하며 추가적인 예산지원을 거부했다.

1942년 초, 독일연구위원회가 핵분열 연구를 총괄하게 되었지만 핵무기 연구개발을 추진하기 위한 정부 차원의 대규모 예산은 지원되지 않았다. 가장 큰 이유는 전쟁의 장기화로 연구개발을 지원하기 위한 자원 동원이 사실상 제한되었기 때문이다. 당시 독일의 육군과 원자력 과학자들은 전쟁기간 중 원자폭탄의 개발 가능성을 매우 낮게 평가했다. 그것은 전시 경제난이 가속화하고 있는 상황에서 독일의 연구개발 우선순위가 전쟁수행을 뒷받침하는 핵심 무기체계에 중점을 둘 수밖에 없었기 때문이다. 결과적으로 독일군 수뇌부는 핵무기 개

카이저 빌헬름 연구소

발 프로그램의 비중을 대폭 축소할 수밖에 없었다.

제2차 세계대전 당시 독일의 무기체계 연구개발 과정에 내재되어 있던 주요 문제점을 살펴보면 다음과 같다. 첫째, 새로운 기술개발의 선결조건이라고 할 수 있는 중앙집권적인 연구개발 시스템 구축과 전쟁지도부의 강력한 지원에 실패했다. 미국은 전후 레이더 연구개발에서 독일과 영국 모두에 뒤처졌지만 과학적 연구개발을 지원하기 위해 국방연구위원회(NDRC), 과학연구개발부(OSRD)와 같은 특수기관을 설립하였다. 당시 루스벨트와 처칠은 실현 가능성을 의심하면서도 원자폭탄의 개발계획을 지속적으로 지지했다. 반면, 독일은 첨단 무기체계 연구개발의 효율성을 향상시킬 수 있는 중앙집권적 조직을 구축하지 못했다. 특히, 독일 전쟁지도부의 수장인 히틀러와 괴링은 과학적으로 문맹(文盲)에 가까웠기 때문에 합리적인 의사결정을 하지 못했다.

둘째, 무기체계 연구개발 과정에서 중요한 역할을 수행하는 동맹국과의 기술교류 및 협력에 실패했다. 영국은 레이더 개발을 촉진하는 데 필요한 기반 기술과 운용 경험을 미국에 제공했다. 영국과 미국의 원자력 분야 협력이 항상 순조롭게 진행되지는 않았지만 영국은 원자폭탄 개발에 기술적으로 중요한 기여를 했다. 반면, 독일은 추축국인 일본과의 동맹관계에서 무기체계 연구개발에 관한 기술적 협력을 이끌어내지 못했다. 당시 독일군은 레이더와 핵무기 연구개발에 관한 기술적 정보를 제공하지 않았고, 이탈리아와 일본은 독일에 공유할 기술을 보유하지 않았다.

셋째, 독일은 새로운 기술개발의 핵심 요인으로서 산·학·연 및 군(軍) 간 유기적인 협업체계를 구축하지 못했다. 영국과 미국의 과학자들은 군 장교들과 효과적 협력을 토대로 레이더를 성공적으로 개발할 수 있었다. 영국군은 1936년 Biggin Hill 실험 간 과학자들과 긴밀히 협력하였다. 미국 해군연구소(Navy Research Laboratory, NRL)의 과학자들은 레이더를 개발하기 위해 美 해군의 작전부대와 제너럴 일렉트릭 등 민간기업과 긴밀히 협력했다.

미국은 원자폭탄 개발 시 군과 학계, 민간산업 간 광범위한 협업시스템을 구축했다. Los Alamos의 연구시설은 산·학·연 및 군의 협력적 연구개발 생태계를 상징적으로 보여주었다. 하지만 독일 공군은 레이더를 개발하는 과정에서 민간 부문과 교류하지 않았고 폐쇄적인 연구개발을 진행함으로써 적기에 개발하지 못했다. 특히, 독일군의 군종(軍種) 간 경쟁은 새로운 기술 개발에 중대한 장애가 되었다. 예를 들어, 독일 해군(Kriegsmarine)의 경우 조기경보용 공중 탐색 레이더의 개발 현황을 공군(Luftwaffe) 측에 공유하지 않았다. 당시 독일 공군이 레이더를 개발했을 때, 해군은 레이더를 생산한 민간기업과 공군의 상호협력을 방해하기 위해 적극적으로 개입하는 등 문제점을 드러냈다.

2. 연합국을 넘어서지 못한 독일의 전시생산체제

전간기 독일의 군비증강 정책

제1차 세계대전의 종전 이후 베르사유 조약은 독일에 매우 가혹한 전쟁배상 책임을 부과하였다. 당시 독일은 국가 경작지의 약 15%와 철광석의 75%, 석탄 자원의 26%를 몰수당했고 철과 철강의 생산능력은 각각 44%와 38% 감소했으며, 특히 상선의 90%, 모든 해군전력과 철도차량, 해외투자 자산을 상실하였다(Berend, 2008, p.78). 또한 1929년 전 세계를 강타한 대공황(Great Depression, 1929~1939년)은 불황의 기간과 강도, 범위 면에서 사상 초유의 결과를 초래했다.

세계의 산업생산은 30%, 석탄과 철 생산량은 40~60% 감소했고, 곡물 가격은 60% 하락했으며, 1929~1935년 유럽의 무역규모는 580억 달러에서 210억 달러로 감소했고 유럽에서 약 2,000만 명의 실업자가 발생하였다(Berend, 2008, p.95). 세계 경제대공황의 여파로 유럽에서는 경제적 민족주의가 확산되었고 대부분의 국가들이 보호무역주의를 채택했다. 특히, 각 국가들이 강력한 외환거래를 통제하기 시작하면서 독일과 같은 채무국들은 지불에 어려움을 겪게 되었고, 기존의 국제무역은 물물교환 방식의 바터무역(Barter trade)으로 전환되었다.

독일은 히틀러의 집권 이후 대규모 고용 창출을 위해 1933년 주택과 공공시설, 제국고속도로(Reichsautobahn) 건설을 골자로 한 1~2차 라인하르트 계획(Reinhardt Program)을 추진하였다. 또한 군사적 팽창주의를 뒷받침하기 위한 재군비에도 본격적으로 착수하여 집권 초기 공공지출의 2~5%에 불과했던 국방비가 1936년 이후 약 10%에서 1938년에는 17%로 증가하였다(Overy, 1994, p.50).

히틀러와 나치는 1933년 7월 강제카르텔 설치법을 제정하여 기업들의 효과적인 투자를 유도하기 시작했고 임금을 동결함과 동시에 제국위원회(Reichskommissar)를 통해 시장가격도 적극 통제했다. 또한 원자재외환관리청(Rohstoff-und Devisenstab)을 통해 주요 원자재와 외환의 배분을 엄격하게 규제하였고, 1934~1936년에는 재군비를 위해 다음과 같이 새로운 자금지원 계획을 추진하였다(Berend, 2008, p.156). 당시 독일군 군비증강을 지원하기 위한 관련 예산은 금속연구소(Metallurgische Forschungs-Gmbh)를 통한 대출, 즉 메포어음(Mefo-Wechsel)을 발행하되 제국은행의 할인율을 적용받아 인플레이션을 회피하는 방식으로 조달되었다.

히틀러는 전쟁을 통해 유럽대륙에 독일 제국을 건설하고자 했으며, 이러한 팽창주의 정책을 뒷받침하기 위해 신속한 군사력 증강정책을 추진했다. 1932~1933년, 국제사회는 제네바에서 세계군축회의를 진행했으며, 군비 축소협상을 통해 유럽에서 또 다른 전쟁을 예방하고자 하였다. 하지만 프랑스는 제1차 세계대전의 교훈을 거론하며 독일의 군비증강을 엄격히 관리해야 한다고 주장하였다. 1933년 10월 14일, 히틀러는 프랑스의 요구에 반발하며 군축회의 불참을 통보했다. 독일은 군축회의 불참과 동시에 국제연맹(League of Nations)에서도 탈퇴하였고, 이후 대규모의 군사력 건설 프로그램에 본격적으로 착수하였다(홀로코스트 백과사전).

독일 제국은행의 총재와 경제장관으로 재임하며 나치 독일의 경제 기적을 이끌어낸 샤흐트(Hjalmar Schacht, 1877~1970)는 1934년 대외무역 역조현상(逆調現狀)을 극복하고 전쟁준비를 보다 가속화하기 위해 이른바 신계획(Neuer Plan)을 도입했다. 당시 히틀러가 의도했던 신계획의 목표는 실업률 감소와 독일경제의 자급자족(Autarky) 기반을 구축하는 것이었다. 먼저 실업률의 감소를 위해 고속도로와 주택 건설 등 대규모 토목공사를 추진했으며, 이를 위해 유대인들을 사회적으로 퇴출시켜 전시 군수산업에 동원하였다. 또한 독일경제의 자급자족 기반을 구축하기 위해 주변국들과 무역협정을 체결하여 해외자금을 국내로 유입시켰다.

특히, 독일의 전략물자 생산능력을 확보하기 위해 수입제한조치를 단행했으며, 전쟁수행에 필수적인 원자재는 수입하였다. 이를 통해 대외무역을 새롭게 재편하고 국제 지불수단을 효과적으로 통제했으며 수입원자재 물량을 엄격히 제한함으로써 안정적인 독일경제권을 형성하였다.

1935년 5월, 히틀러와 나치는 제국방위법을 제정하여 전쟁수행에 모든 경제력을 투입하는 법적 기반을 마련하였고, 1936년 10월에는 전시 경제봉쇄에 대비하여 독일경제를 재편하는 내용의 4개년 계획을 추진하였다(Berend, 2008, p.160). 이 계획은 독일의 재군비와 전쟁준비에 초점을 맞추었고, 헤르만 괴링

할마르 샤흐트

을 수장으로 창설된 4개년 계획청은 원자재 생산과 배분, 노동력 활용, 농업생산, 가격통제, 외환규제 등 6개 부문으로 조직되었다. 괴링은 실업률 감소를 위해 대규모 군수공장을 신축하고 사회적 공공인프라 건설사업을 추진했다. 특히, 전시산업을 육성하기 위해 전쟁수행에 필요한 석탄과 철, 석유 등 전략자원의 생산량을 증가시켰고 국가 산업시설과 군수품 생산시설을 구축했다.

당시 4개년 계획은 독일의 전쟁지속능력을 보장하기 위해 필요한 전시 원자재의 대체재(代替財), 즉 합성 가솔린과 합성고무, 합성섬유 등의 연구개발에 중점을 두어 추진되었다. 독일은 4개년 계획을 추진하며 민간소비 증가를 강력하게 억제함과 동시에 전쟁준비에 박차를 가했다. 1938~1939년, 독일 국민소득의 약 19%가 군비지출에 사용되었으며, 1939년 5월 기준으로 제조업 노동력의 28%가 군수품 생산에 종사했다(Overy, 2020, p.19).

나치 독일이 추진한 4개년 계획(이헌대, 2004, p.174)

히틀러 집권 이후 나치 독일은 세계 대공황의 후유증을 회복하고 군비를 증강하기 위해 1933년과 1936년 두 차례에 걸쳐 4개년 계획(Four Year Plan)을 추진했다. 전간기 나치 독일은 고전적인 경제정책을 탈피하여 막대한 군비증강 요구를 충족시키기 위해 대규모 고용창출 계획과 함께 급속한 재무장을 추진했다. 당시 독일은 파시즘에 기반하여 국가 권력을 자의적으로 행사했으며, 시장경제와 통제경제를 결합한 방식의 정책수단을 강구함으로써 단기간에 경제 기적을 달성했다. 전간기 히틀러와 나치가 시행했던 4개년 계획은 대규모 고용창출, 임금동결, 군비확장을 통해 독일의 민중들에게 획기적인 경제정책이라고 평가받았다.

제2차 세계대전기 독일의 전시생산체제

나치 독일은 개전 이후 영국과 소련, 일부 중립국을 제외하고 유럽 대부분의 국가들을 점령하였고, 이 지역들을 독일의 전시경제체제로 종속·편입시켰으며, 세부 내용을 살펴보면 다음과 같다(Berend, 2008, pp.171~172). 유럽의 점령지를 대상으로 자행된 경제적 종속과 약탈, 착취는 히틀러와 나치 독일의 전쟁지속 능력을 뒷받침하는 중요한 기반이 되었다. 독일의 점령지역은 크게 3개 권역으로 구분되었으며 유럽의 남·동부 지역은 농산물과 원자재의 주요 공급지로 활용되었다. 서유럽의 점령지는 공산품의 공급처가 되었으며, 동유럽의 폴란드와 기타 소련의 점령지는 광범위한 약탈의 대상지였다.

〈표 36〉 독일이 유럽 점령지로부터 획득한 자원현황(Salavrakos, 2016, p.128)

구분	계	독일-오스트리아	추축국 동맹*	점령지**
전기에너지(백만 kwh)	110	52	15	43
석탄(백만 톤)	348	185	2	161
철광석(백만 톤)	26.3	3.4	0.5	22.4
구리(천 톤)	99	31	1	67
보크사이트(천 톤)	2,117	93	848	1,176
석유(백만 톤)	10	0.5	8.7	0.8
철(백만 톤)	37.9	16.3	1.4	20.2
강철(백만 톤)	43.6	20	3.2	20.4
알루미늄(천 톤)	218	131	23	64

* 이탈리아, 헝가리, 루마니아, 불가리아
* 프랑스, 벨기에, 네덜란드, 룩셈부르크, 덴마크, 노르웨이, 폴란드, 그리스, 알바니아, 체코슬로바키아

독일은 약 330만km²의 광활한 점령지역을 통치하면서 수백만 명을 징집하여 강제노동력으로 활용했다. 1944년을 기준으로 약 930만 명의 외국인 노동

자가 독일의 전시 생산체제하에서 노동력을 제공했으며, 이는 독일 산업인력의 30%, 군수산업 노동력의 35%를 차지하는 높은 수치였다. 독일은 동맹국을 포함하여 모든 점령지역을 독일의 전시경제체제에 통합하고 군수산업을 중심으로 강력히 통제하였다. 대표적인 사례로, 헝가리는 1941년 이후 주요 전략물자인 보크사이트 · 알루미늄 생산, 석유시추 사업 등을 추진하였고, 메서슈미트 (Messerschmitt) 항공기를 독일과 합작으로 생산하였다. 당시 헝가리는 독일의 전쟁 수행에 필요한 전차와 항공기 등 주요 무기체계를 정부 통제하에 생산했으나 전황이 변화하면서 헝가리 주재 독일산업위원회의 직접적인 통제를 받았다.

〈표 37〉 1940.10월~1944.4월 폴란드의 전시생산 현황(Budrab, 2005, p.31)

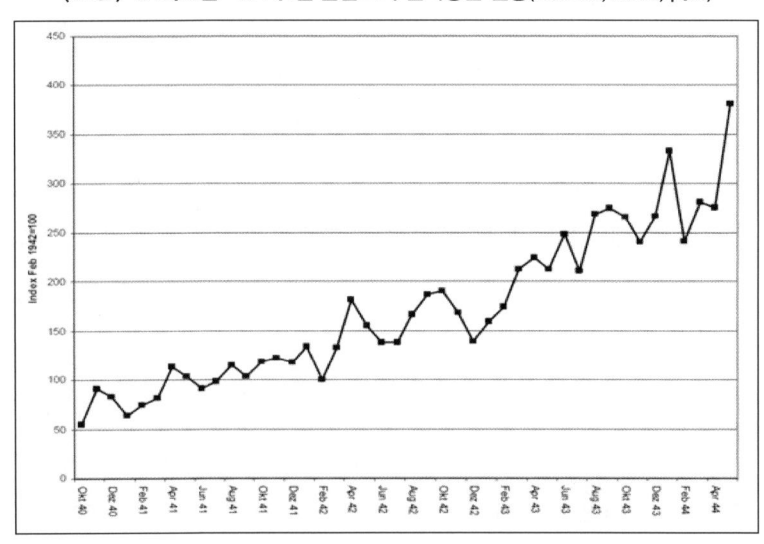

독일군은 장기전에 대비하여 충분한 병력과 자원을 보유하고 있지 않았기 때문에 이른바 전격전을 통한 단기 속전속결 전략을 추구했다. 이를 위해 독일은 국내 생산뿐만 아니라 점령지 국가들을 포함하여 대규모의 전시생산체제를 가동하였다. 〈표 37〉은 1942년 2월부터 1944년 5월 사이에 점령한 폴란드(총독부)에서

독일군을 지원하기 위한 무기체계 생산이 4배 이상 증가했음을 보여준다.

하지만 제2차 세계대전기 독일의 전시생산체제는 유럽의 점령지로부터 막대한 자원을 공급받았음에도 불구하고 국가들이 보유한 산업 생산능력을 효과적으로 통합하지 못했다. 1943년 유럽 점령지에서 생산된 무기체계 현황을 간략히 살펴보면, 소화기의 4.8%, 탄약의 6.4%, 차량의 16.2%, 선박의 35.7%, 항공기 생산의 8.9%, 통신장비의 28.6%에 불과했다(Salavrakos, 2016, p.127).

제2차 세계대전 당시 독일의 전시생산체제를 고찰하기 위해서는 나치 독일의 군수장관을 역임하며 군수생산 능력 향상을 추진했던 슈페어(Albert Speer, 1905~1981)의 정책을 살펴볼 필요가 있다. 1942년 2월, 군수장관으로 임명된 슈페어는 다음과 같은 정책적 의사결정을 통해 독일 전시생산체제의 효율성을 크게 향상시킨 것으로 평가받는다(Overy, 1994, pp.356~363).

첫째, 무기체계의 유형을 간소화하여 독일의 다수 기업이 대량생산체제로 전환하여 규모의 경제를 활용할 수 있는 기반을 구축하였다. 둘째, 무기체계의 설계 변경 빈도를 감소시켜 기업들이 생산공정을 개조함으로써 발생하는 비용을 최소화하거나 절감하는 데 기여하였다. 셋째, 무기체계의 파괴력에 영향을 미치지 않는 생산공정, 즉 광택이나 도색 등의 마무리 공정을 폐지하여 단위 무기체계를 생산하는 데 필요한 노동시간을 큰 폭으로 단축시켰다. 넷째, 우수기업의 첨단기술을 촉진하기 위해 신설된 기업위원회에서 기술적 노하우를 공유함으로써 생산기술의 확산을 가속화시켰다.

한편, 독일 군수부는 1941년 이후 몇 가지 합리화 조치를 도입했으며, 특히 원가보상 계약(Cost plus Contracts)을 고정가격 계약(Fixed-price Contracts)으로 대체함으로써 전시 군수품 생산의 효율성을 급속하게 향상시켰다. 당시 독일의 항공기 제조는 방위산업의 약 40%를 차지하는 핵심 분야였으며, 1937년 독일 항공부는 Ju-88과 Ju-87 폭격기 등을 생산하는 항공기 업체에 고정가격 계약제도를 제안하여 비용절감과 생산성 향상을 유도했다(Budrab, 2005, p.27).

<표 38> 독일의 주요 무기체계 생산현황, 1941~1945년(오버리, 2003, p.217)

구분	1941년	1942년	1943년	1944년	1945년
항공기(대)	11,776	15,409	28,807	39,807	7,540
전차(대)	5,200	9,300	19,800	27,300	-
화포(문)	7,000	12,000	27,000	41,000	-

제2차 세계대전기 독일의 전시생산체제가 안고 있었던 주요 문제점을 살펴보면 다음과 같다. 첫째, 독일은 연합국의 전시생산능력을 극복할 수 없었다. 소련의 경우 개전 초기 서부지역에 산재해 있던 군수산업 시설들을 동부지역으로 재배치하였고, 더 많은 무기체계를 훨씬 저렴한 비용으로 보다 신속하게 생산했다. 둘째, 독일은 소련 침공 이후 미국의 참전으로 뜻하지 않은 양면전쟁의 늪에 빠져들었다. 이 중 전선의 가장 큰 문제는 전쟁의 기한을 정확히 예측할 수 없다는 점이었다. 또한 양면전쟁은 서로 다른 우선순위를 부과한다는 점에서 독일군의 전세에도 악영향을 미쳤다.

유럽 동부전선에서 치러진 독·소 전쟁은 주로 육상에서 전투가 전개되었기 때문에 독일의 군수지원은 주로 육군을 지원하는 데 중점을 두었다. 하지만 미·영 연합군과의 전쟁에서는 주로 해전과 공중전이 전개되었기 때문에 독일은 해·공군에 중점을 두어 군수지원을 단행했다.

셋째, 독일의 전시생산체제에 내재된 효율성의 문제이다. Tiger Tank, Panther Tank와 같은 고가의 무기체계는 소량으로 생산되었기 때문에 경제적이지 못했다. Tiger Tank의 생산단가는 Panzer 4호에 비해 약 3배 수준이었다. 또한 1942~1945년에 독일은 연합군의 대규모 전략폭격으로 인해 고전을 면치 못했으며,

이를 타개하기 위해 전투기 생산에 매진했다. 하지만 이 시기에 약 53,000대의 전투기를 생산했지만, 이러한 전력도 제공권 장악과 폭격기 호위, 지상작전 지원 등 실제 전술적 운용에는 턱없이 부족한 수준이었다.

특히, 대공 무기체계에 대한 막대한 투자 역시 비효율적이었다. 당시 경(輕)대공포는 연합군 폭격기 한 대를 격추하기 위해 평균 4,940발의 포탄을 사용해야 했다. 이처럼 대공포탄의 생산에 소요되는 비용은 37,050만 RM, 약 14,820달러에 달했다(Salavrakos, 2016, pp.124~125). 이에 비해 독일 공군의 전투기는 1대의 B-17 폭격기를 격추하는 데 20mm 기관포 약 4~5발 또는 30mm 기관포 1발이 소요되었다. 1944~1945년 영국 런던을 폭격하는 데 사용되었던 V-1, V-2 탄도미사일은 약 20억 달러의 생산비용이 소요되었고, 이는 24,000대의 전투기를 생산할 수 있는 비용이었다.

한편, 연합군의 유럽 서부 해안 상륙작전을 저지하기 위해 구축했던 2,500마일의 대서양 방벽(Atlantic Wall)도 전시생산체제에는 부정적 요인으로 작용했다. 독일군은 1944년 5월까지 8,482개 이상의 요새화된 진지를 구축하여 약 700개 포대의 화포 2,719문을 배치했다. 1942~1944년에 대서양 방벽을 구축하기 위해 소모된 시멘트만 37억 RM의 비용이 투입되었다. 시멘트의 기회비용은 약 43,000대의 전투기를 생산할 수 있는 예산으로 추정된다(Salavrakos, 2016, p.125).

〈표 39〉 1939~1945년 국가별 무기체계 생산현황(로페즈 외, 2021, p.27)

구분	화포·박격포	전차·돌격포	항공기	선박·잠수함	탄약
미국	17.9	32.4	36.1	34	36.4
영국	12.1	10.2	14.8	23.7	14.7
소련	53.7	38.4	17.9	2.2	21.3
독일	13.8	17.1	21.3	31.6	21.3

3. 전쟁지속능력은 현대전의 조직화된 비르투(Virtù)이다

현대전에서 첨단 무기체계는 전쟁의 패러다임을 변화시키는 핵심 요인이며, 역사적 관점에서 과학기술은 신개념의 무기체계를 창출하는 원동력이 되었다. 군사과학기술의 발전과 함께 무기체계는 점차 독립시스템에서 네트워크로 통합되는 복합시스템(System of systems)으로 진화해 왔다(이강경·한승조·설현주, 2020, p.206). 제2차 세계대전은 기계에서 시스템의 시대로 전환되는 과정에서 총력전의 개념으로 치러진 기동전이었으며, 무기체계 연구개발과 전시생산체제는 참전국의 작전수행 및 전쟁지속능력을 보장하는 핵심 요인이었다.

앞서 살펴본 바와 같이, 독일은 개전 초기 전격전을 통해 놀라운 전과를 달성했음에도 불구하고 연합국과의 무기체계 연구개발 경쟁에서 주도권을 상실했으며, 전시생산능력의 상대적 격차를 극복하지 못했다. 독일은 무기체계 연구개발 시 첨단 과학기술의 효과적인 통합과 추축국 간 기술협력에 실패하였고, 전시생산체제에 내재된 비효율성으로 인해 전간기에 이룩한 군사력을 지속적으로 확대·유지하지 못했다.

전술한 바와 같이, 전쟁지속능력의 보장과 연계된 무기체계 연구개발 및 전시생산체제는 제2차 세계대전기 연합국과 추축국을 막론하고 전승의 핵심 요인이었다. 역사학자인 폴 케네디(Paul Kennedy)는 제2차 세계대전기 연합국이 전쟁의 흐름을 바꾸고 승리할 수 있었던 결정적 시기를 1943년 1월부터 1944년 7월까지 약 18개월간 이루어진 전략적·전술적 또는 작전상의 국면 변화라고 평가했다(Kennedy, 2015, pp.469~493). 폴 케네디는 1943~1944년 교전국들의 전시생산능력을 비교해 보면 예비 승자는 이미 판별이 되었다고 진단했다. 하지만 1943년 여름 독일 해군의 U보트 함대가 패배하지 않고, 1944년 독일군 항공대가 궤멸되지 않았거나, 소련의 붉은군대가 독일군 기갑부대의 병력을 약화시키지 않았다면, 또는 장거리 폭격기와 소형 레이더 등 첨단 무기체계들이 전장에서 효과적으로 활용되지 않았다면 연합국의 승리는 훨씬 지연되었을 것이라고 분석했다.

또한 케네디는 독일군의 패전 요인이 두 가지의 독립변수에 영향을 받았다고 평가했다. 즉, 연합국들의 지리적 이점과 전쟁 수행 과정에서 시너지 효과를 창출하는 '격려문화(Culture of Encouragement)'가 중요한 역할을 했다는 것이다. 제2차 세계대전 당시 독일군은 막강한 전투력과 탁월한 전술을 발휘하여 개전 초기에 놀라운 전과를 달성했다. 하지만 히틀러의 독단적인 리더십 아래에서 경직된 군사조직을 운영할 수밖에 없었고, 결국 전쟁에서 패배했다. 독일군은 전간기에 고도로 성숙시켰던 군사과학기술을 통해 오늘날 대륙간탄도미사일(ICBM)의 원형(原型)이 된 V-1 로켓, V-2 로켓, 제트기 등 게임체인저(Game changer)를 개발했지만, 결과적으로 전쟁의 흐름을 바꾸지는 못했다.

2022년 2월에 촉발된 러시아의 우크라이나 침공을 계기로 '21세기에 전면전은 없을 것'이라는 안보 의식이 이른바 '희망적 사고(Wishful Thinking)'에 불과하다는 사실이 입증되었다. 러시아-우크라이나 전쟁을 계기로 유럽 국가들은 북대서양조약기구(NATO)와 유럽연합(EU)을 중심으로 한 집단안보체제를 한층 강화함과 동시에 국가별로 군비증강 계획을 추진하고 있다. 독일과 캐나다를 비롯하여 다수의 동유럽 국가들이 우크라이나 전장에서 효과가 입증된 미국산 무기체계 도입을 추진하고 있다.

러시아의 군사 위협이 현실화한 상황에서 유럽 각국은 독자적인 방위력을 확보할 수 있을 때까지 군비증강을 추진할 것으로 전망되며, 이로써 신냉전의 국제질서가 더욱 심화할 수 있다는 우려가 확산되고 있다. 최근 유럽 국가들의 재무장은 이른바 '유럽 패러독스(European Paradox)'의 재현으로 이어질 수 있어 주목할 필요성이 있다. 이와 관련하여 제2차 세계대전 종전 70주년을 기념하여 개최된 요한 갈퉁(Johan Galtung) 前 베를린대 교수와의 특별대담에서 박명림 연

세대 교수는 '유럽 패러독스'와 '아시아 패러독스'를 다음과 같이 정의하였다(한

겨레신문, 2015).

> "오늘날 동아시아는 역내 교역과 경제협력은 거의 유럽연합(EU)과 북 · 미 수준에
> 근접한다. 반면 역사화해, 영토갈등, 신뢰구축, 지역안정, 평화건설 면에서는 악화
> 되고 있다. 일부 서구의 관찰자들은 이를 '아시아 패러독스'라고 조롱하고 있다. 그
> 러나 얼마 전까지만 해도 유럽은 더욱 심각했다. 유럽은 기독교, 이성, 산업혁명,
> 과학혁명, 의회주의, 시장경제, 민주주의를 발전시킨 반면, 두 번에 걸친 세계전쟁
> 을 포함하여 제국주의, 나치즘, 파시즘, 인종주의, 홀로코스트 등을 자행했다. 나는
> 이를 '아시아 패러독스'보다 더 심한 '유럽 패러독스', 또는 '유럽의 자기분열', '유
> 럽의 자기모순'이라고 불러왔다."

마키아벨리(Niccolò Machiavelli, 1469~1527)는 『군주론(君主論)』에서 핵심 키워드
인 비르투(Virtù)의 개념을 '군주 개인의 뛰어난 능력과 도덕적 덕성'으로부터
'국가의 힘과 역량'까지 아우르는 폭넓은 의미로 사용하였다. 마키아벨리는 자
국의 군대를 갖지 못하면 위기 상황 시 국가를 방어할 수 없으며, 군대를 유지
하고 국가안보를 확립하기 위해서는 인민의 지지가 무엇보다도 중요하다고 보
았다. 특히, 외세의 위협에 효과적으로 대응하기 위해서는 강력한 군대를 육성
하고 신뢰할 수 있는 동맹이 필요하다는 점을 강조했다(Machiavelli, 2016, p.233).

결국 마키아벨리가 제시한 '조직화된 비르투(Ordinata virtù)'를 오늘날 한국군
의 안보 상황에 대입해 보면, 현존 군사 위협과 미래전 양상에 효과적으로 대
응하기 위해서는 보다 확고한 자주국방태세와 한 · 미 동맹의 강화가 필요하다
는 결론에 도달한다. 전통적 안보딜레마가 상존하는 한반도와 동북아 지역에서
자주국방태세를 확립하기 위해서는 첨단 과학기술을 토대로 무기체계 연구개
발 능력을 더욱 강화해야 하고, 유사시 전쟁지속능력을 보장할 수 있는 전시생

산체제를 확고히 구축해야 한다. 따라서 제2차 세계대전기 독일의 패전 요인을 무기체계 연구개발과 전시생산체제를 중심으로 고찰하는 것은 중요한 군사적 함의를 갖는다.

5장

일본: 군국주의와 전시경제의 불협화음[*]

　2022년 12월, 일본 기시다 내각(岸田內閣)은 '적 기지 공격능력' 보유방침을 3대 안보문서에 명시하고 군사 재무장 추진을 본격화했다(이강경, 2023, pp.99~102). 적 기지 공격능력(이하 반격능력)은 적의 요격범위, 즉 사정권 밖에서 '원격 발사 미사일(Stand-off missile)'을 활용하는 자위대의 방위능력을 의미하며, 일본의 반격능력은 사실상 북한과 중국, 러시아 등 적대국의 군사기지를 미사일로 직접 타격하는 선제공격 개념이다. 이는 일본이 1923년 '제국국방방침'을 개정하여 국가총력전 체제를 구상한 지 약 100년 후에 이루어진 조치이다. 또한 2023년 12월, 일본 정부는 '방위장비 이전 3원칙 및 운용지침'을 개정하여 일본이 생산한 방산무기의 해외 수출과 정비지원 범위를 확대했다(內閣官房, 2023).

　최근 일본이 국제사회의 우려에도 불구하고 평화주의(平和主義)에 역행하는 군사적 행보를 강화하게 된 배경은 미·중 전략경쟁이 심화하는 가운데 신냉전의 국제질서로 진영 간 대결구도가 강화되었기 때문이다. 역사적으로 일본제국

---

[*]　5장의 내용은 다음의 학술논문에서 발표한 내용을 수정·보완하였다.; 이강경·강재구. 2024. "아시아·태평양 전쟁기 일본의 패전요인 고찰: 무기체계 연구개발 및 전시생산체제를 중심으로". 『한국군사학논총』 제13집 제4권. 미래군사학회. pp.119~145.

주의는 제1차 세계대전 이후 변화된 국제질서에 대응한다는 명분하에 군국주의를 추구했으며, 아시아 · 태평양 전쟁을 일으켜 전범국(戰犯國)이 되었다. 서정익의 연구에 따르면, 아시아 · 태평양 전쟁을 다음과 같이 정의하고 있다(서정익, 2008, p.22).

> "일본제국주의가 1941년 말 미국 · 영국 · 네덜란드와의 개전 이후 1945년 패전하기까지의 전쟁을 동시대에는 '대동아전쟁', 패전 후에는 '태평양전쟁 또는 15년 전쟁'이라고 명명했다. 1990년대 이후에는 '아시아 · 태평양 전쟁'이라는 용어가 사용되고 있으며, 협의(俠意)로는 1941년 12월 이후의 전쟁을 지칭하고 광의(廣意)로는 1931년 만주사변으로부터 1937년 중일전쟁이 전면화되는 과정까지 포함한다."

제5장에서는 전쟁의 명칭을 협의의 관점에서 아시아 · 태평양 전쟁으로 기술하였고, 무기체계 연구개발과 전시생산체제에 대한 분석은 광의의 관점에서 제1차 세계대전기와 전간기, 만주사변과 중일전쟁 이후 1945년 8월 패전까지의 기간을 포함하여 고찰하였다.

전시 일본의 총력전체제는 어떤 요인으로 인해 실패했는가? 영국의 전쟁사가인 케네디(Paul Kennedy)는 제2차 세계대전의 승패 요인을 군사조직 문화의 차이점에서 찾았다. 즉, 일본은 천황을 중심으로 한 경직된 조직문화를 갖고 있었기 때문에 태평양 전선에서 1930년대의 무기체계로 전쟁을 수행하였고, 전시 국가혁신 능력이 퇴조하면서 더 이상 첨단 무기체계를 개발하지 못했다고 평가했다(Kennedy, 2015, p.488).

한편, 오버리(Richard Overy)는 제2차 세계대전기 유럽 전선에서 연합군이 승리할 수 있었던 2가지 요인을 ① 연합군의 제해권 장악, ② 舊 소련의 결사항전과 성공적인 방어전이라고 제시했다(Overy, 2006, pp.1~29). 오버리는 연합군이 제해권을 장악할 수 있었던 것은 효과적인 전략폭격으로 추축국의 산업인프라를 파괴하고 국민들의 사기를 저하시켰으며, 추축국들의 공군을 본토방어로 고착시켜 전쟁지속능력을 약화시켰기 때문에 가능했다고 평가했다.

특히, 오버리는 독일과 일본의 군사문화에 내재되어 있는 군국주의적 특성으로 인해 장기소모전에서 추축국들이 전세를 반전시키지 못하고 전쟁에서 패배했다고 지적했다. 즉, 유기적인 민 · 군관계를 통해 전시생산체제를 가동했던 연합국과 달리 독일과 일본은 군부가 중심이 되어 민간 부문과 국가산업을 강력하게 통제하는 경직된 군사문화가 팽배해 있었기 때문에 전시에 효율성을 발휘하지 못했다는 것이다.

연합국의 승리 요인에 대한 오버리의 주장은 아시아 · 태평양 전쟁에서 일본군의 패전 요인과도 일맥상통한다고 볼 수 있다. 케네디와 오버리의 연구결과는 아시아 · 태평양 전쟁에서 일본이 패배하게 된 핵심 요인이 전쟁지속능력의 한계라는 점을 시사하며, 이는 무기체계 연구개발과 전시생산체제의 한계로 귀결된다고 볼 수 있다. 따라서 제5장에서는 아시아 · 태평양 전쟁기 총력전체제를 실질적으로 뒷받침하고 약 15년간 중국과 미국을 상대로 장기전을 수행할 수 있었던 핵심 요인으로서 일본의 무기체계 연구개발과 전시생산체제를 고찰하였다.

최근 미 · 중 전략경쟁이 심화하는 가운데 일본은 가치와 진영을 중심으로 한 신냉전의 국제질서에 편승하여 전범국가의 굴레인 평화헌법체제를 허물고 군사재무장을 서두르고 있다. 이러한 전환기적 안보 상황 속에서 아시아 · 태평양 전쟁기 일본의 패전 요인을 무기체계 연구개발과 전시생산체제를 중심으로 고찰하는 것은 추체험의 관점에서 중요한 의미를 갖는다고 판단된다. 과거 일본제국주의는 제1차 세계대전 이후 변화된 전쟁 패러다임과 국제질서에 효과적으로 대응하기 위해 총력전체제를 구축하고 전쟁국가로 나아갔다.

최근 신냉전의 국제질서에서도 전범국가 일본은 과거의 역사적 경험에 기반하여 변화된 안보환경을 타개하기 위한 방편으로 군사 재무장의 길을 선택했다. 따라서 제5장에서 다루는 내용은 최근 미·일 동맹을 강화한 이후 방위산업 대국을 지향하며 군사 재무장을 추진하고 있는 일본의 전략적 행보를 분석하고 대응 방향을 모색하는 과정에서 중요한 함의를 갖는다고 판단된다.

아시아·태평양 전쟁기 일본의 총력전 체제와 전시생산체제 관련 주요 선행 연구를 간략히 살펴보면 다음과 같다. 총력전(Total War)이란 "국가에 비상사태가 발생하고 전쟁이 발발하면 우선적으로 사용할 수 있는 군사력으로부터 인적·물적 자원을 포함하여 모든 비군사적 수단과 능력까지 동원하여 전쟁에서 승리하는 것"을 의미한다(박계호, 2013, p.54).

제국국방방침(1936년 개정안 표지)

최근에는 총력전이라는 용어보다 국가총력방위(國家總力防衛)라는 개념이 주로 사용되고 있다. 국가총력방위는 "가용한 모든 역량을 총동원하여 국가를 방위하는 것으로, 정치·외교, 경제·과학기술, 사회·문화 및 군사 분야의 고유 역량과 활동을 유기적이고 상호 보완적으로 조직하여 전쟁을 수행하는 것"이다(군사용어대사전 편집위원회, 2016, p.117).

이와 관련하여 군사학자 박계호는 총력전 개념이 역사적으로는 미국의 남북전쟁에서 최초로 등장하였고 양차 세계대전을 거치면서 더욱 발전했다고 평가했다(박계호, 2013, pp.217~220). 박계호의 연구에 따르면, 총력전이라는 용어는 클라우제비츠의 『전쟁론』에 처음으로 등장하였고 제1차 세계대전 중인 1917년에 프랑스의 클레망소(Georges

Clemenceau) 수상이 의회연설을 통해 발언하면서 정치적으로 사용되었으며, 문헌상으로는 독일의 루덴도르프(Erich von Ludendorff) 장군이 1935년에 저술한 『국가총력전』에서 처음으로 소개되었다.

일본은 제1차 세계대전 이후 새로운 전쟁 패러다임으로 대두된 총력전 개념을 적극적으로 수용하였으며, '제국국방방침'이라는 국가전략문서를 통해 국방정책과 군사전략을 발전시켰다. 장형익의 연구에 따르면, 일본은 장기전 · 소모전 · 과학전 양상으로 전개된 제1차 세계대전 이후 총력전체제를 구축하기 위해 다음과 같이 다각적이고 체계적인 활동을 추진했다(장형익, 2009, pp.197~201).

먼저 1915년에 육군 · 해군의 조사위원회를 독일과 오스트리아 등 유럽의 주요 교전국에 파견하여 전시산업체제와 국가총동원, 군수공업능력 등을 조사하였다. 또한 1916년 군사연구회, 1917년 병자조사회(兵資調查會)를 발족하여 전시동원계획의 큰 틀을 구상하였다. 이와 같이 제1차 세계대전에 대한 조사 · 연구 결과를 토대로 1917년 '제국국방자원' 보고서에서 총력전 개념을 구체화했으며, 1923년 '제국국방방침' 개정을 통해 국방정책으로 발전시켰다. '제국국방방침'은 제1차 세계대전기와 전간기 일본의 최상위 전략문서이며, 1907년 책정된 이후 세계대전의 양상과 국제연맹, 워싱턴 · 런던 해군 군축조약 등 당대의 주요 전략환경 변화를 반영하여 1923년과 1936년 두 차례에 걸쳐 개정되었다.

아시아 · 태평양 전쟁기 일본의 무기체계 연구개발 및 전시생산체제를 다룬 학술연구는 많지 않으며, 주로 전시 총력전체제를 중심으로 한 연구가 주류를 이루었다. 전시 일본의 총력전체제를 다룬 연구는 크게 3가지 흐름으로 논의가 전개되었으며 주요 동향을 정리하면 다음과 같다. 첫째, 제1차 세계대전 이후부터 전간기에 일본이 구축한 총력전체제의 특징과 한계에 관한 연구이다. 둘째, 영 · 일동맹기 군사협력 및 태평양 전선에서 미 · 일 양국의 군사전략에 대한 연구이다. 셋째, 전시 일본의 총력전체제를 군수동원법제와 통제경제, 중화학공업화, 생산력확충계획 등 국가총동원법을 중심으로 한 경제사적 연구이다.

기존의 선행연구들은 주로 전시 일본의 총력전체제와 군사전략, 전시경제에 초점을 두고 있으며, 상대적으로 일본의 전쟁지속능력을 뒷받침해 준 무기체계 연구개발과 전시생산체제를 다룬 연구는 미진한 수준이다. 따라서 제5장에서는 일본제국주의가 1931년 만주사변과 1937년 중일전쟁 개전 이후 국가총동원법을 제정하여 총력전 체제를 구축하고 1941년 미국·영국·네덜란드를 상대로 전선을 확대하며, 약 15년간 아시아·태평양 전쟁을 수행할 수 있었던 원동력으로서 무기체계 연구개발과 전시생산체제를 고찰하였다.

이를 위해 제1차 세계대전 이후 전간기에 구축된 일본의 전시경제체제와 군국주의의 동기화(同期化) 과정을 추적하고 일본군이 장기소모전을 수행할 수 있도록 전쟁지속능력을 뒷받침해 준 무기체계 연구개발 및 전시생산체제의 특징과 한계를 분석하였다. 따라서 제5장에서는 추체험(追體驗)의 관점에서 과거 일본제국주의가 총력전태세를 확립하기 위해 체계적으로 추진했던 2가지 핵심요인을 고찰하였다. 제5장은 최근 미·일 동맹을 강화하고 방산강국을 지향하며 재무장을 추진하고 있는 일본의 전략적 행보를 가늠할 수 있게 해준다는 점에서 학술적 가치가 크다고 판단된다.

일본제국주의의 전시경제, 총동원체제 및 과학기술 관련 참고서적

아시아·태평양 전쟁기 일본제국주의는 전시경제체제로 전환 후 본토와 식민지를 대상으로 총동원체제를 가동했으며, 메이지유신 이후 가속화된 과학기술의 발전을 군국주의와 제국주의적 팽창의 도구로 활용하였다. 일본의 전시경제와 총동원체제, 과학기술을 이해하는 데 도움이 되는 참고서적을 간략히 소개하면 다음과 같다. 『전시일본경제사』는 1931년 만주사변으로부터 1945년 아시아·태평양 전쟁의 종전까지 약 15년간 지속된 일본의 전시경제체제를 실증적으로 분석하고 있다. 『전시 동원체제와 전쟁협력』은 일본제국주의가 식민지 조선을 대상으로 시행했던 총동원체제를 분석하여 전시 식민지 수탈의 구조를 파헤치고 있다. 『일본 과학기술 총력전』은 메이지유신 이후 150년간 일본을 지배해 온 과학기술체제를 비판적 시각으로 분석한다.

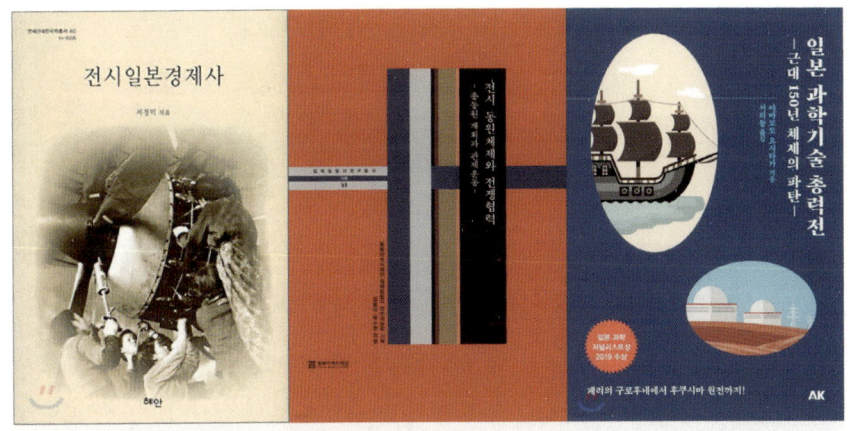

① 일본제국주의의 전시경제와 동원체제   ② 전시 일본의 과학기술

1. 과학기술 총력전 개념에 입각한 군비증강

전시경제체제와 군국주의 노선의 동기화(Synchronization)

미국의 정치학자인 라이트(Quincy Wright)는 전쟁의 개념을 "두 개 이상의 적대적인 집단 또는 군대 간에 발생하는 무력충돌로서 적대감과 폭력을 수반하는 갈등의 형태"라고 정의했다(Wright, 1964, pp.6~7). 미국의 저명한 정치학자인 라이트(Quincy Wright)는 그로티우스(Hugo Grotius)와 키케로(Marcus T. Cicero), 클라우제비츠(Carl von Clausewitz), 홉스(Thomas Hobbes)가 제시한 관점들을 종합하여 "전쟁이란 일종의 법적인 상태로서 조직적인 인간집단의 관계에서 고도의 적대감, 폭력을 수반하는 갈등의 형태라고 규정했으며, 두 개 이상의 적대적인 집단이 동등하게 군대를 동원하여 갈등을 지속할 수 있도록 허용하는 법적 조건"이라고 정의했다. 따라서 전쟁이라는 무력행위가 성립하기 위해서는 국가 · 집단 간 적대감을 폭력행위로 표출할 수 있는 일정 수준의 군사력을 보유해야 한다.

美 국방부에서 발간한 군사용어사전에 따르면, "군사력(Military capability)은 전쟁 또는 전투에서 부여된 임무 · 목표를 달성할 수 있는 능력"을 의미하며, '부

대구조(Force structure) · 현대화(Modernization) · 준비태세(Unit readiness) · 지속지원 (Sustainability)'의 4가지 요소를 포함하는 개념이다(U.S. DoD 2010, 293).

이와 관련하여 미국의 군사전문가인 비들(Stephen Biddle)은 현대전에서 군사 력 자체가 전쟁에서의 승리를 보장하는 것은 아니며 다음과 같이 맥락에 따라 다양한 의미를 갖는다고 평가했다(Biddle, 2004, pp.5~6). 즉, 군사력의 개념은 분 쟁의 장소와 시간에 동일하게 적용할 수 없으며 특정 군대의 군사력도 국가별 로 다르게 평가될 수 있다는 점을 강조했다. 또한 비들은 공세적 군사력(Offensive military capability)의 개념을 "최단시간 내에 최소한의 희생으로 최대한의 영토에 걸쳐 적의 강력한 방어력을 파괴하는 능력"이라고 규정했다. 또한 방어적 군사 력(Defensive military capability)의 개념에 대해서는 "최대한의 영토에 걸쳐 최상의 방어력을 가장 오랫동안 보존할 수 있는 능력"으로 정의했다.

이러한 개념적 정의를 토대로 군사력 건설 · 유지의 2가지 핵심 과정을 제시 한다면, '무기체계 연구개발(Research and Development of Weapon Systems)'과 '전시생 산체제(Wartime Production System)'로 구조화할 수 있을 것이다. 즉, 현대전에서 승 리할 수 있는 군사력을 건설 · 유지하기 위해서는 첨단 무기체계를 연구개발 · 전력화하여 전투력의 치명성(Lethality)을 확보하고, 효과적인 전시생산체제를 구축 함으로써 준비태세 및 지속지원능력을 유지하는 것이 무엇보다도 중요해졌다.

연구개발은 무기체계를 획득하는 방법으로 "한 국가가 보유하지 못한 기술 을 국가 단독으로 또는 타국과 협력하여 공동으로 연구하고, 확보된 기술을 실 용화하여 필요한 무기체계를 생산 · 획득하는 방법"을 의미한다(국방기술품질원, 2011, p.587). 전시생산체제는 국가가 전시 총력전의 관점에서 인적 · 물적 가용 자원을 효율적으로 사용 · 통제하고 평시 산업인프라를 국가 중심의 생산체제 로 전환하는 것을 의미한다(손병권, 2010, p.137). 따라서 무기체계 연구개발과 전 시생산체제는 상호 연계되어 있는 개념으로 볼 수 있다. 역사적으로 인류의 전쟁사는 이 2가지 요소가 '동기화'될 때 전장 효율성이 극대화될 수 있다는 점을 보여주고 있다.

동기화(同期化, Synchronization)의 사전적 정의는 "정보·통신 작업들 사이의 수행 시기를 맞추는 것, 사건이 동시에 일어나거나 일정한 간격을 두고 일어나도록 시간의 간격을 조정하는 것"을 의미한다(국립국어원). 즉, 동기화는 특정 시스템을 작동시키기 위해 사건, 데이터 등을 일치화 또는 조화시키는 것을 의미한다. 이러한 사전적 정의를 군사적 개념으로 환원시켜 보면, 동기화란 "사회적 조직이 특정 목표를 달성하기 위해 법과 제도, 규범 등을 일치화시키는 과정"이라고 유추할 수 있다.

이러한 관점을 토대로 본 연구에서는 일본제국주의가 1931년 만주사변으로부터 1945년 아시아·태평양 전쟁에서 패배하기까지 약 15년간 전시체제를 유지할 수 있었던 추동력으로 2가지 핵심 요인, 즉 '무기체계 연구개발'과 '전시생산체제'의 동기화에 주목하였다. 다시 말해, 한반도와 중국대륙을 넘어 아시아·태평양 지역까지 전선을 확대할 수 있었던 것은 일본제국주의가 이 2가지 요인을 동기화시킴으로써 총력전체제의 효율성을 극대화시켰기 때문이라고 평가할 수 있다. 이 절에서는 일본의 무기체계 연구개발 및 전시생산체제를 실질적으로 뒷받침하는 요인으로서 전시경제체제와 군국주의를 중심으로 역사적 상호작용의 과정을 고찰하였다.

먼저 일본의 전시경제체제를 살펴보면, 제1차 세계대전 이후 승전국의 지위를 확보한 일본은 군사적 패권과 함께 해외식민지를 관할하는 경제대국으로 발돋움했다. 당시 일본제국주의는 국제사회의 경쟁 환경에 탄력적으로 대응하기 위해 카르텔(Cartel)을 중심으로 한 산업구조의 조직화를 추구했으며, 이를 통해 독점자본주의를 발전시켰다. 1920년대 이후 일본의 경제체제는 시장규모의 확대로 안정적인 발전을 구가했으며, 국가가 관세 개정 및 국책사업 발주 등 카르텔을 적극적으로 보호·육성해 줌으로써 국가 중심의 독점적인 산업생태계를 조성했다.

한편, 세계 대공황 이후 일본은 국내 산업을 조직화하고 독점자본주의를 한 층 강화하기 위해 1931년 중요산업통제법과 공업조합법을 시행했다. 1931년 에 제정된 중요산업통제법은 대공황의 여파로 경제적 어려움에 직면한 일본기 업들을 국가권력에 의해 통제하고 보호하기 위한 법안으로, 1936년 개정법안 에서는 기업의 신설·증설을 허가제로 전환함으로써 기존의 독점구조를 강화 했다. 일본제국주의는 다차원적 위기에 직면한 전시경제체제를 가동하기 위해 법적 기반을 마련하여 제도적 통제를 강화했던 것이다.

일제의 중요산업통제법과 조선의 병참기지화(국사편찬위원회)

전간기 일본제국주의가 경제공황의 극복 방안으로 1931년 4월에 도입한 중요산업통제법은 철강·기계·화학 등 중요산업별 생산·판매 독점체인 카르텔 체제를 규정하고 있다. 일제는 중국 침략을 앞둔 1937년 3월 조선에서 중요산업통제법을 시행했다. 이후 조선에서는 일제의 군수산업에 필요한 모든 가용자원, 즉 경금속·석유·공작 기계·자동차·철도차량·선박·항공기·피혁 등에 강력한 통제경제체제가 작동했다. 당시 일본에서는 이 법에 적 응하지 못한 주변부 자본들이 새로운 출구처를 찾기 시작했으며, 식민지 조선이 최적의 투자처로 부상했다. 중 요산업통제법의 시행 이후 일본제국주의는 조선공업화 정책에서 한 단계 더 나아가 병참기지화 정책으로 전환 했다. 결과적으로 일본제국주의가 시행한 중요산업통제법은 조선의 부존자원과 생산력을 심각하게 고갈시켰으 며, 해방 이후에도 경제발전을 제약하는 요인이 되었다.

당시 일본의 전시 재정상태를 살펴보면, 1934~1936년 만주사변기의 군사비 지출 비율은 20% 이하의 수준을 유지했으나, 1937년 중일전쟁 이후부터는 약 55% 수준으로 증가했으며, 아시아·태평양 전쟁 말기인 1944년에는 85%까지 급증했다(서정익, 2008, pp.27~28). 당시 일본은 아시아·태평양 전쟁기의 과도한 군사비 지출을 충당하기 위해 주로 공채(公債)를 발행하여 전비를 조달했으며, 1940년 이후부터는 대규모의 세제개혁을 단행하여 국민들을 상대로 대중과세

를 강화했다.

1937년 중일전쟁을 기점으로 일본
은 전시경제체제로 전환했다. 박건영
의 연구에 따르면, 1941년 7월 25일
미국이 자국 내 일본자산의 동결령을
발표하고 8월 1일 석유금수조치를 단
행하자 일본은 대외무역에서 큰 타격
을 입었으며, 점령지의 세력권으로부
터 물자를 수탈하는 착취경제에 의존
하게 되었다(박건영, 2020, p.321). 특히,
미국이 선포한 對일본 자산동결령의
핵심 내용은 미국 내 일본 자금과 재산

미국의 대일 자산동결 조치 보도자료

의 인출 및 이동을 금지하는 조치였으며, 일본 해군은 미국의 석유금수조치에
이어 네덜란드와 인도네시아 식민지의 석유조달 협상이 결렬되자 대미전쟁의
불가피성을 주장하게 되었다고 지적했다.

한편, 일본은 1940년에 재계와 군부의 치열한 논쟁을 거쳐 전시경제 관련 조
직의 정비 및 강화를 위한 '경제신체제확립요강'을 발표했다. 일본제국주의가
고도화된 국방국가체제로 전환하는 과정에서 경제신체제확립요강은 다음과
같이 중요한 함의를 가졌다(요시타카, 2020, p.252). 1940년 7월에 출범한 제2차 고
노에 내각은 고도 국방국가 완성을 위해 소유와 경영의 분리, 배당제한과 이윤
통제 등을 중심으로 한 기업형태의 합리화, 산업별 조합 결성 등을 골자로 하는
'경제신체제확립요강'을 발표했다. 이를 통해 일본제국주의는 이윤추구를 중심
으로 한 민간기업의 존립 목적을 전쟁수행이라는 국가 목표에 종속시키는 강력
한 통제정책을 추진했다.

또한 1941년 8월 중요산업통제령이 시행되면서 일본에서는 철강통제회를 시작으로 각 산업 분야별 '통제회'가 조직되었다(서정익, 2008, pp.281~287). 일본은 국방력의 안정성을 확보하고 동아시아 지역에 새로운 질서를 건설하기 위해서는 고도의 자급자족적인 경제체제가 필요하다는 인식을 토대로 국내의 산업조직들을 유기적으로 결집하고자 했다. 따라서 일본제국주의는 통제회의 설립·운영을 통해 국가의 요구가 있을 때 민·관의 구분 없이 분야별 산업역량을 집중시키는 전시경제체제를 구축했다.

1937년 중일전쟁 이후 전시경제체제로 전환한 일본제국주의는 전쟁 준비와 연계된 산업생산력의 대대적인 확장을 추진했다. 미국 전략폭격조사단의 보고서에 제시된 세부 현황을 살펴보면 다음과 같다(U.S. Strategic Bombing Survey, 1946, pp.13~17). 1940년 기준으로 일본의 국가 총생산량은 75% 이상 증가하였고 중공업 생산 비율은 약 500% 수준으로 상승하였다. 당시 일본은 국가 총생산량의 17%를 전쟁준비와 군수산업 확장에 투입했다. 또한 산업확장에 필요한 필수 원자재의 생산량을 확대하기 위해 본토 채굴을 확대함과 동시에 해외 식민지로부터 수탈·착취를 강화하였다.

전시경제체제하에서 일본제국주의는 자원개발을 핵심과제로 추진했으며, 그 결과 석탄 생산량은 1931년 2,800만 톤에서 1941년 5,560만 톤으로 증가했고, 알루미늄 생산량도 1933년 19톤에서 1941년 71,740톤으로 크게 증가했다. 특히, 일본은 동남아시아(南方) 지역으로부터 핵심 자원에 대한 수탈을 확대하여 본토에서 비축물자로 관리했으며, 1941년 말까지 약 7개월 분량의 4,300만 배럴의 석유와 25만 톤 규모의 보크사이트를 비축했다. 하지만 1943년 8월 이후 석유 수급이 감소하기 시작하였고 1945년 4월에는 원유 재고가 고갈되었다.

당시 일본 제국주의는 항공기와 함정 등 군수품 생산시설과 알루미늄·철광석 등 원자재 생산설비, 공작기계·자동차 산업시설 등 전시긴요물자와 관련된 산업인프라를 대대적으로 건설하였다. 이처럼 대규모 전쟁수행을 목표로 가동되었던 일본의 전시경제체제는 산업확장에 필요한 원자재를 중심으로 대외 의존도가 높다는 근본적인 한계점을 안고 있었다. 따라서 일본 군부는 국내 원자재 생산량을 높이기 위한 노력과 함께 만주, 조선, 대만 등 식민지와 동남아(南方)지역으로부터 광물자원 개발 및 원자재 수급을 확대하기 위해 총력을 기울였다.

일본의 전시경제체제는 본토에 대한 미군의 전략폭격이 본격적으로 전개된 이후부터 근본적인 한계를 드러내기 시작했다. 1944년 6~7월 북마리아나 제도(Northern Mariana Islands)의 사이판(Saipan) 전투에서 최신 장거리 전략폭격기인 B-29의 기착지를 확보하게 된 미군은 1944년 11월 이후 일본 본토에 대한 전략폭격을 본격적으로 전개하여 국가전략산업시설을 집중적으로 파괴했다. 당시 미군의 전략폭격 중점은 일본 본토에 상륙하는 지상군에 대한 일본군의 저항 능력·의지를 약화시키는 것이었으며, 이를 위해 주요 군수품 생산시설, 무기고, 정유시설 등 핵심 표적을 물리적으로 파괴하는 데 초점을 맞췄으며, 세부 현황을 살펴보면 다음과 같다(U.S. Strategic Bombing Survey, 1946, pp.16~27).

1941년 개전 이후 연합군에 의해 투하된 폭탄은 총 656,400톤이었으며, 이 중 약 24%인 160,800톤이 일본 본토에 대한 전략폭격에 사용되었다. 또한 104,000톤의 폭탄이 66개 도시에 투하되어 건설 면적의 약 40%를 파괴하였고, 도시인구의 30%가 생명과 재산을 잃었다. 일본은 전시경제체제를 가동하며 1944년까지 도시 곳곳에 산재해 있던 수많은 가내수공업 시설들을 폐지 후 공장제 기계공업으로 전환하였다. 당시 수도인 도쿄에만 전체 산업생산량의 50%를 차지하는 산업시설들이 밀집해 있었기 때문에 미군의 전략폭격으로 인해 수많은 공장과 산업시설들이 심각한 피해를 입었다. 미군의 전략폭격으로 인해 일본의 산업생산력은 현저히 감소했으며, 대표적으로 항공기 엔진생산량은 75%, 전자통신장비 생산량은 70%, 함정생산량은 15%로 저하되었다.

다음으로 제1차 세계대전 이후 세계 대공황을 전후하여 일본 군부를 중심으로 전개된 군국주의화 과정을 짚어보고 전시경제체제와 어떻게 동기화되었는지 간략히 살펴보겠다. 이와 관련하여 일본의 과학사가인 요시타카(山本義隆)는 전간기 일본이 기업들의 자유주의적 저항을 억제하고 총동원체제를 구축할 수 있었던 배경으로 쇼와(昭和) 시대 초기에 일본 군부가 다음과 같이 파시즘(Fascism)을 지향했기 때문이라고 평가했다(요시타카, 2020, pp.217~219).

세계 대공황기인 1928~1930년에 일본의 정국(政局)은 매우 혼란하게 전개되고 있었으며, 공산당원에 대한 일제 소탕과 함께 동조세력에 대한 검거활동이 강화되는 등 좌익세력에 대한 강력한 탄압정책이 시행되었다. 1930년 11월에는 런던 해군 군축조약에 서명한 하마구치 오사치(浜口雄幸) 총리가 도쿄역에서 우익세력에게 피격되는 사태가 발생했다. 특히, 1931년 만주사변 이후 군부의 입지가 강화되면서 일본사회에서는 급격한 우경화(右傾化)와 함께 국수주의적인 분위기가 형성되었다. 1932년 5월에는 일본 해군의 급진파 청년장교와 육군사관후보생들이 정당과 재벌 타도를 목표로 집단테러를 일으켰고, 1936년 2월에는 육군 청년장교들이 주축이 되어 군사반란을 일으키면서 군부가 정국을 주도하게 되었다. 당시 정·재계 지도자들을 위축시키고 국정의 주도권을 장악했던 군부는 통제경제에 반발한 경제관료들을 제거함과 동시에 국가총동원체제에 대한 재계의 저항을 소멸시켰다.

다이쇼(大正) 시대 일본의 민주화와 파시즘(정혜선, 2021, pp.325~342)

제1차 세계대전을 전후로 일본사회는 정치적·사회적으로 큰 변화를 겪었으며, 대표적인 사례는 민주화(다이쇼 데모크라시, 大正デモクラシー)와 파시즘(Fascism)이었다. 다이쇼 시대(1912~1926)에 나타난 개혁운동을 뜻하는 다이쇼 데모크라시는 메이지 유신 이후 일본의 급속한 근대화와 군사국가화의 분위기 속에서 일본사회가 정치적 민주주의와 자유주의적인 개혁을 추구했던 중요한 시기였다. 이러한 변화를 촉발하게 된 역사적 배경을 간략히 살펴보면, 일본은 근대화 과정에서 메이지 헌법(1889년)을 도입하며 헌정체제를 수립했지만, 정치적으로는 사쓰마(薩摩)·조슈(長州) 출신을 중심으로 형성된 번벌(藩閥) 세력이 막강한 영향력을 행사했으며 정당들의 입지는 매우 제한적이었다. 이러한 상황에서 러일전쟁 이후부터 번벌전제체제에 대한 반발 기류가 확산되었고 다이쇼 시대에 이르러 정치적 민주화를 이룩할 수 있었다. 당시 일본사회에 내재된 전제주의적 단면을 상징적으로 보여주는 사례는 의회의 선거권이 재산세를 징수하는 25세 이상의 남성들로 제한되어 있었다는 점이며, 다이쇼 데모크라시는 이러한 구제도의 모순을 혁신하기 위해 일어난 정치적 운동이었다. 일본의 민주화를 촉발한 요인은 제1차 세계대전 이후의 경제발전, 민본주의의 확산, 쌀값 폭등으로 야기된 민중의 불만과 노동운동의 성장 등이다. 다이쇼 데모크라시를 통해 이루어진 일본의 민주화는 ① 의회중심의 정치체제 확립, ② 정당정치의 발전, ③ 자유주의와 사회개혁, ④ 대중정치의 등장과 보통선거 운동의 도입 등이다. 하지만 일본의 민주화는 대공황과 군국주의의 부상으로 후퇴하였고, 군부를 중심으로 일본은 제국주의적 팽창주의로 나아갔다.

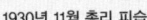
1930년 11월 총리 피습

1932년 5·15사건 관련 보도자료

1936년 2·26사건

전시 무기체계 연구개발

아시아 · 태평양 전쟁기 일본의 총력전 태세를 물리적으로 뒷받침해 준 핵심 수단으로서 무기체계 연구개발을 이해하기 위해서는 일본의 과학기술 발전 과정을 살펴볼 필요가 있다. 일본이 제1차 세계대전 이후 군국주의를 확립하고 제국주의 패권국으로 발돋움할 수 있었던 기술적 원동력은 '식산흥업(殖産興業)'을 통해 부국강병(富國强兵)을 추구했던 메이지유신(明治維新) 시대에 초석이 마련되었다. 이와 관련하여 요시타카(山本義隆)는 일본이 메이지유신 이후 군(軍) · 산(産) · 학(學) 협력을 통해 근대화를 추진하였고 국가생산력 강화를 위해 과학기술 진흥을 최고의 목표로 삼았다고 평가했으며, 일본의 과학기술 발전 과정과 특징을 다음과 같이 제시하였다(요시타카, 2020, pp.7~257).

첫째, 일본의 근대화 과정에서 서구의 과학기술은 군사 분야에 우선적으로 도입 · 활용되어 민간 부문으로 이전(Spin-off)되었으며, 조선업의 사례와 같이 군에서 발전시킨 함정 건조기술은 일본의 중공업, 기계산업, 화학공업 발전을 견인했다. 둘째, 일본은 20세기 최초의 과학전(科學戰)으로 평가받는 제1차 세계대전의 참전 경험을 토대로 군사과학기술의 중요성을 인식하게 되었고, 새로운 전쟁 패러다임으로 대두된 총력전 체제를 구축하기 위해 연구개발 및 전시생산체제를 강화했다.

일본은 연구개발 생태계를 육성하기 위해 1915년 해군 기술본부를 시작으로 해군 항공연구소, 육군 기술본부 · 과학연구소, 해양기상대, 화학연구소 등 대규모 연구인프라를 확충했다. 또한 국가 총력전 태세를 확립하기 위해 군부와 관료조직이 중심이 되어 중앙집권적인 통제경제시스템을 구축하였고, 군수공업동원법과 같이 민수기업을 군이 통제하며 군수(軍需)를 중심으로 생산체제를 재편했다. 제1차 세계대전 이후 일본 군부와 관료조직은 미쓰비시(三菱, Mitsubishi), 나카지마(中島, Nakajima) 등 민수기업을 통제해 군용 항공기와 자동차 등을 연구개발하여 국산화했다.

셋째, 일본은 본격적인 전시체제로 돌입한 이후 국가중심의 기술관리·통제를 의미하는 '기술국책론(技術國策論)'의 관점에서 과학기술을 국가총력전 체제 구현의 핵심 기제로 활용하였다. 이를 위해 일본은 1931년 만주사변 직후 일본학술진흥회를 설립하여 과학기술 연구의 방향과 중점을 군사적 수요 및 전시생산력 확충과 연계시켰다. 또한 1936년 2·26사건 이후 도조 히데키 등을 중심으로 고도의 국방국가 건설을 추구했던 군부독재 엘리트(통제파)들은 혁신적인 관료조직과 함께 과학기술·경제 부문에 대한 통제시스템을 구축하여 국가생산력 강화를 추진했다. 특히, 1938년 국가총동원법 제정 이후에는 과학동원체제를 구축하기 위해 과학부를 설치하여 과학기술 연구개발을 국가가 직접 통제했다.

넷째, 일본은 전쟁 확장기인 1941년 5월 '과학기술 신체제 확립 요강'을 발표하여 국가 총력전 체제를 확립하기 위해 과학기술의 획기적 발전을 추진했다. 과학기술 신체제는 만주국과 남방, 대만, 조선 등 식민지와 점령지에서 획득한 자원을 군사적으로 활용하여 총력전을 지원하기 위한 목적으로 시행되었다. 이를 위해 분산된 연구를 조직화·종합화하고 국가 요구과제를 중점적으로 수행하도록 통제했으며, 산(産)·학(學)·연(研) 간 유기적 연계를 통해 기초·응용연구를 강화했다.

전시 일본의 주요 방산기업

전간기와 아시아·태평양 전쟁기 일본군의 핵심 무기체계를 생산했던 대표적인 방산기업은 미쓰비시중공업(三菱重工業)과 나카지마항공사(中島飛行機株式会社)였다. 이들 기업은 군국주의화 과정에서 국가 주도로 성장했으며 일본의 육군과 해군의 요구에 맞춰 군수품을 생산했다. 미쓰비시는 일본의 대표적인 방산업체로 전시 해군 항공기와 군함, 전차 등 다양한 무기체계를 생산했으며, 해군과 긴밀하게 협력하며 아시아·태평양 전쟁 당시 핵심적인 역할을 수행했다. 한편, 나카지마는 일본 육군의 항공기 생산을 주로 담당했으며, Ki-43 하야부사를 포함하여 다종의 전투기와 폭격기를 생산했다. 이 외에도 가와사키중공업(川崎重工業)은 항공기와 군용차량, 함정 등을 생산했으며, 히타치(日立)는 군용 전자장비와 통신장비 등을 제작했다. 도요타(豊田)는 전시 일본군의 군용차량을 생산하여 납품했으며, 전후 일본의 자동차 산업 재편과 함께 세계적인 기업으로 성장했다. 일본의 방산기업들은 중일전쟁 이후 전시 수요를 바탕으로 급속하게 조직을 확장했으며, 아시아·태평양 전쟁 이후 일본의 제국주의적 팽창을 군사적으로 지원했다.

미쓰비시(三菱)중공업의 엔진공장(1938년)   나카지마(中島)社 항공기 조립공장(1944년)

아시아·태평양 전쟁기 일본의 무기체계 연구개발 과정을 고찰하기 위해서
는 1903~1910년까지 세 차례에 걸쳐 체결되었던 영일동맹을 중심으로 영국
의 대일(對日) 군사지원을 살펴볼 필요가 있다. 일본은 러일전쟁 이전까지 극동
지역에서 흑해함대를 중심으로 세계 4위의 해군력을 보유한 러시아에 비해 전
력이 열세했다. 하지만 동맹을 체결한 영국의 군사지원을 통해 다음과 같이 상
대적 전력 격차를 조기에 극복할 수 있었다(김태준, 2005, pp.350~352). 당시 영국은
1.5만 톤급 전함과 9.9천 톤급 중순양함, 쾌속 순양함 등을 일본에 지원하였고
아르헨티나와 칠레 등 우방국들이 생산한 장갑순양함과 전투함이 일본에 인도
될 수 있도록 지원하였다. 또한 영국은 순양함급의 전투함을 건조할 기술이 없
었던 일본 해군과 협력하여 단기간에 주력함을 생산하도록 지원하였고, 이를
토대로 일본은 극동지역에서 해상통제권을 확보할 수 있었다.

일본은 러일전쟁 직후 '88함대 건설 계획', 즉 전함 8척과 순양전함 8척을 중
심으로 한 함대 정비 계획을 추진했으나 예산과 기술력이 부족하여 보류했다.
이후 1910년 영국 비커스(Vickers)사에 순양함 생산을 의뢰하여 다음과 같은 방
식으로 건함(建艦)을 추진했다(이성주, 2018, 166). 제1번 함은 영국에서 건조하고
제2번 함은 일본 본토에서 조립생산으로 건조했으며, 제3·4번 함은 라이선스
방식으로 일본에서 건조했다. 러일전쟁기에 영국은 일본에 전함의 연료인 카디
프 석탄을 지원하였고, 8,200만 파운드의 전비를 제공하였다(전홍찬, 2012, p.134).

다음으로 아시아 · 태평양 전쟁기 일본의 무기체계 연구개발 현황을 살펴보겠다. 제한된 지면을 고려하여 이 장에서는 태평양전선에서 핵심 전력으로 사용되었던 일본 해군의 군함 건조 및 공군의 항공기 생산 사례를 중심으로 고찰하였다. 전술한 바와 같이 일본은 태평양전선의 기본작전방침에서 미국의 함대를 격멸하기 위해 항공모함과 잠수함 부대를 중심으로 연합함대의 작전계획을 수립했다. 또한 진주만(Pearl Harbor)에 대한 일본의 기습공격 시 항모전단(Carrier Striking Force), 제6잠수함전단(6th Submarine Force)을 주축으로 편성하였다. 전시 일본이 중점적으로 생산했던 핵심 무기체계는 군함과 항공기였기 때문에 연구개발 현황을 고찰하는 것은 군사적 함의가 크다고 할 수 있다.

먼저 아시아 · 태평양 전쟁기를 통틀어 일본 해군의 주력 무기체계였던 군함 연구개발 사례를 살펴보겠다. 본 연구에서는 전후 일본 최고의 해군 전문가인 치하야 마사타카(千早正隆)의 연구를 중심으로 고찰하였다(Chihaya, 2004, pp.86~93). 초창기 일본 해군은 영국과 독일, 프랑스로부터 전함과 순양함을 수입하여 해군력을 건설하였다. 러 · 일 전쟁 이후 일본은 독자적으로 군함을 건조하기 시작했으며, 1907년 구레 기지(呉基地)에서 1급 순양함[筑波, 츠쿠바]과 전함[薩摩, 사츠마]을 생산하였고, 1914년 이후 3만 톤급 전함 4척과 순양함 3척을 건조했다. 일본 해군은 가와사키(川崎) · 미쓰비시 조선소에 3만 9천 톤급 전함을 발주하여 1920년 아마기(天城)와 아카기(赤城)의 용골(선박의 중심축)을 건조하였고, 1921년 카가(加賀)와 토사(土佐) 2척을 진수시켰다. 1936년 워싱턴 · 런던 해군 군축조약에서 탈퇴하기로 결정할 당시 일본 해군은 18인치 함포를 탑재한 세계 최대규모의 야마토(大和)급 전함 4척을 건조할 계획이었다.

당시 일본의 해군력 건설과 밀접한 관련이 있는 워싱턴 · 런던 해군 군축조약의 주요 내용을 살펴보면 다음과 같다(김용구, 2019, pp.650~677). 1921년 11월 12일~1922년 2월 6일 워싱턴 회의에서는 1만 톤급 이상 주력함 톤수의 비율을 영국 · 미국 · 일본 · 프랑스 · 이탈리아가 각각 5:5:3:1.75:1.75로 합의했으며 이 비율을 초과하는 주력함은 기존, 건함 중인 것을 불문하고 모두 폐기하기로 합의했다. 1930년 4월 22일 런던 해군군축 조약에서는 주전함에 관한 워싱턴체제를 지속하되, 보조함은 일본이 영 · 미의 70%를 유지하도록 규정했다. 야마토함은 1941년 개전 직후 구레 해군기지에서 건조되었고 무사시(武蔵)함은 1942년 여름에 나가사키(長崎)에서, 시나노(信濃)함의 용골은 요코스카(横須賀) 해군기지에서 건조되었다. 야드(Yard)급 함정의 건조계획은 1942년 미드웨이 해전에서 패배 이후 항공모함으로 전환되어 1944년 가을에 건조되었으나, 美 해군에 의해 격침되었다.

〈표 40〉 전간기와 아시아 · 태평양전쟁기 일본이 건조한 전함

카가   토사   야마토

전간기에 미국 · 영국 · 프랑스 · 이탈리아 등 주요 열강들의 건함경쟁이 가열되는 가운데 워싱턴 해군 군축조약을 통해 항공모함 등 주력함의 수와 총 배수량을 제한하기로 합의함에 따라 일본의 군함 연구개발은 큰 차질이 빚어졌다. 따라서 일본 해군은 성능이 뛰어난 보조함인 순양함을 건조하는 것으로 목표를 수정했으며, 동시에 군함을 현대화하기 위해 '① 작전반경 확대, ② 대공방어력 강화, ③ 주포의 높이 확대'에 중점을 두고 연구개발을 추진했다.

야마토급 전함의 연구개발 사례를 간략히 살펴보면, 1934년 이후 일본 해군은 새로운 전함 건조계획을 수립했으며 20개 이상의 모델을 연구하였다 (Chihaya, 2004, pp.94~100). 1936년 일본 해군은 고속기동이 가능하도록 터빈 엔진

4기를 장착하고 강력한 화력을 구사할 수 있도록 18인치 함포를 탑재함과 동시에, 250kg 미만의 폭탄으로부터 방호될 수 있도록 CNC 갑판용 장갑을 채택하는 것으로 건함계획을 확정했다.

김기돈의 연구결과에 따르면, CNC(Copper alloy Non-Cemented) 장갑은 '적탄 방어용 균질 비탄화갑판'의 일종으로 니켈(Ni) 4~5%, 크롬(Cr) 3~5%, 구리(Cu) 2~5%를 함유하는 강철을 사용하여 내탄항력(耐彈抗力)을 향상시키고 비용을 절감하기 위해 개발되었다(김기돈, pp.1~2). 당시 일본 해군은 미군의 전함에 대해 상대적 우위를 확보하기 위해 군축조약에서 금지한 18인치 함포를 탑재하기로 결정했으며, 이를 위해 극비리에 건함을 추진했다. 특히, 세계 최대규모의 전함을 건조하기 위해 일본 해군은 사세보(佐世保) 해군기지에 대형 드라이 도크(Dry dock)를 건설하였고, 대형 주포와 장갑을 장착하기 위해 300톤 이상의 해상크레인을 제작했으며, 특수 설계된 수송선을 건조하여 활용하였다.

〈표 41〉 거함 · 거포주의를 기반으로 생산된 일본 해군의 대형 전함

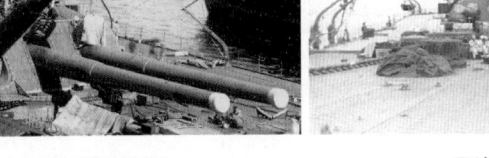

| 야마토급 전함의 주포 | 무사시 전함 |

태평양전쟁의 개전 초기인 1941년 일본은 양적인 측면에서 미국과 거의 동일한 수준의 해군력을 유지했으나, 질적 차원에서는 함정별로 세부적인 특성 면에서 다소 차이가 있었다(Oi, 2004, pp.18~21). 즉, 기습전략을 중시했던 일본의 해군 전함이 공격작전에 초점을 맞춰 무장력과 기동성을 강화하는 데 중점을

두어 설계되었다면, 생존성과 작전의 효과성을 중시했던 美 해군의 전함은 방어작전에 초점을 맞춰 방호력과 작전반경에 중점을 두어 건조되었다.

공세적 기습전략에 초점을 두어 개발된 일본 해군의 전함은 단기전에서는 높은 승수효과를 달성할 수 있었지만, 장기전의 관점에서는 매우 불리한 조건에 놓일 수밖에 없었다. 당시 일본 해군은 미국과 연합국에 비해 항공·통신 분야의 기술력이 현저히 떨어지는 상황이었기 때문에 전함의 기술적 취약성을 상쇄하기가 더욱 어려웠다고 평가할 수 있다. 특히, 제2차 세계대전기를 통틀어 미·영 연합군은 총력전 개념하에서 장기전 수행에 최적화된 전시생산체제를 가동함과 동시에 첨단 무기체계에 대한 공동 연구개발을 추진했기 때문에 독일·일본의 기술적 경쟁력은 지속적으로 감소할 수밖에 없었다.

다음으로 일본 최고의 전투기로 손꼽히는 'A6M2 0식 함상전투기(零式艦上戰鬪機, 이하 제로센)'의 개발과정과 특징 및 한계점을 간략히 살펴보겠다. 일본 해군은 1937년 5월 이후 세계 최초의 항공모함 탑재기이자 주력 전투기였던 A5M의 후속기종을 전력화하기 위해 차기 함상전투기 개발을 추진했다.

1937년 10월, 일본 해군이 굴지의 항공기 제작회사인 미쓰비시(三菱, Mitsubishi)사, 나카지마(中島, Nakajima)사에 의뢰한 차기 함상전투기의 요구사양은 당시 일본의 국내 공업기술로는 감당하기 어려운 수준이었으며, 중일전쟁을 통해 항공모함의 전략적 가치와 함재기의 위력을 인식하게 된 일본 해군은 차기 전투기의 요구조건을 다음과 같이 제시하였다(이성주, 2018, pp.337~353). "① 원거리 작전능력, ② 요격능력, ③ 고도 4,000m에서 시속 500km 이상의 비행능력, ④ 고도 3,000m에서 6시간 이상의 항속능력, ⑤ 20mm 기관포 2문·7.7mm 기관총·30/60kg 폭탄 장착 등 무장능력, ⑥ 3,000m 고도까지 3분 30초 이내에 도달하는 상승능력"이다.

일본 해군이 요구한 사양의 전투기를 개발하기 위해서는 무엇보다도 항속력과 상승력을 뒷받침할 수 있는 고출력 엔진의 개발이 필수적인 과제였다. 하지만 당시 일본이 보유한 기술력으로는 한계가 있었기 때문에 호리코시 지로(Horikoshi Jiro) 박사가 이끄는 미쓰비시 연구팀은 저출력의 엔진 장착에 따른 제한사항을 극복하기 위해 기체중량을 경량화하는 방식으로 동체를 설계하였다. 이를 위해 미쓰비시는 스미토모(住友)사에서 개발한 '초강도 두랄루민(Extra Super Duralumin, ESD)'을 항공기 소재로 활용하여 기체 강도를 유지하

호리코시 지로 박사

면서 동시에 동체를 경량화할 수 있었다(D'angina, 2016, pp.4, 61~63).

제로센 전투기는 개발 초기(1939~1940)에 연합군의 주력 전투기를 능가하는 성능을 보여주었으나, 전쟁이 지속되고 교전 전술이 발전하는 가운데 연합군이 F6F Hellcat, F4U Corsair, P-47 Thunderbolt 등 신형전투기를 개발하면서 전투력의 격차가 빠르게 상쇄되었다.

아시아·태평양 전쟁기 일본이 연구개발한 전투기는 개전 초기 미군의 전투기에 비해 강도와 화력 측면에서 열세했지만 기동성 측면에서는 매우 우수한 비행 특성을 보여주었다. 일본 해군은 전쟁기간 중 전술교리를 보완해 나가는 과정에서 항공기 엔진의 출력을 높이고 무장능력을 강화하는 등 대대적인 성능개량을 추진하였다. 하지만 일본의 항공 무기체계 연구개발 생태계는 미국에 비해 기술수준과 산업화 역량이 부족하였고 결과적으로 항속거리와 성능, 내구성 등의 측면에서 신뢰할 수 있는 대량생산체제를 구축하지 못했다.

또한 아시아·태평양 전쟁 당시 공중전 양상은 제1차 세계대전기와 같이 전투기와 전투기가 1:1로 교전하는 근접전투(Dogfight)가 아닌, 편대(編隊)를 중심으

로 한 교전방식이 일반화되었기 때문에 이러한 전술에 최적화된 무전기가 필요했다. 하지만 당시 일본의 무선통신 기술은 미국에 뒤처져 있었기 때문에 자체 연구개발 대신 미국산 장비를 수입하여 장착하는 방식으로 생산했다(이성주, 2018, p.351). 따라서 전쟁이 장기화하면서 장비의 수명주기가 도래하였고 유지·보수의 문제가 수반되어 가동률이 현저히 저하되었으며, 결과적으로 작전 실시간 효과적인 무선통신이 제한되었다.

제로센의 연구개발 과정에서 가장 치명적인 한계점으로 평가할 수 있는 점은 기체설계 시 전투원의 생존성과 연계된 인적 요소(Human factor)의 중요성을 간과했다는 점이다. 즉, 전술한 바와 같이 기체 중량을 감소시키기 위해 조종사의 생명을 보호할 수 있는 방탄재 부착 등 생존성 강화를 위한 안전대책을 강구하지 않아 불필요한 전투력의 희생을 초래했다는 것이다. 결과적으로 일본 공군은 전쟁의 폐색이 짙어지던 1944년 하반기 이후부터 美 공군과의 전력 격차를 상쇄하기 어려운 상황에 직면하였고, 그 결과 자살특공대 방식의 가미카제(神風) 전술을 구사하여 전황의 타개를 시도했다.

美 전략폭격조사단의 보고서에 따르면, 1944년 10월 이후 오키나와 전역(Okinawa campaign)이 종료될 때까지 일본군은 약 2,550회의 가미카제 임무를 수행하였고, 이 중 475회의 작전은 약 18.6%의 명중률로 미군에 큰 전투 피해를 안겨주었으며, 세부 내용을 살펴보면 다음과 같다(U.S. Strategic Bombing Survey, 1946, pp.10~11). 당시 일본 해군의 가미카제식 공격으로 항공모함 12척, 전함 15척, 경항공모함 및 호위함 16척 등 모든 유형의 군함이 직·간접적인 피해를 입었으며, 호위함급 이상의 함정들은 침몰하지 않았다.

미군은 예상외의 큰 손실이 발생하자 B-29를 활용한 약 2,000여 회의 전략 폭격 목표를 일본 본토의 도시와 산업시설에 대한 직접적인 공격에서 규슈(九州) 지역 일대의 가미카제 비행장을 파괴하는 것으로 전환하였다. 종전 당시 일본군이 가미카제 전술에 투입하기 위해 본토에 보유하고 있었던 항공기는 약 9,000대였으며, 이 중 5,000대 이상이 무장을 탑재하고 있었다.

제로센 전투기의 개발 과정(고나무, 2019)

아시아·태평양 전쟁 초기 일본제국주의에 서전의 승리를 안겨준 제로센 전투기는 일본의 항공과학자인 호리코시 지로(Horikoshi Jiro, 1903~1982)가 설계하였다. 1903년 미국의 라이트 형제가 최초의 비행에 성공한 해에 일본 군마현에서 태어난 호리코시 박사는 동경제대 항공학과를 졸업하고 1927년 항공기 제작회사인 미쓰비시중공업에 입사했다. 1932년 96식 함상전투기의 첫 번째 주무설계를 담당했던 호리코시 박사는 1940년 일본 해군의 요구로 제로센 전투기를 설계했다. 중일전쟁 이후 일본이 총력전체제로 전환된 상황에서 1938년 일본 해군은 새로운 함상전투기 개발요구서를 검토하기 위해 민관합동연구회를 개최했다. 당시 회의에는 해군 지휘부와 중일전쟁에 참전한 전투기 조종사, 미쓰비시사와 나카지마사의 엔지니어들이 참석하여 주요 설계안을 결정했다. 1940년 일본 해군이 채택한 12번 시험용 함상전투기의 명칭은 당시 일본 기원 2600년을 기념하기 위해 뒷자리 '0'을 붙여 '영식 함상전투기'로 정해졌으며, 이후 약칭인 '제로센'으로 불렸다.

진주만 공습을 준비하는 A6M2 제로센   고출력 엔진을 장착한 A6M3 제로센

2. 전시동원 및 총력전 체제의 한계

아시아·태평양 전쟁기 일본은 전시생산체제를 가동하기 위해 전시경제와 연계하여 강력한 재정·금융정책을 추진했으며, 주요 내용을 살펴보면 다음과 같다(서정익, 2008, pp.295~319). 1937년 중일전쟁 이후 일본은 전시경제에 대한 통제를 강화하기 시작했으며, 주로 무역·금융 분야를 중심으로 수·출입 관련 임시조치법과 임시자금조정법을 제정함으로써 국가의 통제권한을 강화했다.

이를 통해 군수품 생산에 필요한 원자재의 수급을 안정적으로 통제하고 불요불급한 산업 분야로 자금이 유통되는 것을 원천 차단함과 동시에 국가 생산력 확충과 직접적으로 연계된 산업 분야에 예산을 집중적으로 투입했다. 하지만 중일전쟁이 장기화하고 전선이 확대되는 가운데 1939년 7월 미·일통상조약이 파기되었다.

같은 해 9월 유럽에서 제2차 세계대전이 발발하자 일본의 원자재 수급에 차질이 빚어졌으며, 군수산업도 크게 위축되었다. 일본은 1939년 이후 자금통제계획을 발전시켜 기존의 금융자본에 국민소득까지 포함하는 국가자금계획을 수립했으며, 의회의 심의를 받지 않는 임시군사비 예산 사용을 대폭 증가시켰다. 1941년 당시 일본의 임시군사비 세출은 일반회계 세출을 초과했으며, 전쟁 후반기에는 일반회계의 2~3배 이상을 차지했다. 1941년 7월 이후 미국과 영국이 대일자산동결조치를 발표하고 석유금수조치를 시행하면서 일본의 전시경제는 파국으로 내몰렸으며, 이를 해소하기 위해 일본 대장성(大藏省)은 기업허가령, 물자통제령 등 각종 칙령과 법률을 제정하여 공포했다. 일본은 전시 대규모 군사공채를 발행했음에도 불구하고 임시군사비 조달이 어려워지자, 1943년 이후 식민지와 점령지로부터 현지통화를 차입하여 전시재정을 충당했다.

당시 모든 교전국들의 입장에서 무기체계 연구개발을 중심으로 한 전시생산체제는 전쟁의 흐름을 바꾼 결정적인 변수였으며, 전쟁지속능력은 매우 중요한 전략적 요인이었다. 따라서 모든 교전국은 첨단 무기체계를 선도적으로 개발하기 위해 총력을 기울였으며, 추축국들의 경우에는 자원의 양적 한계를 극복하기 위해 무기체계의 질적 강화를 추구했다. 반면, 미국을 중심으로 한 연합국들은 첨단 무기체계를 개발하여 질적 우위를 확보함과 동시에 군비의 양적 우위를 달성하기 위해 전시생산체제의 효과적인 가동에도 중점을 두었다.

전시 일본의 공업생산력

역사적으로 양차 세계대전과 전간기(戰間期)를 통틀어 독일과 이탈리아 등 대부분의 군국주의 국가들은 대규모 전쟁을 준비하기 위해 중앙집권적인 전시경제체제를 구축하였고, 동시에 신속한 군비확장을 추진하기 위해 중화학공업화를 우선적으로 추진하였다. 서정익의 연구에 따르면, 일본제국주의도 예외는 아니었으며 세계 대공황 이후 군부를 중심으로 강력한 중화학공업화 정책을 추진하였고 크게 3단계 과정으로 진행되었다(서정익, 2008, pp.111~118).

첫째, 1926~1929년(완만한 전진기)에는 일본의 조선업이 퇴조하는 대신 신흥 중화학공업이 발전하였고 전력화 · 도시화에 기반한 제강 · 전력 · 자동차 · 유기합성화학 등 새로운 산업이 성장세를 보였다. 둘째, 1930~1931년(급속한 수축기)에는 세계 대공황의 영향이 크게 작용했으며, 그 결과 수요감소와 가격하락 등의 요인으로 인해 금속과 기계공업이 급격하게 위축되었다. 셋째, 1932~1936년(급격한 신장기)에는 경제가 회복 국면으로 접어들면서 철강산업을 중심으로 수요가 회복세를 보였으며, 금속 · 기계공업의 생산이 확대되었다.

서정익은 일본의 전시생산체제에서 중화학공업화율은 1929년 32.2%에서 1936년 49.3%로 증가하였고, 민수 분야의 병기생산을 포함하면 1936년 50.4% 수준을 보였으며, 이러한 지표는 일본의 공업생산 구조가 중화학공업 위주로 재편되었다는 것을 보여준다고 평가했다. 특히, 일본의 산업구조가 중화학공업으로 전환되는 과정에서 주목할 사항으로 군비증강과 연계된 철강산업을 중심으로 금속공업의 비중이 확대되었다는 점을 지적했다. 즉, 1930년대 일본의 중화학공업 제조업 부문에서 철강산업이 차지하는 비율은 1931년 5.3%에서 1936년 10.8%로 2배 이상 증가했다는 것이다.

전간기 일본의 중화학공업화 추진 과정에서 군수품 생산의 중추적인 역할을 담당했던 조직은 육 · 해군의 공창(工廠)이었다. 제1차 세계대전기부터 중공업

생산력의 기반을 형성했던 군 공창은 만주사변 이후 민·군 기술협력의 범위를 확대해 가며 기계공업 부문에서의 비중을 높여나갔고, 육·해군 공창의 주요 현황을 간략히 살펴보면 다음과 같다(서정익, 2008, pp.134~139).

일본의 군수품 생산기지(민족문제연구소, 2015)

일본 오사카(大阪)의 육군 조병창은 1945년 8월 14일 미군의 전략폭격으로 괴멸적 피해를 입을 때까지 아시아 지역 최대의 군수공장으로 자리 잡았으며, 1,319명의 조선 청년들이 강제 징용되어 희생되었다. 또한 일본 히로시마(廣島)현 구레시의 해군 조병창에서는 야마토 전함을 포함하여 군함이 건조되었다.

오사카 육군 조병창   구레(吳) 해군 조병창(1945년)

1923년 육군은 도쿄와 오사카(大阪)의 2대 공창을 통합하여 육군 조병창을 창설했으며, 쇼와(昭和) 초기에 약 1.1만 명의 인력과 1.3만 대의 공작기계 등 약 2.8만 대의 생산설비를 보유하여 연간 2,000만 엔의 병기를 생산했다. 육군 조병창은 총기, 화포, 화약을 주로 생산했으며 항공기와 전차, 탄약, 차량, 통신·광학장비 등의 생산기술은 민간 부문으로 이전함과 동시에 점진적으로 민수 조달을 확대해 나갔다. 일본이 군사기술을 민간 분야로 이전하게 된 배경은 전시 생산체제로 전환된 중일전쟁기에 이른바 '군수생산블록'을 구축하기 위한 목적이었다.

일본은 군국주의에 기반한 전쟁 국가로 거듭나기 위해 안정적인 방위산업 인프라를 구축하고자 했으며, 그 일환으로 군 공창과 주변 민수 산업시설을 블록화하여 협업생태계를 조성하고 민간 부문에 군수품 생산 임무를 부과 후 군공창에 귀속시키는 방안을 구상했다. 다음으로 1910년대 후반에 창설된 해군공창은 당시 열강들이 추진했던 군비축소의 여파로 인해 조직 규모가 축소되었고, 1919년 6.6만 명에서 1930년 4.5만 명으로 인력이 감축되었다. 일본은 해군공창을 중심으로 해군전력 강화를 추진했으며, 1931년 해군병력 정비계획을 시작으로 1933년 제2차 보충계획을 수립하여 항공모함, 구축함, 잠수함 등 48척의 함정을 건조했다.

〈표 42〉 전시 일본의 무기체계 생산능력 강화

전시생산 포스터   항공모함 생산   항공기 생산

전시 일본의 공업생산력은 주요 무기체계 연구개발 · 전력화를 포함하여 전시생산체제와 밀접하게 연계되어 있으나 〈표 43〉에 제시된 바와 같이 연합국에 비해 상당히 낮은 수준이었으며, 전시 공업생산력은 전쟁 말기에 더욱 악화되었다. 그 이유는 연합국들이 전시 초기의 피해를 신속히 회복하여 동원체제를 확립하고 효과적으로 자원을 공유한 반면, 일본과 독일 등 추축국들은 자원의 대외의존도가 높은 상황에서 자급자족에 실패하였고 상호 경제적 통합을 이루지 못해 전시 공업생산력을 극대화할 수 없었기 때문이다(Harrison, 1998, p.17).

<표 43> 주요 열강의 무기생산 현황, 1942~1944년(Harrison, 1998, p.17)

구분		전차(천 대)	전투기(천 대)	해군함정(척)
연합국	미국	86.0	153.1	6,755
	영국	20.7	61.6	651
	소련	77.5	84.8	55
추축국	독일	35.2	65.0	703
	일본	2.4	40.7	438
	이탈리아	2.0	8.9	218
비고	연합국/추축국 비율	4.7	2.6	5.5

일본의 전시생산체제와 전쟁지속능력

전시 일본의 전쟁지속능력은 국가 주도의 전시생산체제에 기반했으며, 장기전 수행을 가능하게 해준 전시생산체제를 이해하기 위해서는 일본이 총력전 개념하에서 추진했던 전시동원체제를 파악할 필요가 있다. 제1차 세계대전 이후 총력전을 중심으로 한 전쟁 양상의 변화에 주목했던 일본은 육군을 중심으로 총동원에 대한 조사·연구를 수행하였다. 이후 1917년 '제국국방자원'이라는 보고서를 통해 장기소모전에 대응하기 위한 전시동원체제의 필요성을 제기했다. 이를 계기로 일본 정부는 1918년 전시 민간기업과 생산시설을 군수품 생산에 동원하도록 하는 '군수공업동원법'을 제정하였고, 이를 관장하는 조직으로 1920년 군수국을 설치했다. 또한 일본은 1937년 중일전쟁 이후 전시경제와 동원체제의 효율성을 극대화하기 위해 기획원을 창설하였다.

일본은 국가 주도의 총동원 계획을 수립하기 위해 1927년 자원국을 설치하였고, 식민지를 포함해 모든 가용자원을 총동원하기 위해 1929년 자원조사법을 제정하였다. 일본 정부는 총동원 법체계를 정비하기 위해 계획 중심의 조직이었던 자원국을 대체하여 1935년 내각심의회와 내각조사국을 설치했으며, 이

1937년 창설된 일본 기획원

후 내각조사국을 기획청으로 개편하였다. 1937년 중일전쟁으로 전선이 중국 내륙으로 확대되자 일본은 자원국과 기획청을 통합하여 기획원을 창설했다.

당시 기획원의 핵심 임무는 물자동원계획과 생산력확충계획, 국가총동원법을 제정하는 것이었다. 이와 관련된 연구결과를 간략히 살펴보면 다음과 같다 (김봉식 · 박수현, 2022, pp.74~78). 첫째, 물자동원계획은 연도별 100~300개의 중요물자의 공급 가능성을 책정하고 이를 토대로 각 기관의 수요를 조사 후 군수용 · 생산력확충계획용 · 관청수요용 · 수출용 · 민수용 등으로 배분하는 것이다. 둘째, 생산력확충계획은 중요자원을 자급자족하고 유사시 제3국의 자원에 의존하지 않기 위해 수립한 종합적인 생산확충계획이다. 셋째, 1938년에 제정된 국가총동원법은 총동원 시 요구되는 물자 · 노동력에 대한 통제 · 운용뿐만 아니라 생산수단 · 언론 · 금융까지 통제하기 위해 입법화되었다. 일본제국주의는 국가총동원법을 근거로 필요시 칙령 제정을 통해 국가가 기업활동에 적극 개입하고 국민 생활을 광범위하게 통제할 수 있도록 규정했다. 이와 같이 일본은 제1차 세계대전 이후부터 장기소모전에 대비하고 안정적인 전시생산체제를 확립하기 위해 국가총동원체제를 체계적으로 구축하였다.

아시아·태평양 전쟁기에 일본의 전시생산체제는 전쟁지속능력을 보장해준 핵심 요인이었다. 일본제국주의는 전황의 변화에 따라 다음과 같이 전시생산체제를 탄력적으로 가동했다(서정익, 2008, pp.329~339). 중·일 전쟁기에는 지상전 수행을 위해 총포류와 전차 등 육군병기를 중점적으로 생산했으며, 태평양전선 초기에는 해군함정, 중반에는 항공기 생산, 후반부에는 해군함정 생산을 확대했다. 또한 전쟁기간에는 민·군 협력을 통한 분업체제가 정착되었으며, 1937~1945년 육군병기는 군 공창이 24%를 생산하고 민수산업이 76%를 담당했다.

1941~1945년 해군병기는 군 공창이 33%를 생산하고 민수산업이 67%를 납품했다. 특히, 전쟁이 장기화되고 전황이 빠르게 변화함에 따라 군수품 생산종목의 전환이 빈번하게 이뤄졌으며, 이로 인해 방산업체들은 생산설비를 전환하는 데 큰 어려움을 겪었다. 당시 일본 최대의 군수기업인 일본제강소(日本製鋼所)의 사례를 살펴보면, 1938년 11월 전차공장 건설 명령을 접수하여 1942년 7월에 제1호 전차를 생산했으나, 8월에 항공·대공병기 제조로 업무를 전환하라는 명령을 받았다. 결국 일본제강소는 전차공장을 화포공장으로 전환하였고 회사가 보유한 기계설비는 육군항공본부로 공출(供出) 후 미쓰비시중공업의 항공기공장으로 인도되었다.

전쟁이 장기전 양상으로 전개되면서 일본의 전시생산체제와 전쟁지속능력은 급격히 저하되었으며, 전세가 기울어지기 시작한 이후 일본 군부는 군수공장의 숙련공들과 정비인력들을 징집해 전선으로 투입했다. 이성주의 연구결과에 따르면, 당시 일본 군부가 숙련된 정비인력을 징집해 전선에 투입하면서 전투기를 비롯한 주요 전투장비의 결함 빈도가 증가했다. 특히, 항공기 정비병은 조종사에 버금가는 고급 인력이었으나 미군과의 교전 및 철수 시 정비병을 유기하거나 전투가 격화될 경우 정비병을 전투병으로 활용하는 등 일본은 작전지속지원의 중요성을 간과했다(이성주, 2018, p.350). 이로 인해 전투기와 전차 등 주요 무기체계 생산에 차질이 빚어졌다. 특히, 정비병 인력이 부족하여 효과적인 군수품 유지·보수가 제한되었고 주요 전투장비의 가동률이 현저히 떨어졌다.

1941년 12월 개전 이후 일본의 항공기 생산현황은 첫 9개월 동안 월평균 642대에서 1944년 9월 기준으로 월 2,572대까지 증가하였고 전쟁기간 중 총 65,300대의 항공기를 운용했으며, 이 중 약 50,000대의 전투기가 손실되었다 (U.S. Strategic Bombing Survey, 1946, p.9). 전시 일본의 항공기는 약 5만여 대의 손실을 입었으며, 이 중 40%는 전투손실이었고 60% 이상은 비전투손실이었다. 해군의 함정 현황을 간략히 살펴보면, 일본은 개전 시 총 381척의 군함(약 127만 톤 규모)을 보유하고 있었고 전쟁기간 중 전투함 816척(약 105만 톤 규모)을 추가로 건조했으며, 이 중 총 549척(약 175만 톤 규모)이 손실되었다(U.S. Strategic Bombing Survey, 1946, p.11).

한편, 일본의 병참선 유지와 전쟁지속능력, 전시경제를 뒷받침하는 핵심 자원은 유류와 군수품 등 전략물자를 수송하는 상선단(Merchant fleet)이었다. 개전 당시 일본은 총중량 500톤 이상의 대형 상선을 약 600만 톤 규모로 운용하였다. 전쟁기간 중에는 약 410만 톤을 추가 건조·포획·징발하였으나, 약 890만 톤의 상선이 미군의 전술폭격, 잠수함 공격 등으로 피해를 입었다(U.S. Strategic Bombing Survey, 1946, pp.11~12). 일본 상선단의 피해사례 중 약 60%는 미군의 잠수함 공격으로 인해 격침되었다.

당시 일본은 상선단의 피해율을 감소시키기 위해 호송체계(Convoy system)를 구축하고 화물 운송 경로를 육상의 철도로 변경하는 등 대책을 강구했지만, 전쟁 말기까지 상선을 통한 화물의 규모는 약 43% 감소하였다. 특히, 일본은 1942년 8월~1943년 2월까지 솔로몬 제도(Solomon Islands)의 과달카날 전역

(Guadalcanal Campaign)을 중심으로 전개된 장기간의 소모전(Attrition war)에서 항공기와 수송선박 등 막대한 전력의 손실을 입고 패배했으며, 연합군에게 중요한 반격의 기회를 허용했다.

당시 일본은 과달카날 해전에서 미군에게 작전의 주도권을 빼앗김과 동시에 대규모 수송전단을 상실함으로써 해상수송력에도 심대한 타격을 입었다. 따라서 전략자원에 대한 해외의존도가 높았던 일본은 원자재 수급에 어려움을 겪었으며, 결국 군수품 생산에도 차질이 빚어졌다.

〈표 44〉 전시 일본의 전략물자 수송에 동원된 주요 상선(商船)

 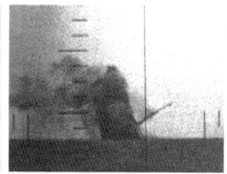 

일본의 호송선(1940년)   피격되는 일본 화물선(1943년)   일본 유조선(Naruto, 1932년)

일본의 전시생산체제는 항공기 생산과 군함건조 등 군수산업에 중점을 두었으며, 1944년까지 높은 생산율을 유지했다. 아시아·태평양 전쟁 기간을 통틀어 일본의 전시생산체제를 근본적으로 제약했던 요인은 전략 원자재의 생산이 정체되었다는 점이며, 이러한 문제점을 핵심 원자재인 철강과 석탄의 사례를 중심으로 간략히 살펴보면 다음과 같다(Hara, 1998, pp.230~231).

태평양전선 말기까지 군수품 생산과 직결되는 특수강 및 단조강의 생산량은 계속 증가했지만, 일본 경제 전반에 걸쳐 큰 영향을 미치는 일반철강의 생산은 1938년 이후 정점을 찍고 지속적으로 감소했다. 이에 따라 육군과 해군을 중심으로 자원배분을 둘러싸고 치열한 경쟁이 벌어졌다. 석탄의 경우 1940년 이후 매년 5천만 톤의 생산량을 유지하기가 어려웠으며, 조선인들을 징용(徵用)하여 강제노동에 동원하였다. 당시 조선인 징용노동자는 일본 전체 광부의 4분의

1을 차지했으며, 1943년 이후에는 1인당 석탄 생산량이 감소하여 전시경제에 큰 타격을 입혔다.

전시 일본의 군수공장은 도쿄와 요코하마(横浜), 오사카와 고베(神戸)를 중심으로 중부지역에 집중되어 있었고, 석탄의 주요 생산지는 규슈(九州)와 홋카이도(北海道) 등 북·서부 지역에 분포되어 있었다. 따라서 원자재를 수송하기 위해서는 해상 수송 소요가 필요했다. 하지만 전시 상황에서 가용상선이 부족했기 때문에 물자동원계획에 차질이 빚어졌으며, 생산량 감소에도 영향을 미쳤다. 즉, 전시 군수품 조달에 필요한 전략 원자재의 생산과 수급이 정체되었다는 점은 양면전쟁을 수행하고 있는 일본의 전시생산체제에서 중요한 취약 요인으로 작용했다고 평가할 수 있다.

아시아·태평양 전쟁기 일본제국주의의 식민지 수탈

일본제국주의는 조선, 대만 등 대부분의 식민지에서 자원을 수탈했으며, 전쟁 수행에 필요한 물자와 인력을 강제로 동원했다. 당시 조선을 중심으로 한 일본제국주의의 수탈 현황을 간략히 살펴보면, 농산물과 광물자원을 대규모로 수탈하여 일본 본토로 반출했으며, 수많은 조선인들을 강제로 동원하여 가혹한 환경에서 광산 및 방산업체 노동자로 활용했다. 또한 조선의 청년들은 강제 징병 후 일본군에 입대하여 아시아·태평양 전쟁에 참전했으며, 수많은 젊은이가 희생되었다. 일본제국주의는 조선인의 민족정체성을 말살하기 위해 황국신민화 정책을 추진했으며, 창씨개명과 일본어 사용을 강요하는 등 문화적 탄압을 강화했다. 특히, 조선총독부는 일본제국주의의 식민지 수탈 과정에서 핵심적인 역할을 수행한 기관이다.

조선총독부(1929년)　　　조선인 징병(1943년)　　　조선인 강제징용(탄광노동자)

아시아·태평양 전쟁기 일본의 총력전체제는 본토(內地)와 만주, 중국의 점령지, 대만과 조선 등 식민지(外地)를 포함하여 광범위하게 가동되었다. 개전 이후 일본제국주의는 전쟁지속능력을 극대화하기 위해 해외 식민지로부터 물자동원계획을 본격적으로 추진했으며, 특히 본토와 가장 근접한 조선을 중요한 병참기지로 활용했다. 1942년 4월, 일본의 전시내각은 전쟁수행에 필요한 군비 증강에 초점을 두어 물자동원계획을 수립했다.

주요 내용은 남방지역으로부터 철광석, 알루미늄, 석유, 식량 등 전략자원을 최대한 확보하고 군수품 생산을 강화하는 것이었다. 같은 해 5월, 일제는 물자동원계획을 구현하기 위한 생산력확충계획을 수립했으며, 해상수송인프라를 확충하기 위한 선박 증산계획을 본격적으로 추진하였다. 이에 따라 조선을 포함하여 대부분의 해외식민지에서는 지역별로 총력전체제가 가동되기 시작했다.

조선총독부를 중심으로 전개되었던 물자동원계획과 생산력확충계획을 간략히 살펴보면 다음과 같다(김봉식 · 박수현, 2022, pp.237~249, 296). 개전 초기 서전의 승리로 전쟁수요가 급증했던 1942년에 조선총독부는 종합적인 공업육성정책을 반영한 물자동원계획을 추진했으며, 주로 기초소재의 증산과 생필품 조달, 기계류 생산 강화 계획이 반영되었다. 또한 조선총독부는 물자동원계획과 연계하여 '생산력확충 4대 시책'을 발표하여 보다 적극적으로 생산력 증산을 추진했다. 당시 미나미 지로(南次郎) 총독이 제시한 생산력확충의 중점은 철광석 · 텅스텐 · 아연 등 군수광물자원의 획기적인 증산과 화학공업의 확충, 식량증산 등이었다.

한편, 미드웨이 해전의 패배 이후 전쟁의 흐름이 바뀌자 일본 정부는 물자 · 교통 · 전력 · 생필품 동원계획, 생산력확충계획, 국민동원계획, 국가자금계획, 교역계획 등 8개 분야가 포함된 '1943년 국가총동원 관련 계획'을 수립했다. 이에 따라 조선총독부는 1943년도 물자동원계획을 수립하여 생산력확충을 위한 자급적 공업생산능력 증강, 생활필수물자의 자급을 통한 전시생활 안정 도모

등 강도 높은 전시 총동원 정책을 추진했다.

전쟁 말기 전황이 급속도로 악화되는 상황 속에서 조선총독부는 식민지 조선에서 배급통제를 강화하고 대규모 기업조정을 단행하였다. 특히, 군수회사법에 의거 생산책임제를 강력히 시행하였고, 철강 · 경금속 · 석탄 · 항공기 · 조선 등 5대 중점산업을 집중적으로 육성하여 군수물자의 증산에 총력을 기울였다.

3. 전쟁지속능력은 현대전의 회복탄력성이다

세계 대공황기 일본은 메이지유신 이후 이룩한 민주정치(다이쇼 데모크라시)의 토대를 허물고 군국주의로 회귀하였다. 만주사변을 통해 중국대륙을 침탈하기 시작한 일본제국주의는 중일전쟁을 일으키며 본격적인 전시경제체제로 전환하였다. 이와 관련하여 서정익은 1932~1936년 만주사변기를 경제사적 관점에서 평시경제체제로, 중일전쟁기를 전시경제체제로 파악할 수 있다고 평가했다(서정익, 2008, p.21). 이는 중일전쟁 시기에 산업구조와 재정지출 면에서 군사비 지출규모가 만주사변기에 비해 훨씬 증가했기 때문이다.

메이지유신을 통해 근대화에 성공한 이후 일본은 첨단 과학기술을 적극적으로 수용하여 후발 산업국가로 성장했으며, 강력한 군국주의 노선과 '대동아공영권 건설'이라는 명분을 내세우며 아시아 · 태평양 전쟁을 일으켰다. 일본 군부는 근대화와 산업화 과정에서 중추적인 역할을 수행하였고, 군국주의의 주체세력으로서 무기체계 연구개발, 전시경제 · 생산체제 구축에 핵심적인 역할을 담당했다. 일본제국주의의 역사에서 과학기술은 군(軍)을 통해 수용되어 산(産) · 학(學) · 연(研)과의 협업을 통해 진화했으며, 군수산업의 발전을 이끄는 원동력이 되었다.

전후 전범국가 일본이 산업국가로서 부활할 수 있었던 것은 전간기와 아시아 · 태평양 전쟁기 군부를 중심으로 군국주의와 전시경제체제를 구축하고 총력전을 추구하는 과정에서 산업발전에 필요한 과학기술을 축적했기 때문이다. 20세기 자본주의의 고도화 단계에서 출현한 총력전체제는 국가로 하여금 기술의 합리적 활용과 통제를 강요했다.

일본은 전시 강력한 통제형 경제체제를 구축하면서 기술적 합리화를 추구했으며, 이 과정에서 군부와 전문기술관료 집단은 메이지유신 이후 국가 슬로건으로 제시되었던 '식산흥업·부국강병'을 추구한 주도 세력으로서 핵심 역할을 수행했다. 야마모토 요시타카는 전시 일본이 추진했던 대부분의 국가정책들이 군부정권하에 이루어졌다는 점에서 일본 근대화의 비극은 "군국주의 진전이라는 사회적 조건하에서만 시작되었다"고 평가하였다(요시타카, 2020, pp.282~283).

저명한 경제사가인 해리슨(Mark Harrison)은 제2차 세계대전의 흐름이 바뀌는 변곡점을 다음과 같이 2가지 국면으로 구분하여 평가했다(Harrison, 1998, pp.1~2). 첫 번째 국면은 개전 이후 1942년 중반까지의 전쟁기간으로 이 시기에는 추축국이 기습전략과 강력한 군사력으로 연합국을 압도하고 전장의 주도권을 확보할 수 있었다. 당시의 전황은 전역에 따라 다소 상이할 수 있지만 독일과 일본은 전쟁지도부의 강력한 리더십과 군사력, 탁월한 기동성, 힘의 집중과 공격기세 유지 등 전략적 우위를 통해 연합국에 심각한 패배를 안겨주었다.

두 번째 국면은 1942년부터 종전까지 이어지는 전쟁기간으로, 이 시기에는 각 교전국들의 경제력이 군사력의 이점을 상쇄하기 시작하면서 전쟁의 양상이 장기소모전(Long-term War of Attrition)으로 전환되었다. 첫 번째 국면에서 추축국들에 전술적 승리를 안겨주었던 군사전략과 파괴적인 힘은 전쟁지속능력으로 뒷받침되는 장기소모전 양상에서 더 이상 전략적 승리 요인으로 작용하지 않았다. 반면, 두 번째 국면에서는 연합국들의 전시생산체제가 놀라운 회복탄력성을 보여주며 효과적으로 가동되었다. 결국 연합국의 전쟁지속능력은 전시 초기의 손실과 비용을 상쇄하였고, 추축국의 총력전 체제를 압도하며 전략적 승리를 견인하였다.

제5장에서는 아시아 · 태평양 전쟁기 일본의 패전 요인을 무기체계 연구개발과 전시생산체제를 중심으로 고찰하였다. 역사적 관점에서 일본제국주의는 군국주의와 총력전 체제를 토대로 아시아 · 태평양 전쟁을 일으켰지만, 역설적으로 무기체계 연구개발과 전시생산체제에 기반한 전쟁지속능력의 한계로 인해 패전국이 되었다. 제5장에서 고찰한 무기체계 연구개발과 전시생산체제는 전쟁지속능력을 뒷받침하는 핵심축으로서 제2차 세계대전과 아시아 · 태평양 전쟁을 통틀어 모든 교전국이 전쟁에서 승리하기 위해 총력을 기울였던 분야이다.

최근 러시아-우크라이나 전쟁에서 입증된 바와 같이 첨단 무기체계와 전쟁지속능력은 장기전 · 소모전 양상이 재현(再現)되고 있는 현대전에서도 여전히 중요한 승리 요인이라고 할 수 있다. 적의 물리적 군사력과 저항 의지 파괴를 목표로 하는 전쟁의 본질이 변하지 않는 이상 전쟁지속능력은 현대전을 넘어 미래전에서도 여전히 중요한 요인이 될 것이다.

최근 다영역작전(Multi-Domain Operations) 교리를 실전에서 검증하고 있는 美 육군이 '사단급의 대규모 미래전(Large Scale Combat Operations, LSCO)' 개념하에서 '군수공백(Logistics Vacuum), 공세종말점(Culminating point)'의 영향을 최소화하고 전쟁의 템포를 지속하기 위해 전술적 · 작전적 · 전략적 수준에서 전쟁지속능력을 발전시키고 있는 사례는 군사적으로 많은 시사점을 제공해 준다(이준호, 2024, p.112).

나가며[*]

국가안보와 전쟁의 본질은 변하지 않는다

제2차 세계대전의 종전 이후 약 80년의 시간이 흘렀다. 전후 국제사회는 냉전체제하에서 이념적 대립과 군비경쟁의 시대를 살아왔다. 이후 탈냉전기를 거치며 잠시나마 평화의 시대를 구가했으나, 탈세계화의 흐름이 가속화하면서 신냉전의 국제질서를 맞이하였다. 지구촌 곳곳에서 크고 작은 분쟁들이 지속되고 있는 가운데 2022년 2월 촉발된 러시아-우크라이나 전쟁과 2023년 10월 중동에서 벌어진 이스라엘-하마스 전쟁은 향후 복합경쟁 양상으로 전개될 다중전쟁의 시대를 예고하고 있다.

유럽과 중동지역에서 발화된 다중전쟁의 특징은 다양한 행위자들이 개입하고 있으며, 분쟁 양상이 군사적·비군사적, 물리적·비물리적 영역의 구분 없이 전개됨에 따라 그 파급효과가 지역적 경계를 초월한다는 점이다. 실제로 유

---

[*] 이 내용은 다음의 학술논문에서 발표한 내용을 수정·보완하였다.; 이강경. 2025. "제2차 세계대전의 역사적 함의에 관한 시론: 종전 80주년의 현재사적 의미를 중심으로". 『대한정치학회보』 제33집 제1호. 대한정치학회. pp.127~154.

럽의 전쟁에 동아시아 국가들의 군수품이 지원되고 있으며, 중동의 지역분쟁에는 이른바 '저항의 축(Axis of Resistance)'으로 상징되는 反서방 연합전선이 깊숙이 개입하고 있다.

이와 관련하여 강봉구는 1979년 이란의 이슬람혁명 이후 미국·이라크·이스라엘에 공동으로 대항하기 위해 이란과 시리아가 '저항의 축'이라는 연합전선을 형성해 왔다고 평가했다(강봉구, 2016, p.17). 또한 성일광은 이란이 지원해 온 대리조직으로 '① 팔레스타인의 무장정파 하마스, ② 예멘의 후티 반군, ③ 시리아·이라크의 친이란 민병대, ④ 레바논의 헤즈볼라'를 反이스라엘 투쟁에 연대하는 '저항의 축'으로 보았다(성일광, 2023, p.20).

따라서 현재 유럽과 중동에서 벌어지고 있는 전쟁은 지역 간 연계성이 매우 높으며, 동아시아의 지역분쟁으로 전이될 수 있는 가능성을 내포하고 있다. 다시 말해, 지정학적 갈등지대(Hot spot)에 놓여 있는 대만해협과 한반도에서 제3의 국제분쟁이 발생할 수도 있다는 점이다. 1949년 중국의 공산화와 1950년 6·25전쟁으로 냉전이 구조화된 이후 대만해협과 한반도로 이어지는 대분단 체제는 오랫동안 국제분쟁의 잠재적 발화점(Flash point)으로 간주되어 왔다(이삼성, 2006, p.59).

최근 심화하고 있는 신냉전의 국제질서와 다중전쟁의 시대에 국가생존의 길을 모색하기 위해서는 한 가지 중요한 명제에 주목할 필요가 있다. 그것은 바로 "국가안보와 전쟁의 본질은 변하지 않는다"는 사실이다. 시대별 특이점과 과학기술의 발전에 따라 국제질서의 흐름, 전쟁의 패러다임은 변화할 수 있지만 국가안보와 전쟁의 본질은 불변의 속성을 갖고 있다.

역사적으로 국가안보와 전쟁의 본질에 대해서는 국제정치 패러다임과 정치사상가들에 따라 다양한 관점이 제시되어 왔다. 국제정치학은 크게 현실주의, 자유주의, 구성주의라는 분석의 틀로 국가 간 갈등과 전쟁 등 국가안보의 문제를 이해하고 해석한다.

　먼저 현실주의적 관점을 간략히 살펴보면, 모겐소(Hans Morgenthau)는 "국가는 권력을 추구하는 행위자이며, 국가 간 상호작용에서 중심적인 위치를 차지하는 권력투쟁이 전쟁의 근본적인 원인이다"는 점을 강조했다(Morgenthau · Thompson, 1997, pp.4~17, 187~197). 모겐소는 생존을 위한 권력투쟁에서 세력균형(Balance of power)은 필연적인 정책이 될 수밖에 없으며, 주권국가들의 세력균형은 국제사회에서 안정과 평화를 유지시켜 주는 주요한 메커니즘이라는 점을 강조했다.

　또한 구조적 현실주의를 정립한 왈츠(Kenneth Waltz)는 "무정부상태를 속성으로 하는 국제체제에서 국가들은 생존을 최우선의 가치로 여기며, 자국의 안보를 보장하기 위해 자구책(Self-help)을 모색하는 과정에서 전쟁이 일어날 수 있다"고 보았다(Waltz, 1979, pp.102~113). 왈츠는 무정부적인 질서하에서 국제정치의 현실은 국가 간 접촉이 갈등을 발생시키고 동시에 폭력의 문제를 제기한다고 보았다. 특히, 갈등을 조정 · 통제할 수 있는 상위의 권위체가 존재하지 않는 상황에서 무력의 사용을 회피하기가 현실적으로 불가능하다고 지적했다.

　따라서 국제체제의 단위구성체인 국가행위자들에게 자구체제는 필연적인 행동원리일 수밖에 없으며, 이를 통해 자국의 안보를 추구하게 된다고 보았다. 즉, 무력은 생존의 차원에서 오직 자국의 이익을 보호하기 위해 사용된다는 것이다(Force is used for one's own interest). 또한, 왈츠는 "국제정치의 엄혹한 현실에서 폭력이 최후의 수단이자 최우선적으로 투사되는 물리적 수단이며, 항상 사용될 수밖에 없는 수단(In international politics force serves, not only as the ultima ratio, but indeed as the first and constant one)"이라는 점을 강조했다.

　현실주의 패러다임은 국가가 자국의 이익을 극대화하고 생존을 도모하기 위해 권력을 추구한다고 주장한다. 현실주의자들은 국제체제를 일종의 무정부상태로 간주하기 때문에 국가행위자들은 생존을 위해 끊임없이 경쟁할 수밖에 없다고 가정한다. 따라서 국제사회에서 국가 간의 갈등과 전쟁은 필연적으로 발생하며, 국제정치의 본질이 변하지 않는다는 사실에 동의한다. 현실주의적 관점에서 "국가안보와 전쟁의 본질은 변하지 않는다"는 주장은 국가들이 생존과 권력을 추구하기 위해 끊임없이 경쟁할 수밖에 없다는 전제에서 출발한다고 볼 수 있다. 따라서 현실주의 패러다임은 제2차 세계대전과 같은 인류역사상 최악의 전쟁뿐만 아니라, 오늘날의 국제질서에서도 여전히 유효한 분석 틀을 제공한다.

다음으로 자유주의 관점에서 국가안보의 불변성에 관한 본질을 살펴보겠다. 자유주의 패러다임은 기본적으로 국가 간 협력과 상호의존을 통해 전쟁의 위험성을 감소시킬 수 있다는 입장을 취한다. 자유주의의 사상적 토대를 제공한 로크(John Locke, 1632~1704)는 『통치론』에서 자연상태의 인간을 고찰하여 시민정부의 참된 기원과 범위, 목적을 제시하였다(Locke, 2007, p.11). 이 책에서 로크는 인간의 생명과 자유, 재산권 등 자연권을 보호하는 것이 정부의 핵심적인 역할이라고 주장했다. 인간의 자유와 권리를 중시했던 로크는 사회계약론을 제시하여 근대 정치사상의 발전에 기여했으며, 현대 자유주의의 이론적 토대를 제공했다.

또한 칸트(Immanuel Kant, 1724~1804)는 『영구평화론』에서 영구적인 평화를 보장하기 위한 자유주의적 방법론을 제시했으며, 평화의식을 촉진시키고 전쟁의 위기를 중재할 수 있는 수단으로 '상업적 정신(Commercial spirit)'을 강조했다(칸트, 2008, p.56).

영국의 저명한 역사학자인 카(E. H. Carr, 1892~1982)는 현실주의와 이상주의의 갈등을 설명하면서 "정치학은 이론과 실제 사이의 상호의존성을 인정함으로써 출발하며, 이는 이상과 현실을 조합할 때만 가능하다"고 주장했다. 특히, 카는 이상주의와 현실주의에 내재된 문제점들을 비판하며 "이상주의의 결점은 순진함이며, 현실주의자의 결점은 황폐함"이라고 지적했다(카, 2017, pp.31~129).

한편, 코헤인(Robert Keohane)은 국제질서가 패권국가의 주도적 역할이 없이도 안정적으로 유지될 수 있으며, 국제규범과 제도가 국가 간 협력을 촉진하고 상호의존성을 증진시켜 줄 수 있다고 주장했다(Keohane, 1984, pp.1~109). 마지막으로 아이캔베리(John Ikenberry)는 전후 국제질서가 구축되는 과정을 분석하여, 자유주의 국제질서가 어떻게 전쟁을 억제하고 평화를 유지하는 기제로 작동했는지 규명했다(아이캔베리, 2008, pp.385~414). 아이캔베리는 제2차 세계대전 이후 새로운 국제질서와 규범이 창출되는 과정을 분석하여 전후 질서 구축의 메커니즘과 특징을 제시하였다. 아이캔베리는 미국의 사례를 중심으로 국제질서가 안정성을 확보하기 위해서는 힘이 아닌 제도가 중요하다고 강조했다.

자유주의 패러다임은 국제협력과 제도 및 규범의 역할을 강조하며, 갈등보다는 협력을 통해 평화적인 세계를 만들어가고자 하는 입장을 취한다. 하지만 이러한 자유주의적 관점도 국가안보와 전쟁의 불변적 속성을 수용한다. 즉, 자유주의적 관점에서는 전쟁의 본질이 권력투쟁에서 비롯되는 것이라기보다는 제도와 규범이 제대로 작동하지 않아 발생하는 '실패의 결과'라는 입장이다. 다시 말해, 국제협력의 실패나 제도의 붕괴는 언제든지 일어날 수 있기 때문에 전쟁의 가능성은 항시적으로 존재한다는 점을 시사한다. 따라서 자유주의 패러다임도 국가안보와 전쟁의 본질이 변하지 않는다는 점을 인정한다고 볼 수 있다.

한편, 구성주의 패러다임은 국제정치에서 국가행위자들이 상호 주관적으로 인식하는 정체성이 중요하다고 본다. 구성주의자들은 국가 간 관계와 갈등이 고정불변의 개념이 아니며, 사회적 상호작용을 통해 형성되고 변화된다고 주장한다. 하지만 구성주의적 시각에서도 국가안보와 전쟁의 본질에 대해서는 현실주의적 관점을 수용한다. 다만 구성주의자들은 국가행위자의 행동이 물질적 변수뿐만이 아니라, 규범과 정체성에 의해서도 변화된다고 주장한다.

구성주의의 대표학자인 웬트(Alexander Wendt)는 국제체제가 무정부적인 속성을 갖고 있지만 국가 간 관계는 주관적 인식과 상호작용에 따라 변화할 수 있다고 주장했다(Wendt, 1992, pp.394~406; Wendt, 1995, pp.73~81). 즉, 국가들은 다른 국가행위자들과의 상호작용을 통해 적대적 또는 우호적인 관계를 형성하며, 이 과정에서 갈등의 양상도 변화될 수 있다고 보았다. 하지만 웬트는 국제체제에서 갈등이 발생할 수 있는 가능성에 대해서도 인정했으며, 이는 국가들이 서로를 어떻게 인식하느냐에 따라 달라진다고 설명했다.

구성주의 패러다임에서는 전쟁의 본질이 국가 간의 인식과 상호작용의 결과라고 간주한다. 또한 국가들이 상호 위협으로 인식하고 적대적으로 행위할 때 전쟁이 발생할 수 있다고 본다. 구성주의적 관점은 국가 간 적대적 인식이 변하지 않는 한 전쟁의 개연성을 인정한다는 점에서 전쟁의 불변적 속성을 수용한다고 볼 수 있다. 구성주의적 시각에서는 국가안보와 전쟁의 본질이 국가 간의 인식과 상호작용에 따라 변화될 수 있지만, 갈등 가능성과 위험 요인은 여전히 남아 있다고 간주한다. 따라서 구성주의 패러다임도 전쟁의 본질에 대해서는 현실주의, 자유주의 패러다임과 공통의 인식에 기반하고 있다고 할 수 있다.

이와 같이 국가안보와 전쟁의 본질은 국제정치 패러다임에 따라 다르게 해석될 수 있지만, 저변에 깔려 있는 기본 가정들은 공유되고 있다는 점을 확인할 수 있었다. 현실주의는 권력투쟁과 생존의 추구를 강조하며, 전쟁이 국가 간 갈등의 불가피한 결과라는 관점을 갖는다. 자유주의는 협력과 제도의 중요성을 강조하면서도 전쟁의 가능성을 완전히 배제하지는 않으며, 다만 제도의 실패가 전쟁으로 이어질 수 있다고 인정한다. 특히, 구성주의는 국가 간의 인식과 상호작용의 중요성을 강조하며, 국가 간 '상호주관적(Intersubjective) 인식'에 따라 전쟁이 발생할 수 있다고 간주한다. 이와 같은 국제정치학의 주류적 관점들은 공통적으로 국가안보와 전쟁의 본질이 변하지 않는다는 주장을 뒷받침하고 있다.

다음으로 군사학의 관점에서 국가안보와 전쟁의 불변적 속성을 간략히 살펴보겠다. 먼저 클라우제비츠(Clausewitz)는 "전쟁이 단순한 폭력행위가 아니라 다른 수단으로 하는 정치의 연장이며, 전쟁은 불확실성의 영역으로 4분의 3이 안개에 가려져 있다"고 강조했다(클라우제비츠, 2023, pp.79~105). 클라우제비츠는 전쟁이 국가 간의 갈등을 해결하는 방식으로서 정치적 목표를 달성하기 위해 사용되는 전략적 도구임을 강조했다. 클라우제비츠는 폭력행위를 수반하는 전쟁의 성격이 정치적 목적에 종속되어 있다는 점에서 전쟁의 본질은 시간이 지나도 변하지 않는다는 점을 통찰했던 것이다.

이러한 클라우제비츠의 사상은 오늘날의 국제정치에서도 여전히 생명력을 갖는다. 국가들은 필연적으로 자국의 정치적 목적을 달성하기 위해 전쟁을 선택할 수 있으며, 이러한 본질은 제2차 세계대전기를 포함하여 오늘날의 국제질서를 관통하는 속성이기 때문이다. 또한 클라우제비츠는 '마찰과 우연'이라는 개념을 통해 전쟁의 속성이 불확실성의 영역에 놓여 있다는 점을 강조했다. 전쟁이 불확실성의 영역에서 전개된다는 것은 단순한 계획과 군사전략으로만 완수될 수 없으며, 다양한 변수들이 복합적으로 관여하게 된다는 것을 의미한다.

그렇다면 국가안보와 전쟁의 본질이 변하지 않는 이유는 무엇일까? 홉스(Thomas Hobbes)와 마키아벨리(Niccolò Machiavelli)는 국가안보와 전쟁의 본질이 변하지 않는 이유를 인간의 변하지 않는 본성에서 발견했다. 먼저 사회계약설의 이론적 토대를 제공한 홉스는 『리바이어던(Leviathan)』을 통해 현실주의 국제정치 패러다임의 사상적 토대를 제공하였다. 홉스는 자연상태의 인간이 경쟁(Competition), 불신(Diffidence), 공명심(Glory)과 같은 본성으로 인해 갈등을 일으키는 것처럼 국제정치에서 국가행위자들도 지배세력이 되기 위해 폭력을 행사하고 자기방어를 위해 투쟁하게 된다는 점을 강조했다(Hobbes, 2016, p.131). 홉스는 국가 간의 관계도 인간의 자연상태와 유사하기 때문에 개별 국가들이 자국의 생존과 안전을 위해 끊임없이 경쟁할 수밖에 없다고 주장했던 것이다.

한편, 마키아벨리는『군주론(The Prince)』에서 이른바 '조직화된 비르투(Ordinata virtù)'라는 개념을 중심으로 다음과 같이 현실주의적 세계관을 제시했다 (Machiavelli, 2016, p.233). 그는 자국의 군대를 갖지 못하면 위기 상황에서 국가를 수호할 수 없으며, 군대를 유지하고 국가안보태세를 확립하기 위해서는 무엇보다도 국민적 지지가 중요하다고 보았다. 특히, 외세의 위협에 효과적으로 대응하기 위해서는 강력한 군대를 육성하고 신뢰할 수 있는 동맹이 필요하다는 점을 강조했다.

이러한 현실주의적 시각은 국가 간의 갈등과 전쟁이 인간의 본성과 무관하지 않다는 점을 반영하고 있으며, 시대를 초월하여 변하지 않는 전쟁의 본질을 설명해 준다. 홉스와 마키아벨리의 사상은 공통적으로 국가 간의 갈등과 전쟁이 인간의 본성에서 비롯된 필연적인 현상이라는 점을 강조하고 있다. 이러한 세계관은 국가안보의 본질적인 성격과 특징을 설명하는 데 있어 중요한 이론적 토대를 제공해 준다. 역사적 관점에서 고대사회와 중세시대를 포함하여 모든 근 · 현대 국가들은 자국의 이익과 생존을 위해 경쟁 · 갈등을 겪어왔으며, 이와 같은 전쟁의 본질은 오늘날의 국제질서와 미래에도 변하지 않을 속성이 될 것이다.

한편, 미국의 저명한 정치학자인 라이트(Quincy Wright)는 전쟁에 대한 포괄적인 분석을 시도하여 불후의 고전인『전쟁의 연구(A Study of War)』를 저술하였다. 이 책에서 라이트는 전쟁이 국가행위자 간 정치적 갈등과 권력투쟁, 자원의 활용 등 다차원적 요인으로 인해 발생하며, 전쟁의 양상은 시대의 흐름과 기술의 발전에 따라 변화할 수 있다고 보았다. 또한 전쟁이 국제관계의 구조적 변화에서 비롯된다는 관점을 토대로 국제정치학 · 사회학 · 역사학적 차원에서 전쟁 관련 이론을 체계적으로 정리했다. 라이트는 전쟁이 하나의 단편적 원인에 의해 촉발되지 않고 복합적이고 다차원적인 요인에 따라 발생한다는 점을 강조했다. 즉, 전쟁은 사회적 · 기술적 · 심리적 맥락 속에서 다양한 변수들의 관계 변화에 따라 발생하는 복합적인 현상이라는 것이다(Wright, 1964, pp.351~360).

이 책에서 다루고 있는 제2차 세계대전은 정치적 갈등과 경제적 불균형, 이념적 대립 등 복합적 요인들로 인해 발생한 전쟁이었으며, 이러한 구조적 맥락은 오늘날의 국제정치 현실 저변에도 깔려 있다. 최근 다중전쟁으로 주목받고 있는 러시아-우크라이나 전쟁과 이스라엘-하마스 전쟁은 큰 틀에서 보면 라이트가 제시한 것처럼 정치적 · 경제적 · 사회적 맥락과 갈등에서 비롯된 구조적 문제들이 전쟁의 원인을 제공했다. 이러한 구조적 문제와 갈등이 국제분쟁으로 이어진다는 점에서 우리는 국가안보와 전쟁의 본질이 갖는 불변성을 확인할 수 있다.

결론적으로 국가안보와 전쟁의 본질은 변하지 않는다. 전술한 바와 같이 홉스와 마키아벨리는 인간의 본성과 권력투쟁의 불가피성으로 인해 국가 간의 갈등과 전쟁이 필연적으로 발생할 수밖에 없다고 주장했다. 또한 라이트는 전쟁의 구조적인 요인에 주목하여 전쟁이 시대를 초월해 끊이지 않고 발생하는 근본적인 이유를 제시했다. 이러한 정치사상가들의 개념들은 국가안보와 전쟁의 본질이 기술적 발전이나 시대적 변화에도 불구하고 근본적으로 변하지 않는다는 점을 시사한다. 현대 국가들은 여전히 생존을 위해 경쟁하고 갈등하며, 전쟁은 이러한 갈등을 해결하는 극단적인 수단으로 사용되고 있다. 제2차 세계대전의 역사는 이러한 불변의 진리를 다시금 환기시켜 주며, 오늘날 신냉전의 국제질서에서도 국가안보와 전쟁의 본질을 이해하는 데 중요한 교훈을 제공해 준다.

제2차 세계대전의 현재사적 의미

영국의 역사학자인 홉스봄(Eric Hobsbawm, 1917~2012)은 당대의 현재사(contemporary history)를 장기적인 역사적 흐름 속에서 이해할 필요가 있다고 강조했으며, 제1차 세계대전은 시대를 넘어서는 지속성을 갖고 있다고 평가했다(에릭 홉스봄, 2022, p.82). 홉스봄의 견해를 보다 확장하여 이해한다면 제2차 세계대전의 역사도 전후 전쟁의 결과와 영향력이 오늘날까지 지속되고 있다는 관점에서 중요한 '현재사(現在史, continuing history)'라고 할 수 있다. 한편, 영국의 저명한 전쟁사학자인 오버리(Richard Overy)는 제2차 세계대전사를 전략적 · 경제적 · 정치적 관점에서 통합적으로 분석하여 전쟁사를 해석하는 인식의 지평을 넓혀주었다. 제2차 세계대전의 현재사적 의미와 연계하여 오버리가 제시한 전쟁의 주요 특징을 간략히 소개하면 다음과 같다(오버리, 2023, pp.194~196). 첫째, 제2차 세계대전은 철저히 산업화된 전쟁이었으며, 주요 교전국들은 국가 총생산의 4분의 3을 전쟁수행에 투입하였다. 전쟁 발발 이전에 신규 산업으로 등장했던 항공기 · 자동차 · 화학공업은 전투기와 전차, 탄약을 생산하는 군수산업 인프라로 신속히 전환되었으며, 전후 군산복합체를 형성하는 기제가 되었다. 둘째, 제2차 세계대전기에는 대부분의 국가들이 인적 · 물적 자원을 직접 통제하는 방식으로 전시경제체제를 가동했으며, 총력전의 시너지를 극대화하기 위해 연구개발과 전시생산체제를 강화했다.

제2차 세계대전은 20세기 이후 인류사에서 중대한 이정표를 남긴 전쟁사이며, 전후의 국제질서는 제2차 세계대전의 그림자가 짙게 드리워져 있다고 해도 과언이 아니다. 제2차 세계대전의 유산은 전 세계적인 범위에 걸쳐 영향을 미쳤으며, 한반도에서도 역사적 변곡점으로 작용하여 오늘날 대한민국의 정치 · 사회 · 경제적 맥락을 구조화하는 데 결정적인 역할을 했다. 이러한 관점에서 제2차 세계대전사가 오늘을 살아가는 한국인들에게 시사하는 현재사적 의미를 정리하면 다음과 같다.

첫째, 제2차 세계대전의 종전과 함께 한반도의 해방과 분단의 역사가 시작되었다는 점이다. 아시아 · 태평양 전쟁의 결과 일본이 무조건 항복을 선언하면서 한반도에는 광복이 찾아왔지만, 약 한 달간의 시차를 두고 분단 상황이 초래되었다. 일본의 패망과 함께 한반도는 35년간의 일제 식민지배로부터 해방되었으나, 전후처리 과정에서 미국과 소련이 한반도를 남과 북으로 분할하여 점령하게 되었고, 그 결과 한반도의 분단으로 이어졌다. 미·소 양국의 군대가 남한과 북한에 주둔하면서 군정통치가 시행되었고, 정치적 혼란이 지속되는 가운데 1948년 한반도에는 남과 북이 각각 단독정부를 수립함으로써 정치적 분단이 현실화되었다.

한반도의 분단은 단순한 지리적 양분을 넘어 보다 다차원적인 의미를 가졌다. 정치적 분단은 이념적 갈등과 민족의 분열을 야기했고, 6·25전쟁이라는 민족상잔의 비극으로 이어졌다. 전후에 체결된 정전협정은 한반도의 분단체제를 고착화시켰으며, 오늘날까지도 군사적 대립과 갈등의 기제로 작동하고 있다. 이로 인해 한반도는 지정학적 리스크를 해소하지 못한 채 여전히 전쟁의 위험 속에서 팽팽한 군사적 긴장상태를 유지하고 있으며, 통일문제는 대한민국의 역사적 과제로 남아 있다. 아시아·태평양 전쟁의 결과 한반도의 분단이 초래되었다는 점에서 제2차 세계대전의 역사는 오늘의 대한민국을 존재하게 한 현재사라고 할 수 있다.

둘째, 제2차 세계대전 이후 형성된 냉전체제로 인해 6·25전쟁과 한반도의 분단 상황이 초래되었다는 점이다. 해방 이후 약 5년 만에 피비린내 나는 전쟁이 발발하고 3년간의 분쟁 끝에 종전이 아닌 정전협정을 체결함으로써 한반도 분단체제라는 현대사의 굴곡이 형성되었다. 전술한 바와 같이 제2차 세계대전 이후 한반도에서 벌어진 정치적 분단 상황은 6·25전쟁이라는 비극적인 결과로 이어졌다. 1950년 6월 25일, 북한의 김일성이 소련의 승인과 중국의 지원하에 남한의 적화통일, 영토완정(領土完整)을 목표로 남한을 무력 침공하면서 시작된 이 전쟁은 냉전시대의 본격적인 개막을 알리는 신호탄이 되었다.

박명림의 연구에 따르면, 김일성은 1948년 9월 10일 8개조로 구성된 조선민주주의인민공화국 정부의 첫 번째 정강에서 국토의 완정(完整, 완전한 정비)과 민족통일을 보장하겠다는 의지를 강조했다(박명림, 2023, pp.91~101). 6·25전쟁은 약 1년간의 치열한 공방전이 전개되었으며, 중공군 개입 이후 전선이 교착된 상황에서 약 2년간 지루한 휴전협상이 지속되었다. 그 과정에서 최전선 일대에서 한 치의 땅이라도 수복하기 위한 고지쟁탈전이 펼쳐졌으며, 유엔군을 포함하여 수많은 장병들이 희생되었다. 1,129일간 벌어진 6·25전쟁은 한반도에서 수많은 인명피해와 경제적 손실을 포함하여 깊은 상처를 남겼다. 전쟁기간 중에 약 1,000만 명의 이산가족이 발생했고, 분단의 고착화라는 아픈 역사를 남겼다.

1953년 체결된 정전협정은 한반도에 불완전한 평화를 가져왔다. 평화협정이 아닌 정전체제가 형성됨으로써 전후 한반도에서는 '상태로서의 전쟁'이 계속되고 있으며, 오늘날 세계 유일의 분단국가로 남아 있다. 이러한 현대사의 굴곡 속에서 대한민국은 전쟁의 폐허를 딛고 경제발전과 민주화를 이루어냈다. 제2차 세계대전의 종식과 함께 시작된 한반도의 해방과 전쟁, 이후 70년 이상 지속된 분단체제는 대한민국이 걸어온 고난의 현대사를 상징적으로 보여주고 있다. 따라서 한반도의 구조사인 분단 상황을 극복하고 평화체제를 구축하여 세계평화에 기여하는 것은 우리 세대의 시대적 과제이자 역사적 소명이라고 할 수 있다.

셋째, 제2차 세계대전의 역사가 냉전시대를 열었다면 탈냉전 이후 대립의 논리가 신냉전의 국제질서로 부활하고 있다는 점이다. 과거 한반도와 동아시아는 냉전의 한복판으로 열강들의 이해관계가 상충하는 지정학적 요충지였으며, 현재 진행 중인 신냉전의 국제질서에서도 진영 간 단층선이 뚜렷해지고 있다. 2008년 세계 금융위기 이후 가속화된 미·중 전략경쟁이 다중전쟁을 계기로

'관리된 경쟁' 양상을 띠고 있지만, 역내 국가들의 군비경쟁은 한층 가열되고 있다.

2022년 제20차 당대회 이후 중국은 창설 100주년을 맞이한 인민해방군의 군사적 목표와 비전을 제시했으며, 향후 5년간의 현대화계획을 발표했다. 이러한 중국의 움직임에 대해 美 국방부는 2022년 중국의 군사력·안보 강화에 관한 보고서(Military and Security Developments involving the People's Republic of China 2022)에서 중국 공산당이 글로벌 패권전략을 추구하기 위해 인민해방군을 보다 전략적으로 활용할 것이라고 전망한 바 있다(이강경, 2023, p.42).

일본은 2022년 3대 국가안보문서에 '적 기지 공격능력' 보유 방침을 명시했으며, 반격능력을 확보하기 위해 방위비를 인상하고 군사 재무장을 추진하고 있다(이강경, 2023b, pp.83~108). 한편, 신냉전의 기류에 편승한 북한은 핵·미사일 기술을 고도화하는 가운데 2022년 4월 핵 독트린을 발표하였고, 같은 해 10월 핵무력정책을 법제화함으로써 핵보유국 지위를 기정사실화했다(이강경, 2024, p.161). 특히, 2023년 이후에는 전술핵부대 운용방침을 공개하고 무인기 도발을 감행하는 등 한반도 작전환경을 근본적으로 변화시켰다.

신냉전의 국제질서는 진영 간 대결구도를 더욱 공고화하는 양상으로 전개되고 있으며, 이에 따라 북한은 중국·러시아와의 전략적 연대를 강화함으로써 국제적 고립을 탈피하고 전략적 자율성을 강화해 나갈 것으로 전망된다. 2024년 6월 북·러 간 '포괄적 전략동반자 협정' 체결과 북한의 대러 군사지원 등은 이러한 전략환경 변화를 상징적으로 보여준다(통일뉴스, 2024). 특히, 북한의 핵·미사일 프로그램은 한반도를 넘어 동아시아와 세계평화를 위협하는 중대한 도전으로 평가할 수 있다. 신냉전의 국제질서에 효과적으로 대응하기 위해 한국은 군사대비태세를 확립한 가운데 북한의 실존적 군사위협을 억제해 나가야 하는 시험대에 서 있다.

제2차 세계대전의 역사에서 우리는 무엇을 추체험(追體驗)할 것인가?

마지막으로 신냉전 시대의 현재사라고 할 수 있는 제2차 세계대전의 역사에서 우리가 추체험해야 할 것은 무엇인지 크게 2가지 관점에서 생각해 보고자 한다. 첫째, 복합경쟁의 시대에 생존과 번영을 추구하기 위해 제2차 세계대전의 역사에서 방향을 모색해야 한다는 점이다. 오늘날 대한민국의 생존을 위협하고 있는 대외 안보환경의 가장 큰 특징은 신냉전의 국제질서에서 다중전쟁을 촉발시키고 있는 복합경쟁 양상이라고 할 수 있다.

이와 관련하여 아산정책연구원은 2023년 국제정세 전망의 키워드로 복합경쟁(Complex competition)을 제시했으며, 그 개념을 다음과 같이 제시했다(아산정책연구원, 2022, pp.1~136). 복합경쟁은 "정치 · 경제 · 과학 · 외교 · 군사 등 국제관계의 전 영역에서 이루어지는 경쟁 양상"을 의미하며, 복합경쟁의 주요 특징은 "① 가치대립, ② 선택적 연대 및 블록화 추세의 강화, ③ 다영역적인 대결과 디커플링이 혼재하는 경쟁, ④ 군사적 경쟁이 경제 분야로 확산, ⑤ 중견국들에 외교적 선택을 강요하는 것이다"이다.

코로나19 팬데믹의 확산과 러시아-우크라이나 전쟁 이후 조성된 복합위기로 인해 세계경제는 고금리 · 고물가 · 고환율이라는 3고(三高) 현상에 직면하였다. 이러한 복합위기의 상황 속에서 복합경쟁이 심화하고 있으며, 국가 간 분쟁과 군사적 충돌 가능성이 한층 고조되고 있다. 특히, 러시아-우크라이나 전쟁이 장기소모전 양상으로 전개되고 이스라엘-하마스 전쟁이 중동의 지역분쟁으로 확산하고 있는 상황에서 지구촌의 복합경쟁은 매우 다차원적으로 전개되고 있다.

최근 글로벌 안보환경의 가장 큰 특징이라고 할 수 있는 복합경쟁은 매우 다차원적인 양상으로 전개되고 있다. 먼저 경제적 차원에서는 자국 우선주의를 중심으로 무역전쟁이 심화되고 있다. 미국과 중국, EU 등 주요 글로벌 경제주체들은 보호무역주의를 강화하는 가운데 자국의 산업과 경제시스템을 보호하고자 하며, 이로 인해 세계 분업체제와 글로벌 공급망의 불안정성이 커지고 있다. 정치적 차원에서는 유럽과 중남미 지역을 중심으로 극우정당의 집권 사례가 늘고 있으며 기존의 정치질서에 대한 도전세력으로 부상하고 있다.

이러한 극우세력들은 '대중영합정치'를 뜻하는 포퓰리즘(Populism)에 기대어 이민자 문제와 경제적 양극화, 국가별 정체성 위기를 부각시키며 대중적 지지를 얻고 있다. 특히, 러시아와 중국을 중심으로 다극적 질서에 대한 요구가 확산하면서 국제질서의 불안정성도 커지고 있는 상황이다. 기술적 차원에서는 인공지능, 반도체, 5G 등 첨단 핵심기술을 중심으로 국가 간 기술패권 경쟁이 격화되고 있다.

이 책에서 살펴본 바와 같이 제2차 세계대전의 역사도 단순히 지역별로 전개된 전쟁을 넘어 국가 간 정치적·경제적·사회적·기술적 경쟁이 복합적으로 전개되었다는 것을 확인할 수 있었다. 전쟁의 승패는 전장에서 벌어진 물리적 전투뿐만 아니라, 연합국과 추축국이 가동한 전시생산체제와 무기체계 연구개발을 중심으로 치열하게 전개된 기술경쟁, 국내 전선(Home front) 등 국가총력전 태세에 의해 좌우되었다. 대표적인 사례로 미국은 스스로 '민주주의의 병기고(Arsenal of democracy)'임을 자처하며 강력한 전시생산체제와 산업생산력을 바탕으로 군수품을 대량으로 생산하여 동맹국들을 지원하였고 전쟁의 판도를 바꾸는 데 결정적인 역할을 했다.

제2차 세계대전기에 연합국과 추축국이 전개했던 경쟁적 상황은 오늘날의 복합경쟁 환경과 매우 유사하다고 할 수 있다. 따라서 신냉전의 국제질서와 복합경쟁의 안보환경을 효과적으로 극복해 나가기 위해서는 제2차 세계대전의 역사에서 연합국들이 정치·경제·사회·기술 분야를 포함하여 다차원적으로 전개했던 경쟁의 논리를 추체험할 필요가 있다.

둘째, 제2차 세계대전의 교훈을 토대로 한반도 작전환경의 변화를 민감하게 수용하고 현대전의 양상과 미래전 패러다임의 변화에 능동적으로 대응해 나가야 한다는 점이다. 현재 진행 중인 러시아-우크라이나 전쟁과 이스라엘-하마스 전쟁은 현대전의 새로운 양상과 미래전의 패러다임 변화를 상징적으로 보여주고 있다. 우크라이나 전쟁에서는 드론이 강력한 게임체인저로 등장했으며, 인지전·사이버전·전자전 등을 중심으로 한 하이브리드전이 본격적으로 전개되고 있다. 드론은 매우 저렴한 비용으로 획득할 수 있다는 장점과 수색·정찰 및 탐지·타격 등 다양한 임무를 수행할 수 있는 핵심 자산으로 전장에서 매우 광범위하게 활용되고 있다.

이스라엘-하마스 전쟁에서는 도시지역 작전의 중요성이 대두되었고 새로운 방식의 비정규전 양상이 출현하였다. 팔레스타인 무장정파인 하마스(Hamas)는 이스라엘의 군사적 우위를 상쇄하기 위해 지하터널을 활용하여 공격하는 비전통적 방식의 전술을 구사하였다. 이에 이스라엘군도 AI와 드론 등 첨단 군사기술과 정보우위를 바탕으로 지상전을 수행했다.

신냉전의 국제질서가 심화하는 가운데 최근 한반도 작전환경은 근본적으로 변화되었다. 북한의 핵 위협이 현실화한 위기의 시대에 한반도 작전환경은 전통적인 군비경쟁을 넘어 비전통적·초국가적 위협에 직면하였다. 최근 북한은 핵·미사일 능력을 고도화한 가운데 신냉전의 국제질서에 효과적으로 대응하기 위해 군사전략의 변화를 꾀하고 있으며, 이를 뒷받침하기 위해 국방력 강화를 추진하고 있다(이강경, 2024b, pp.3~28; 이강경·설현주, 2024, pp.149~186).

전술한 바와 같이 북한은 중국·러시아와의 전략적 연대를 강화하면서 공세적인 대남·대미전략을 추구하고 있다. 특히, 사실상의 핵보유국 지위를 확보한 북한은 향후 체제 생존을 넘어 전략국가로 도약하기 위해 보다 공세적인 군사전략을 추구하고 북한식 군사혁신을 가속화해 나갈 것으로 전망된다. 이러한 전환기적 안보 상황과 한반도 작전환경의 변화에 효과적으로 대응해 나가기 위해서는 제2차 세계대전의 역사를 추체험할 필요가 있다.

전시 연합국이 변화하는 안보환경에 대처하기 위해 적용했던 경쟁의 논리를 현 복합위기 상황에 대입하여 효과적인 대응 논리를 모색해야 한다. 제2차 세계대전의 역사적 교훈은 복합경쟁의 시대에 생존의 길을 모색하고 미래전의 패러다임 변화에 대응해 나가는 과정에서 유의미한 전략적 접근법을 제시해 줄 것이다.

이 책을 마무리하며 제2차 세계대전의 역사에서 배워야 할 교훈을 다시금 생각해 보고자 한다. 약 80년 전에 전 지구적 범위에서 전개되었던 제2차 세계대전은 연합국과 추축국들이 국가 총력전 체제하에서 벌인 복합경쟁이었으며, 전시생산체제를 중심으로 전쟁지속능력을 겨룬 시스템 전쟁이었다. 당시 교전국들은 전시생산체제를 가동하기 위해 전장의 흐름을 바꿀 게임체인저급 무기체계를 개발하여 실전에서 운용했으며, 장기전 수행에 필요한 군수품을 생산하며 전쟁지속능력을 유지했다.

제2차 세계대전기 무기체계 연구개발과 전시생산체제는 교전국들이 수립했던 전략·전술과 함께 전쟁의 흐름을 바꾼 주요 국면사였다. 복합경쟁의 시대에 대한민국은 국방환경의 도전을 극복하고 선진강국으로 도약하기 위한 시험대에 서 있으며, 절실한 생존전략이 필요한 상황이다. 종전 80주년을 맞이하는 시점에 제2차 세계대전의 역사를 다시 읽어야 할 이유라고 생각한다.

부록

1. 제2차 세계대전 연표*

- 1938년 9월 29일: 독일, 이탈리아, 영국과 프랑스는 체코슬로바키아의 핵심 군사 거점과 함께 주데텐 란트(Sudetenland)를 나치 독일로 양도하는 뮌헨 협정을 체결한다.
- 1939년 3월 14~15일: 독일 압박으로 슬로바키아인들이 체코슬로바키아 공화국으로부터 독립을 선언한다. 독일군이 뮌헨 협정을 위반하고 남은 체코 영토를 점령하여 보헤미아-모라바 보호령을 설립한다.
- 1939년 3월 31일: 프랑스와 영국이 폴란드 주권을 보장한다.
- 1939년 4월 7~15일: 파시스트 이탈리아가 알바니아를 침공하여 합병한다.
- 1939년 8월 23일: 독소 불가침 조약 체결. 동유럽 영양권을 분할하는 비밀 의정서도 서명한다.
- 1939년 9월 1일: 독일의 폴란드 침공. 유럽에서 제2차 세계대전이 시작된다.
- 1939년 9월 3일: 영국과 프랑스가 폴란드의 주권을 수호하기 위해 독일에 선전포고를 한다.
- 1939년 9월 17일: 소련이 폴란드의 동부지역을 침공한다. 폴란드 정부는 루마니아를 거쳐 처음에는 프랑스로, 나중에 영국으로 망명한다.
- 1939년 9월 27~29일, 9월 27일: 폴란드 수도 바르샤바가 항복한다. 독일과 소련이 폴란드를 분할한다.
- 1939년 11월 30일~1940년 3월 12일: 소련의 핀란드 침공(겨울 전쟁). 핀란드는 휴전 협정에 라고다 호의 북부 해안과 북해의 작은 해안 지대를 소련에 양도한다.
- 1940년 4월 9일~1940년 6월 9일: 독일이 덴마크와 노르웨이를 침공한다. 덴마크가 침공 당일 항복한다. 노르웨이는 6월 9일까지 저항한다.
- 1940년 5월 10일~1940년 6월 22일: 독일군이 프랑스와 저지대 중립국(벨기에, 네덜란드, 룩셈부르크)에 공세를 가한다. 룩셈부르크는 5월 10일 함락되었고 네덜란드는 5월 14일, 벨기에는 5월 28일에 항복한다. 6월 22일, 프랑스는 독일이 북부지역과 대서양 해안 지방을 점령하는 내용의 휴전협정에 서명한다. 프랑스 남부 도시인 비시(Vichy)로 수도를 옮긴 협력 정부가 수립된다.
- 1940년 6월 10일: 이탈리아가 참전하여 남프랑스를 침공한다(6.21일).
- 1940년 6월 28일: 소련이 루마니아의 베사라비아 동부 지방과 부코비나의 북부 절반을 소련 우크라이나로 양도하도록 강압한다.
- 1940년 6월 14일~1940년 8월 6일: 소련이 6월 14~18일에 발트해 연안 국가(에스토니아, 라트비아, 리투아니아)를 점령한다. 7월 14~15일에 각국에서 공산주의 쿠데타를 주도하고, 8월 3~6일 소련으로 합병한다.
- 1940년 7월 10일~1940년 10월 31일: 영국 본토 항공전에서 나치 독일이 패전한다.

---

* 홀로코스트 백과사전, "제2차 세계대전 연대표," https://encyclopedia.ushmm.org/content/ ko/article/ world-war-ii-key-dates.

- 1940년 8월 30일 제2차 빈 중재: 독일과 이탈리아는 루마니아와 헝가리 간의 분쟁 영토인 트란실바니아를 분할한다. 북트란실바니아를 잃게 되자 루마니아 국왕 카롤 2세는 마하이 왕세자에게 양위하고 이온 안토네스쿠(Ion Antonescu) 장군이 독재 정권을 설립한다.
- 1940년 9월 13일: 이탈리아군이 이탈리아령 리바아에서 영국령 이집트로 공세를 가한다.
- 1940년 9월 27일: 독일, 이탈리아와 일본이 삼국동맹을 체결한다.
- 1940년 10월 28일: 이탈리아가 알바니아부터 그리스를 침공한다.
- 1940년 11월: 헝가리(11.20일), 루마니아(11.23일), 슬로바키아(11.24일)가 추축국에 합류한다.
- 1941년 2월: 독일군이 이탈리아군을 지원하기 위해 아프리카 군단을 북아프리카로 파병한다.
- 1941년 3월 1일: 불가리아가 추축국에 가입한다.
- 1941년 4월 6일~1941년 6월: 독일, 이탈리아, 헝가리가 유고슬라비아를 침공한다. 4월 17일 유고슬라비아가 항복한다. 그 후 독일과 불가리아는 이탈리아를 지원하기 위해 그리스를 침공한다. 1941년 6월 초 그리스군의 저항이 결말을 맺는다.
- 1941년 4월 10일: 테러 집단 우스타샤(Ustaša) 운동 지도부가 크로아티아 독립국을 선언한다. 독일과 이탈리아의 즉각적인 승인을 받은 새로운 국가에는 보스니아 헤르체고비나 지방이 포함된다. 1941년 6월 15일 크로아티아가 추축국에 가입한다.
- 1941년 6월 22일~1941년 11월: 나치 독일이 불가리아를 제외한 추축국과 함께 소련을 침공한다. 겨울 전쟁 당시 상실했던 영토를 수복하기 위해 핀란드도 침공에 참여한다. 발트 지방을 급속히 점령한 독일군은 9월 핀란드와 함께 레닌그라드(Leningrad; 현재 상트페테르부르크)를 포위한다. 중부지역에서는 8월 초 독일군이 스몰렌스크(Smolensk)를 함락하고 10월에 모스크바로 진군한다. 남부지역에서는 9월에 독일군과 루마니아군이 키이우(Kyiv)를 함락시키고 11월에는 로스토프나도누(Rostov-on-Don)을 점령한다.
- 1941년 12월 6일: 소련군 반격으로 독일이 모스크바 외곽에서 대대적으로 퇴각한다.
- 1941년 12월 7일: 일본이 진주만을 공습한다.
- 1941년 12월 8일: 미국이 일본에 선전포고를 하고 제2차 세계대전에 참전한다. 일본군이 필리핀, 프랑스령 인도차이나(베트남, 라오스, 캄보디아)와 영국령 싱가포르에 상륙한다. 1942년 4월 일본군이 필리핀, 인도차이나, 싱가포르를 점령하고 5월에 버마도 점령한다.
- 1941년 12월 11~13일: 나치 독일과 추축국이 미국에 선전포고한다.
- 1942년 5월 30일~1945년 5월: 영국군이 쾰른(Köln)을 폭격하면서 독일의 본토로 전쟁이 확대되었다. 이후 3년간 미·영 연합군 공군의 폭격으로 독일이 초토화된다.
- 1942년 6월: 미국 해군이 태평양 미드웨이섬 주변에서 일본 해군의 공세를 막는다.
- 1942년 6월 28일~1942년 9월: 독일군과 추축국의 소련 공세. 9월 중순 독일군은 스탈린그라드(Stalingrad; 현재 볼고그라드)로 진군하는 중 볼가강에서 전투를 벌이고 크림반도를 점령한 후 카프카스로 진격한다. 북아프리카의 독일군이 이집트를 침공하면서 제2차 세계대전에서 독일의 승전이 절

정에 이르렀다.

- 1942년 8월 7일~1943년 2월 9일: 연합군이 솔로몬 제도의 툴라기, 플로리다와 과달카날 등에 상륙하여 공세에 나선다.

- 1942년 10월 23~24일: 영국군이 이집트의 엘 알라메인에서 독일군을 대파함으로써 추축국은 리비아를 지나 튀니지의 동부 국경까지 퇴각한다.

- 1942년 11월 8일: 미군과 영국군이 프랑스령 북아프리카의 알제리아와 모로코 해안에서 상륙한다. 비시 프랑스군이 침공을 방어하지 못하게 되면서 연합군이 신속하게 튀니지 서부 국경으로 진군하여 11월 11일에 독일이 남프랑스를 점령하게 되는 계기가 된다.

- 1942년 11월 23일~1943년 2월 2일: 소련군 반격으로 스탈린그라드 북서쪽과 남서쪽 헝가리와 루마니아 전선을 돌파하고 독일 제6군을 도시에 포위한다. 히틀러 명령으로 후퇴하거나 소련군 포위망의 돌파를 시도하는 것이 금지된 제6군은 1943년 1월 30일과 2월 2일 사이에 항복한다.

- 1943년 5월 13일: 튀니지의 추축군이 연합군에 항복하면서 북아프리카 전쟁이 종료된다.

- 1943년 7월 5일: 독일군이 쿠르스크 인근에서 대대적인 전차 공세를 취한다. 소련군은 1주일 내에 공격을 무마시키고 자체적인 반격을 시작한다.

- 1943년 7월 10일: 미군과 영국군이 시칠리아에 상륙한다. 8월 중순 시칠리아를 점령한다.

- 1943년 7월 25일: 파시스트 당 의회가 베니토 무솔리니(Benito Mussolini)를 축출하고 이탈리아의 군인 피에트로 바돌리오(Pietro Badoglio)가 새로운 정부를 세운다.

- 1943년 9월 8일: 바돌리오 정부는 연합군에 무조건적 항복을 한다. 9월 12일 독일군은 즉시 로마와 이탈리아 북부를 점령하고 독일 참모들에 의해 석방된 무솔리니 통치하의 파시스트 괴뢰 정권을 수립한다.

- 1943년 9월 9일: 연합군이 나폴리 근처의 살레르노 해변에 상륙한다.

- 1943년 11월 6일: 소련군이 키이우를 해방한다.

- 1944년 1월 22일: 연합군이 로마 남부의 안치오 근처에 상륙한다.

- 1944년 3월 19일: 헝가리가 추축국을 탈퇴하려는 움직임에 독일군은 헝가리를 점령하고 호르티 미클로시(Miklós Horthy) 제독 섭정에 친독일 대통령을 선출하도록 압박한다.

- 1944년 6월 4일: 연합군이 로마를 해방한다. 6주 이내에 영국·미국 폭격기가 처음으로 독일 동부를 타격한다.

- 1944년 6월 6일: 영국군, 미군과 캐나다군이 프랑스 노르망디 해안에 상륙하여 "제2전선"을 형성한다.

- 1944년 6월 22일: 소련군이 벨로루시 서부에 대규모 공세로 독일군 전선을 괴멸시키고 8월 1일 폴란드 바르샤바로부터 비슈툴라강의 서쪽 방면으로 진격한다.

- 1944년 7월 25일: 연합군이 노르망디로부터 파리를 향해 동쪽으로 진군한다.

- 1944년 8월 1일~1944년 10월 5일: 소련군이 도착하기 전에 비공산주의인 폴란드 저항군이 바르샤바

를 해방시키기 위해 봉기한다. 소련군은 비스와강의 서쪽에서 멈춘다. 10월 5일 독일군은 바르샤바의 저항군 생존자들의 항복을 받아들인다.

- 1944년 8월 15일: 연합군이 남프랑스의 니스에 상륙하고 북동부 방향으로 라인강을 향해 신속히 진군한다.
- 1944년 8월 20~25일: 연합군이 파리에 도착한다. 8월 25일 연합군의 지원을 받던 프랑스 해방군이 수도에 진입한다. 9월에 연합군이 독일 국경에 도착한다. 12월에는 프랑스, 벨기에의 대부분 영토, 그리고 네덜란드 남부 지역이 해방된다.
- 1944년 8월 23일: 프루트강에 소련군이 나타나자 루마니아 야당이 안토네스쿠 정권을 전복시키려고 시도한다. 새로운 정부는 휴전 협정을 맺고 전쟁에서 우방을 즉각적으로 변경한다. 루마니아가 입장을 바꾸자 불가리아도 9월 8일에 항복하고 10월에는 그리스, 알바니아, 유고슬라비아 남부에서 독일군이 퇴각한다.
- 1944년 8월 29일~1944년 10월 28일: 공산주의자와 비공산주의자로 구성된 슬로바키아 국가 안전보장위원회의 지시에 따라 슬로바키아 지하 저항군이 독일군과 토착 파시스트 슬로바키아 정권을 대항한다. 10월 말 독일군이 투쟁 본부인 반스카비스트리차를 점령함에 따라 조직적인 항거가 막을 내리게 된다.
- 1944년 9월 4일: 핀란드가 소련과 휴전 협정을 체결하고 독일군을 추방한다.
- 1944년 10월 15일: 헝가리 파시스트 애로우 크로스(Arrow Cross)는 헝가리 정부와 소련의 항복 협상을 막기 위해 독일군의 지원하에 쿠데타를 시도한다.
- 1944년 10월 20일: 미군이 필리핀에 상륙한다.
- 1944년 12월 16일: 독일군이 벨기에를 다시 정복하고 연합군을 독일 국경에 따라 분산시키기 위해 서부에서 최종 공세를 감행한다(벌지 전투). 1945년 1월 1일 독일군은 퇴각한다.
- 1945년 1월 12일: 소련군의 새로운 공세로 1월에 바르샤바와 크라쿠프를 해방한다. 2개월 동안 포위 끝에 2월 13일에 부다페스트를 점령함에 따라 독일군과 헝가리 조력자들이 4월 초에 헝가리에서 축출된다.
- 1945년 3월 7일: 미군이 레마겐(Remagen)에서 라인강을 건넌다.
- 1945년 4월 4일: 브라티슬라바(Bratislava)의 점령으로 슬로바키아가 항복한다.
- 1945년 4월 13일: 소련군이 비엔나를 점령한다.
- 1945년 4월 16일: 소련군이 공세를 가해 베를린을 포위한다.
- 1945년 4월: 유고슬라비아 공산당수 요시프 티토(Josip Tito)의 게릴라군이 자그레브(Zagreb)를 함락하고 우스타샤 정권을 무너뜨린다. 우스타제 집권자들은 이탈리아와 오스트리아로 망명한다.
- 1945년 4월 30일: 히틀러가 자살한다.
- 1945년 5월 7~8일, 5월 7일: 랭스(Reims)에 있는 북서유럽 연합군 사령관 아이젠하워(Dwight D. Eisenhower) 장군 본부에서 독일의 무조건 항복 문서에 서명한다. 독일의 항복은 유럽 중부 시간

(CET)으로 5월 8일 오후 11:01에 발효된다.

- 1945년 5월 8일: 베를린에서 유사한 두 번째 항복 문서를 서명한다. 이것 역시 5월 8일 오후 11:01 CET부터 발효된다. 모스크바에서는 이미 5월 9일 자정이 넘은 시간이었다.

- 1945년 5월: 연합군이 일본 본토로 진입하기 위한 마지막 섬인 오키나와를 점령한다.

- 1945년 8월 6일: 미군이 히로시마에 원자폭탄을 투하한다.

- 1945년 8월 8일: 소련이 일본에 선전포고를 하고 만주를 침공한다.

- 1945년 8월 9일: 미군이 나가사키에 두 번째 원자폭탄을 투하한다.

- 1945년 9월 2일: 1945년 8월 14일 일본이 무조건 항복에 동의한 후 공식적으로 항복을 선언하고 제2차 세계대전이 막을 내린다.

2. 전시 연합회의 및 공동선언문

대서양헌장(Atlantic Charter)*: 1941년 8월 14일

구분	관련 내용
참가국	• 미국, 영국
합의 사항	• 미 · 영 양국은 전쟁의 결과에 따른 영토 확장에 반대함 • 전후 영토 변경은 해당 국가의 자결권을 존중하여 이루어져야 함 • 국가별 자치정부 수립 권리 인정, 식민지 국가들의 자치권 회복 • 모든 국가가 동등한 조건에서 교역 및 원자재 수급 여건 보장 • 노동조건의 향상, 경제발전, 사회보장 등 국가 간 협력 강화 • 나치의 폭정이 종식된 이후 공포와 궁핍에서 자유롭도록 평화 구축 • 항행의 자유 보장 • 항구적인 안보체제 확립을 위해 전범국가의 무장해제, 군비축소
관련 조항	They have agreed upon the following joint declaration: The President of the United States of America and the Prime Minister, Mr. Churchill, representing His Majesty's Government in the United Kingdom, being met together, deem it right to make known certain common principles in the national policies of their respective countries on which they base their hopes for a better future of the world. First, their countries seek no aggrandizement, territorial or other; Second, they desire to see no territorial changes that do not accord with the freely expressed wishes of the peoples concerned; Third, they respect the right of all peoples to choose the form of government under which they will live; and they wish to see sovereign rights and self-government restored to those who have been forcibly deprived of them; They have agreed upon the following joint declaration: Fourth, they will endeavor, with due respect for their existing obligations, to further the enjoyment by all states, great or small, victor or vanquished, of access, on equal terms, to the trade and to the raw materials of the world which are needed for their economic prosperity;

---

* NATO, "The Atlantic Charter," https://www.nato.int/cps/en/natohq/official_texts_16912.htm.

구분	관련 내용
관련 조항	Fifth, they desire to bring about the fullest collaboration between all nations in the economic field with the object of securing, for all, improved labor standards, economic advancement, and social security; Sixth, after the final destruction of the Nazi tyranny, they hope to see established a peace which will afford to all nations the means of dwelling in safety within their own boundaries, and which will afford assurance that all the men in all the lands may live out their lives in freedom from fear and want; Seventh, such a peace should enable all men to traverse the high seas and oceans without hindrance; Eighth, they believe that all of the nations of the world, for realistic as well as spiritual reasons, must come to the abandonment of the use of force. Since no future peace can be maintained if land, sea, or air armaments continue to be employed by nations which threaten, or may threaten, aggression outside of their frontiers, they believe, pending the establishment of a wider and permanent system of general security, that the disarmament of such nations is essential. They will likewise aid and encourage all other practicable measures which will lighten for peace-loving peoples the crushing burden of armaments.

ARCADIA 회담 후 발표된 연합국 공동선언
(Declaration by United Nations)*: 1942년 1월 1일

구분	관련 내용
참가국	• 미국, 영국, 프랑스, 소련, 중화민국, 오스트레일리아 등 26개국
합의 사항	• 대서양헌장의 원칙을 지지: 국제연합 창설의 토대로 인식 • 공동의 전쟁 노력 강조: 모든 자원을 추축국과의 전쟁에 사용 • 추축국과 별도의 평화교섭 추진: 단독 휴전 및 강화(講和) 금지
관련 조항	The Governments signatory hereto, Having subscribed to a common program of purposes and principles embodied in the Joint Declaration of the President of the United States of America and the Prime Minister of the United Kingdom of Great Britain and Northern Ireland dated August 14, 1941, known as the Atlantic Charter. Being convinced that complete victory over their enemies is essential to defend life, liberty, independence and religious freedom, and to preserve human rights and justice in their own lands as well as in other lands, and that they are now engaged in a common struggle against savage and brutal forces seeking to subjugate the world, Declare: (1) Each Government pledges itself to employ its full resources, military or economic, against those members of the Tripartite Pact and its adherents with which such government is at war. (2) Each Government pledges itself to cooperate with the Governments signatory hereto and not to make a separate armistice or peace with the enemies. The foregoing declaration may be adhered to by other nations which are, or which may be, rendering material assistance and contributions in the struggle for victory over Hitlerism.

---

* U.S. Department of State, Office of the Historian. "Declaration by United Nations," https://history.state.gov/historicaldocuments/frus1942v01/d18.

Cairo and Tehran 회담 이후 발표된 공동선언문
(The Cairo Declaration)*: 1943년 11월 26일

구분	관련 내용
참가국	• 미국, 영국, 중국
합의 사항	• 일본의 침략 억제 및 응징 결의, 일본의 해외점령지 수복 및 복원 • 식민지 조선인들의 노예화 인식, 적절한 시기에 독립 결정
주요 내용	President Roosevelt, Generalissimo Chiang Kai-Shek and Prime Minister Churchill, together with their respective military and diplomatic advisers, have completed a conference in North Africa. The following general statement was issued:
주요 내용	"The several military missions have agreed upon future military operations against Japan. The three great Allies expressed their resolve to bring unrelenting pressure against their brutal enemies by sea, land and air. This pressure is already rising." "The three great Allies are fighting this war to restrain and punish the aggression of Japan. They covet no gain for themselves and have no thought of territorial expansion. It is their purpose that Japan, shall be stripped of all the islands in the Pacific which she has seized or occupied since the beginning of the first World War in 1914, and that all the territories Japan has stolen from the Chinese, such as Manchuria, Formosa, and the Pescadores, shall be restored to the Republic of China. Japan will also be expelled from all other territories which she has taken by violence and greed. The aforesaid three great powers, mindful of the enslavement of the people of Korea, are determined that in due course Korea shall become free and independent." "With these objects in view the three Allies, in harmony with those of the United Nations at war with Japan, will continue to persevere in the serious and prolonged operations necessary to procure the unconditional surrender of Japan."

---

*   The Wilson Center Digital Archive. "The Cairo Declaration". https://digitalarchive. wilsoncenter.org/document/cairo-declaration.

얄타 회담 공동선언문(The Yalta Declaration)*: 1945년 2월 11일

구분	관련 내용
참가국	• 미국, 영국, 소련

합의 사항	• World Organization(United Nations)
	 - 세계평화를 유지하기 위한 국제기구(유엔)를 창설하기로 합의
	 - 유엔의 구조와 안전보장이사회에 관한 논의
	  * 주요 국가들을 상임이사국으로 지정, 거부권 행사에 합의
	 - 창립 회의는 1945년 4월에 샌프란시스코에서 개최
	• Declaration on Liberated Europe
	 - 해방된 유럽 국가들이 스스로 민주정부를 수립하도록 권리 부여
	 - 유럽 국가들이 임시정부 구성, 자유 선거를 통한 정부수립 지원
	• Poland
	 - 동부국경은 Curzon Line을 따라 설정, 독일로부터 서부영토 보상
	 - 폴란드의 전국 단위 통합 임시정부 구성에 합의
	  * 공산주의자와 비공산주의자 포함, 자유롭고 공정한 선거 실시
	• The Yugoslavia: 망명 정부와 공산주의 지도자 간 통합 정부 구성
	• Germany: 독일은 미국, 영국, 소련, 프랑스 4국이 분할 점령
	 - 베를린도 4개국이 분할 통치
	 - 독일의 탈나치화 · 비무장화 · 민주화 추진, 전쟁 배상금 부과
	• Reparations
	 - 독일에 대한 전쟁 배상금 문제 논의(물자와 산업자원 위주)
	 - 배상금 규모와 산정 방식은 후속위원회에서 결정하기로 합의
	• Japan
	 - 소련은 독일의 항복 이후 3개월 이내에 일본과의 전쟁에 참여
	 - 1904~1905년 러일전쟁에서 상실한 남부 사할린과 쿠릴열도 반환
	• Conference on the Far East: 외몽골에 대한 소련의 주권 인정, 중국에서의 소련의 이권 보장에 합의
	• Communiqué: 연합국 지도자들은 전후 평화와 안전을 유지하기 위해 협력을 지속하기로 합의

관련 조항	• 얄타회담의 공동선언 관련 세부 조항은 아래의 각주를 참조

---

* U.S. Embassy in Berlin. "Protocol of Proceedings of Crimea Conference," https://usa.usembassy.de/etexts/ga3-450211.pdf.

포츠담 회담 공동선언문(The Potsdam Declaration)*: 1945년 7월 26일

구분	관련 내용
참가국	• 미국, 영국, 소련
합의 사항	• 일본의 무조건 항복 요구, 전후 일본 처리(비군사화, 전쟁범죄 처벌) • 독일의 비나치화, 전범처벌, 민주주의화, 분할통치 및 전후 재건 • 국제평화와 안전보장을 위해 유엔을 중심으로 한 다자협력 강화 • 폴란드와 체코슬로바키아, 독일을 포함한 영토의 조정 문제 논의
관련 조항	**Proclamation Defining the Terms for the Japanese Surrender** (1) WE — THE PRESIDENT of the United States, the President of the National Government of the Republic of China, and the Prime Minister of Great Britain, representing the hundreds of millions of our countrymen, have conferred and agree that Japan shall be given an opportunity to end this war. (2) The prodigious land, sea and air forces of the United States, the British Empire and of China, many times reinforced by their armies and air fleets from the west, are poised to strike the final blows upon Japan. This military power is sustained and inspired by the determination of all the Allied Nations to prosecute the war against Japan until she ceases to resist. (3) The result of the futile and senseless German resistance to the might of the aroused free peoples of the world stands forth in awful clarity as an example to the people of Japan. The might that now converges on Japan is immeasurably greater than that which, when applied to the resisting Nazis, necessarily laid waste to the lands, the industry, and the method of life of the whole German people. The full application of our military power backed by our resolve, will mean the inevitable and complete destruction of the Japanese armed forces and just as inevitably the utter devastation of the Japanese homeland. (4) The time has come for Japan to decide whether she will continue to be controlled by those self-willed milita[r]istic advisers whose unintelligent calculations have brought the Empire of Japan to the threshold of annihilation, or whether she will follow the path of reason.

---

*   U.S. Department of State, Office of the Historian. "The Potsdam Conference," https://history.state.gov/historicaldocuments/frus1945Berlinv02/d1382.

구분	관련 내용
관련 조항	(5) Following are our terms. We will not deviate from them. There are no alternatives. We shall brook no delay. (6) There must be eliminated for all time the authority and influence of those who have deceived and misled the people of Japan into embarking on world conquest, for we insist that a new order of peace, securityand justicewill be impossibleuntil irresponsible militarism is driven from the world. (7) Until such a new order is established and until there is convincing proof that Japan's war-making power is destroyed, points in Japanese territory to be designated by the Allies shall be occupied to secure the achievement of the basic objectives we are here setting forth. (8) The terms of the Cairo Declaration4 shall be carried out and Japanese sovereignty shall be limited to the islands of Honshu, Hokkaido, Kyushu, Shikoku and such minor islands as we determine. (9) The Japanese military forces, after being completely disarmed, shall be permitted to return to their homes with the opportunity to lead peaceful and productive lives. (10) We do not intend that the Japanese shall be enslaved as a race or destroyed as a nation, but stern justice shall be meted out to all war criminals, including those who have visited cruelties upon our prisoners. The Japanese Government shall remove all obstacles to the revival and strengthening of democratic tendencies among the Japanese people. Freedom of speech, of religion, and of thought, as well as respect for the fundamental human rights shall be established. (12) The occupying forces of the Allies shall be withdrawn from Japan as soon as these objectives have been accomplished and there has been established in accordance with the freely expressed will of the Japanese people a peacefully inclined and responsible government. (13) We call upon the government of Japan to proclaim now the unconditional surrender of all Japanese armed forces, and to provide proper and adequate assurances of their good faith in such action. The alternative for Japan is prompt and utter destruction.

3. 제2차 세계대전을 다룬 전쟁영화

미·영 연합군을 다룬 영화

그레이 하운드(미 구축함과 독일 U보트 간 전투, 2019)

덩케르크(됭케르크 철수작전, 2017)

라이언 일병 구하기(노르망디 상륙작전, 1998)

레드테일스(미군 흑인 전투기 조종사들의 참전 실화, 2012)

멤피스벨(영국 공군기지 B-17 폭격기 조종사들의 실화, 1990)

사하라 전차대(북아프리카 전역 시 미군의 전투 실화, 1995)

세인트 앤 솔져: 더 비기닝(말메디 미군포로 학살, 2003)

이미테이션 게임(앨런 튜링 암호해독, 2014)

햄버거힐 2(미군의 휘르트겐숲 전투, 1998)

허리케인: 배틀 오브 브리튼(영국 공군의 본토항공전, 2018)

303전투비행단(영국 공군의 본토항공전, 2018)

Darkest Hour(처칠 수상의 항전, 2021)

독소전쟁을 다룬 영화

고스트 스나이퍼(소련군 파르티잔, 게릴라전, 2020)

라스트 프론티어(소련군 사관생도들의 참전, 2018)

레닌그라드: 900일간의 전투(Attack on Leningrad, 2009)

로드 투 베를린(소련군의 독일 진군 실화, 2015)

볼린(독소전쟁 시 폴란드-우크라이나 민족 간 갈등 조명, 2016)

브레스트 요새(소련군의 항쟁을 그린 영화, 2010)

세이빙 레닌그라드(900일간의 레닌그라드 포위전 초기의 실화, 2019)

스탈린그라드(스탈린그라드 전투, 2013)

에너미 앳 더 게이트(소련군의 저격수 이야기, 2001)

여기의 여명은 고요하여라(소련군 여군들의 활약상, 2015)

카틴(Kytin, 소련군의 폴란드 카틴학살을 다룬 영화, 2007)

판필로프 사단의 28용사(독소전쟁 관련 실화, 2016)

1942: 언노운 배틀(르제프 전투 당시 소련군의 피해, 2019)

1942: 최정예특수부대 스패츠니츠(소련군 여군들의 활약상, 2015)

T-34(소련군 전쟁포로들의 탈출기, 2018)

독일군을 다룬 영화

뉘른베르크(국제군사재판을 다룬 영화, 2000)

다운폴(The Downfall, 히틀러의 몰락 10일간의 이야기, 2004)

더 캡틴(독일군 탈영병 이야기, 2017)

랜드 오브 마인(전후 독일 소년병들의 생존 실화, 2015)

마지막 한 걸음까지(독일군 포로의 유라시아 탈출기, 2001)

비스마르크호의 비밀(비스마르크호의 최후를 다룬 영화, 2002)

인 트랜짓(소련 포로수용소에 수감된 독일군 실화, 2007)

철의 심장을 가진 남자(히틀러 암살을 그린 영화, 2017)

포화속의 우정(독일군의 시점에서 본 전쟁, 2013)

히틀러: 악의 탄생(히틀러의 정치적 성장과정, 2003)

유럽 국가들의 항전을 다룬 영화

겨울전쟁: 105일간의 전투(핀란드 전역, 1989)

대공습(Into the white, 국가 간 적대감과 인간애를 그린 영화, 2014)

더 포가튼 배틀(네덜란드 전투, 2021)

베스테르플라테 전투(폴란드 전역의 시작, 2013)

안나 성당의 기적(이탈리아 파르티잔, 2008)

언노운 솔저 디 오리지널(소련과 핀란드 전쟁 실화, 2017)

얼론 위 파이트(휘르트겐숲 전투 시 레인저스 부대의 전투 실화, 2019)

12번째 솔저(노르웨이 저항군의 탈출기, 2019)

영광의 날들(Indigenes, Days of glory, 알제리인의 참전, 2006)

엘 알라메인(이탈리아의 시점으로 바라본 전쟁 실화, 2002)

전장의 묵시록(폴란드 레지스탕스, 2012)

탈리-이한탈라 1944(바그라티온 작전 시 핀란드군의 전투, 2007)

하트의 전쟁(전쟁의 참상을 보여주는 영화, 2002)

Come and See(벨라루시의 파르티잔, 1985)

홀로코스트를 다룬 영화

디파이언스(1,200명의 유대인을 구한 비엘스키 형제 이야기, 2008)

블랙북(네덜란드 저항군과 유대인의 복수, 2006)

쉰들러 리스트(유대인들을 구출한 실화를 다룬 영화, 1993)

아이히만 쇼(나치 전범 아돌프 아이히만의 재판을 다룬 영화, 2015)

업라이징(Uprising, 폴란드 유대인들의 저항, 2001)

오퍼레이션 피날레(아이히만을 체포하는 과정을 다룬 영화, 2018)

인생은 아름다워(유대인 가족이 나치 수용소에서 겪는 실화, 1997)

홀로코스트: 소비보르 탈출(나치 수용소 탈출기, 2018)

아시아 · 태평양 전쟁을 다룬 영화

태양의 제국(일본의 상하이 침공을 다룬 영화, 1987)

퍼플선셋(종전 직전 만주지역을 중심으로 전쟁의 참상을 다룬 영화, 2001)

난징난징(1937년 12월 일본의 난징 침략과 대학살을 다룬 영화, 2009)

백단대전(1940년 공산당 팔로군과 일본군의 전투를 다룬 영화, 2015)

미드웨이(전쟁의 흐름을 바꾼 미드웨이 해전을 다룬 영화, 2019)

진주만(일본의 진주만 공습을 다룬 영화, 2001)

씬 레드라인(과달카날 전역을 다룬 영화, 1998)

윈드토커(마리아나 제도의 사이판 전투를 다룬 영화, 2002)

아버지의 깃발(이오지마 전투의 승리를 다룬 영화, 2006)

이오지마에서 온 편지(이오지마 전투를 일본군의 시각으로 그린 영화, 2006)

핵소고지(오키나와 전투의 실상을 그린 영화, 2016)

레일웨이 맨(일본군의 포로가 된 영국군 장교의 강제노동을 다룬 영화, 2013)

반딧불이의 묘(어린 남매가 겪는 전쟁의 참상을 다룬 애니메이션, 1988)

바람이 분다(제로센 전투기의 설계자 호리코시 지로의 반생을 다룬 애니메이션, 2013)

이 세상의 한 구석에(한 여성이 겪는 전쟁의 참상을 다룬 애니메이션, 2016)

군함도(일본제국주의의 강제징용과 전쟁범죄를 다룬 영화, 2017)

- 참고문헌 -

강봉구. 2016. "러시아와 이란의 전략적 제휴?: 시리아 내전 개입의 의도를 중심으로".『러시아연구』제28권 제2호. 서울대학교 러시아연구소.

골드스타인, 조슈아 · 피브하우스, 존. 2015.『국제관계의 이해』. 김연각 옮김. 고양: 인간사랑.

국방기술품질원. 2011.『국방과학기술용어사전』. 서울: 국방기술품질원.

군사용어대사전 편집위원회. 2016.『군사용어대사전』. 서울: 청미디어.

극동문제연구소. 1989.『소련 · 동유럽 총람』. 서울: 극동문제연구소.

Glantz, David M. · House, Jonathan M. 2007.『독소전쟁사, 1941~1945』. 권도승 · 남창우 · 윤시원 옮김. 파주: 열린책들.

김경일. 2018. "다자주의 시각에서 본 일본의 대동아공영권 구상 연구".『일본어문학』제80집. 일본어문학회.

김기국. 2000. "영국의 과학기술체제와 정책". 과학기술정책연구원 보고서.

김남균. 2016. "2차 세계대전 연구동향과 전망".『軍史』제100호. 국방부 군사편찬연구소.

김봉식 · 박수현. 2022.『전시 동원체제와 전쟁협력: 총동원 계획과 관제운동』. 서울: 동북아역사재단.

김숭배. 2020. "샌프란시스코평화조약과 동북아시아 비(非)서명국들: 소련, 한국, 중국과 평화조약의 규범 보전".『일본비평』제22호. 서울대학교 일본연구소.

김영호 외. 2008.『샌프란시스코 체제를 넘어서: 동아시아 냉전과 식민지 · 전쟁범죄의 청산』. 서울: 메디치미디어.

김용구. 2019.『세계외교사』. 서울: 서울대학교출판문화원.

김용환. 1996. "스탈린의 유산과 러시아 과학기술혁신의 한계".『과학기술정책동향』제6권 2호. 과학기술정책연구원.

김유항 · 황진명. 2021. 『전쟁은 어떻게 과학을 이용했는가』. 서울: 사과나무.

김진균. 1996. 『군신과 현대사회: 현대 군사화의 논리와 군수산업에 관한 연구』. 서울: 문화과학사.

김태준. 2005. "러일전쟁기 영일동맹이 일본해군의 승전에 미친 영향". 『軍史』 제54호. 국방부 군사편찬연구소.

나상철. 2021. "태평양전쟁 역사서술의 일 정형성 고찰: 일본군 '와조'와 연합군 'Bypass'를 중심으로". 『군사연구』 제152집. 육군군사연구소.

나이, 조지프. 2018. 『국제분쟁의 이해: 이론과 역사』. 양준희 · 이종삼 옮김. 파주: 한울.

나태종. 2010. "중국의 국공합작(국공합작)과 내전(내전)에서 공산당의 승리요인 연구". 『한국동북아논총』 제57호. 한국동북아학회.

남도현. 2011. 『2차대전의 흐름을 바꾼 결정적 순간들』. 서울: 플래닛미디어.

노병천. 2010. 『圖解世界戰史』. 서울: 연경문화사.

Nove, Alec. 1998. 『소련경제사』. 김남섭 옮김. 서울: 창작과비평사.

렌즈, 시드니 외. 1984. 『군산복합체론(軍産複合體論)』. 서동만 옮김. 서울: 지양사.

Locke, John. 2007. 『통치론』. 강정인 · 문지영 옮김. 서울: 까치.

로페즈, 장 외. 2021. 『제2차 세계대전 인포그래픽』. 김보희 옮김. 파주: 북이십일레드리버.

류한수. 2017. "제2차 세계대전 시기 붉은 군대 전투역량의 실상과 허상". 『슬라브연구』 제33권 3호. 한국외국어대학교 러시아연구소.

Machiavelli, Niccol. 2016. 『군주론: 군주국에 대하여』. 곽차섭 옮김. 서울: 길.

매일경제 국민보고대회팀. 2019. 『밀리테크 4.0』. 서울: 매경출판.

메가기, 제프리. 2017. 『히틀러 최고사령부 1933~1945년』. 김홍래 옮김. 서울: 플래닛미디어.

문정인 · 김명섭. 2006. 『동아시아의 전쟁과 평화』. 서울: 연세대학교출판부.

미어셰이머, 존 J. 2019. 『강대국 국제정치의 비극』. 이춘근 옮김. 서울: 김앤김북스.

미첨, 존. 2004. 『처칠과 루스벨트』. 이중순 옮김. 서울: 조선일보사.

바칼, 사피. 2021. 『룬샷: 전쟁, 질병, 불황의 위기를 승리로 이끄는 설계의 힘』. 이지연 옮김. 서울: 흐름출판.

박건영. 2020. 『국제관계사: 사라예보에서 몰타까지』. 서울: 사회평론아카데미.

박계호. 2013. 『총력전의 이론과 실제』. 성남: 북코리아.

박계호. 2013. "한반도에서 총력전양상 연구와 대비방향". 『군사연구』 제135집. 육군군사
연구소.

박계호. 2021. 『영국과 미국의 국가비상 대비업무』. 서울: 북코리아.

박계호 · 김용빈. 2014. "전쟁사 분석을 통한 전비조달에 관한 연구: 제1 · 2차 세계대전시
미국사례 중심". 『군사』 제90집. 국방부 군사편찬연구소.

박명림. 2023. 『한국전쟁의 발발과 기원 Ⅰ: 결정과 발발』. 서울: 나남.

박명림. 2016. 『한국전쟁의 발발과 기원 Ⅱ: 기원과 원인』. 파주: 나남.

박민아. 2019. "무기 대신 생산도구: 제2차 세계대전 미국 국방연구위원회(NDRC)의 광학
연구". 『한국과학사학회지』 제41권 1호. 한국과학사학회.

박성용. 2011. "전간기 영국, 미국, 일본의 항공모함 발전에 관한 비교분석". 『사회과학연
구』 제37권 2호. 성결대학교 사회과학연구소.

박순성 · 정태인. 2019. "사회주의체제 생산성 정체의 원인과 북한의 경제개혁 방향: 사회
주의 및 전환경제에 관한 논쟁을 중심으로". 경기연구원 정책연구 2019-59호.

박재영. 2021. 『국제정치 패러다임』. 파주: 법문사.

박현숙. 2011. "윌슨의 민족 자결주의와 세계 평화". 『미국사연구』 제33집. 한국미국사학회.

배성준. 2001. "일제말기 통제경제법과 기업통제". 『한국문화』 제27호. 서울대학교 규장각
한국학연구원.

배시, 스티븐. 2017. 『노르망디 1944: 제2차 세계대전을 승리로 이끈 사상 최대의 연합군
상륙작전』. 김홍래 옮김. 서울: 플래닛미디어.

배영숙. 2017. "미중 패권 경쟁과 과학기술혁신". 동아시아연구원 보고서.

배영자. 2007. "미국 지식패권 형성과 발전: 과학기술정책의 전개를 중심으로". 『21세기정
치학회보』 제17권 1호. 21세기정치학회.

백승욱. 2022. "우크라이나 전쟁과 동아시아 지정학의 변화". 『경제와 사회』 통권 제135호.
비판사회학회.

Berend, Ivan T. 2008. 『20세기 유럽경제사』. 이헌대 · 김홍종 옮김. 서울: 대외경제정책연구원.

베일리, 로날드 H. 1984. 『라이프 제2차 세계대전: 빨치산과 게릴라』. 서울: 한국일보 타
임-라이프.

베일리, 로날드 H. 1984. 『라이프 제2차 세계대전: 미국의 전시생활(The Home Front:

U.S.A)』. 서울: 한국일보 타임-라이프.

베일리, 로날드 H. 1984. 『라이프 제2차 세계대전: 유럽항공전』. 서울: 한국일보 타임-라이프.

벤야민, 발터. 2006. 『발터 벤야민의 문예이론』. 반성완 옮김. 서울: 민음사.

보팅, 더글러스. 1984. 『라이프 제2차 세계대전: 유럽제2전선』. 서울: 한국일보 타임-라이프.

부트, 맥스. 2013. 『Made in War: 전쟁이 만든 신세계』. 송대범·한태영 옮김. 서울: 플래닛미디어.

브라이턴, 테리. 2010. 『위대한 3인의 전사들: 몽고메리, 패튼, 롬멜』. 김홍래 옮김. 서울: 플래닛미디어.

브로델, 페르낭. 2024. 『물질문명과 자본주의 3: 세계의 시간』. 주경철 옮김. 서울: 까치.

비버, 앤터니. 2017. 『제2차 세계대전: 모든 것을 빨아들인 블랙홀의 역사』. 김규태·박리라 옮김. 파주: 글항아리.

삼킨, 리처드. 2021. 『기동전』. 연제욱 옮김. 서울: 책세상.

서영남. 2013. "제2차 세계대전시 독일의 프랑스 침공계획 비교". 『군사연구』 제136집. 육군군사연구소.

서정익. 2008. 『전시일본경제사』. 서울: 혜안.

성일광. 2023. "세계경제에 악재된 중동분쟁, 종결되더라도 영향 클 것". 『나라경제』 12월호. KDI 경제정보센터.

셰터, 제럴드·루츠코프, 비아체슬라프. 1991. 『흐루시초프: 봉인되어 있던 証言』. 서울: 시공사.

손병권. 2007. "루스벨트와 미국의 국제주의로의 전환: 국내외 상황, 여론, 리더십". 『동서연구』 제19권 1호. 한국정치학회.

손병권. 2010. "전쟁과 미국국가 건설: 전시산업위원회의 사례를 중심으로". 『국제·지역연구』 제19권 4호. 한국외국어대학교 국제지역연구센터.

슈미트, 칼. 2012. 『정치적인 것의 개념』. 김효전·정태호 옮김. 파주: 살림.

스나이더, 티머시. 2021. 『피에 젖은 땅: 스탈린과 히틀러 사이의 유럽』. 함규진 옮김. 파주: 글항아리.

스콧, 해리엇·스콧, 윌리엄. 1986. 『소련군 군사발전과 전략』. 이상갑 옮김. 서울: 병학사.

신은정. 2016. "기초연구 지원 동향 및 시사점(Ⅰ): 주요 선진국 사례". 『동향과 이슈』 제24

호, 과학기술정책연구원.

신진욱. 2009. "삶의 역사성과 추체험: 딜타이의 의미 이론과 해석학적 재구성 방법론". 『담론 201』 제12권 1호. 한국사회역사학회.

심헌용. 2017. "제2차 세계대전기 소련의 대일전 참가를 둘러싼 미소 군사협력: 무기대여법과 '홀라 프로젝트(Project Hula)'의 역할을 중심으로". 『군사』 제105호. 국방부 군사편찬연구소.

아렌트, 한나. 2006. 『예루살렘의 아이히만』. 김선욱 옮김. 서울: 한길사.

아산정책연구원. 2022. 『ASAN 국제정세 전망 2023: 복합경쟁(Complex Competition)』. 서울: 아산정책연구원.

아이켄베리, G. 존. 2008. 『승리 이후: 제도와 전략적 억제 그리고 전후의 질서구축』. 강승훈 옮김. 서울: 한울.

양천수. 2011. "뉘른베르크 전범재판과 평화의 원칙: 전쟁개시의 가능성과 한계를 중심으로 하여". 『법철학연구』 제14권 제1호. 한국법철학회.

액슬로드, 앨런. 2020. 『패튼: 전차전의 전설, 전장의 사자 패튼의 리더십』. 박희성 옮김. 서울: 플래닛미디어.

앤드류 헤이우드. 2017. 『국제관계와 세계정치』. 김계동 옮김. 서울: 명인문화사.

에릭 홉스봄. 2022. 『제국의 시대』. 김동택 옮김. 파주: 한길사.

오버리, 리처드 총괄편집. 2019. 『지도와 사진으로 보는 더 타임스 세계사』. 이종경 · 왕수민 · 이기홍 옮김. 고양: 예경.

오버리, 리처드. 2003. 『스탈린과 히틀러의 전쟁』. 류한수 옮김. 고양: 지식의 풍경.

오버리, 리처드. 2023. "총력전 Ⅱ: 제2차 세계대전". 찰스 톤젠드 외 (편). 『근현대 전쟁사』. 강창부 옮김. 파주: 한울엠플러스

오웰, 조지. 2001. 『카탈로니아 찬가』. 정영목 옮김. 서울: 민음사.

와인버그, 제러드 L. 2016. 『제2차 세계대전사 1: 뒤집어진 세상』. 홍희범 옮김. 과천: 길찾기.

와인버그, 제러드 L. 2016b. 『제2차 세계대전사 2: 전세역전』. 홍희범 옮김. 과천: 길찾기.

와인버그, 제러드 L. 2016c. 『제2차 세계대전사 3: 베를린에서 미주리 함상까지』. 홍희범 옮김. 과천: 길찾기.

외교부 국제기구국. 2021. 『2021 UN 개황』. 서울: 외교부.

외교부 서유럽과. 2021. 『영국 개황』. 서울: 외교부.

요시타카, 야마모토(山本義隆). 2020. 『일본 과학기술 총력전: 근대 150년 체제의 파탄』. 서의동 옮김. 서울: AK커뮤니케이션즈.

윌리스, 로버트. 1982. 『라이프 제2차 세계대전: 이탈리아 전선』. 서울: 한국일보 타임-라이프.

육군대학. 1998. 『젝트장군의 군사개혁』. 대전: 육군대학.

윤정로. 1996. "미국의 국방정책과 군수산업". 『경제와 사회』 제32호. 비판사회학회.

이강경 · 한승조 · 설현주. 2020. "미-이스라엘의 국방 R&D 혁신동향과 시사점: 한국군의 운용시험평가 발전방향을 중심으로". 『한국군사학논집』 제76집 3권. 육군사관학교 화랑대연구소.

이강경 · 문은석 · 황수현. 2022. "제2차 세계대전시 미 · 영 연합군의 승전요인 고찰: 무기체계 연구개발 및 전시생산체제를 중심으로". 『군사연구』 제153집. 육군군사연구소.

이강경 · 김금률 · 편관서 · 김대웅. 2022. "1941~1945년 독소전쟁시 소련의 승전요인 고찰: 무기체계 운용 및 전시생산체제를 중심으로". 『한국군사학논총』 제11집 3권. 미래군사학회.

이강경 · 김금률 · 김현식 · 문용득. 2022. "제2차 세계대전시 독일의 패전요인 고찰: 무기체계 연구개발 및 전시생산체제를 중심으로". 『한국군사학논집』 제78집 2권. 육군사관학교 화랑대연구소.

이강경. 2023. "일본의 재무장 추진동향과 시사점 고찰". 『한국군사학논총』 제12집 제2권. 미래군사학회.

이강경. 2023. "동북아 안보정세의 변화와 시사점 고찰: 주변국의 정체성 변화를 중심으로". 『신아세아』 제30권 3호. 가을호. 신아시아연구소.

이강경. 2024. "북한의 대남전략 변화와 시사점 고찰". 『한국군사』 제15집. 한국군사문제연구원.

이강경. 2024b. "신냉전의 국제질서와 북한의 군사위협 고찰". 『한국군사학논총』 제13집 제2권. 미래군사학회.

이강경 · 강재구. 2024. "아시아 · 태평양 전쟁기 일본의 패전요인 고찰: 무기체계 연구개발 및 전시생산체제를 중심으로". 『한국군사학논총』 제13집 제4권. 미래군사학회.

이강경 · 설현주. 2024. "북한의 군사전략 변화와 국방력 강화 동향 고찰". 『대한정치학회보』제32집 2호. 대한정치학회.

이관수. 2003. "미국 연구개발체제의 발달과 군사화: 더 크고 더 강하게". 『역사비평』제64
　　호. 역사문제연구소.

이내주. 2017. 『전쟁과 무기의 세계사』. 서울: 채륜서.

이삼성. 2006. "동아시아 국제질서의 성격에 관한 일고: '대분단체제'로 본 동아시아". 『한
　　국과 국제정치』제22권 4호. 경남대학교 극동문제연구소.

이성주. 2018. 『전쟁국가 일본의 성장과 몰락』. 서울: 생각비행.

이장희. 2009. "도쿄국제군사재판과 뉘른베르크 국제군사재판에 대한 국제법적 비교 연
　　구". 『동북아역사논총』제25호. 동북아 역사재단.

이정하. 2001. "미하일 프룬제의 군사사상과 총력전 구상". 『서양사연구』제27집. 한국서
　　양사연구회.

이준호. 2024.7.30. "대북 우위의 전쟁지속능력 활용 극대화". 『2024 제10회 육군력 포럼』.

이진일. 2015. "생존공간과 대동아공영권 담론의 상호전이". 『독일연구』제29호. 한국독일사학회.

이혜정. 2001. "미국세기의 논리: 이차대전과 미국의 대영역". 『한국정치학회보』35권 1호.
　　한국정치학회.

이헌대. 2004. "대공황 회복기 독일의 자본축적". 『경제사학』제37권. 경제사학회.

이희순. 2013. "제2차 세계대전 독소 전쟁초기 소련의 실패원인 평가". 『군사연구』제135
　　집. 육군군사연구소.

일본역사학연구회. 2019. 『태평양전쟁사 1: 만주사변과 중일전쟁』. 서울: 채륜.

일본역사학연구회. 2019b. 『태평양전쟁사 2: 광기와 망상의 폭주』. 서울: 채륜.

장용석. 2006. "미국 연구개발사업 평가동향 분석: 과학기술정책과 연구개발사업 체계".
　　『해외 IT R&D Policy 동향분석』. 정보통신산업진흥원.

장원준 외. 2014. "주요국 방위산업 발전정책의 변화와 시사점". 산업연구원 정책자료
　　2014-220.

장형익. 2009. "근대 일본의 총력전 구상과 제국국방방침". 『군사』제70호. 국방부 군사편
　　찬연구소.

젤로거, 스티븐 J. 2018. 『벌지전투 1944』. 강민수 옮김. 서울: 플래닛미디어

전홍찬. 2012. "영일동맹과 러일전쟁: 영국의 일본지원에 관한 연구". 『국제정치연구』제

15집 제2호. 동아시아 국제정치학회.

정광호. 2015. "태평양 전쟁기 일본에 대한 미국의 태평양 해양전략". 『STRATEGY 21』 제18권 3호. 한국해양전략연구소.

정성진. 2020. 『21세기 마르크스 경제학』. 부산: 산지니.

정원영. 2016. "전시 동원체계 문제점 및 발전방향". 2016-6차 정책포럼. 한국군사문제연구원.

정하명 외. 2021. 『세계전쟁사』. 서울: 황금알.

정혜선. 2021. 『일본사 다이제스트 100』. 서울: 가람기획.

제이콥슨, 애니. 2016. 『오퍼레이션 페이퍼클립』. 이동훈 옮김. 서울: 인벤션.

좀바르트, 베르너. 2019. 『전쟁과 자본주의』. 이상율 옮김. 서울: 문예출판사.

차승주. 2016. "김정은 시대 북한 교육부문에서의 대중운동". 『통일과평화』 제8집 제1호. 서울대학교 통일평화연구원.

처칠, 윈스턴. 2016. 『제2차 세계대전 상권』. 차병직 옮김. 서울: 까치글방.

처칠, 윈스턴. 2016. 『제2차 세계대전 하권』. 차병직 옮김. 서울: 까치글방.

최용찬. 2018. "히틀러의 유럽통합 방안과 전쟁 포스터의 이미지 전략". 『통합유럽연구』 제9권 2집. 서강대학교 국제지역문화원.

카, E. H. 2017. 『20년의 위기』. 김태현 옮김. 파주: 녹문당.

칸트, 이마누엘. 2008. 『하나의 철학적 기획, 영구평화론』. 이한구 옮김. 서울: 서광사.

케네디, 폴. 1997. 『강대국의 흥망』. 이일주 옮김. 서울: 한국경제신문사.

Kennedy, Paul M. 2015. 『제국을 설계한 사람들: 제2차 세계대전의 흐름을 바꾼 영웅들의 이야기』. 김규태 · 박리라 옮김. 파주: 21세기 북스.

콜리어, 폴 외. 2014. 『제2차 세계대전: 탐욕의 끝, 사상 최악의 전쟁』. 강민수 옮김. 서울: 플래닛미디어.

크레벨트, 마틴 반. 2006. 『과학기술과 전쟁(Technology and War)』. 이동욱 옮김. 서울: 황금알.

클라우제비츠, 카알 폰. 2023. 『전쟁론(Vom Kriege)』. 김만수 옮김. 서울: 갈무리.

키건, 존. 2016. 『2차세계대전사』. 류한수 옮김. 서울: 청어람미디어.

테일러, A. J. P. 2003. 『제2차 세계대전의 기원(The Origins of the Second World War)』. 유영수 옮김. 서울: 지식의 풍경.

테일러, A. J. P. 2020. 『지도와 사진으로 보는 제2차 세계대전: 학살과 파괴, 새로운 질서』.

유영수 옮김. 서울: 페이퍼로드.

Toland, John. 2024. 『일본제국패망사: 태평양전쟁 1036~1945』. 박병화 · 이두영 옮김.
파주: 글항아리.

톰슨, 줄리안 · 밀레트, 톰슨. 2013. 『2차 세계대전 시크릿 100선』. 조성호 옮김. 서울: 책미래.

Thompson, John M. 2004. 『20세기 러시아 현대사』. 김남섭 옮김. 서울: 사회평론.

파월, 자크. 2017. 『좋은 전쟁이라는 신화』. 윤태준 옮김. 서울: 오월의봄.

폴리, 마틴. 2008. 『지도로 보는 세계전쟁사 2: 제2차 세계대전』. 박일송 · 이진성 옮김. 서
울: 생각의 나무.

프레블, 테일러. 2024. 『현대 중국의 군사전략: 적극방어에서 핵전략까지』. 이강규 옮김.
파주: 한울아카데미.

프레이저, 데이비드. 2018. 『롬멜원수』. 김진용 옮김. 과천: 길찾기.

프리저, 칼 하인츠. 2012. 『전격전의 전설』. 진중근 옮김. 서울: 일조각.

Fitzpatrick, Sheila. 2017. 『러시아혁명 1917~1938』. 고광열 옮김. 서울: 사계절.

필드, 제이콥. 2014. 『역사를 바꾼 위대한 연설』. 최재용 옮김. 서울: 매일경제신문사.

하대덕. 1998. 『군사전략학』. 서울: 을지서적.

햄스, 토마스. 2008. 『21세기 제4세대 전쟁』. 최종철 옮김. 논산: 국방대학교 안보문제연구소.

헤밍웨이, 어니스트. 2012. 『누구를 위하여 종은 울리나 1, 2』. 김욱동 옮김. 서울: 민음사.

Hobbes, Thomas. 2016. 『리바이어던』. 최공웅 · 최진원 옮김. 서울: 동서문화사.

홍성욱 외. 2002. "선진국 대학연구체계의 발전과 현황에 대한 연구". 『정책연구』. 과학기
술정책연구원.

홍창호. 2018. "피카소의 게르니카에 나타난 추상적 표현과 상징의 휴머니즘 해석". 『미술
교육연구논총』 제59권. 한국초등미술교육학회.

히틀러, 아돌프. 2017. 『나의 투쟁』. 황성모 옮김. 서울: 동서문화사.

힐리, 마크. 2007. 『쿠르스크 1943』. 이동훈 옮김. 서울: 플래닛미디어.

Altrichter, Helmut. 1997. 『소련 소사 1917~1991』. 최대희 옮김. 서울: 창작과비평사.

Bergson, A. 1961. *The real national income of Soviet Russia since 1928*. Cambridge,
Mass.: Harvard University Press.

Biddle, Stephen. 2004. *Military Power: Explaining Victory and Defeat in Modern Battle*. Princeton: Princeton University Press.

Broadberry, Stephen. and Harrison, Mark. 2006. "Economics of the Two World Wars," Draft entry for the *New Palgrave Dictionary of Economics*, second edition, in preparation for Macmillan Publishers, September 22.

Budrab, Lutz. et al. 2005. "Demystifying the German Armament Miracle during World War II. New Insights from the Annual Audits of German Aircraft Producers," Center Discussion Paper No. 905, Economic Growth Center of Yale University. January.

Chihaya, Masataka. 2004. "Concerning the Construction of Japanese Warships," in Donald M. Goldstein and Katherine V. Dillon(eds.), *The Pacific War Papers: Japanese Documents of World War II*. Washington D.C.: Potomac Books Inc..

Churchill, Winston S. 1948. *The Second World War: The Gathering Storm, vol. 1*. Boston: Houghton Mifflin Company.

Craven, Wesley F. and Cate, James L. 1983. *The Army Air Forces In World War II*. Washington D.C.: Office of Air Force History.

D'Amico, Angela. and Pittenger, Richard. 2009. "A Brief History of Active Sonar," *Aquatic Mammals*, Vol. 35, No. 4.

D'angina, James. 2016. *Air Vanguard 19 Mitsubishi A6M Zero*, Oxford: Osprey Publishing.

Danzer, Gerald A. et al. 2005. (eds.) *The Americans: Reconstruction to the 21st Century*. Evanston: McDougal Littell.

Davies, R. W. et al. 2018. *The Industrialisation of Soviet Russia, Vol. 7: The Soviet economy and the approach of war, 1937-1939*. Basingstoke: Palgrave Macmillan.

Drent, Jan. 2017. "The Trans-Pacific Lend-Lease Shuttle to the Russian Far East 1941-46," *The Northern Mariner*, XXVII, No. 1.

Francis, Timothy L. 2016. "Armaments Production," in Spencer C. Tucker (eds.) *World War II: The Definitive Encyclopedia and Document Collection*. Santa Barbara: ABC-CLIO.

Goldstein, Donald M. and Dillon, Katherine V. 2004. *The Pacific War Papers: Japanese Documents of World War II*. Washington D.C.: Potomac Books Inc..

Hancock · Gowing. 1949. *British War Economy*. London: His Majesty's Stationery Office.

Hara, Akira. 1998. "Japan: guns before rice," in Mark Harrison (eds.) *The Economics of World War II: Six Great Powers in International Comparison*, New York: Cambridge University Press.

Harris, Sheldon H. 1994. *Factories of death: Japanese biological warfare 1932-45, and the American cover-up*. London: Routledge.

Harrison, Mark. 1988. "Resource mobilization for World War II: the U.S.A., U.K., U.S.S.R., and Germany, 1938-1945," *The Economic History Review*, Vol. 41, No. 2.

Harrison, Mark. 1998. "The Economics of World War II: An Overview." in Mark Harrison (eds.) *The Economics of World War II: Six Great Powers in International Comparison*, New York: Cambridge University Press.

Harrison, Mark. 1998. *The Economics of World War II: Six Great Powers in International Comparison*. Cambridge: Cambridge University Press.

Harrison, Mark. 2000. "Industrial mobilisation for World War II: a German comparison," in J. Barber and Mark Harrison (eds), *The Soviet defence industry complex from Stalin to Khrushchev*. Basingstoke: Macmillan Press.

Harrison, Mark. October 2004. "Why the Rich Won: Economic Mobilization and Economic Development in Two World War," Research Paper to the Conference organized by the French Ministry of Defence.

Harrison, Mark. 2020. "The Soviet economy and war preparations," in S. Broadberry and M. Harrison (eds), *The Economics of the Second World War: Seventy-Five Years On*. London: Centre for Economic Policy Research Press.

Harvey, A. D. 1994. *Collision of Empires: Britain in Three World Wars 1793-1945*. London: Phoenix.

Keohane, Robert O. 1984. *After Hegemony: Cooperation and Discord in the World Political Economy*. Princeton: Princeton University Press.

Keohane, Robert O. 1990. "Multilateralism: An Agenda for Research," International Journal, Vol. 45, No. 4.; Ruggie, John G. Summer 1992. "Multilateralism: The Anatomy of an Institution," International Organization, Vol. 46, No. 3.

Manning, Robert A. 1993. "The Asian Paradox-Toward a New Architecture," *World Policy Review*, Vol. 10, No. 3.

Milward, Allan S. 1977. War, Economy and Society, 1939-1945. Berkeley and Los Angeles: University of California Press.

Morgenthau, Hans J. and Thompson, Kenneth W. 1997. *Politics Among Nations: The Struggle for Power and Peace, 6th Edition*. Beijing: Peking University Press.

Murray, Williamson. 1983. *Strategy for Defeat the Luftwaffe 1933-1945*. Alabama: Air University Press of the U.S. Air University in Maxwell Airforce Base. January.

O'Brien, Phillips Payson. 2015. *How the War was Won: Air-Sea Power and Allied Victory in World War II*. Cambridge: Cambridge University Press.

Oi, Atsushi. 2004. "Concerning the Construction of Japanese Warships," in Donald M. Goldstein and Katherine V. Dillon(eds.), *The Pacific War Papers: Japanese Documents of World War II*, Washington D.C.: Potomac Books Inc., 2004, pp.18~21.

Overy, Richard J. 1994. *War and Economy in the Third Reich*. Oxford: Clarendon Press.

Overy, Richard J. 1995. *Why the Allies Won*. New York: W. W. Norton & Company.

Overy, Richard. 2006. *Why The Allies Won*. London: Pimlico.

Overy, Richard J. 2020. "The German economy from peace to war: The Blitzkrieg economy revisited," in Stephen Broadberry and Mark Harrison(eds.), *The Economics of the Second World War: Seventy-Five Years On*. London: Centre for Economic Policy Research Press.

Parrott, Bruce. 1985. *Politics and Technology in the Soviet Union. Cambridge*, MA: The MIT Press.

Pious, Richard M. 2012. "Franklin D. Roosevelt and the Destroyer Deal: Normalizing Prerogative Power," *Presidential Studies Quarterly*, Vol 42, No 1, Center for the Study of the Presidency.

Salavrakos, Ioannis D. 2016. "A Re-assessment of the German Armaments Production During World War Ⅱ," *South African Journal of Military Studies*, Vol. 44, No. 2.

Samuelson, L. 2000. *Plans for Stalin's war machine: Tukhachevskii and military-economic planning, 1925-1941*. Basingstoke: Macmillan Press.

Scitor Corporation. 2015. "Technological Innovation During Protracted War: RADAR and Atomic Weapons in World War II," Prepared for the Director, Net Assessment Office of the Secretary of Defense, April.

Scott, Harriet · Scott, William. 1986.『소련군 군사발전과 전략』. 이상갑 옮김. 서울: 병학사.

Shindo, Hiroyuki. 2005. "From the offensive to the defensive: Japanese strategy during the Pacific War, 1942-44." in Daniel Marston (Eds.), *The Pacific War Companion: From Pearl Harbor to Hiroshima*. Oxford: Osprey Publishing.

Steele, Brett. 2005. "Military Reengineering Between the World Wars," Prepared for the Office of the Secretary of Defense, The RAND Corporation.

Tucker, Spencer C. 2005. (Eds.), *World War Ⅱ: A Student Encyclopedia, Volume I. A-C.* Santa Barbara: ABCCLIO.

Vorsin, V. F. 1997. "Motor Vehicle Transport Deliveries Through Lend Lease," *The Journal of Slavic Military Studies*, Vol. 10, No. 2, June.

Waltz, Kenneth N. 1979. *Theory of International Politics*. Reading, MA: Addison-Wesley Publishing Company.

Wendt, Alexander. 1992. "Anarchy is what States Make of it: The Social Construction of Power Politics," *International Organization*, Vol. 46, No. 2.

Wendt, Alexander. 1995. "Constructing International Politics," *International Security*, Vol. 20, No. 1.

Wright, Quincy. 1964. *A Study of War*. Chicago: The University of Chicago Press.

고나무. 2019.10.19. "제로센의 귀향, 가미카제 활용된 전투기 열광하는 일본". 한겨레신문 보도자료. https://www.hani.co.kr/arti/international/international_general/666707.html.

국립국어원. "표준국어대사전". https://stdict.korean.go.kr/search/searchResult.do.

국방기술품질원 홈페이지. "국방과학기술용어사전". http://dtims.dtaq.re.kr:8070/search/ list/ index.do.

국사편찬위원회 홈페이지. http://contents.history.go.kr/front/nh/view.do?levelId=nh_050_0020_ 0010_0010.

국회법률도서관. "일본국 헌법". https://docviewer.nanet.go.kr/reader/viewer.

권홍우. 2020.6.29. "1941년 소련의 전시생산시설 이전: 독소전쟁 승리 이끈 공업시설 소 개". 서울경제. https://www.sedaily.com/NewsVIew/1Z47SMJF78.

김기돈. "일본해군 보조함용 갑판 개발계획 탐구". 고경력 과학기술인 활용·지원사업(ReSEAT) 보고 서. https://www.reseat.or.kr/portal/cmmn/file/fileDown.do?menuNo=200019&atchFileId= 779ff031fa6a4de384eac6389688479f&fileSn=1&bbsId=.

뉘른베르크 전범재판 박물관 홈페이지.https://museums.nuernberg.de/nuremberg-municipal-museums/.

러시아 대통령 박물관 홈페이지. https://www.prlib.ru/en/collections/1320214.

美 국립연구재단(National Research Foundation, NRF) 홈페이지. https://www.nsf.gov/od / lpa/nsf50/vbush1945.htm.

민족문제연구소. 2015.11.27. "오사카 육군 조병창에서 무슨 일이 있었는가". https:// www. minjok.or.kr/archives/77365.

박인규. 2019. "미국의 '군사화' 그리고 파워엘리트의 탄생". 프레시안. 1.15. https://www. pressian.com/pages/articles/224815.

브리태니커 백과사전. https://www.britannica.com/place/Bletchley-Park.

브리태니커 백과사전b : https://www.britannica.com/ science/space-exploration/Early-rocket-development.

오피니언뉴스. 2018.3.3. "다시 벌어지는 세계 철(鐵)의 전쟁". http://www.opinionnews. co.kr/ news/articleView.html?idxno=8266.

인터넷 군사용어사전. https://terms.naver.com/entry.naver?docId=1538262&cid=50307& category Id=50307.

주한 러시아연방 대사관 홈페이지. "제2차 세계대전 승전: 소련의 기여". https://koreaseoul. mid.ru/web/kr/-1/-/asset_publisher/0sWx03b4JGJU/content/--9-27?inherit Redirect=false.

통일뉴스. 2024.6.20. "북, 북러 '포괄적 전략동반자관계 조약' 전문 발표". https://www.tongilnews.com/news/articleView.html?idxno=210951.

한겨레신문. 2015.1.1. "2차 세계대전뒤 70년, 지구촌 전쟁은 끝나지 않았다". https://www.hani.co.kr/arti/politics/diplomacy/671879.html.

한국일보. 2015. 6. 1. "레닌그라드 872일간의 저항, 현대사의 흐름을 바꾸다". https://www.hankookilbo.com/News/Read/201506011669978090.

홀로코스트 백과사전. https://encyclopedia.ushmm.org/content/ko/article/nazi-propaganda.

홀로코스트 백과사전. https://encyclopedia.ushmm.org/content/ko/article/mein-kampf.

홀로코스트 백과사전. https://encyclopedia.ushmm.org/content/ko/article/buchenwald-abridged-article.

홀로코스트 백과사전. https://encyclopedia.ushmm.org/content/ko/film/germany-rejects-disarmament-and-international-cooperation.

홀로코스트 백과사전. "제2차 세계대전 연대표," https://encyclopedia.ushmm.org/content/ko/article/world-war-ii-key-dates.

SBS 보도자료. 2023.11.06. "미 '플라잉 타이거즈' 노병들 방중…중국, 극진 환대". https://news.sbs.co.kr/news/endPage.do?news_id=N1007412062.

内閣官房. 2023.12.22. "防衛装備移転三原則・運用指針の見直し". https://www.cas.go.jp/jp/gaiyou/jimu/pdf/r51222_bouei5.pdf.

Forbes. 10 March 2022. "Putin's Biggest Ukraine Blunder: Energizing German Rearmament," https://www.forbes.com/sites/lorenthompson/2022/03/10/putins-biggest-ukraine-blunder-energizing-german-rearmament/?sh=468dd7d856e2.

Japan Center for Asian Historical Records. "Savings bonds and government bonds," https://www.jacar.go.jp/english/shuhou-english/topics/topics01_03.html.

Milivojevic, Dejan. 2019. "Churchills Toyshop: The Bowl of Porridge & a Condom Full of Aniseed Balls That Sank Japanese Ships," War History Online, April 29. https://www.

warhistoryonline.com/instant-articles/churchills-toyshop-a-factory.html.

Ministry of Reconstruction of Great Britain. "Report of the Machinery of government committee," https://wellcomecollection.org/works/y9whjavc.

National Museum of the U.S. Army. https://www.thenmusa.org/biographies/douglas-macarthur/.

National Museum of the U.S. Navy. "The Second Vinson Expansion Act of 1938," https://www.history.navy.mil/content/history/museums/nmusn/education/archive-programs/ 2023/2023-07-16.html.

NATO, "The Atlantic Charter," https://www.nato.int/cps/en/natohq/official_texts_16912.htm.

Office of the Historian of the U.S. Department of State. "Proclamation Calling for the Surrender of Japan, Approved by the Heads of Governments of the United States, China, and the United Kingdom," https://history.state.gov/historicaldocuments/frus1945Berlinv 02/d1382.

The Doolittle Raid Official Website. https://www.doolittle-raid.net.

The New York Times. 27 February 2022. "In Foreign Policy U-Turn, Germany Ups Military Spending and Arms Ukraine," https://www.nytimes.com/2022/02/27/world/europe /germany-ukraine-russia.html.

The Wilson Center Digital Archive. "The Cairo Declaration," https://digitalarchive.wilsoncenter.org/document/cairo-declaration.

U.S. Department of Defense(DoD). 2010. Joint Publication 1-02 Department of Defense Dictionary of Military and Associated Terms. Washington, D.C.: U.S. Joint Chiefs of Staff, 2010. https://apps.dtic.mil/sti/pdfs/ADA542006.pdf.

U.S. Department of State, Office of the Historian. "Declaration by United Nations," https://history.state.gov/historicaldocuments/frus1942v01/d18.

U.S. Department of State, Office of the Historian, "The Potsdam Conference," https://history.state.gov/historicaldocuments/frus1945Berlinv02/d1382.

U.S. Embassy in Berlin. "Protocol of Proceedings of Crimea Conference," https://usa.usembassy.de/etexts/ga3-450211.pdf.

U.S. Holocaust Memorial Museum. "US 7th War Loan poster with an image of marines raising the flag on Iwo Jima." https://collections.ushmm.org/search/catalog/ irn520954.

U.S. Strategic Bombing Survey. 1946. "United States Strategic Bombing Survey Summary Report: Pacific War," July 1. https://www.anesi.com/ussbs01.htm.

- 도판 출처 -

▶ 제1부 제2차 세계대전의 국면사

1-2장

022 베르사유 조약 협상에 참여한 독일 대표단
WIKIMEDIA COMMONS | CC-BY-SA 3.0
https://commons.wikimedia.org/wiki/File:Bundesarchiv_Bild_183-R11112,_Versailles,_Gruppenbild_
deutscher_Friedensverh%C3%A4ndler.jpg

024 파블로 피카소의 게르니카
WIKIMEDIA COMMONS | Public Domain
https://commons.wikimedia.org/wiki/File:Guernica_-_Mural_cer%C3%A1mico_%27Guernica%27.jpg

024 카탈루냐 찬가
WIKIMEDIA COMMONS | Public Domain
https://commons.wikimedia.org/wiki/File:Homenatge_a_Catalunya.jpg

024 누구를 위하여 종은 울리나
WIKIMEDIA COMMONS | Public Domain
https://commons.wikimedia.org/wiki/File:Por_quem_os_sinos_dobram_Hemingway_an%C3%BAncio_
Brasil_1942_cropped.png

030 우드로 윌슨
WIKIMEDIA COMMONS | Public Domain
https://commons.wikimedia.org/wiki/File:President_Woodrow_Wilson_portrait_December_2_1912.jpg

030 14개 조항의 평화원칙 표지
WIKIMEDIA COMMONS | Public Domain
https://commons.wikimedia.org/wiki/File:Fourteen_points_on_the_National_American_Woman_
Suffrage_Association_-_DPLA_-_9e24e1985504fdbb1fab70afb49bb4ed_(page_1).jpg
14개 조항의 평화원칙-1
https://commons.wikimedia.org/wiki/File:Fourteen_points_on_the_National_American_Woman_
Suffrage_Association_-_DPLA_-_9e24e1985504fdbb1fab70afb49bb4ed_(page_2).jpg
14개 조항의 평화원칙-2
https://commons.wikimedia.org/wiki/File:Fourteen_points_on_the_National_American_Woman_
Suffrage_Association_-_DPLA_-_9e24e1985504fdbb1fab70afb49bb4ed_(page_3).jpg
14개 조항의 평화원칙-3
https://commons.wikimedia.org/wiki/File:Fourteen_points_on_the_National_American_Woman_
Suffrage_Association_-_DPLA_-_9e24e1985504fdbb1fab70afb49bb4ed_(page_4).jpg

031 국제연맹 회의 장면(1939년 8월)
WIKIMEDIA COMMONS | Creative Commons Attribution–Share Alike 4.0
https://commons.wikimedia.org/wiki/File:League_of_Nations_Commission_075.tif

033 1925년 장교단을 훈련시키는 젝트 장군
WIKIMEDIA COMMONS | Public Domain
https://commons.wikimedia.org/wiki/File:Bundesarchiv_Bild_146-2005-0163,_Th%C3%BCringen,_Reichswehrman%C3%B6ver,_Hans_v._Seeckt.jpg

036 한스 폰 젝트
WIKIMEDIA COMMONS | Creative Commons Attribution–Share Alike 4.0
https://commons.wikimedia.org/wiki/File:Hans_von_Seeckt.png

042 독–소 불가침 협정
WIKIMEDIA COMMONS | Public Domain
https://commons.wikimedia.org/wiki/File:Terijokipakten.jpg

046 히틀러의 자서전, 『나의투쟁(Mein Kampf)』
WIKIMEDIA COMMONS | Public Domain
https://commons.wikimedia.org/wiki/File:Minha_Luta_-_Mein_Kampf_-_Adolf_Hitler.jpg

049 풀러
WIKIMEDIA COMMONS | Public Domain
https://commons.wikimedia.org/wiki/File:JFC_Fuller.jpg

049 리델하트
WIKIMEDIA COMMONS | Public Domain
https://commons.wikimedia.org/wiki/File:Basil_Liddell_Hart.jpg

049 두헤
WIKIMEDIA COMMONS | Public Domain
https://commons.wikimedia.org/wiki/File:Gen._Giulio_Costanzi.png

052 ① 반유대인 포스터
WIKIMEDIA COMMONS | Public Domain
https://commons.wikimedia.org/wiki/File:De_Eeuwige_Jood.jpg

052 ② 독일의 유럽적 사명
WIKIMEDIA COMMONS | Creative Commons Attribution–Share Alike 4.0
https://commons.wikimedia.org/wiki/File:Ludwig_Hohlwein_(1874-1949)_-_10_Jahre_NSD-Studentenbund_Plakat_1936_Nazi_propaganda_poster_119_x_83_cm_id.smb.museum-object-931180_Reichsadler_eagle_CC_BY-NC-SA_4.0.jpg

052 ③ 승리 아니면 볼셰비즘
WIKIMEDIA COMMONS | Creative Commons Attribution–Share Alike 4.0
https://commons.wikimedia.org/wiki/File:Service-pnp-cph-3g10000-3g14000-3g14400-3g14434v_2.jpg

054 일본의 전쟁계획 및 주요 목표
U.S. Military Academy(West Point) Website
https://www.westpoint.edu/research/centers-and-institutes/digital-history-center/atlases.

055 일제가 발행한 전쟁채권
Japan Center for Asian Historical Records Website
https://www.jacar.go.jp/english/shuhou-english/topics/topics01_03.html.

3장

058 히틀러의 공격명령서(1939년 8월 31일)
WIKIMEDIA COMMONS | Public Domain
https://commons.wikimedia.org/wiki/File:An_official_order_of_Adolf_Hitler_for_attack_on_Poland_31.08.1939.jpg

060 히틀러의 전쟁 선동 연설
WIKIMEDIA COMMONS | Public Domain
https://commons.wikimedia.org/wiki/File:Adolf_Hitler%27s_speech_in_the_Reichstag,_30_January_1939.png

061 수오무살미 전투 요도
WIKIMEDIA COMMONS | Public Domain
https://commons.wikimedia.org/wiki/File:Map-Battle_of_Suomussalmi-eng.png

061 핀란드군의 스키부대
WIKIMEDIA COMMONS | Public Domain
https://commons.wikimedia.org/wiki/File:The_War_in_Finland,_1940_HU55566.jpg

061 몰로토프 칵테일
WIKIMEDIA COMMONS | Public Domain
https://commons.wikimedia.org/wiki/File:Talvisota_Molotov_Cocktail.PNG

064 프랑스의 방어작전 기본계획
U.S. Military Academy(West Point) Website
https://www.westpoint.edu/research/centers-and-institutes/digital-history-center/atlases.

064 에리히 폰 만슈타인
WIKIMEDIA COMMONS | Creative Commons Attribution-Share Alike 4.0
https://commons.wikimedia.org/wiki/File:Bundesarchiv_Bild_183-H01758,_Erich_v.Manstein.jpg

065 만슈타인 계획(낫질작전)
U.S. Military Academy(West Point) Website
https://www.westpoint.edu/research/centers-and-institutes/digital-history-center/atlases.

066 연합군의 방어계획
WIKIMEDIA COMMONS | Creative Commons Attribution-Share Alike 4.0
https://commons.wikimedia.org/wiki/File:German_invasion_of_Netherlands,_Belgium,_Luxembourg_and_France_in_May_1940._The_planned_positions_of_the_Allied_Armies.svg

068 마지노선
WIKIMEDIA COMMONS | Creative Commons Attribution-Share Alike 3.0 de
https://commons.wikimedia.org/wiki/File:Bundesarchiv_Bild_146-1980-001-35,_Maginot-Linie,_
Panzerwerk_Sch%C3%B6neburg.jpg

069 파리 함락 이후 드골의 대국민 연설
WIKIMEDIA COMMONS | Public Domain
https://commons.wikimedia.org/wiki/File:Charles_de_Gaulle_au_micro_de_la_BBC.jpg

070 됭케르크 해안에서 철수하는 연합군
WIKIMEDIA COMMONS | Public Domain
https://commons.wikimedia.org/wiki/File:Dunkirk_and_the_Retreat_From_France_1940_HU104600.jpg

070 됭케르크 철수 이후 처칠의 대국민 연설
WIKIMEDIA COMMONS | Creative Commons Zero, Public Domain Dedication
https://commons.wikimedia.org/wiki/File:Recueil._Portraits_de_Winston_Churchill_-_btv1b103365670_
(11_of_43).jpg

071 영국 본토를 침공하기 위한 바다사자 작전
WIKIMEDIA COMMONS | Public Domain
https://commons.wikimedia.org/wiki/File:OperationSealion.svg

072 영국의 스핏파이어
WIKIMEDIA COMMONS | Creative Commons Attribution-Share Alike 2.5
https://commons.wikimedia.org/wiki/File:Supermarine_Spitfire_Mk_XVI_NR.jpg

072 독일의 매서슈미트 Bf109
WIKIMEDIA COMMONS | CC-BY-SA 3.0
https://commons.wikimedia.org/wiki/File:Bundesarchiv_Bild_101I-662-6659-37,_Flugzeug_
Messerschmitt_Me_109.jpg

073 영국의 대공방어에 활용된 레이더 체인홈
WIKIMEDIA COMMONS | Public Domain
https://commons.wikimedia.org/wiki/File:Chain_Home_radar_installation_at_Poling,_Sussex,_1945._
CH15173.jpg

074 독일 공군의 베오그라드 공습
WIKIMEDIA COMMONS | CC-BY-SA 3.0
https://commons.wikimedia.org/wiki/File:Bundesarchiv_Bild_141-1005,_Belgrad,_Zerst%C3%B6rungen.jpg

076 독일군의 크레타섬 공수작전
WIKIMEDIA COMMONS | CC-BY-SA 3.0
https://commons.wikimedia.org/wiki/File:Bundesarchiv_Bild_141-0864,_Kreta,_Landung_von_
Fallschirmj%C3%A4gern.jpg

077 북아프리카 지역의 전략적 중요성
WIKIMEDIA COMMONS | Creative Commons Attribution-Share Alike 3.0
https://commons.wikimedia.org/wiki/File:WesternDesertBattle_Area1941_es.svg

079 에르빈 롬멜
WIKIMEDIA COMMONS | Creative Commons Attribution-Share Alike 3.0 Germany
https://commons.wikimedia.org/wiki/File:Bundesarchiv_Bild_146-1985-013-07,_Erwin_Rommel-2.jpg

080 이탈리아군 포로
WIKIMEDIA COMMONS | Public Domain
https://commons.wikimedia.org/wiki/File:El_Alamein_Italian_prisoners_1942.jpg

080 버나드 몽고메리
WIKIMEDIA COMMONS | Public Domain
https://commons.wikimedia.org/wiki/File:General_Sir_Bernard_Montgomery_in_England,_1943_
TR1037_(cropped).jpg

082 북아프리카에 투입된 미군의 M3 전차
WIKIMEDIA COMMONS | Public Domain
https://commons.wikimedia.org/wiki/File:American_M3_Grant_medium_tanks_in_the_western_
desert,_North_African_Campaign,_WWII_(36406680884).jpg

083 페데스탈 작전 간 반파된 오하이오 유조선
WIKIMEDIA COMMONS | Public Domain
https://commons.wikimedia.org/wiki/File:Operation_Pedestal_and_the_Siege_of_Malta,_
August_1942_GM1480.jpg

086 이탈리아 전역의 지형 및 주요 작전선
WIKIMEDIA COMMONS | CC BY-SA 3.0
https://commons.wikimedia.org/wiki/File:ItalyDefenseLinesSouthofRome1943_4.jpg

087 미군의 안치오 상륙작전
WIKIMEDIA COMMONS | Public Domain
https://commons.wikimedia.org/wiki/File:Landing_at_Anzio.jpg

088 살레르노 해안에 상륙하는 연합군 병력
WIKIMEDIA COMMONS | Public Domain
https://commons.wikimedia.org/wiki/File:LST-1-1.jpg

088 살레르노 해안에서 전개하는 연합군 포병부대
WIKIMEDIA COMMONS | Public Domain
https://commons.wikimedia.org/wiki/File:ItalySalernoInvasion1943.jpg

089 무기대여를 위한 최단 경로
MUST READ ALASKA Website
https://mustreadalaska.com/may-8-world-war-ii-victory-day-a-reminder-of-the-alaska-siberia-
lend-lease-role/

089 연합국으로 지원되는 미군의 군용트럭
Paradox Forum Website
https://forum.paradoxplaza.com/forum/threads/underestimation-of-lend-lease-to-the-soviet-
union-during-ww2.1541374/

090 Liberty선 건조
WIKIMEDIA COMMONS | Public Domain
https://commons.wikimedia.org/wiki/File:SS_Patrick_Henry_launching_on_Liberty_Fleet_Day,_27_September_1941_(26580977380).jpg

090 Essex급 항공모함
WIKIMEDIA COMMONS | Public Domain
https://commons.wikimedia.org/wiki/File:USS_Essex_(CV-9)_underway_on_20_May_1945.jpg

090 전시 포스터
U.S. Library of Congress Website
https://www.loc.gov/item/90712758/

091 ① 전쟁채권
WIKIMEDIA COMMONS | Public Domain
https://commons.wikimedia.org/wiki/File:1944_$100_War_Savings_Bond_Series_E_.jpg

091 ② 전쟁저축우표
WIKIMEDIA COMMONS | Public Domain
https://commons.wikimedia.org/wiki/File:1942_%22MInuteman%22_US_War_Savings_rose_red_10%C2%A2_stamp.jpg

094 바바롯사 작전 지침(1941년 2월 1일)
WIKIMEDIA COMMONS | Public Domain
https://commons.wikimedia.org/wiki/File:Barbarossa_161718b.jpg

095 독일의 소련 침공계획(바바롯사 계획)
U.S. History Website
https://www.u-s-history.com/pages/h1761.html

099 전시 산업시설 이전 및 군수품 생산
KUKMOR Website
https://kukmor.livejournal.com/2195867.html

100 독일군의 기동 장면
WIKIMEDIA COMMONS | Public Domain
https://commons.wikimedia.org/wiki/File:Bundesarchiv_Bild_146-1974-099-45,_Russland,_Gatnoje,_Soldaten_bei_Besetzung_einer_Ortschaft.jpg

100 소련군의 기갑부대
WIKIMEDIA COMMONS | Public Domain
https://commons.wikimedia.org/wiki/File:KIEV_43.jpg

100 소련군의 방어 준비
WIKIMEDIA COMMONS | Creative Commons Attribution-Share Alike 3.0 de
https://commons.wikimedia.org/wiki/File:Dayosh_Kiev.jpg

101 레닌그라드 봉쇄전
WIKIMEDIA COMMONS | Creative Commons Attribution-Share Alike 3.0
https://commons.wikimedia.org/wiki/File:Siege_of_Leningrad,_1941-09-21-es.svg

102 타냐 사비체바의 일기
WIKIMEDIA COMMONS | Public Domain
https://commons.wikimedia.org/wiki/File:Tanya_Savicheva_Diary.jpg

103 모스크바 공방전 요도
Wikipedia, The Free Encyclopedia
https://en.wikipedia.org/wiki/Battle_of_Moscow

105 스탈린그라드 전투 작전 요도
WIKIMEDIA COMMONS | Public Domain
https://commons.wikimedia.org/wiki/File:Map_Battle_of_Stalingrad-it.svg

106 스탈린의 대조국전쟁 관련 연설
WIKIMEDIA COMMONS | Public Domain
https://commons.wikimedia.org/wiki/File:Moscow_Strikes_Back_10-34_Stalin%27s_speech,_nazi_
panzers_12.5_miles_away.jpg

107 시내로 진격하는 독일군
WIKIMEDIA COMMONS | Creative Commons Attribution-Share Alike 3.0 de
https://commons.wikimedia.org/wiki/File:Bundesarchiv_Bild_183-B22478,_Stalingrad,_Luftwaffen-
Soldaten_in_Ruinen.jpg

107 완강히 저항하는 소련군
WIKIMEDIA COMMONS | Public Domain
https://commons.wikimedia.org/wiki/File:Stalingrad_-_ruined_city.jpg

107 폐허가 된 트랙터 공장
WIKIMEDIA COMMONS | Creative Commons Attribution-Share Alike 3.0 de
https://commons.wikimedia.org/wiki/File:Stalingrad._Zniszczona_fabryka_traktor%C3%B3w_%22D
zier%C5%BCy%C5%84ski%22_(2-1760).jpg

108 주코프와 소련군 최고사령부
WIKIMEDIA COMMONS | Public Domain
https://commons.wikimedia.org/wiki/File:Zhukov-LIFE-1944-1945.jpg

108 투항하는 독일군 파울루스 원수
WIKIMEDIA COMMONS | Public Domain
https://commons.wikimedia.org/wiki/File:Field_Marshal_Paulus,_General_Heitz_and_other_
German_officers_of_the_6th_Army_after_its_surrender.jpg

109 영화포스터(에너미 앳 더 게이트)
IMDb Website
https://www.imdb.com

109 영화포스터(스탈린그라드)
IMDb Website
https://www.imdb.com

110 역사상 최대 규모의 전차전
WIKIMEDIA COMMONS | Creative Commons Attribution-Share Alike 3.0 de
https://commons.wikimedia.org/wiki/File:Bundesarchiv_Bild_101III-Merz-014-12A,_Russland,_
Beginn_Unternehmen_Zitadelle,_Panzer_(cropped).jpg

111 쿠르스크 전투 작전 요도 1, 2
WIKIMEDIA COMMONS | Public Domain
https://commons.wikimedia.org/wiki/File:Battle_of_Kursk_(map).jpg
WIKIMEDIA COMMONS | Public Domain, Creative Commons Attribution-Share Alike 4.0
https://commons.wikimedia.org/wiki/File:Prokhorovka,_Battle_of_Kursk,_night_11_July-01.svg

114 1945년 4월 16~25일 베를린 전투 요도
WIKIMEDIA COMMONS | Public domain, Creative Commons Attribution-Share Alike 4.0
https://commons.wikimedia.org/wiki/File:Battle_of_Berlin_1945-a.png

117 진흙에 갇힌 독일군
WIKIMEDIA COMMONS | Creative Commons Attribution-Share Alike 3.0 de
https://commons.wikimedia.org/wiki/File:Bundesarchiv_Bild_146-1981-149-34A,_Russland,_
Herausziehen_eines_Autos.jpg

117 베를린을 점령한 소련군
WIKIMEDIA COMMONS | Public Domain
https://commons.wikimedia.org/wiki/File:Raising_a_flag_over_the_Reichstag_-_Restoration.jpg

117 독일의 항복문서 조인
WIKIMEDIA COMMONS | Creative Commons Attribution-Share Alike 3.0 de
https://commons.wikimedia.org/wiki/File:Field_Marshall_Wilhelm_Keitel,_signing_the_ratified_
surrender_terms_for_the_German_Army_at_Russian_Headquarters_in..._-_NARA_-_531290.tif

120 노르망디 상륙작전 계획
WIKIMEDIA COMMONS | Creative Commons Attribution 4.0
https://commons.wikimedia.org/wiki/File:Map_of_the_D-Day_landings.svg

121 1944년 2월의 빅 위크
WIKIMEDIA COMMONS | Public Domain
https://commons.wikimedia.org/wiki/File:Raid_by_the_8th_Air_Force.jpg

122 독일군이 서부 해안에 구축한 대서양 방벽
WIKIMEDIA COMMONS | Creative Commons Attribution-Share Alike 3.0 de
https://commons.wikimedia.org/wiki/File:Bundesarchiv_Bild_101I-719-0243-33,_Atlantikwall,_
Inspektion_Erwin_Rommel_mit_Offizieren.jpg

123 노르망디 해안에 상륙 중인 미군
WIKIMEDIA COMMONS | Creative Commons Attribution-Share Alike 4.0
https://commons.wikimedia.org/wiki/File:D-Day_from_the_boat.jpg

123 상륙작전용 조립식 인공부두(Mulberry)
WIKIMEDIA COMMONS | Public Domain
https://commons.wikimedia.org/wiki/File:NormandySupply_edit.jpg

124 아이젠하워
WIKIMEDIA COMMONS | Public Domain
https://commons.wikimedia.org/wiki/File:Dwight_D_Eisenhower.jpg

125 영화포스터(라이언 일병 구하기)
IMDb Website
https://www.imdb.com

125 드라마포스터(밴드 오브 브라더스)
IMDb Website
https://www.imdb.com

126 코브라 작전
WIKIMEDIA COMMONS | Public Domain
https://commons.wikimedia.org/wiki/File:Cobra_Coutances.jpg

126 팔레즈-아르장탕 포위전
WIKIMEDIA COMMONS | Public Domain
https://commons.wikimedia.org/wiki/File:The_Polish_Army_in_the_Normandy_Campaign,_1944_B8833.jpg

126 생람베르에서 항복하는 독일군
WIKIMEDIA COMMONS | Public Domain
https://commons.wikimedia.org/wiki/File:St.-Lambert-surrender.3.jpg

127 연합군 병참지원을 전담한 레드 볼 익스프레스
WIKIMEDIA COMMONS | Public Domain
https://commons.wikimedia.org/wiki/File:Red_Ball_Express.jpg

127 조지 패튼
WIKIMEDIA COMMONS | Public Domain
https://commons.wikimedia.org/wiki/File:George_Smith_Patton_Jr.jpg

128 마켓-가든작전 계획
WIKIMEDIA COMMONS | Creative Commons Attribution-Share Alike 3.0
https://commons.wikimedia.org/wiki/File:Market-Garden_-_Mappa_Eindhoven.png

129 에인트호번으로 침투하는 미 101공수사단
WIKIMEDIA COMMONS | Public Domain
https://commons.wikimedia.org/wiki/File:Waves_of_paratroops_land_in_Holland.jpg

129 포로가 된 영국군 제1공수부대원
WIKIMEDIA COMMONS | Creative Commons Attribution-Share Alike 4.0
https://commons.wikimedia.org/wiki/File:Bundesarchiv_Bild_146-2005-0077,_Arnheim,_britische_
Gefangene_Recolored.jpg

130 독일군의 아르덴(Ardennes) 반격작전 요도 1, 2
WIKIMEDIA COMMONS | Creative Commons Attribution-Share Alike 3.0
https://commons.wikimedia.org/wiki/File:Wacht_am_Rhein_map_(Opaque).svg
WIKIMEDIA COMMONS | Public Domain
https://commons.wikimedia.org/wiki/File:German_Wacht_Am_Rhein_Offensive_Plan.png

131 아르덴으로 반격하는 독일군
WIKIMEDIA COMMONS | Creative Commons Attribution-Share Alike 3.0 de
https://commons.wikimedia.org/wiki/File:Bundesarchiv_Bild_183-J28477,_Ardennenoffensive,_
Lagebesprechnung.jpg

132 말메디에서 자행된 미군 포로 학살
WIKIMEDIA COMMONS | Public Domain
https://commons.wikimedia.org/wiki/File:Malmedy_Massacre.jpg

133 라인란트(Rhineland) 작전 요도
WIKIMEDIA COMMONS | Public Domain
https://commons.wikimedia.org/wiki/File:Veritable_grenade.png

133 루르(Ruhr) 포위전 요도
WIKIMEDIA COMMONS | Creative Commons Attribution-Share Alike 3.0
https://commons.wikimedia.org/wiki/File:Ruhrpocket.png

134 Clarion 작전 시 파괴되는 독일군 군수시설
Main Post Website
https://www.mainpost.de/regional/wuerzburg/operation-clarion-und-die-bruecke-war-weg-art-5477203

135 영국의 랭커스터 폭격기(Avro Lancaster)
WIKIMEDIA COMMONS | GNU Free Documentation License
https://commons.wikimedia.org/wiki/File:Avro_Lancaster_B_I_PA474.jpg

135 미국의 무스탕(Mustang) 전투기
WIKIMEDIA COMMONS | Public Domain
https://commons.wikimedia.org/wiki/File:Charles_Daniels_Collection_Photo_North_American_
P-51_Mustang_413366_(15268940125).jpg

136 연합군의 드레스덴 공습
WIKIMEDIA COMMONS | Public Domain
https://commons.wikimedia.org/wiki/File:More_bombs_being_dropped_on_an_already_devasted_
Dresden,_in_April,_1945_-a.png

146 USS West Virginia(BB-48)호 피격
WIKIMEDIA COMMONS | Public Domain
https://commons.wikimedia.org/wiki/File:Attack_on_Pearl_Harbor.jpg

149 맥아더 원수
WIKIMEDIA COMMONS | Public Domain
https://commons.wikimedia.org/wiki/File:Douglas_MacArthur_58-61_(1).jpg

152 야마모토 이소로쿠 제독
WIKIMEDIA COMMONS | Public Domain
https://commons.wikimedia.org/wiki/File:Portrait_of_Yamamoto_Isoroku.jpg

152 니미츠 제독
WIKIMEDIA COMMONS | Public Domain
https://commons.wikimedia.org/wiki/File:Chester_Nimitz_as_CNO_(cropped).jpg

152 책 표지(미드웨이 해전의 승리)
Amazon Website
https://www.amazon.com/Victory-Midway-Battle-Changed-Course/dp/1476670714

154 뇌격기(Devastator)
WIKIMEDIA COMMONS | Public Domain
https://commons.wikimedia.org/wiki/File:Douglas_TBD-1_Devastator_of_VT-6_dropping_
Mark_13_torpedo,_20_October_1941_(80-G-19230-B).jpg

154 급강하폭격기(Dauntless)
WIKIMEDIA COMMONS | Public Domain
https://commons.wikimedia.org/wiki/File:Douglas_SBD_Dauntless_dropping_a_bomb,_circa_
in_1942.jpg

154 어뢰(Mark 13)
WIKIMEDIA COMMONS | Public Domain
https://commons.wikimedia.org/wiki/File:TBM_Avenger_with_Mark_13_torpedo_aboard_USS_
Wasp_(CV-18)_on_13_October_1944_(80-G-298609).jpg

155 과달카날 해전
WIKIMEDIA COMMONS | Public Domain
https://commons.wikimedia.org/wiki/File:U.S._Marines_storm_ashore_on_Guadalcanal,_7_August_1942_
(80-CF-112-5-3).jpg

159 일본이 설정한 절대국방권
NAMUWIKI | CC BY-NC-SA 2.0 KR
https://namu.wiki/w/%EC%A0%88%EB%8C%80%EB%B0%A9%EC%9C%84%EC%84%A0

161 사이판 전투
WIKIMEDIA COMMONS | Creative Commons Attribution 4.0
https://commons.wikimedia.org/wiki/File:Battle_of_Saipan_Map.svg

161 레이테만 해전
WIKIMEDIA COMMONS | Public Domain
https://commons.wikimedia.org/wiki/File:Map_of_Battle_of_Leyte_Gulf.jpg

161 수리가오 해전
WIKIMEDIA COMMONS | Public Domain
https://commons.wikimedia.org/wiki/File:Surigao_Strait.jpg

162 가미카제(神風) 특공대
WIKIMEDIA COMMONS | Public Domain
https://commons.wikimedia.org/wiki/File:Japanese-Kamikaze-Pilots-Group-Photo.png

163 임팔 전투
WIKIMEDIA COMMONS | Public Domain
https://commons.wikimedia.org/wiki/File:IJA_soldiers_on_their_march_towards_Kohima,_1944.jpg

165 루손섬 전투
WIKIMEDIA COMMONS | Public Domain
https://commons.wikimedia.org/wiki/File:Baleta_Pass,_near_Baugio,_Luzon.jpg

168 대륙타통작전계획
WIKIMEDIA COMMONS | Public Domain
https://commons.wikimedia.org/wiki/File:Ichigo_plan.jpg

168 월한(月汉) 철도 근접전투 중인 일본군
WIKIMEDIA COMMONS | Public Domain
https://commons.wikimedia.org/wiki/File:Japanese_troops_performing_a_close_combat_attack_on_
Y%C3%BCeh-Han_Railroad.jpg

169 1949년 중화인민공화국 수립
WIKIMEDIA COMMONS | Public Domain
https://commons.wikimedia.org/wiki/File:Mao_Proclaiming_New_China.JPG

173 미국의 전쟁채권 판매
WIKIMEDIA COMMONS | Public Domain
https://commons.wikimedia.org/wiki/File:Now-All-Together-7th-War-Loan.jpg

176 美 트루먼 대통령의 원자폭탄 투하 결정
WIKIMEDIA COMMONS | Public Domain
https://commons.wikimedia.org/wiki/File:Harry_S_Truman,_bw_half-length_photo_portrait,_facing_
front,_1945-crop.jpg

178 우라늄 원자폭탄(리틀보이, Little Boy)
WIKIMEDIA COMMONS | Public Domain
https://commons.wikimedia.org/wiki/File:Little_boy.jpg

178 플루토늄 원자폭탄(팻맨, Fat Man)
WIKIMEDIA COMMONS | Public Domain
https://commons.wikimedia.org/wiki/File:Fat_man.jpg

178 히로시마 원폭투하(B-29 에놀라게이 촬영)
WIKIMEDIA COMMONS | Public Domain
https://commons.wikimedia.org/wiki/File:Atomic_bombing_of_Japan.jpg

4장

180 전시 미국의 국내 전선(Home Front)
WIKIMEDIA COMMONS | Public Domain
https://commons.wikimedia.org/wiki/File:Service_on_the_home_front_LCCN98518713.jpg

182 대서양헌장
WIKIMEDIA COMMONS | Public Domain
https://commons.wikimedia.org/wiki/File:Atlantic_Charter_(color).jpg

185 뉘른베르크 전범재판
WIKIMEDIA COMMONS | Public Domain
https://commons.wikimedia.org/wiki/File:Nuremberg_Trials._Looking_down_on_defendants_dock,_
circa_1945-1946._-_NARA_-_540127.jpg

185 한나 아렌트
WIKIMEDIA COMMONS | Public Domain
https://commons.wikimedia.org/wiki/File:Hannah_Arendt_1933.jpg

185 재판 중인 아돌프 아이히만
WIKIMEDIA COMMONS | Public Domain
https://commons.wikimedia.org/wiki/File:Adolf_Eichmann_takes_notes_during_his_trial_
USHMM_65268.jpg

189 포스터(Food is Ammunition)
WIKIMEDIA COMMONS | Public Domain
https://commons.wikimedia.org/wiki/File:John_E_Sheridan_WWI_US_Food_is_Ammunition_Dont_
Waste_it.jpg

189 포스터(Dig on for Victory)
WIKIMEDIA COMMONS | Public Domain
https://commons.wikimedia.org/wiki/File:INF3-96_Food_Production_Dig_for_Victory_Artist_Peter_
Fraser.jpg

189 美 버니바 부시가 이끈 과학연구개발국
WIKIMEDIA COMMONS | Public Domain
https://commons.wikimedia.org/wiki/File:Lawrence_Compton_Bush_Conant_Compton_Loomis.jpg

192 총력전을 호소하는 괴벨스의 연설
WIKIMEDIA COMMONS | Creative Commons Attribution-Share Alike 3.0 de
https://commons.wikimedia.org/wiki/File:Bundesarchiv_Bild_146-1985-108-32A,_Ordensburg_
Vogelsang,_Dr._Goebbels.jpg

193 책 표지(좋은 전쟁이라는 신화)
교보문고 Website
https://product.kyobobook.co.kr/detail/S000001900902

201 獨 타이거(Tiger) 전차
WIKIMEDIA COMMONS | Creative Commons Attribution-Share Alike 2.0
https://commons.wikimedia.org/wiki/File:Tiger_Tank_-_geograph.org.uk_-_3388143.jpg

201 美 셔먼(M4 Sherman) 전차
WIKIMEDIA COMMONS | Public Domain
https://commons.wikimedia.org/wiki/File:M4_Sherman_at_Utah_Beach.jpg

201 蘇 T-34 전차
WIKIMEDIA COMMONS | reative Commons Attribution-Share Alike 2.0
https://commons.wikimedia.org/wiki/File:20140718_T-34_tank_at_Menglianggu_Campaign_
Memorial_Site.jpg

202 'VT(Variable Time) 신관'
WIKIMEDIA COMMONS | Public Domain
https://commons.wikimedia.org/wiki/File:MK53_fuze.jpg

203 獨 슈투카(Ju-87, Stuka)
WIKIMEDIA COMMONS | Public Domain
https://commons.wikimedia.org/wiki/File:Junkers_Ju_87_R-1_(B-2R),_%27A5%2BHH%27,_1._
StG_1_(1a).jpg

203 美 B-17F(Flying Fortress)
WIKIMEDIA COMMONS | Public Domain
https://commons.wikimedia.org/wiki/File:Color_Photographed_B-17E_in_Flight.jpg

203 美 B-29(Superfortress)
WIKIMEDIA COMMONS | Public Domain
https://commons.wikimedia.org/wiki/File:45th_Bombardment_Squadron_Boeing_B-29-40-BW_
Superfortress_42-24579_2.jpg

206 함상 전투기(A6M, 제로센)
WIKIMEDIA COMMONS | GNU Free Documentation License
https://commons.wikimedia.org/wiki/File:A6M3_Zero_N712Z_1.jpg

206 야마토급 거대전함
WIKIMEDIA COMMONS | Public Domain
https://commons.wikimedia.org/wiki/File:Japanese_battleship_Yamato_fitting_out_at_the_Kure_
Naval_Base,_Japan,_20_September_1941_(NH_63433).jpg

206 카이텐(回天, Kaiten)
Naval History and Heritage Command Website
https://www.history.navy.mil/about-us/leadership/director/directors-corner/h-grams/h-gram-039/
h-039-4.html

208 다윗의 별
U.S. Holocaust Memorial Museum Website
https://collections.ushmm.org/search/catalog/irn517786

209 부헨발트 수용소
WIKIMEDIA COMMONS | Public Domain
https://commons.wikimedia.org/wiki/File:Buchenwald_Corpses_07511.jpg

210 일본 관동군 방역급수부대: 731부대
WIKIMEDIA COMMONS | Public Domain
https://commons.wikimedia.org/wiki/File:Unit_731_-_Complex.jpg

212 『과학, 그 무한한 프런티어』
Open Library Website
https://openlibrary.org/works/OL7691357W/Science_the_endless_frontier

214 덤버튼 오크스 회의
WIKIMEDIA COMMONS | Public Domain
https://commons.wikimedia.org/wiki/File:Informal_meeting_in_the_Study,_Dumbarton_Oaks,_
Washington,_D.C.,_1944,_National_Archives_(Loxley,_Cadogan,_Stettinius,_Gromyko,_Sobolev,_
Berezhkov,_Dunn,_Pasvolsky).jpg

214 국제연합 본부
WIKIMEDIA COMMONS | Creative Commons Attribution 2.5 dk
https://commons.wikimedia.org/wiki/File:FN_i_New_York.jpg

214 UN 안전보장이사회
WIKIMEDIA COMMONS | Public Domain
https://commons.wikimedia.org/w/index.php?search=UN+Security+Council&title=Special:MediaSe
arch&go=Go&type=image

216 의회 연설 중인 트루먼
WIKIMEDIA COMMONS | Public Domain
https://commons.wikimedia.org/wiki/File:Special_Message_to_Congress_on_Greece_and_Turkey_
The_Truman_Doctrine.jpg

216 NATO 조약 서명
WIKIMEDIA COMMONS | Public Domain
https://commons.wikimedia.org/wiki/File:Truman_signing_the_North_Atlantic_Treaty.gif

216 NATO 로고
WIKIMEDIA COMMONS | Public Domain
https://commons.wikimedia.org/wiki/File:NATO_OTAN_portrait_logo.svg

216 철의 장막 연설
Alamy Website
https://www.alamy.com/stock-photo-winston-churchill-former-prime-minister-of-england-
speaks-at-westminster-106456916.html?imageid=21A57155-7F54-4F28-B309-11FC1DD5BFD
6&p=308342&pn=1&searchId=7592ea2918876ffd81adb547b260ebff&searchtype=0

217 페이퍼클립 작전
WIKIMEDIA COMMONS | Public Domain
https://commons.wikimedia.org/wiki/File:Project_Paperclip_Team_at_Fort_Bliss.jpg

218 조지 마셜 국무장관
WIKIMEDIA COMMONS | Public Domain
https://commons.wikimedia.org/wiki/File:George_C._Marshall,_U.S._Secretary_of_State_(cropped).jpg

218 원조물자 식별표지
WIKIMEDIA COMMONS | Public Domain
https://commons.wikimedia.org/wiki/File:US-MarshallPlanAid-Logo.svg

218 브레턴우즈 회의
WIKIMEDIA COMMONS | Public Domain
https://commons.wikimedia.org/wiki/File:Coe_Bretton_Woods_1944.jpg

▶ **제2부 주요 교전국의 전시생산체제**

1-2장

231 War, Economy and Society 1939–1945
Amazon Website
https://www.amazon.com/Economy-Society-1939-1945-History-Twentieth/dp/0520039424

236 The Economics of World War II
Amazon Website
https://www.amazon.com/s?k=The+Economics+of+World+War+II&i=stripbooks-intl-ship
&crid=2MZDNKS90BFSL&sprefix=the+economics+of+world+war+ii%2Cstripbooks-intl-
ship%2C230&ref=nb_sb_noss

239 Why The Allies Won
교보문고 Website
https://ebook-product.kyobobook.co.kr/dig/epd/ebook/E000003024643

251 특수작전 요원 교육
WIKIMEDIA COMMONS | Public Domain
https://commons.wikimedia.org/wiki/File:Audience_in_demolition_class._Milton_Hall,_England,_
circa_1944.,_1943_-_1944_-_NARA_-_540063.tif?page=1

251 특수어뢰
War History Online Website | CC BY-SA 3.0
https://www.warhistoryonline.com/instant-articles/churchills-toyshop-a-factory.html

251 PIAT 대전차 무기
WIKIMEDIA COMMONS | Public Domain
https://commons.wikimedia.org/wiki/File:A_soldier_fires_a_PIAT_near_St_Martin-des-Besaces,_
Normandy,_1_August_1944._B8335.jpg

251 접착식 폭탄
WIKIMEDIA COMMONS | Public Domain
https://commons.wikimedia.org/wiki/File:Sticky_Bomb-_the_Production_of_the_No_74_Grenade_
in_Britain,_1943_D14761.jpg

252 The Haldane Report(1918)
Wellcome Collection Website | Attribution 4.0 International (CC BY 4.0)
https://wellcomecollection.org/works/y9whjavc

254 수중음파탐지기, SONAR
WIKIMEDIA COMMONS | Creative Commons Attribution-Share Alike 3.0
https://commons.wikimedia.org/wiki/File:ASDIC.png

258 전간기 미국의 건함 정책
WIKIMEDIA COMMONS | Public Domain
https://commons.wikimedia.org/wiki/File:USS_Wadleigh_(DD-689)_at_the_Mare_Island_Naval_
Shipyard,_California_(USA),_on_10_April_1945_(NH_98906).jpg

260 ① 버니바 부시
WIKIMEDIA COMMONS | Public Domain
https://commons.wikimedia.org/wiki/File:Vannevar_Bush_portrait.jpg

260 ② 트루먼과 국방연구위원
WIKIMEDIA COMMONS | Public Domain
https://commons.wikimedia.org/wiki/File:Truman_and_the_National_Defense_Research_Committee.jpg

260 ③ OSRD 산하 S1 위원회
WIKIMEDIA COMMONS | Public Domain
https://commons.wikimedia.org/wiki/File:S1_Committee_1942.jpg

263 영국 리버풀의 Mustang 전투기 조립 공장
Imperial War Museums Website
https://www.iwm.org.uk/collections/item/object/205195661

267 美 전시생산위원회, War Production Board
WIKIMEDIA COMMONS | Public Domain
https://commons.wikimedia.org/wiki/File:Lot-1945-1_(34717873416).jpg

289 T-27
WIKIMEDIA COMMONS | Creative Commons Attribution-Share Alike 3.0
https://commons.wikimedia.org/wiki/File:T-27_tank.jpg

289 T-37
WIKIMEDIA COMMONS | Public Domain
https://commons.wikimedia.org/wiki/File:T_37.jpg

289 T-38
WIKIMEDIA COMMONS | Public Domain
https://commons.wikimedia.org/wiki/File:T-38_tank.JPG

290 ① 가스역학연구소
WIKIMEDIA COMMONS | Public Domain
https://commons.wikimedia.org/wiki/File:Admiralty_SPB.jpg

290 ② Georgy Langemak
WIKIMEDIA COMMONS | Public Domain
https://commons.wikimedia.org/wiki/File:Langemak_georgy.jpg

290 ③ Valentin Glushko
WIKIMEDIA COMMONS | CC BY-SA 4.0
https://commons.wikimedia.org/wiki/File:Rus_Stamp_GST-Glushko.jpg

293 1930년대 소련의 공업화와 전쟁준비 현황
해당논문의 그림을 편집
-

295 스탈린 시대의 스타하노프 운동
WIKIMEDIA COMMONS | Public Domain
https://commons.wikimedia.org/wiki/File:Stakhanov.JPG

297 모스크바 소재의 폭탄 제조 공장(1941년 12월)
WIKIMEDIA COMMONS | Creative Commons Attribution-Share Alike 3.0
https://commons.wikimedia.org/wiki/File:RIAN_archive_611691_Manufacturing_airbombs_at_
Moscow_plant.jpg

299 Ural 지역 공장에서 생산된 T-34 전차(1942년)
WIKIMEDIA COMMONS | Creative Commons Attribution-Share Alike 3.0
https://commons.wikimedia.org/wiki/File:RIAN_archive_1274_Tanks_going_to_the_front.jpg

300 라팔로 협정
WIKIMEDIA COMMONS | Public Domain
https://commons.wikimedia.org/wiki/File:43Trattato_Rapallo.jpg

303 러시아-우크라이나 전쟁
WIKIMEDIA COMMONS | Creative Commons Attribution 4.0
https://commons.wikimedia.org/wiki/File:Ukrainian_T-72B_tank_in_Donetsk_region.jpg

4장

306 알베르트 슈페어
WIKIMEDIA COMMONS | Public Domain
https://commons.wikimedia.org/wiki/File:Albert-Speer-72-929_(cropped).jpg

311 헤르만 괴링
WIKIMEDIA COMMONS | Public Domain
https://commons.wikimedia.org/wiki/File:Adolf_Hitler_w_rozmowie_z_Hermannem_Goringiem_(2-13)_(cropped).jpg

312 하인켈(Heinkel-177)
WIKIMEDIA COMMONS | Public Domain
https://commons.wikimedia.org/wiki/File:Heinkel_He_177A-02_in_flight_1942.jpg

312 융커스(Ju-88)
WIKIMEDIA COMMONS | Public Domain
https://commons.wikimedia.org/wiki/File:Ju_88_44219850.jpg

312 매서슈미트(Me-210)
WIKIMEDIA COMMONS | Public Domain
https://commons.wikimedia.org/wiki/File:Me_210.jpg

314 리히텐슈타인 레이더
WIKIMEDIA COMMONS | Public Domain
https://commons.wikimedia.org/wiki/File:FuG_220_and_FuG_202_radar_of_Me_110_1945.jpg

315 시타크트(Seetakt)
WIKIMEDIA COMMONS | Public Domain
https://commons.wikimedia.org/wiki/File:Graf_Spee_Seetakt.jpg

315 프레야(Freya)
WIKIMEDIA COMMONS | Public Domain
https://commons.wikimedia.org/wiki/File:Freya-radar-lz.jpg

315 뷔르츠부르크(Wuerzburg)
WIKIMEDIA COMMONS | Public Domain
https://commons.wikimedia.org/wiki/File:Wuerzburg_radar_at_Normandy_beach.jpg

316 타이거 전차(Tiger Tank)
WIKIMEDIA COMMONS | Creative Commons Attribution-Share Alike 3.0 de
https://commons.wikimedia.org/wiki/File:Bundesarchiv_Bild_101I-299-1805-16,_Nordfrankreich,_Panzer_VI_(Tiger_I).jpg

316 팬저-4 전차(Panzer IV F)
WIKIMEDIA COMMONS | Public Domain
https://commons.wikimedia.org/wiki/File:Panzer_IV_F_lang.jpg

316 판터 전차(Panther Tank)
WIKIMEDIA COMMONS | Creative Commons Attribution-Share Alike 3.0 de
https://commons.wikimedia.org/wiki/File:Bundesarchiv_Bild_101I-478-2165-05A,_Italien,_
Panzer_V_(Panther)_im_Gel%C3%A4nde_crop.jpg

316 폰 브라운
WIKIMEDIA COMMONS | Public Domain
https://commons.wikimedia.org/wiki/File:Wernher_von_Braun_1960.jpg

317 A-4탄도미사일(V-2 로켓)
WIKIMEDIA COMMONS | Creative Commons Attribution-Share Alike 3.0
https://commons.wikimedia.org/wiki/File:Fus%C3%A9e_V2.jpg

317 Peenemunde의 로켓시험발사장
WIKIMEDIA COMMONS | Public Domain
https://commons.wikimedia.org/wiki/File:Peenemunde_test_stand_VII.jpg

317 Mittelwerke의 V-2로켓 생산시설
WIKIMEDIA COMMONS | Public Domain
https://commons.wikimedia.org/wiki/File:(V-2)_rocket_engines_in_an_assembly_workshop_
at_the_Mittelwerke_underground_secret_factory_in_a_mountain_range_near_Nordhause_1944._
(48479649481).jpg

318 카이저 빌헬름 연구소
WIKIMEDIA COMMONS | Public Domain
https://commons.wikimedia.org/wiki/File:KWI-Institute_1912.jpg

322 할마르 샤흐트
WIKIMEDIA COMMONS | Public Domain
https://commons.wikimedia.org/wiki/File:Hjalmar_Schacht.jpg

323 나치 독일이 추진한 4개년 계획
German History Website
https://germanhistorydocs.org/en/nazi-germany-1933-1945/ghdi:image-5155

325 1940.10월~1944.4월 폴란드의 전시생산 현황
해당논문의 그림을 편집
-

5장

336 제국국방방침(1936년 개정안 표지)
일본아시아역사자료센터 Website
https://www.jacar.archives.go.jp/das/image/ C14121167900

339 책 표지(전시일본경제사)
예스24 Website
https://www.yes24.com/product/goods/3081411

339 책 표지(전시 동원체제와 전쟁협력)
예스24 Website
https://www.yes24.com/Product/Goods/117628212

339 책 표지(일본 과학기술 총력전)
예스24 Website
https://www.yes24.com/Product/Goods/74314131

343 미국의 대일 자산동결 조치 보도자료
Newpapers.com Website
https://www.newspapers.com/article/the-los-angeles-times-us-britain-free/37355170/

345 경제신체제확립요강 고노에 총리
WIKIMEDIA COMMONS | Public Domain
https://commons.wikimedia.org/wiki/File:Fumimaro_Konoe(cropped).jpg

347 1930년 11월 총리 피습
WIKIMEDIA COMMONS | Public Domain
https://commons.wikimedia.org/wiki/File:Hamaguchi_Osachi_Assassination_14_Nov_1930.png

347 1932년 5 · 15사건 관련 보도자료
WIKIMEDIA COMMONS | Public Domain
https://commons.wikimedia.org/wiki/File:Tsuyoshi_Inukai_May_15_Incident_Asahi_Shimbun.png

347 1936년 2 · 26사건
WIKIMEDIA COMMONS | Public Domain
https://commons.wikimedia.org/wiki/File:Lt_Nibu_Masatada_Rebels_Feb_26_Incident_1936.png

350 미쓰비시(三菱)중공업의 엔진공장(1938년)
WIKIMEDIA COMMONS | Public Domain
https://commons.wikimedia.org/wiki/File:MHI_Nagoya_engine_factory_in_1938.png

350 나카지마(中島)社 항공기 조립공장(1944년)
WIKIMEDIA COMMONS | Public Domain
https://commons.wikimedia.org/wiki/File:Assembly_work_at_Nakajima-Handa.jpg

352 카가
WIKIMEDIA COMMONS | Public Domain
https://commons.wikimedia.org/wiki/File:Japanese_Navy_Aircraft_Carrier_Kaga.jpg

352 토사
WIKIMEDIA COMMONS | Public Domain
https://commons.wikimedia.org/wiki/File:Tosa_construction_stop.jpg

352 야마토
WIKIMEDIA COMMONS | Public Domain
https://commons.wikimedia.org/wiki/File:Japanese_battleship_Yamato_fitting_out_at_the_Kure_
Naval_Base,_Japan,_20_September_1941_(NH_63433).jpg

353 야마토급 전함의 주포
WIKIMEDIA COMMONS | Public Domain
https://commons.wikimedia.org/wiki/File:Yamato%27s_main_battery_guns_18.1%E2%80%9DL45_
Type_94.jpg

353 무사시 전함
WIKIMEDIA COMMONS | Public Domain
https://commons.wikimedia.org/wiki/File:Musashi_battleship_in_1942.jpg

355 호리코시 지로 박사
WIKIMEDIA COMMONS | Public Domain
https://commons.wikimedia.org/wiki/File:Jiro_Horikoshi.jpg

357 진주만 공습을 준비하는 A6M2 제로센
Pearl Harbor Website
https://pearlharbor.org/blog/pearl-harbor-scourge-mitsubishi-a6m-zero/

357 고출력 엔진을 장착한 A6M3 제로센
Planetags Website
https://planetags.com/blogs/planetags-blog/mitsubishi-a6m-zero-the-story-of-a-legend

360 오사카 육군 조병창
WIKIMEDIA COMMONS | Creative Commons Attribution-Share Alike 4.0
https://commons.wikimedia.org/wiki/File:Imperial_Arsenal_Works_Osaka_2018.jpg

360 구레(吳) 해군 조병창(1945년)
WIKIMEDIA COMMONS | Public Domain
https://commons.wikimedia.org/wiki/File:Kure_Naval_Arsenal_Panorama_in_Japan_October_1945.jpg

361 전시생산 포스터
WIKIMEDIA COMMONS | Public Domain
https://commons.wikimedia.org/wiki/File:Organize_Labor_Service_Corps.JPG

361 항공모함 생산
WIKIMEDIA COMMONS | Public Domain
https://commons.wikimedia.org/wiki/File:Japanese_aircraft_carrier_Akagi_1925.jpg

361 항공기 생산
WIKIMEDIA COMMONS | Public Domain
https://commons.wikimedia.org/wiki/File:Plane_production_in_Japan,_1944.png

363 1937년 창설된 일본 기획원
WIKIMEDIA COMMONS | Public Domain
https://commons.wikimedia.org/wiki/File:Planning_Board_of_Japan.JPG

366 일본의 호송선(1940년)
WIKIMEDIA COMMONS | Public Domain
https://commons.wikimedia.org/wiki/File:Japanese_escort_ship_Shimushu_1940.jpg

366 피격되는 일본 화물선(1943년)
WIKIMEDIA COMMONS | Public Domain
https://commons.wikimedia.org/wiki/File:Japanese_Cargo_Ship_Sinking.jpg

366 일본 유조선(Naruto, 1932년)
WIKIMEDIA COMMONS | Public Domain
https://commons.wikimedia.org/wiki/File:Japanese_oiler_Naruto_in_1932.jpg

367 조선총독부(1929년)
WIKIMEDIA COMMONS | Public Domain
https://commons.wikimedia.org/wiki/File:Japanese_General_Government_Building.jpg

367 조선인 징병(1943년)
WIKIMEDIA COMMONS | Public Domain
https://ko.wikipedia.org/wiki/%EC%9D%BC%EC%A0%9C%EA%B0%95%EC%A0%90%EA%B8
%B0#/media/%ED%8C%8C%EC%9D%BC:IJA_Special_Volunteers_by_Korean_people.JPG

367 조선인 강제징용(탄광노동자)
경향신문 Website
https://www.khan.co.kr/article/200702240911441

종전 80주년에 다시 읽는

제2차 세계대전,
승리의 역사

주요 국면사와 전시생산체제

초판인쇄 2025년 4월 4일
초판발행 2025년 4월 4일

지은이 이강경
펴낸이 채종준
펴낸곳 한국학술정보(주)
주   소 경기도 파주시 회동길 230(문발동)
전   화 031-908-3181(대표)
팩   스 031-908-3189
투고문의 ksibook1@kstudy.com
등   록 제일산-115호(2000. 6. 19)

ISBN   979-11-7318-328-7 93390